Fluidtechnik in Kraftfahrzeugen

Norbert Gebhardt

Fluidtechnik in Kraftfahrzeugen

Unter Mitarbeit von Michael Ketting, Holger Kühne und Jens Morgenstern

Springer

Professor Dr.-Ing. habil. Norbert Gebhardt
Hochschule für Technik
und Wirtschaft Dresden
Fakultät Maschinenbau/Verfahrenstechnik
Friedrich-List-Platz 1
01069 Dresden Sachsen
Deutschland
gebhardt@mw.htw-dresden.de

ISBN 978-3-642-05483-9 e-ISBN 978-3-642-05482-2
DOI 10.1007/978-3-642-05482-2
Springer Heidelberg Dordrecht London New York

Die Deutsche Nationalbibliothek verzeichnet diese Publikation in der Deutschen Nationalbibliografie; detaillierte bibliografische Daten sind im Internet über http://dnb.d-nb.de abrufbar.

Einbandentwurf: WMXDesign GmbH, Heidelberg

Gedruckt auf säurefreiem Papier

Springer ist Teil der Fachverlagsgruppe Springer Science+Business Media (www.springer.com)

Vorwort

Dieses Buch soll einen Überblick über in der Fahrzeugtechnik eingesetzte fluidtechnische Systeme geben. Die Besonderheiten werden so herausgearbeitet, dass sowohl eine Nutzung in der Ausbildung für Studenten, Facharbeiter und Meister als auch für den in der Praxis tätigen Ingenieur erfolgen kann.

Die steigenden Anforderungen an Sicherheits- und Komfortsysteme, aber auch eine Verbesserung der Energieeffizienz in Fahrzeugen haben zu einer starken Erweiterung fluidtechnischer Anwendungen geführt. Diese modernen und sich in ständiger Entwicklung befindlichen Systeme sind eng mit der Steuer- und Regelungstechnik verbunden und stellen auf diese Weise mechatronische Systeme dar.

Das Buch entstand vor dem Hintergrund, dass kein vergleichbares Werk vorliegt und die Autoren seit vielen Jahren als Wissenschaftler und Hochschullehrer auf dem Fachgebiet tätig sind. Speziell bei der Ausbildung von Studenten machte sich stark bemerkbar, dass die Fluidtechnik für die Fahrzeugtechnik nicht in geschlossener Form bekannt ist. Mit dem Buch soll diese Lücke geschlossen werden, um fluidtechnische Systeme besser verstehen und einsetzen zu können. In der ersten Auflage werden ausgehend von den straff dargestellten Grundlagen mit ausgeprägten Literaturhinweisen zahlreiche typische hydraulische Anwendungen aus der Fahrzeugbranche vorgestellt.

Der Autor dankt allen, die am Zustandekommen des Buches beteiligt waren. Das gilt besonders für Herrn Professor Dr. phil. M. Ketting, Herrn Dipl.-Ing. H. Kühne, Herrn Professor Dr.-Ing. J. Morgenstern als Mitautoren und den Herren M. Merder und M. Schulte für die Bearbeitung zahlreicher Zeichnungen. Weiterhin gilt der Dank allen Firmen und Unternehmen, die durch Bereitstellung von Bild- und Informationsmaterial das Buchvorhaben unterstützten. Die sehr gute Zusammenarbeit mit Herrn Lehnert und Frau Cuneus vom Springer-Verlag hat es ermöglicht, dass dieses Buch in kurzer Zeit erscheinen konnte.

Dresden, im Februar 2010 Norbert Gebhardt

Inhaltsverzeichnis

1 Einleitung

Die Fachgebiete *Fluidtechnik* und *Kraftfahrzeugtechnik* sind unabhängig voneinander entstanden. Die Fluidtechnik behandelt die Lehre von fliessenden (strömenden) Medien (Flüssigkeiten oder Gasen). Sie wird oft der Strömungslehre zugeordnet. Berücksichtigt man konkrete Anwendungen mit Flüssigkeiten als Strömungsmedium, so wird von der Hydromechanik gesprochen. Diese kann wiederum in Hydrostatik und Hydrodynamik unterteilt werden. In diesem Buch wird bewusst vom Begriff Fluidtechnik ausgegangen, da so gemäß Abb. 1 die für die Fahrzeugtechnik typischen Anwendungen insgesamt erfasst werden können. In Kraftfahrzeugen werden z. B. hydraulische oder pneumatische Bremssysteme, hydraulische Lenkunterstützungen, hydraulische oder pneumatische Dämpfer, hydrodynamische Wandler, Hydraulikzylinder und Hydraulikpumpen bzw. -motoren für unterschiedlichste Anwendungen eingesetzt.

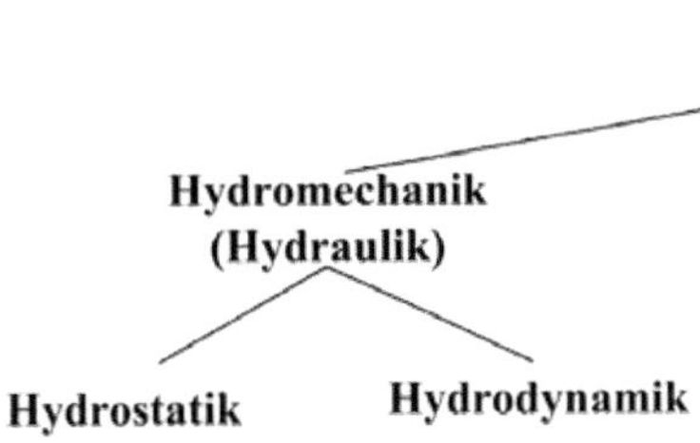

Abb. 1 Begriffe

Bis zu Beginn des 20. Jahrhunderts wurden in der Technik unter dem Begriff *Hydraulik* alle hydrostatischen und hydrodynamischen Kraft-, Bewegungs- und Strömungsvorgänge sowie die zugehörigen Geräte und Anlagen verstanden, die mit dem Übertragungsmedium Wasser arbeiten (griechisch: hydor = das Wasser). Die ersten hydraulischen Einrichtungen wurden folglich ausschließlich mit Wasser betrieben. Erst im Laufe der Zeit kamen zunehmend andere, überwiegend selbstschmierende, Flüssigkeiten als Übertragungsmedien zum Einsatz. Dadurch ist heute die *Wasserhydraulik* nur ein Teilgebiet der Hydraulik. Das Jahr 1905 gilt als Geburtsjahr der Ölhydraulik, da erstmals Mineralöl für ein hydrostatisches Getriebe verwendet wurde. Mittlerweile hat sich die *Hydraulik* als eigenständiges Fachgebiet entwickelt. Bedingt durch den relativ hohen Leistungsbedarf für den konkreten Anwendungsfall im Kraftfahrzeug werden sehr oft hydraulische Komponenten verwendet. Da die technischen Vorkenntnisse der Leser recht unterschiedlich sein können und der Umfang des Buches in einem vertretbaren Umfang gehalten werden soll, wird an dieser Stelle auf die einschlägige Literatur wie u. a. [1.1–1.6] verwiesen. Mit dem vorhandenen bzw. anzulesenden Grundwissen ist eine gute Einarbeitung in das vorliegende Buch möglich.

Unter *Kraftfahrzeugtechnik* versteht man die Lehre von mit eigener Maschinenkraft (motorisch) bewegten und nicht an Schienen gebundenen Landfahrzeugen verstanden. Je nach Einsatzvarianten erfolgt eine weitere Unterteilung in Personenkraftfahrzeuge, Nutzkraftfahrzeuge und selbstfahrende Arbeitsmaschinen. Die Kraft-fahrzeuge zeichnen sich weiter dadurch aus, dass die Spurführung nur durch Reibung auf ebener oder unebener Fläche erreicht wird. Die Kraftübertragung kann mit Hilfe von Rädern oder Kettenlaufwerken erfolgen. Für die Kraftfahrzeugtechnik mit ihren typischen Komponenten und deren Zusammenwirken gibt es schon seit vielen Jahren zahlreiche Literatur [1.5–1.18]. Hingegen ist der Einsatz fluidtechnischer Systeme in der Fahrzeugtechnik nicht in geschlossener Form behandelt worden. Um die speziellen Anforderungen bzw. die Wirkung fluidtechnischer Anlagen in den Einsatzfällen verstehen zu können, ist für die verständliche Behandlung dieser Problematik ein fundamentales physikalisches Verständnis des Fahrzeuges als Ganzes erforderlich.

2 Grundlagen

Eine wesentliche Grundvoraussetzung für das Betreiben von Kraftfahrzeugen ist die Lenkbarkeit des Fahrzeuges. Die vom Fahrer gewünschte Spureinhaltung soll deshalb so gewährleistet werden, dass sich einerseits Brems- und Lenkvorgänge ebenso wie andere auf das Fahrzeug wirkende Kräfte die Fahrstabilität nicht negativ beeinflussen und andererseits ein möglichst hoher Fahrkomfort erreicht wird. Damit wird deutlich, dass die Gestaltung der Bodenaufstandsfläche des Reifens auf der Fahrbahn von zentraler Bedeutung ist, da sich daraus die übertragbare Kraft ergibt. Die größtmögliche Kraft F_{max}, die zwischen Rad und Fahrbahnoberfläche übertragen werden kann, ergibt sich aus dem Produkt von der Gewichtskraft des Rades F_{GR} und dem Kraftschlussbeiwert μ gemäß Gl. (2.1)

$$F_{\max} = \mu \cdot F_{GR} \,. \tag{2.1}$$

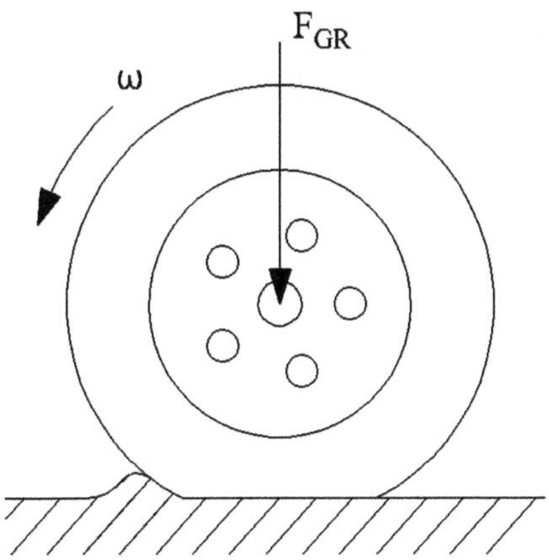

Abb. 2.1 Reifenverformung infolge Radlast und Winkelgeschwindigkeit

Bei rein translatorischer Bewegung wird in der Physik vom Reibbeiwert ausgegangen. Am Rad eines Kraftfahrzeuges ist die Rotation maßgebend und man spricht vom Kraftschlussbeiwert. Der Kraftschlussbeiwert μ ist neben der Beschaffenheit der Fahrbahnoberfläche auch entscheidend von der Reifengestaltung und dem Reifeninnendruck abhängig. Er wirkt gemäß Abb. 2.1 zwischen Radaufstandsfläche und Fahrbahn. Zahlenwerte für μ sind einschlägigen Nachschlagewerken, wie z. B. [2.1–2.3] zu entnehmen. Als erste Abschätzung kann von einem Wertebereich von $0{,}1 \leq \mu \leq 0{,}8$ ausgegangen werden. Die Gewichtskraft des Rades F_{GR} muss als dynamische Größe aufgefasst werden, da Abhängigkeiten von der Geschwindigkeit des Fahrzeuges, von dynamischen Radlastverlagerungen und von dynamischen äußeren Kräften vorliegen.

2.1 Fahrdynamische Grundlagen

Geht man von der Definition der Fahrdynamik, der Lehre der Bewegungen der Fahrzeuge unter Berücksichtigung von wirkenden Kräften aus, so ist es zweckmäßig eine Systematik anzustreben, die die Bewegungsfreiheitsgrade des Fahrzeuges gemäß Abb. 2.2 erfasst.

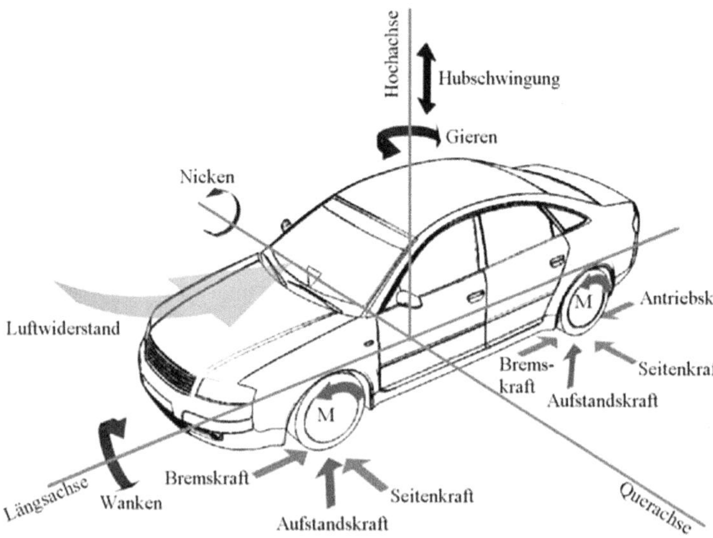

Abb. 2.2 Freiheitsgrade von Pkw mit Heckantrieb

Die Beschreibung der Bewegungen des Fahrzeuges wird in aktuellen Veröffentlichungen in Längs-, Quer- und Vertikaldynamik unterteilt. Bei der Erfassung der Vorgänge ist zu beachten, dass die Bewegungen des gesamten Fahrzeuges in den Richtungen nicht unabhängig voneinander sind. Prinzipiell gelten die in Tabelle 2.1 dargestellten Zusammenhänge, wobei sich primäre und daraus resultierende sekundäre Bewegungen ergeben.

Die Bewegungsvorgänge in Fahrzeuglängsrichtung, also Beschleunigung und Verzögerung, werden innerhalb der *Längsdynamik* berücksichtigt. Hierbei sind vor allem die Fahrwiderstände bzw. daraus abgeleitet, die entsprechenden Leistungsanteile zu analysieren. Für eine optimale Ausnutzung theoretischer Werte ist die Kenntnis der Übertragbarkeit dieser Kräfte zwischen Rad und Fahrbahn notwendig.

Analog dazu sind die Bewegungsvorgänge in horizontaler Ebene des Fahrzeuges, also quer zur Fahrzeuglängsachse, zu erfassen. Diese Kategorie von Kräften wird unter dem Begriff *Querdynamik* betrachtet. Darunter werden alle Vorgänge verstanden, die die Fahrstabilität, die Spurhaltung und die Kurvenstabilität betreffen. Die Grenzen der Physik können durch Fahrerassistenzsysteme und Fahrdynamikregelsysteme besser ausgelotet werden.

Tabelle 2.1 Abhängigkeiten zwischen fahrdynamischen Bewegungen und Freiheitsgraden

Bezeichnung	Primäre Bewegung	Sekundäre Bewegung
Längsdynamik	Nicken	Hubbewegung
Querdynamik	Gieren, Wanken	Nicken, Hubbewegung
Vertikaldynamik	Hubbewegung, Nicken, Wanken	Querbewegung

Unter *Vertikaldynamik* versteht man hingegen das Schwingungsverhalten des Fahrzeuges in Richtung der Fahrzeughochachse. Es werden also Federungs- und Dämpfungseigenschaften analysiert, um einerseits für den Fahrer einen möglichst hohen Fahrkomfort (geringe Aufbaubeschleunigungen) zu erreichen und anderseits geringe dynamische Vertikallastschwankungen an den Rädern anzustreben.

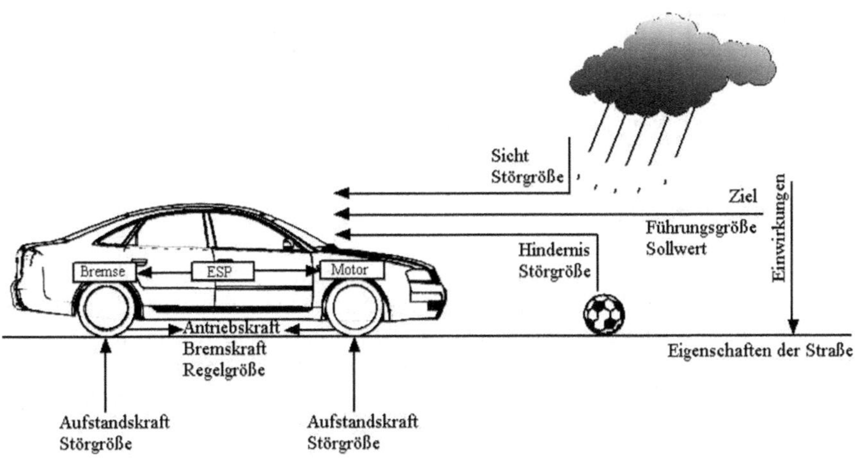

Abb. 2.3 Anforderungsschema „Kraftfahrzeug–Fahrer–Umwelt“

Neben den physikalisch bedingt an einem Fahrzeug angreifenden Kräften ist ebenso der Mensch als Fahrer zu berücksichtigen. Die vielen auf das Fahrzeug einwirkenden Faktoren ergeben sich einerseits aus den direkt mit dem Fahrzeug verbundenen Einflüssen und andererseits aus der Tatsache, dass das Fahrzeug sich auf einer Straße mit charakteristischen, wechselnden Eigenschaften bewegt, Witterungsbedingungen unterliegt und oft Hindernissen ausgesetzt ist, die nicht vorhersehbar sind. Die Vielschichtigkeit der Anforderungen ist in Abb. 2.3 dargestellt.

Das Fahrverhalten des Kraftfahrzeuges kann mit dem Regelkreis „Fahrer–Fahrzeug–Umwelt" gemäß Abb. 2.4 erfasst werden. Um die vom Fahrer gewünschte Fahrgeschwindigkeit und Fahrtrichtung des Kfz zu ermöglichen, müssen einerseits die auftretenden Kräfte analysiert und andererseits die vom Rad auf die Fahrbahn übertragbaren Kräfte berücksichtigt werden. Der Kraftfahrer stellt eine wesentliche Größe in dem Regelkreis dar (Abb. 2.4), da er die Störgrößen erfasst und so in den Regelkreis eingreift, dass die gewünschte Fahrtrichtung eingehalten wird. Er stellt in dem System den Regler dar. Je besser und je schneller er richtig reagiert, umso sicherer kann das Fahrzeug stabil geführt werden.

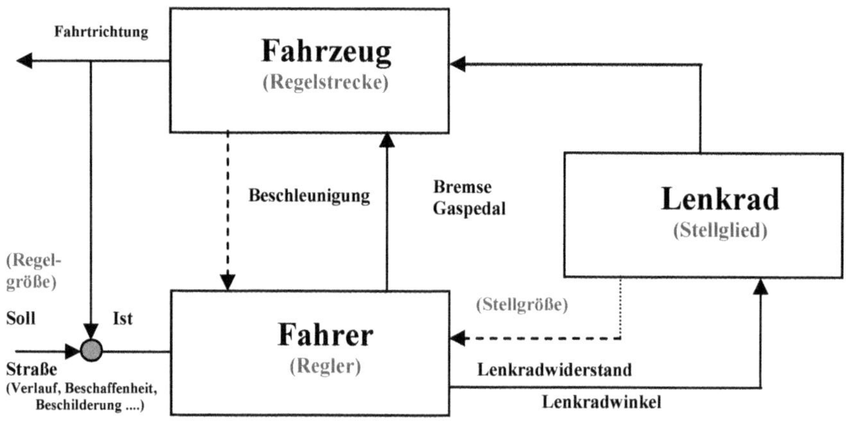

Abb. 2.4 Regelkreis Kraftfahrzeug–Fahrer–Umwelt

2.1.1 Längsdynamik

Am Kraftfahrzeug wirken in Längsrichtung die in Abb. 2.5 dargestellten Kräfte, aus denen die Fahrwiderstände berechnet werden können. Generell ist zu beachten, dass es in der Fahrdynamik üblich ist, die am Fahrzeug wirkenden Kräfte als Widerstände zu bezeichnen. Die Autoren halten sich an diese Sprachregelung. Die an den Rädern zur Überwindung des Fahrwiderstandes F_W mit der Geschwindigkeit v erforderliche Antriebsleistung P_W ergibt sich gemäß Gl. (2.2)

$$P_W = F_W \cdot \mathrm{v}\,. \tag{2.2}$$

Der Fahrwiderstand F_W wird mit Gl. (2.3) aus der Summe von Rollwiderstand F_R, Steigungswiderstand F_S, Luftwiderstand F_L und Beschleunigungswiderstand F_B berechnet

$$F_W = F_R + F_L + F_S + F_B \,. \tag{2.3}$$

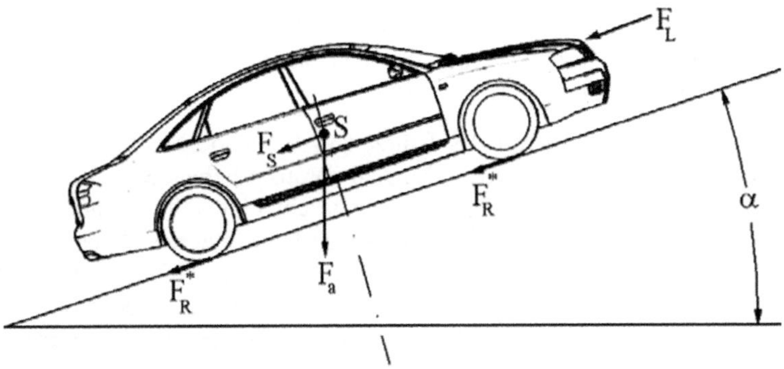

Abb. 2.5 Kräfte am Pkw bei Bergfahrt

Der Rollwiderstand F_R entsteht durch Formänderungsarbeit zwischen Rad und Fahrbahn. Zur numerischen Berechnung ist es zweckmäßig, den Rollwiderstandsbeiwert f einzuführen. Er kann einschlägigen Literaturstellen, wie u. a. [2.1–2.3] entnommen werden. Neben der Reifenbauart und dem Fahrbahnzustand wirken sich die Geschwindigkeit des Fahrzeuges, der Reifenluftdruck, die Gewichtskraft des Rades an der Bodenaufstandsfläche F_{GR} und ggf. der Anteil einer Seitenkraft (Querdynamik) auf den Rollwiderstand aus. Die Gewichtskraft des Rades F_{GR} ergibt sich aus der Masse des Rades m_R und der Beschleunigung g, so dass schließlich mit Gl. (2.4) der Rollwiderstand bestimmt werden kann

$$F_R = f \cdot F_{GR} \cdot \cos\alpha = f \cdot m_R \cdot g \cdot \cos\alpha \,. \tag{2.4}$$

Der Steigungs- bzw. Gefällewinkel α der Straße ist zu berücksichtigen, da nur die horizontale Komponente der Gewichtskraft wirkt. Die Berechnung des Steigungswiderstandes erfolgt mit Gl. (2.5)

$$F_S = \pm F_G \cdot \sin\alpha \,. \tag{2.5}$$

Das positive Vorzeichen gilt bei Bergfahrt und das negative Vorzeichen bei Talfahrt. Der Luftwiderstand F_L wird mit Gl. (2.6) berechnet

$$F_L = 0{,}5 \cdot \rho_L \cdot c_W \cdot A_F \cdot \left(v \pm v_0\right)^2 . \tag{2.6}$$

Es ist zu berücksichtigen, dass die Luftdichte ρ_L von der Höhe über Normal Null abhängig ist. Der Luftwiderstandsbeiwert c_w kann aus der Literatur, wie u. a. [2.1–2.3] entnommen werden. Die Fläche A_F stellt die in Fahrtrichtung angeströmte Fläche dar. Sie kann für Pkw mit Gl. (2.7) näherungsweise erfasst werden

$$A_F \approx 0{,}9 \cdot Spurweite \cdot Fahrzeughöhe\,. \tag{2.7}$$

Neben der Geschwindigkeit v des Fahrzeuges ist die vorzeichenbehaftete Windgeschwindigkeit v_0 zu berücksichtigen.

Generell ist zu beachten, dass die Kraft, die sich aus der strömenden Luft und der Fahrzeugkontur ergibt, aus zwei Komponenten besteht:

- dem Luftwiderstand, der in Richtung der Anströmung wirkt und
- der dynamischen Auftriebskraft, die sich durch Druckunterschiede am luftumströmten Fahrzeug ergibt.

Eine in Richtung der Gewichtskraft des Fahrzeuges wirkende Kraft wird in der Fahrzeugtechnik als Abtrieb bezeichnet. Die sich daraus ergebenden höheren dynamischen Achslasten können für höhere Kurvengeschwindigkeiten genutzt werden. Allerdings ist damit ein erhöhter Leistungsbedarf bei höheren Geschwindigkeiten auf der Geraden verbunden. Der entgegengesetzt wirkende Auftrieb entsteht durch die aerodynamische Form der Karosserie. Zwischen beiden Wirkrichtungen der Kräfte ist vor allem bei Rennsportfahrzeugen je nach Streckenverlauf ein Optimum zu finden.

Der Beschleunigungswiderstand F_B ergibt sich aus der Tatsache, dass die Gesamtmasse eines Fahrzeuges (Leermasse plus Zuladung bzw. Anhängergesamtmasse plus Masse der Arbeitsausrüstungen) von der Geschwindigkeit v_1 auf die Geschwindigkeit v_2 mit der Beschleunigungen a_{Kfz} gebracht wird. Gemäß Gl. (2.8) sind alle translatorisch und rotatorisch bewegten Teile zu berücksichtigen.

$$F_B = F_{B,trans} + F_{B,rot} = \left(m_{Kfz,trans} + \frac{\Theta_{red,i}}{r_{dyn}^2} \right) \cdot a_{Kfz} \tag{2.8}$$

Das auf die Antriebsräder reduzierte Massenträgheitsmoment des Fahrzeuges $\Theta_{red,i}$ berücksichtigt den gesamten Antriebsstrang. Damit sind die Massenträgheitsmomente aller rotatorisch bewegten Teile unter Beachtung des Satzes von Steiner zu berechnen. Dabei ist sowohl bei der Beschleunigung als auch beim Abbremsen eine Änderung der kinetischen Energie zu verzeichnen. In letzter Zeit wird für ausgewählte Anwendungen durch Rekuperation die Energie bei Bremsvorgängen gespeichert und für Anfahr- oder Beschleunigungsvorgänge genutzt. Neben elektrischen Lösungen, wie dem KER-System (**K**inetic **E**nergy **R**ecovery System) im Motorsport, werden für größere Fahrzeuge (z. B. Müllsammelfahrzeuge) hydraulische Lösungen genutzt.

Für überschlägige Berechnungen mit geringen Beschleunigungen (Landmaschinen, Baumaschinen und selbstfahrende Arbeitsmaschinen) ist es oft ausreichend, nur den translatorischen Anteil in Gl. (2.8) zu berücksichtigen.

In Fahrzeuglängsrichtung werden vor allem die Antriebs- und Bremskräfte vom Rad auf die Fahrbahn übertragen. Um die vom Fahrer gewünschte Fahrgeschwindigkeit und Fahrtrichtung des Fahrzeuges zu ermöglichen, müssen physikalische Grundgesetzmäßigkeiten beachtet werden. So ist die Übertragung einer horizontalen Kraft in der Radaufstandsfläche auf grund der Reifenbeschaffenheit und des jeweiligen Reibbeiwertes zwischen Fahrbahnoberfläche und Reifenlatsch immer mit Schlupf verbunden. Der Schlupf setzt sich aus Formänderungsschlupf (Deformation der Profilstollen des Reifens) und Gleitschlupf (Radialbewegung zwischen Reifenoberfläche und Fahrbahn) zusammen (Abb. 2.6). In der Praxis erfolgt diesbezüglich keine Unterteilung der Schlupfarten, zumal sie auch messtechnisch einzeln schwer erfassbar sind. So wird zwischen Schlupf in Längs- und Querrichtung unterschieden. Dieser Sachverhalt kann mit Abb. 2.7 durch das Klaue-Diagramm und den Kammschen Kreis anschaulich beschrieben werden. Der Kraftschlussbeiwert μ hat bei ca. 10–30% Teilschlupf sein Maximum. Werden nun am fahrenden Fahrzeug durch Bremsen, Lenken oder z. B. Windkräfte solche Zustände erreicht, dass gemäß Gl. (2.1) die Kraft F_{max} überschritten wird, verringert sich der Kraftschlussbeiwert von μ_h auf μ_G. Damit gilt der innere Kreis in Abb. 2.7 und es können wesentlich geringere Kräfte zwischen Rad und Fahrbahn übertragen werden.

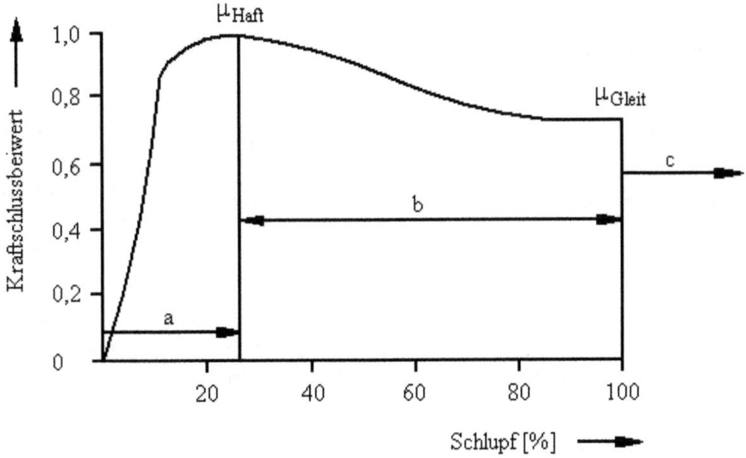

Abb. 2.6 Zusammenhang zwischen Kraftschlussbeiwert und Schlupf. *a* Deformationsschlupf *b*, Teilgleiten, *c* reines Gleiten

Im rechten Teil der Abb. 2.7 ist ein Beispiel eingezeichnet, wo bei einer Kurvenfahrt die maximal mögliche Seitenkraft $F_{S,max}$ und Umfangskraft $F_{U,max}$ eingetragen sind. Die resultierende Kraft F_{Res} kann mit Gl. (2.9) berechnet werden. Als Umfangskräfte gelten die in Längsrichtung wirkenden Brems- oder Beschleunigungskräfte. Überschreitet die resultierende Kraft F_{Res} den äußeren Kreis, gilt nicht mehr Gl. (2.10), sondern es muss Gl. (2.11) berücksichtigt werden.

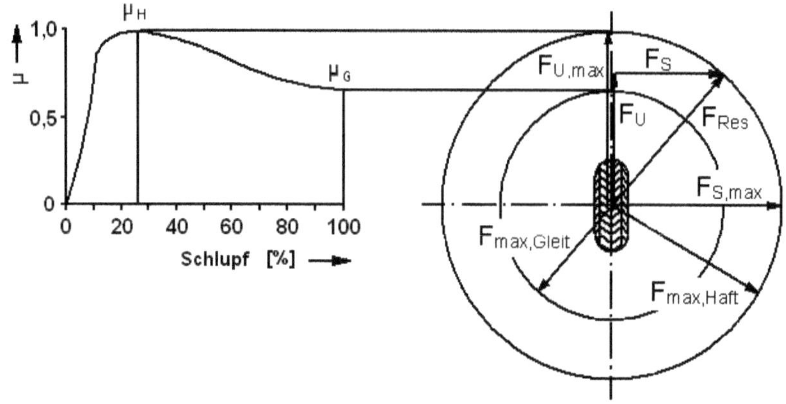

Abb. 2.7 Klaue-Diagramm und Kammscher Kreis

$$F_{\mathrm{Res}}^2 = F_U^2 + F_S^2 \tag{2.9}$$

$$F_{\max;Haft} = \mu_{Haft} \cdot F_{Gr} \tag{2.10}$$

$$F_{\max;Gleit} = \mu_{Gleit} \cdot F_{Gr} \tag{2.11}$$

Bisher wurde von Zahlenwerten, also relativ konstanten Randbedingungen ausgegangen. In der Fahrpraxis gelten aber instationäre (wechselnde) Einflussfaktoren, wie vor allem Gewichtskraft des Rades, Reifeninnendruck, Fahrgeschwindigkeit und Farbahnoberfläche. Damit ist für genauere Untersuchungen der Sachverhalt gemäß Abb. 2.8 zu berücksichtigen.

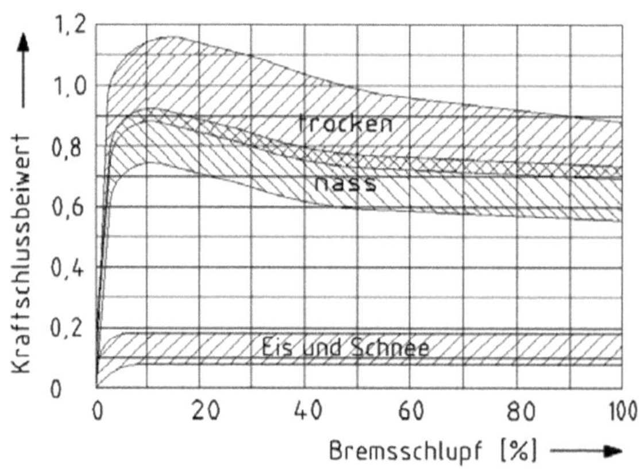

Abb. 2.8 Zusammenhang zwischen Kraftschlussbeiwert und Bremsschlupf

Seit geraumer Zeit werden in Personenkraftwagen Regelsysteme (s. Abschn. 3.2.2) wie ABS (Antiblockiersystem) und ASR (Antischlupfregler) eingesetzt, die hinsichtlich der Längskräfte das Fahrzeug im Bereich der Haftreibung halten und die Einflussfaktoren insofern berücksichtigen, dass eine Auswertung der aktuellen Raddrehzahlen (Schlupf) erfolgt. Wird dabei allerdings die resultierende Kraft aus Umfangskraft und Seitenkraft gemäß Gl. (2.10) überschritten, gilt Gl. (2.11) und das Fahrzeug ist vom Fahrer nicht mehr beherrschbar.

2.1.2 Querdynamik

Bei einer Erfassung der Fahrwerkskräfte in Querrichtung sind die Reifenwirkkräfte zu berücksichtigen, die sich aus der Fliehkraft gemäß Abb. 2.9 ergeben. Die an den gelenkten Rädern auftretenden Zentripedalkräfte sind nicht zu vernachlässigen, da ggf. zusätzliche Querkräfte entstehen. Schließlich führt die im Schwerpunkt angreifende Fliehkraft zu Bewegungen um die Gier- und Wankachse. Beide Bewegungen werden vom Kraftfahrer oft als unangenehm empfunden und in modernen Pkw durch unterschiedliche Systeme, wie u. a.

- Dynamic Drive (BMW) bzw.
- ABC (**A**ctive **B**ody **C**ontrol) (Daimler) positiv beeinflusst.

Dabei ist zu beachten, dass eine vollständige Unterbindung von Bewegungen der Karosserie des Fahrzeuges nicht sinnvoll ist, da dann das Fahrgefühl, also die Grenzen des Klaue-Diagramms, für den Kraftfahrer nicht spürbar sind.

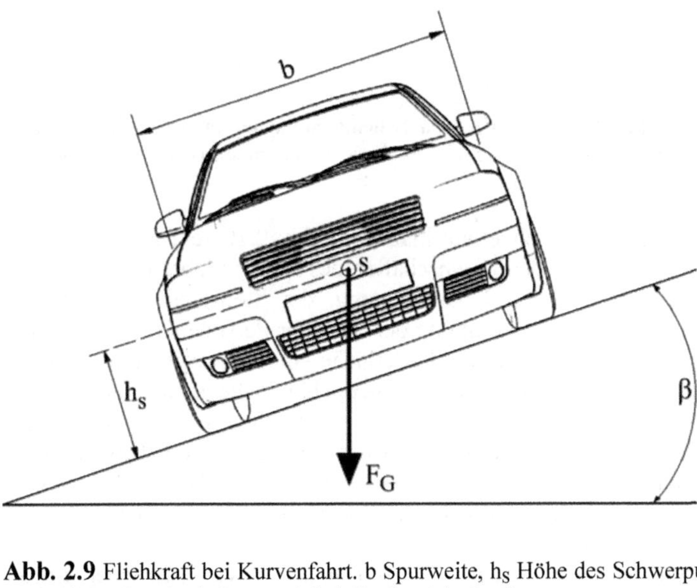

Abb. 2.9 Fliehkraft bei Kurvenfahrt. b Spurweite, h_S Höhe des Schwerpunktes, S Schwerpunkt, β Straßenüberhöhungswinkel, F_G Gewichtskraft

2.1.3 Vertikaldynamik

Vertikale Kräfte entstehen am Kfz gemäß Abb. 2.2 durch Fahrbahnunebenheiten, durch dynamische Wank- und Nickbewegungen bei quer- und längsdynamischen Federvorgängen oder durch interne Anregungen. Daraus abgeleitet gelten nachfolgende Forderungen, die durch geeignete Maßnahmen realisierbar sind:

- minimale Beschleunigungen im Innenraum des Pkw und im Laderaum der Lkw,
- minimale Wank- und Nickbewegungen,
- minimale Radlastschwankungen und
- beladungsunabhängiges Fahrzeugschwingungsverhalten.

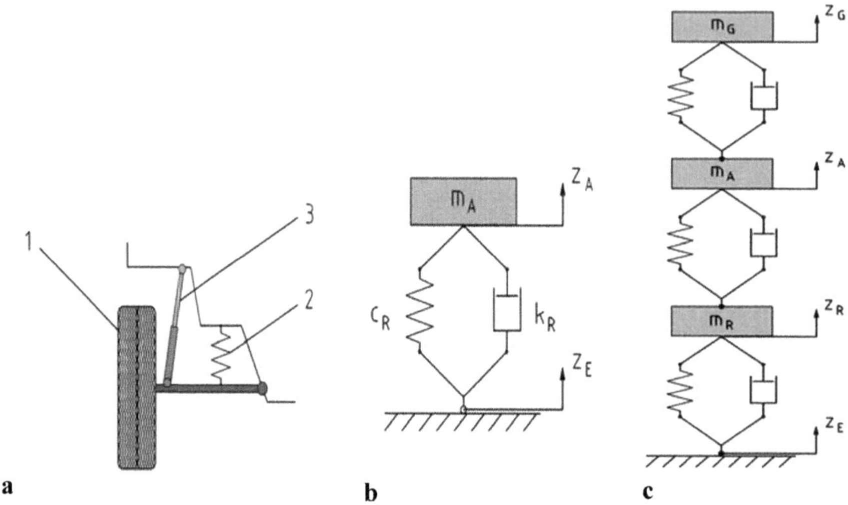

Abb. 2.10 Feder-Dämpfer-Systeme in Kfz. **a** Schema Stoßdämpfer und Schraubenfeder **b** Einmassensystem **c** Mehrmassensystem *1* Reifen, *2* Schraubenfeder, *3* Stoßdämpfer, *Index*: R-Rad, A-Aufbau, G-Fahrerhaus

Der Hintergrund für diesen Sachverhalt kann mit Abb. 2.10 sehr anschaulich erfasst werden. Ausgehend von den Eigenschaften des Reifens, über die Auslegung des Feder-Dämpfer-Systems der Radaufhängung, der Steifigkeit des Rahmens bzw. der Karosserie bis hin zur Gestaltung der Sitze für Personenkraftwagen bzw. separate Dämpfungsmaßnahmen für die Ladefläche von Nutzkraftwagen, sind die Zusammenhänge als komplexes System zu betrachten. Die mathematische Beschreibung von Feder-Dämpfer-Systemen wird als Parallelschaltung einer Feder mit der Federkonstante c, einem Stoßdämpfer mit der Dämpferkonstante k und in Reihenschaltung dazu die jeweilige Masse m verstanden. In Abb. 2.10 a ist eine Radaufhängung dargestellt, aus der sich die Bewegungsgleichungen für ein Einmassenmodell ergeben. Das System kann z. B. gemäß Abb. 2.10 c zu einem Mehrmassenmodell erweitert werden. Es kann auch mit veränderlichen Eigenschaften ausgelegt werden, so wie es in Abschn. 3.3.3 vorgestellt wird. Aus den

Darstellungen kann man sich leicht die Bewegungsgleichungen des Schwingungssystems herleiten. Die Gln. (2.12) und (2.13) beschreiben ein Einmassen-Ersatzsystem.

$$m_A \cdot \ddot{z}_A = -k_R \cdot (\dot{z}_A - \dot{z}_E) - c_R \cdot (z_A - z_E) \tag{2.12}$$

$$\ddot{z}_A = -\frac{k_R}{m_A} \cdot (\dot{z}_A - \dot{z}_E) - \frac{c_R}{m_A} \cdot (z_A - z_E) \tag{2.13}$$

Die Eigenfrequenz ω_e und das Dämpfungsmaß D ergeben sich unter Vernachlässigung einer Erregung im Punkt z_E mit den Gln. (2.14) und (2.16)

$$\omega_e = \sqrt{\frac{c_R}{m_A}} \tag{2.14}$$

$$D = \frac{k_R}{k_{krit}} = \frac{k_R}{2 \cdot m_A \cdot \omega_e} \tag{2.15}$$

2.2 Fluide in Kraftfahrzeugen

Die Einsatzanforderungen an fluidtechnische Systeme in Fahrzeugen sind sehr spezifisch und z. T. auch unterschiedlichster Art. Die Vielschichtigkeit der Anforderungen kommt mit Abb. 2.11 gut zum Ausdruck.

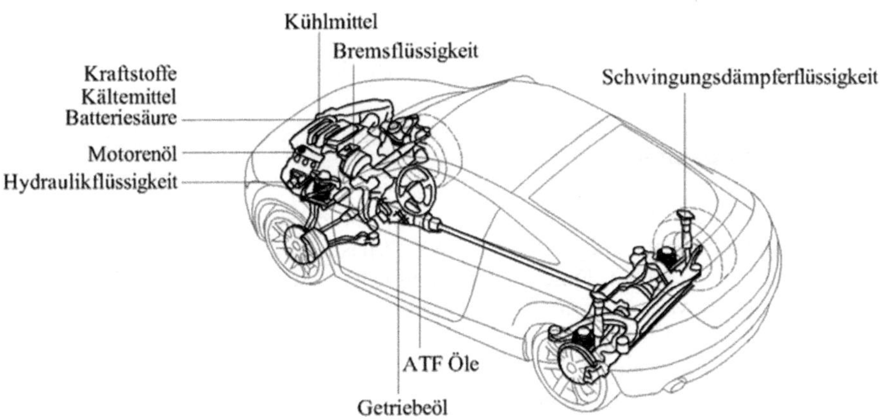

Abb. 2.11 Der Einsatz von Fluiden in Personenkraftwagen

Fluide sind ein wesentliches Konstruktionselement jeder Hydraulikanlage. Die spezifischen Eigenschaften der Fluide beeinflussen die Funktionsfähigkeit, Betriebssicherheit und Umweltverträglichkeit der Systeme. Speziell in der Fahrzeugtechnik werden hydraulische Lösungen eingesetzt, da so große Kräfte und Drehmomente direkt überwunden werden können und die Leistungsdichte im Vergleich zur Elektrotechnik wesentlich größer ist. Außerdem gibt es keine vergleichbare Möglichkeit, auf direktem Weg translatorische Bewegungen mit großen Kräften bereitzustellen. Bedingt durch unterschiedliche anwendungsbezogene Kriterien werden modifizierte Flüssigkeiten eingesetzt, die auch zur Namensgebung der Flüssigkeit selbst beitragen. Pneumatische Varianten, die i. d. R. Luft als Medium nutzen, sind auf begrenzte Anwendungen, wie z. B. Luftdruckbremsen bei Lkw, beschränkt. Nachfolgend erfolgt die Einteilung der Fluide entsprechend der Einsatzgebiete in der Fahrzeugtechnik (Abb. 2.12).

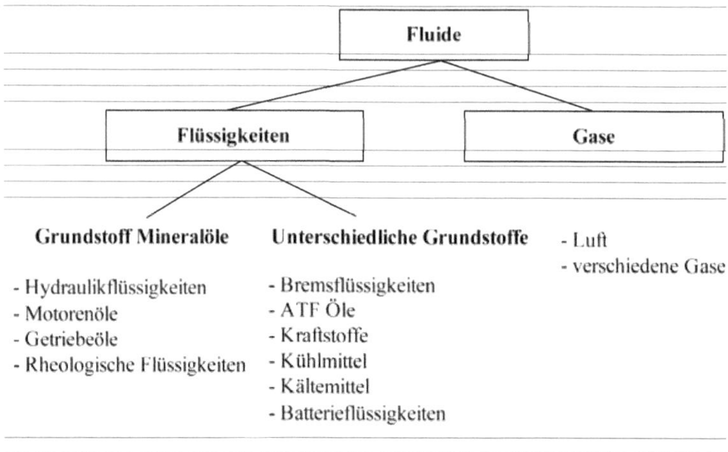

Abb. 2.12 Einteilung der Fluide nach Einsatzgebieten in Kraftfahrzeugen

2.2.1 Flüssigkeiten

Die Flüssigkeiten, die in Kraftfahrzeugen eingesetzt werden, haben oft Mineralöle als Grundbausteine. Einige sind auf Wasserbasis bzw. auf Basis synthetischer Flüssigkeiten aufgebaut. Durch unterschiedlichste Zusätze (Additive) chemischer Art erfolgt die Anpassung an die Anforderungen der jeweiligen fluidtechnischen Komponenten [2.4, 2.5].

Die *Viskosität* ist ein Maß für die innere Reibung infolge des Widerstandes, der bei gegenseitiger Verschiebung benachbarter Schichten in einer Flüssigkeit oder einem Gas auftritt. Unter einem anderen Betrachtungspunkt ist die Viskosität die Eigenschaft, durch Schub-(Scher-)Verformung eine Schubspannung aufzunehmen, die bei den sog. *Newtonschen Flüssigkeiten* nur vom Geschwindigkeitsgefälle dv_x/dy abhängig ist.

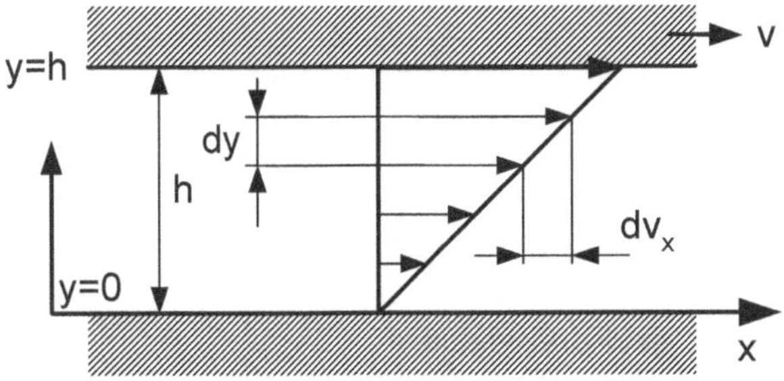

Abb. 2.13 Skizze zur Herleitung der Viskosität für Newtonsche Flüssigkeiten

Zwischen zwei benachbarten Flüssigkeitsschichten wirkt eine Schubspannung τ_{xy} in Richtung x, die bei isotrop reinviskoser Flüssigkeit dem Geschwindigkeitsgefälle dv_x/dy proportional ist

$$\tau_{xy} = \eta \cdot \frac{dv_x}{dy}. \tag{2.16}$$

Den Proportionalitätsfaktor nennt man *dynamische Viskosität* η. Die SI-Einheit für η ist die Pascalsekunde (Pa·s = N·s/m^2).

Die auf die Dichte bezogene dynamische Viskosität bezeichnet man als *kinematische Viskosität* ν

$$\nu = \frac{\eta}{\rho}. \tag{2.17}$$

Wenn von Viskosität gesprochen wird, ist i. d. R. die kinematische Viskosität gemeint.

Nichtnewtonsche Fluide verändern ihre Viskosität unter Einwirkung von Scherkräften. Dieser Effekt tritt z. B. bei Schmiermitteln auf. Ein weiteres Verhalten ist die Plastizität, bei der sich das Fluid bei kleinen Scherkräften wie ein Festkörper verhält und bei steigender Scherbeanspruchung eine Verflüssigung zu beobachten ist. Dabei ist zwischen binghamschem Verhalten (*Bingham-Fluid*), bei dem die Viskosität bei steigender Scherbeanspruchung konstant bleibt, und viskoplastischem Verhalten, bei dem sich die Viskosität mit Veränderung der Scherbeanspruchung nicht konstant verhält [2.6], zu unterscheiden.

Die Viskosität hat entscheidenden Einfluss auf das Betriebsverhalten, insbesondere auf den Verschleiß und auf die Leistungsverluste (Druckverluste, innere Leckverluste). Insbesondere ist der in Abb. 2.14 dargestellte Sachverhalt zu berücksichtigen, der den nicht linearen Zusammenhang zwischen Viskosität und Öltemperatur zum Ausdruck bringt. Des Weiteren sind die Grenzen bei niedrigen Temperaturen (zulässige Startviskosität) und bei hohen Temperaturen (minimale Betriebsviskosität) dargestellt. Durch Einsatz von Mineralölen mit veränderter Viskosität kann so eine Anpassung an veränderte Bedingungen erreicht werden.

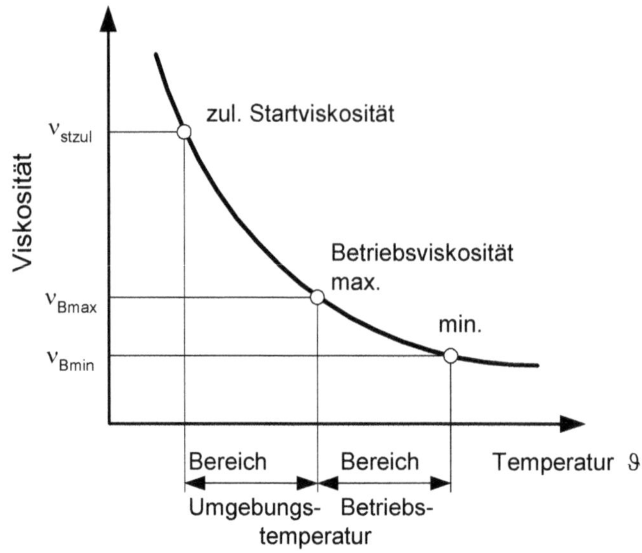

Abb. 2.14 Kriterium „Temperatur" bei der Viskositätsauswahl für Mineralöle

Die Viskosität der Druckflüssigkeiten ist von der Temperatur und vom Druck abhängig, s. Abb. 2.15. Die nichtlinearen Zusammenhänge sind experimentell ermittelt worden. Für die analytische Beschreibung stehen empirisch gewonnene Näherungsgleichungen zur Verfügung. Für das *Viskositäts-Temperatur-Verhalten* (V-T-Verhalten) gilt:

- Gleichung nach Ubbelohde-Walther (DIN 51563)

$$\lg\lg(\nu + \mathrm{c}) = \mathrm{K}_\nu - m \cdot \lg T \tag{2.18}$$

c Konstante (für Mineralöl $c = 0{,}8$) m Richtungsfaktor

T Temperatur in K K_ν Konstante.

Die Gl. (2.18) bildet auch die Grundlage für die in der Praxis meist genutzte Darstellung als Gerade (Ubbelohde-Walther-Diagramm, genormt nach DIN 51563).

- Gleichung nach Vogel-Cameron (DIN 53017)

$$\eta_\vartheta = \mathrm{A} \cdot e^{\frac{B}{\vartheta + \mathrm{C}}} \tag{2.19}$$

C Konstante (für Mineralöl $C = 95$ °C)
A, B flüssigkeitsspezifische Konstanten
ϑ Temperatur in °C .

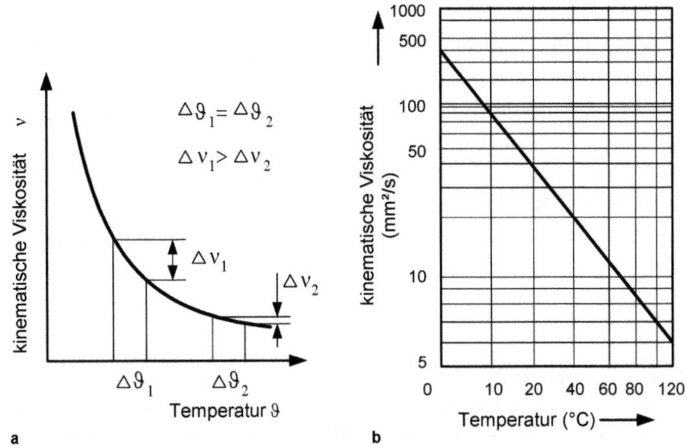

Abb. 2.15 Viskositäts-Temperaturverhalten. **a** prinzipieller Verlauf **b** V-T-Gerade nach Ubbelohde-Walther

Trägt man die gemessenen Viskositäten unterschiedlicher Ölsorten bei verschiedenen Temperaturen in einem Diagramm mit logarithmischer Achsenteilung auf, ergeben sich Geraden mit verschiedenen Steigungen. Die Steigung der Geraden entspricht dem Viskositätsindex (VI). Der VI ist somit ein dimensionsloser Wert, der ausdrückt, wie stark sich die Viskosität mit der Temperatur verändert. Ein hoher Viskositätsindex bedeutet, dass die Viskosität nur in geringem Maße abfällt, wenn man die Temperatur erhöht, die Steigung der Geraden im Diagramm ist gering.

2.2.1.1 Hydraulikflüssigkeiten

Die Hydraulikflüssigkeiten stellen eine große Gruppe dar, die vor allem in Nutzkraftfahrzeugen und selbstfahrenden Arbeitsmaschinen eingesetzt werden. Es gibt die in Abb. 2.16 dargestellten Hydraulikflüssigkeiten.

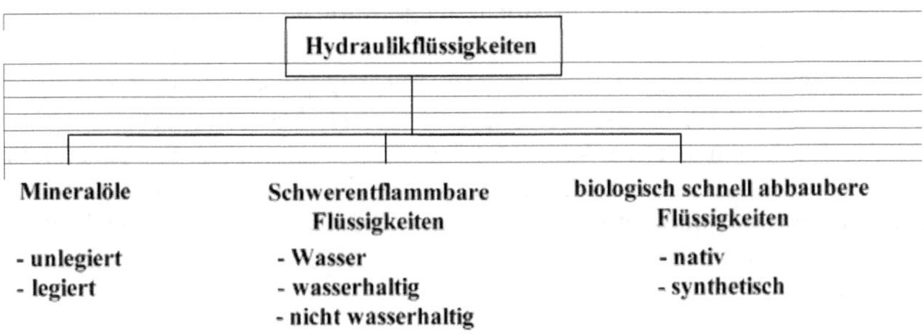

Abb. 2.16 Arten der Hydraulikflüssigkeiten

Mineralöle

Mineralöle stellen die Basis für zahlreiche Anwendungen dar und werden deshalb ausführlicher vorgestellt. Sie sind Raffinations- bzw. Destillationsprodukte des Erdöls und bestehen aus Grundölen auf Paraffin- oder Naphtenbasis. Reine Öle sind praktisch nicht mehr im Einsatz. Die modernen Druckflüssigkeiten stellen Legierungen dar, bei denen durch Zugabe von Additiven Eigenschaftsverbesserungen erzielt werden. In Tabelle 2.2 sind die handelsüblichen Mineralöle enthalten. Die Eigenschaft *Viskosität* bestimmt die nächste Gliederungsebene, z. B. bedeutet „HLP 46“ die Zugehörigkeit zu VG 46 (Mittelpunktsviskosität 46 mm^2/s bei 40°C).

Tabelle 2.2 Einteilung und Normung der Mineralöle

Bezeichnung	Zusammensetzung, Eigenschaften
H	Mineralöl ohne Wirkstoffe (Additive)
HH	in der Praxis nicht mehr verwendet $p < 100$ bar
HL	Additive (Zusätze) zur Verminderung von Korrosion und Erhöhung der Alterungsbeständigkeit $p < 250$ bar
HLP HM	zusätzlich zu HL-Ölen weitere Wirkstoffe zur Verschleißminderung und Erhöhung der Belastbarkeit im Mischreibungsgebiet; breite Anwendung in der Praxis $p < 400$ bar
HVLP HV	wie HLP, aber mit zusätzlichen Wirkstoffen zur Verbesserung des Viskositäts-Temperatur-Verhaltens, d. h., kleiner Anstieg der V-T-Geraden und damit hoher Viskositätsindex VI, breiter Temperatureinsatzbereich
HLPD	wie HLP, jedoch Zusätze zur Verbesserung des Partikeltransportes (detergierende Wirkung) und der Fähigkeit zur Dispersion (Wassertragevermögen)

Vor dem Hintergrund, dass auch in selbstfahrenden Arbeitsmaschinen Kraftstoffeinsparungen gefordert werden, wurden hydraulische Komponenten in die Untersuchungen einbezogen. So hat die Viskosität einen nachweisbaren Einfluss auf den volumetrischen Wirkungsgrad von Hydraulikpumpen. In [2.9, 2.10] wurden Ergebnisse von Untersuchungen mit Ganzjahreshydrauliköl *MEHF* (**M**axium **E**fficiency **H**ydraulic **F**luid) vorgestellt. Vergleichsuntersuchungen zwischen HVLP VI = 142 und MEHF VI = 200 an Frontladern und Minibaggern ergaben eine Effizienzsteigerung von 13–15%, wobei die geleistete Arbeit, die Arbeitszeit und der Kraftstoffverbrauch verglichen wurden. Der Ausgangspunkt der Betrachtungen ergibt sich aus Abb. 2.17, wo die Wirkungsgrade für Hydraulikpumpen in Abhängigkeit von der kinematischen Viskosität bzw. der Fluidtemperatur dargestellt sind. Ein Maximum des Gesamtwirkungsgrades ergibt sich im schraffierten Bereich, der sich für eine konkrete Ölsorte aus der Öltemperatur ergibt. Der Einsatz von MEHF gestattet die Optimierung der Viskositäts-Temperatur-Kennlinien und ermöglicht so einen Einsatz des Fahrzeuges im optimalen Bereich.

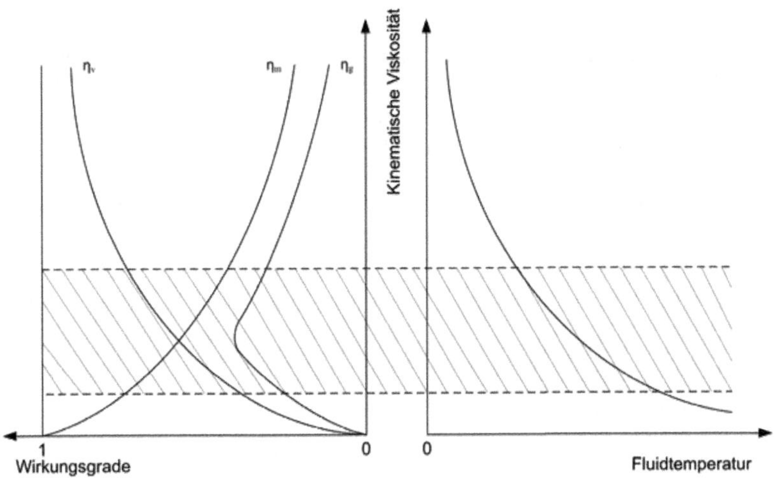

Abb. 2.17 Abhängigkeit der Wirkungsgrade von der Fluidtemperatur für Hydraulikpumpen

Biologisch schnell abbaubare Flüssigkeiten

Die biologisch schnell abbaubaren Flüssigkeiten können aufgrund ihrer ökologischen Eigenschaften wesentlich schneller als Mineralöle abgebaut und im Beisein von Wasser, Sauerstoff und Mikroorganismen chemisch bis zur Mineralisation umgewandelt werden.

Für die Herstellung umweltfreundlicher Schmier- und Druckflüssigkeiten stehen verschiedene Basisflüssigkeiten zur Verfügung. Alle technisch anspruchsvolleren Flüssigkeiten – als konventionelle Mineralöle – haben ihre prinzipiellen Vor- und Nachteile, aus denen sich die Eignung für konkrete Anwendungen ergibt.

- *HETG - Rapsöl*

Für die Herstellung von Schmier- und Druckflüssigkeiten aus Raps und/oder ähnlichen ölhaltigen Pflanzen, die chemisch Triglycerid (Glycerin und Fettsäuren) darstellen (**H**ydraulik **E**nvironmental **T**ri-**G**lycerid), sprechen die Umwelt entlastende Gründe. Für den Einsatz in Maschinen und Hydraulikanlagen sind allerdings die technischen Eigenschaften des Produktes ausschlaggebend. So zeigt sich in der Praxis, dass unter technischen, aber auch unter ökologischen Gesichtspunkten, HETG-Öle einige negative Eigenschaften haben, die dazu führten, dass seit Jahren rapsölbasische Schmierstoffprodukte kontinuierlich aus dem Hochleistungsbereich zurückgezogen werden.

- *HEES – ungesättigte und gesättigte synthetische Ester*

Die Schmierstoffhersteller haben aus den negativen Erfahrungen mit Rapsölen in den letzten Jahren die Entwicklung synthetischer Ester, kurz HEES (**H**ydraulic Oil **E**nvironmental **E**ster **S**ynthetic), vorangetrieben. Prinzipiell ist hervorzuheben, dass alle synthetischen Ester gegenüber Rapsölen mehr oder weniger (je nachdem welcher Estertyp verwendet wird) besser sind. Ein scheinbar oberflächliches, aber doch wesentliches Problem dabei ist, dass weder die Kurzbezeichnung HEES noch die Vollbenennung als synthetische Ester dem Anwender einen ausreichenden Hinweis auf die tatsächliche Leistungsfähigkeit des Produktes liefern [2.10]. So existieren auf dem Markt bereits seit vielen Jahren parallel ungesättigte und gesättigte synthetische Ester und werden unter der einheitlichen HEES-Bezeichnung angeboten. Die umweltfreundlichen Schmier- und Druckflüssigkeiten auf der Basis gesättigter synthetischer Ester, für deren Herstellung Grundstoffe aus der Petrochemie eingesetzt werden, gelten als sehr umweltfreundlich und bieten zahlreiche technische Vorteile.

Tabelle 2.3 Gegenüberstellung charakteristischer Kennwerte

	HETG (Rapsöl)	HEES ungesättigt ISO VG 46	HEES gesättigt
Dichte 15°C g/ml	0.920	0.927	0.918
Flammpunkt °C	≈ 280	≈ 250	≈ 240
Pourpoint °C	- 30	- 35	- 57
Viskosität 40°C mm²/s	46	46	47
Viskosität 100°C mm²/s	10,5	8,5	8,1
TAN mg KOH/g	0.4	0.6	0.7
Viskositätsindex VI	> 200	> 160	150
Jodzahl	90 – 120	50 – 80	< 5

Nachteilig wirkt bei den gesättigten synthetischen Estern der höhere Preis gegenüber ungesättigten HEES, HETGs und auch Mineralölen. Diesen Preisnachteil kompensieren gesättigte Ester durch die genannten technischen Vorteile und insbesondere durch die sich bietende Möglichkeit der längeren Verwendungsdauer. Nachdem mit diesen Flüssigkeiten seit ca. 1985 praktische Erfahrungen gesammelt werden konnten, kann heute als gesichert empfohlen werden, dass dieser Flüssigkeitstyp unter Beachtung der Ölpflege durch Mikrofiltration im Nebenstrom sowie periodische Ölanalysen ohne Ölwechsel während der gesamten Nutzungsdauer in einer Maschine verbleiben kann. Die auf dem Markt am meisten verwendete und bekannteste Hydraulikflüssigkeit auf der Basis gesättigter synthetischer Ester ist *PANOLIN HLP SYNTH.* Die hohe Alterungsstabilität und die exzellenten Verschleissschutzeigenschaften wurden durch praktische Erfahrungen und zahlreiche Dauerversuche auf unterschiedlichen Prüfständen bestätigt [2.10, 2.11].

- *HEPG – Polyglykole*

Die auf der Basis Polyalkylenglykole hergestellten HEPG-(**H**ydraulic Oil **E**nvironmental **P**oly**g**lykol)Flüssigkeiten galten bereits vor einigen Jahrzehnten als günstige Alternative für den Einsatz in umweltsensiblen Gebieten. Wenn Polyglykole mit geringer Toxizität und ausreichender biologische Abbaubarkeit gewählt werden, sind sie als Basisöl für umweltfreundliche Schmier- und Druckflüssigkeiten geeignet. Diese Kategorie von Fluiden wird in der Fahrzeugtechnik kaum eingesetzt.

- *HEPR – Flüssigkeiten*

Schon aus der Bezeichnung HEPR (**H**ydraulic Oil **E**nvironmental **P**olyalphaolefine and **R**elated Products) geht hervor, dass für die Herstellung dieser Produkte weder natürliche Basisflüssigkeiten und/oder anspruchvolle Alkohole und Carbonsäure-Gemische benutzt werden, wie dies bei HEES der Fall ist. Vielmehr werden hier Poyalphaolefine (PAO) und verwandte Kohlenwasserstoffe (KW) synthetisiert, so dass diesem Flüssigkeitstyp eine starke Mineralöllastigkeit zu bescheinigen ist. Um die biologische Abbaubarkeit für die Basisflüssigkeit überhaupt zu erreichen, werden meistens dünnflüssige Basisöle verwendet, die dann entweder mit dickflüssigeren Estern oder durch Zugabe von Viskositätsindexverbesserern auf die gewünschte Viskosität „eingestellt" werden.

Schwerentflammbare Flüssigkeiten [2.4]

Für den Einsatz in brand- und explosionsgefährdeten Bereichen, z.B. im Bergbau, im Flugzeugbau, zum Teil in der Gießerei- und Walzwerkstechnik, wurden Flüssigkeiten entwickelt bzw. gesetzlich vorgeschrieben, die sicherheits- und brandschutztechnische Anforderungen erfüllen. Bei den schwerentflammbaren Flüssigkeiten sind zwei Hauptgruppen zu unterscheiden: *wasserhaltige* und *wasserfreie* Flüssigkeiten.

Die Schutzwirkung der wasserhaltigen Druckflüssigkeiten – oft eingeordnet unter „Wasserhydraulik" – entsteht durch das Verdampfen des Wassers. Der Wasserdampf schützt die brennbaren Substanzen vor Entzündung bzw. verhindert ein Weiterbrennen nach einer Entflammung. Die synthetischen Flüssigkeiten sind chemisch so zusammengesetzt, dass ihre Dämpfe selbst feuerresistent sind. In Tabelle 2.4 ist eine Übersicht der schwerentflammbaren Flüssigkeiten dargestellt.

Die *HFA-Flüssigkeiten* („Druckwasser") sind in wichtigen Eigenschaften (Viskosität, Dichte, Schmierfähigkeit) dem Klarwasser sehr ähnlich und benötigen meist angepasste Konstruktionen. Der Einsatz ist nur im Temperaturbereich von + 5°C bis + 55°C möglich.

Zu dieser Gruppe gehören Emulsionen „Öl (meist synthetisches)-in-Wasser" HFAE (80 bis 98% Wasser) und wässrige Lösungen HFAS. Additive sorgen für verbesserten Korrosions- und Verschleißschutz. Biozide sollen den Befall mit Mikroorganismen verhindern. Durch Zusatz von Polymeren kann die Viskosität zur Verringerung von Leckverlusten auf ν_{40} = 20–30 mm^2/s angehoben werden

(„dickes Wasser“). Vorteilhaft sind der geringe Preis (10–15% gegenüber Mineralöl, 2–10% gegenüber HFC, HFD) sowie bei HFAS die geringe Umweltgefährdung (WGK 0) und problemlose Entsorgung, z. B. über das Abwasser.

Tabelle 2.4 Übersicht über die schwerentflammbaren Flüssigkeiten

Bezeichnung	Norm / Richtlinie	Zusammensetzung, Eigenschaften
HFA	ISO 6743-4 DIN EN 982 DIN24320	Öl-in-Wasser-Emulsion (HFAE)[1] ölfreie Konzentrate oder Salze in Wasser gelöst (HFAS)[1] 80 ... 98 % Wasser, Rest Additive und Biozide; preiswert
HFB	DIN 51502 CETOP/ RP 77 H	Wasser-in-Öl-Emulsion, Wassergehalt 40 ... 50 %, Brandschutz nicht ausreichend erfüllt, Neigung zur Entmischung, Anwendung für hydrostatische Antriebe
HFC	VDMA 24317	wässrige Polymerlösung mit Wassergehalt >35 % z. B. Polyglykol in Wasser gelöst
HFD		wasserfreie synthetische Flüssigkeiten z. B. Phosphorsäureester (HFDR), Chlorierte Kohlenwasserstoffe (HFDS), Gemische aus beiden (HFDT), andere Zusammensetzungen (HFDU)

[1] E Emulsion, S Solution

HFB-Flüssigkeiten werden in Deutschland nicht eingesetzt, weil ein bestimmter Brandschutz-Test nicht erfüllt wird. Die wasserhaltigen HFC- und die synthetischen HFD-Flüssigkeiten werden in den Viskositätsklassen VG 15 bis 100 analog zu den Mineralölen angeboten. Im Prinzip können deshalb Anlagen mit HFC- und HFD-Flüssigkeiten betrieben oder auf diese umgestellt werden, ohne dass Komponenten geändert werden müssen. Problematisch ist allerdings die Unverträglichkeit der HFD-Flüssigkeiten mit vielen konventionellen Dichtungswerkstoffen. Die Entsorgung von HFC und HFD muss als Sonderabfall erfolgen.

Der Wasserdampf schützt die brennbaren Substanzen vor Entzündung bzw. verhindert ein Weiterbrennen nach einer Entflammung. Der Einsatz von Wasser als historisch ältester Druckflüssigkeit erlebt seit Mitte der 90er Jahre eine Renaissance, wobei weniger der Wettbewerb zwischen Wasser und den übrigen Fluiden zu sehen ist, sondern das Erschließen und Ausbauen spezieller Anwendungsgebiete [2.4]. Positiv im Vergleich zu Mineralöl ist die höhere Wärmeleitzahl (Faktor 4) und damit effektivere Wärmeableitung. Der höhere Kompressionsmodul (ca. Faktor 2) von Wasser erhöht die Steifigkeit und Eigenfrequenz und verbessert damit die Güte von Regelungen. Andererseits können erhöhte Druckstöße (Wasserschläge) Zusatzbelastungen verursachen.

2.2.1.2 Motorenöle

Motorenöle werden zur Schmierung und Kühlung des Verbrennungsmotors und ggf. damit verbundener mechanischer Systeme, wie u. a. des Ventiltriebes verwendet. Sie werden auf Basis additiver Mineralöle, synthetischer oder halbsynthetischer Öle hergestellt. Die Motorenöle werden in Viskositätsklassen eingeteilt.

Grundlage für die Einteilung sind die SAE-Viskositätsklassen (**S**ociety of **A**utomative **E**ngineers) gemäß SAE J300 (s. Tabelle 2.5) [2.5, 2.13]. Grundlegend ist zwischen Sommer- und Winterölen zu unterscheiden. Aufgrund der hohen thermischen Belastung werden Viskositätsindexverbesserer verwendet, so dass sich ein geringerer Viskositätsabfall bei zunehmender Temperatur ergibt. Derartige Öle werden auch als Mehrbereichsöle (z. B. SAE 10W-40) bezeichnet. Zur Erhöhung der Belastbarkeit im Mischreibungsgebiet sind EP-Additive (**E**xtrem **P**ressure) im Einsatz. Das Motorenöl wird durch mechanischen Abrieb und Verbrennungsrückstände stark belastet, so dass eine gute Filterung mit regelmäßiger Wartung unabdingbar ist.

Nur die physikalischen und chemischen Eigenschaften sind nicht ausreichend, um den richtigen Schmierstoff auszuwählen. Es werden umfangreiche experimentelle Untersuchungen durchgeführt, um die Ergebnisse in Lieferanweisungen, Hausnormen und Spezifikationen festzuschreiben. Stellvertretend für die Vielzahl sollen die MIL-Spezifikation (Vorschrift der US-Streitkräfte), die API-Spezifikation (**A**merican **P**etroleum **I**nstitute) und die GLOBAL-Spezifikation genannt werden. Darüber hinaus gibt es zahlreiche Hersteller, die eigene Tests für die Mineralölindustrie vorschreiben.

Tabelle 2.5 Motoren-Schmieröle nach SAEJ 300

SAE V.	V. /mPas bei T/ °C max.	V.1 cP max.	η)[1] mm²/s min.	η)[1] mm²/s max.	V.2 /mPa bei 150°C
0W	6.200 bei -35°C	60.000 bei -40°C	3,8	-	-
5W	6.600 bei -30°C	60.000 bei -35°C	3,8	-	-
10W	7.000 bei -25°C	60.000 bei -30°C	4,1	-	-
15W	7.000 bei -20°C	60.000 bei -25°C	5,6	-	-
20W	9.500 bei -15°C	60.000 bei -20°C	5,6	-	-
25W	13.000 bei -10°C	60.000 bei -15°C	9,3	-	-
20	-	-	5,6	< 9,3	2,6
30	-	-	9,3	< 12,5	2,9
40	-	-	12,5	< 16,3	2,9)[2]
40	-	-	12,5	< 16,3	3,7)[3]
50	-	-	16,3	< 21,9	3,7
60	-	-	21,9	< 26,1	3,7

V. Viskositätsklasse, V.1 Tieftemperatur-Pump-Viskosität ohne Scherspannung,
)[1] ninematische Viskosität bei +100°C, V.2 Hochscher-Viskosität,
)[2] gilt für 0W-40, SW-40 und 10W-40 Öle,
)[3] gilt für 15W-40, 20W-40, 25W-40 und 40 Öle

2.2.1.3 Getriebeöle

Getriebeöle unterschiedlicher Konfiguration werden je nach Bauart des Getriebes eingesetzt. Aus der Vielzahl der fahrzeugtechnischen Anwendungen sollen die reinen Schaltgetriebe, die Automatikgetriebe, die Achsgetriebe, die Lenkgetriebe und die Strömungsgetriebe genannt werden. Daraus abgeleitet gibt es Fluide, die speziell den Einsatzbedingungen angepasst werden. Als wesentliche Kategorien gelten [2.14]:

- Fluide für Handschaltgetriebe (MTF),
- Funktionsflüssigkeiten für Automatikgetriebe (CVTF),
- Achsgetriebeöle,
- Öle für Automatikgetriebe (**A**utomatic **T**ransmission **F**luids (ATF),
- Öle für Doppelkupplungsgetriebe (DCTF) (Anforderungen wie MTF und Schaumfestigkeit wegen zusätzlicher Hydraulikpumpe) und
- Multifunktionsöle.

Die thermischen Anforderungen sind im Vergleich zu Motorenölen geringer. Besondere Anforderungen ergeben sich aus der tribologischen Beanspruchung durch sehr hohe Presskräfte an den Zahnflanken der Zahnräder im Schaltgetriebe. Die dafür beigemischten Additve bilden eine lasttragende Schmierstoffschicht, die den Fressverschleiß verhindert und den Abriebverschleiß stark mindert. Bedingt durch eine ständige Verlängerung der Ölwechselfristen müssen die Getriebeöle oxidationsstabil und alterungsbeständig sein.

Die Kfz-Getriebeöle sind gemäß SAE J 306 in Viskositätsklassen eingeteilt. Die in Strömungsgetrieben eingesetzten ATF-Öle sind für konstante Reibverhältnisse über den ganzen Einsatzbereich abgestimmt. Wegen der im Ölbad laufenden Schaltlamellen müssen die Öle beständig gegen Buntmetalle sein. Zur Gewährleistung der Funktion im Winterbetrieb werden Fliessverbesserer verwendet.

2.2.1.4 Rheologische Flüssigkeiten

Erste Ideen für die Nutzung rheologischer Flüssigkeiten stammen aus den 40er Jahren [2.6]. Praktische Umsetzungen sind erst in jüngster Zeit realisiert worden [2.7, 2.15]. Es gibt zwei Arten rheologischer Flüssigkeiten:

- *elektro**r**heologische **F**lüssigkeiten* (ERF) und
- ***m**agnetorheologische **F**lüssigkeiten* (MRF).

Bei ERF wird durch eine elektrische Spannung ein Feld erzeugt, dass durch Ausrichtung von elektrisch geladenen Teilchen ein Feld erzeugt, welches die Scherspannung der Flüssigkeit verändert.

Der Einsatz von MRF erfordert ein magnetisches Feld, das die gleiche Wirkung zur Folge hat. Magnetorheologische Flüssigkeiten (MRF) sind Suspensionen von kleinsten magnetisch polarisierten Teilchen in einer Trägerflüssigkeit. Die Partikel (oft Eisen) müssen in der Trägerflüssigkeit (z. B. Mineralöl oder Silikonöl) fein verteilt sein. Mittlerweile gibt es verschiedene MRF, die den jeweiligen Einsatzbedingungen angepasst werden können [2.16].

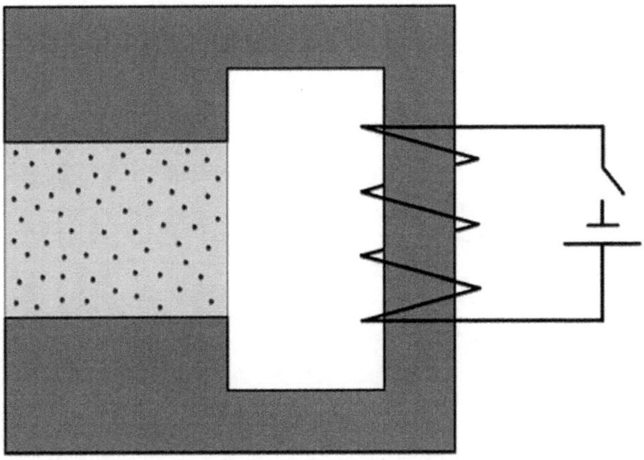

Abb. 2.18 Wirkschema magnetorheologischer Flüssigkeiten

Bei Stromfluss durch eine Spule (Abb. 2.18), die die MRF zumindest teilweise umschließt, entsteht ursächlich ein veränderliches Magnetfeld, das die Metallpartikel polarisiert. Dieser Effekt ist im ms-Bereich realisierbar. Ein Abschalten des Stromes bewirkt eine ebenso schnelle Verminderung der Eigenschaften des Fluides. Die Schubspannung in der Flüssigkeit kann je nach Konfiguration so weit verändert werden, dass eine feste Konsistenz vorliegt. Problematisch ist dabei, dass die Eisenpartikel stets gut verteilt sein müssen, sich also weder verklumpen noch sich auf den Boden absetzen. Durch spezielle Additive kann das weitgehend verhindert werden. Die Anwendungen werden sich dort ergeben, wo unweigerlich die größeren Druckverluste gegenüber dem reinen Mineralöl nicht bedeutungsvoll sind, aber die schnelle Beeinflussung der Scherspannung gewünscht wird. Ein solcher Einsatzfall sind Stoßdämpfer von Pkw (s. Abschn. 3.3.3), wo das Fluid durch Kanäle im Dämpferkolben strömt, die sich in einem variablen Magnetfeld befinden. In unmagnetisiertem Zustand verhält sich die Flüssigkeit wie eine newtonsche Flüssigkeit; die Schubspannung ist proportional zur Schergeschwindigkeit.

$$\tau = \dot{\gamma} \cdot \eta \tag{2.18}$$

Bei Anlegen eines Magnetfeldes geht das Fluid vom flüssigen in einen viskoplastischen Zustand über, der mittels des Bighamschen' Gesetzes erfasst wird

$$\tau = \tau_0 + \dot{\gamma} \cdot \eta \tag{2.19}$$

Die Grenzschubspannung ist dabei eine Funktion der magnetischen Flussdichte. Die dynamische Viskosität wird nicht vom Magnetfeld beeinflusst (s. Abb. 2.19).

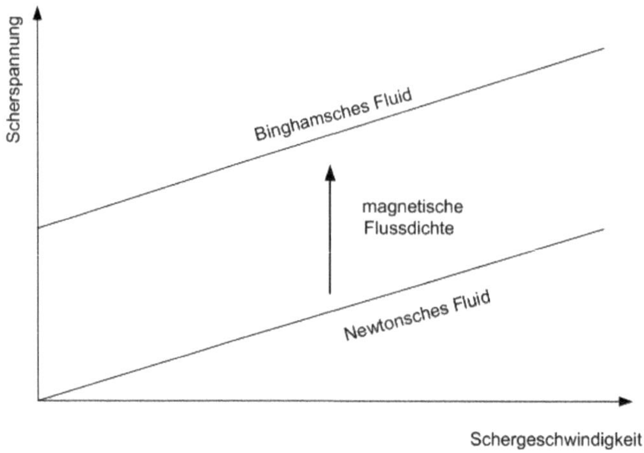

Abb. 2.19 Übergang vom Newtonschen Fluid zum Bingham-Fluid

Der dabei ggf. auftretende Restmagnetismus der Zusatzpartikel und andere negative Eigenschaften wurden inzwischen für zahlreiche Anwendungen so gelöst, dass ein praktischer Einsatz erfolgen kann.

2.2.1.5 Bremsflüssigkeiten

Die Bremsflüssigkeit ist das Medium zum Übertragen der hydraulischen Energie während des Bremsvorganges. Sie muss eine Reihe von grundlegenden Forderungen erfüllen und eine Verträglichkeit mit allen in der Bremsanlage verwendeten Materialien garantieren. Ausgehend von der SAEJ 1703 bzw. FMVSS 116 (**F**ederal **M**otor **V**ehicle **S**afety **S**tandard), die aus den USA stammen, wurden in Deutschland zahlreiche Modifikationen durchgeführt und eigene Vorschriften eingeführt. Allen Vorschriften ist eigen, dass nachfolgende Kriterien für den Einsatz bzw. die Brauchbarkeit der Bremsflüssigkeit maßgebend sind:

- Gleichgewichtssiedepunkt (Trockensiedepunkt),
- Nasssiedepunkt,
- Viskosität bei – 40°C,
- Viskosität bei + 100°C,
- pH-Wert,
- Stabilität bei hoher und niedriger Temperatur,
- chemische Stabilität,
- Korrosionsverhalten,
- Verdampfungsverhalten,
- Verträglichkeit mit Wasser,
- Widerstand gegen Oxidation und
- Elastomerverträglichkeit.

Die ersten drei Kriterien sind besonders wichtig, da sie für die Klassifizierung entscheidend sind. Allgemein verbindlich sind die vom **D**epartment **o**f **T**ransportation der USA festgelegten Bremsflüssigkeitsklassen (DOT). In Tabelle 2.6 sind die derzeit üblichen Bremsflüssigkeiten mit den wesentlichen Eigenschaften enthalten.

Tabelle 2.6 Einteilung der Bremsflüssigkeiten

	SAE J1703	ISO 4925	DOT 3	DOT 4	DOT 5
Gleichgewichts-siedepunkt	>205°C	>205°C	>205°C	>230°C	>260°C
Nasssiedepunkt	>140°C	>140°C	>140°C	>155°C	>180°C
Viskosität bei -40°C	<1800cSt	<1500cSt	<1500cSt	<1800cSt	<900cSt

Für die Eigenschaften ist der chemische Aufbau maßgebend, der vor allem vom Trägerstoff, Lösemittel, Inhibitoren und Antioxidationsmitteln bestimmt wird. Die nachfolgenden Typen von Bremsflüssigkeiten auf der Basis von:

- Glykolen, Glykolethylen und deren Borsäureestern,
- Silikonester bzw.
- Mineralölen

sind weltweit im Einsatz.

Die erste Gruppe hat einen Weltmarktanteil von mehr als 95%. Die neuesten Entwicklungen, wie DOT 5.1, binden wegen der Reaktionsfähigkeit mit Wasser dieses chemisch ab. Dadurch fällt der Siedepunkt z. B. gegenüber DOT 3-Bremsflüssigkeiten langsamer ab. Bremsflüssigkeiten auf Basis von Silikonester werden nur in geringem Umfang (Rennsportfahrzeuge, Militärfahrzeuge) trotz des sehr guten Viskositätsverhaltens eingesetzt. Mineralölbasische Bremsflüssigkeiten sind nicht hygroskopisch. Da sie aber mit den anderen Arten nicht mischbar sind und außerdem auch oft mit den eingesetzten elastomeren Dichtungen nicht verträglich sind, haben sie für die Praxis keine Bedeutung.

2.2.1.6 ATF-Öle

ATF-Öle (**A**utomatic **T**ransmission **F**luid) zeichnen sich durch ein sehr gutes Viskositäts-Temperaturverhalten, Scherstabilität, hohe Oxidationsstabilität, Luftabscheidevermögen und Schaumverhalten aus [2.17]. Sie wurden als Funktionsflüssigkeiten für Automatikgetriebe in Kfz und Arbeitsmaschinen entwickelt. Mittlerweile erfolgt der Einsatz z. T. auch als Fluid in Servolenkanlagen. Es gibt ATF-Öle in unterschiedlichster Spezifikation, so dass Mischungen zu vermeiden sind. Sie eignen sich nur bedingt als Ersatz für Hydrauliköle. Die in Tabelle 2.7 angegebenen Eigenschaften für ein spezielles ATF-Öl dienen als Orientierungsgrundlage.

Tabelle 2.7 Ausgewählte Eigenschaften von AVIA Fluid ATF 66M [2.17]

Farbe	rot
Geruch	ölig
Flammpunkt	210°C
Viskositätsindex VI	153
Puorpoint	-42 °C
Dichte	870 kg/m^3
Löslichkeit in Wasser	unlöslich
Kinematische Viskosität bei 40 °C	41 mm^2/s

2.2.1.7 Stoßdämpferflüssigkeiten

In hydraulischen Dämpfern werden i. d. R. Mineralöle verwendet. Die zugesetzten Additive verbessern die Scherstabilität, vermindern die Schaumneigung und garantieren eine geringe Kavitationsneigung. Hintergrund für die Auswahl der Dämpfungsflüssigkeit ist das Wirkprinzip des Stoßdämpfers. Dabei wird die Dämpfung durch Aufbau von Druckdifferenzen mittels hydraulischer Widerstände erreicht (s. Abschn. 3.3.1). Bei diesem Prozess ist die Änderung der Viskosität durch eine Temperaturänderung des Fluides unbedingt zu berücksichtigen. Dieser Einfluss wird durch Zugabe von Viskositätsindexverbesserern nahezu ausgeschlossen, so dass über einen Temperatureinsatzbereich von -40°C – +80°C stetige Dämpfungseigenschaften erreicht werden. Allerdings bauen diese Additive in Form von Polymeren oft im Laufe der Nutzungszeit ab. Daraus abgeleitet empfehlen Stößdämpferhersteller, ggf. das Fluid zu wechseln, was in der Praxis kaum beachtet wird. Vor diesem Hintergrund werden auch biologisch abbaubare Ester vorgeschlagen, die speziell diesen Nachteil ausschließen [2.18, 2.19]. Der gesamte Prozess ist noch in der Entwicklung. Eine weitere Möglichkeit bietet der Einsatz rheologischer Flüssigkeiten (s. Abschn. 2.2.1.4).

2.2.1.8 Kraftstoffe

Zum Antrieb von mobilen Maschinen wird Antriebsenergie benötigt, die u. a. nachfolgende Aspekte zu gewährleisten hat:

- hohe Energiedichte,
- Verfügung für ausreichende Einsatzzeit des Fahrzeuges,
- gefahrlose Handhabung,
- gute Zündwilligkeit bzw. Klopffestigkeit bei Einsatz in Motoren mit innerer Verbrennung und
- geringe Umweltbelästigung des Energieträgers und deren Verbrennungsprodukte.

Diese Forderungen werden weitestgehend von flüssigen Gemischen der Kohlenwasserstoffe erfüllt, die als Benzin und Dieselkraftstoff bekannt sind. Beide Kraftstoffe konnten in ihren Eigenschaften im Laufe der Zeit wesentlich verbessert werden. Sie werden größtenteils durch Auftrennung aus natürlichem Rohöl gewonnen. Es gibt weitere Verfahren, die Synthesegas als Ausgangsbasis verwenden und synthetischer Kraftstoff hergestellt werden kann. Neben Benzin und Dieselkraftstoff gibt es weitere Produkte, die in Verbrennungsmotoren als Energieträger eingesetzt werden können. Hier sind vor allem Kohlenwasserstoffe, Methanol, Ethanol, Methan als CNG (**C**ompressed **N**atural **G**as) oder LNG (**L**iquefied **N**atural **G**as) bzw. LPG (**L**liquefied **P**etroleum **G**as) zu nennen. Wegen der begrenzten Verfügbarkeit der Rohstoffe und der mit dem Betrieb von Verbrennungsmotoren verbundenen Abgase ergeben sich weitergehende Anforderungen an Energieträger bzw. Antriebskonzepte.

Durch Beimischung von chemischen Bestandteilen wird der Verbrennungsverlauf bzw. die Abgaszusammensetzung beeinflusst. Ebenso ist es möglich, die Startfähigkeit der Verbrennungsmotoren bei extremen Umweltbedingungen nachhaltig zu verbessern.

Das Kraftstoffsystem von Vergasermotoren stellt keine besonderen Anforderungen, da es mit niedrigen Drücken betrieben wird. Motoren mit Einspritzanlagen, die sowohl für Diesel- als auch für Ottomotoren zunehmend eingesetzt werden, arbeiten mit Drücken bis ca. 3000 bar (Dieselmotor), was u. a. extreme Forderungen an die Schmierfähigkeit der Kraftstoffe stellt.

In 2-Takt-Ottomotoren, die in der Fahrzeugtechnik nur noch eine kleine Randgruppe darstellen, werden die gleichen Vergaserkraftstoffe eingesetzt, nur wird zusätzlich ein spezielles Öl zur Schmierung des Verbrennungsmotors beigemischt. In Europa gibt es kaum noch Tankstellen, die die erforderlichen Gemische direkt an einer Zapfsäule anbieten.

2.2.1.9 Kühlmittel

Der überwiegende Anteil von mobilen Maschinen und Kraftfahrzeugen wird mit flüssigkeitsgekühlten Verbrennungsmotoren betrieben. Die Kühlflüssigkeit ist eine Mischung von Wasser, Frostschutzmittel (oft Äthylenglykol) und zu einem geringen Anteil von spezifischen Inhibitoren (Korrosionsschutz). Die Mischung richtet sich nach den zu erwartenden Lufttemperaturen und beträgt ca. 50–70% Wasser und 30–50% Frostschutzmittel. Die Mischungen werden ganzjährig verwendet und können durch Bestimmung der Dichte (spindeln) in ihrer Zusammensetzung überprüft werden.

Das Kühlmittel nimmt die Wärmemenge, die im Verbrennungsmotor durch den Verbrennungsablauf und die Reibung entsteht, weitgehend auf und gibt sie im Kühler über die umströmte Umgebungsluft ab. Dieser Vorgang wird reglungstechnisch optimiert, um beim Kaltstart des Motors möglichst schnell eine Betriebstemperatur zu erreichen und ständig den Kühlmittelfluss der aktuellen Motortemperatur anzupassen. In diesem Prozess ist auch die Heizung in den Fahrzeuginnenraum integriert, da dafür ebenfalls die abzuführende Motorwärmemenge genutzt wird, s. Abschn. 3.4.

2.2.1.10 Kältemittel

Fahrzeugklimaanlagen sind grundsätzlich mit einer Kältemaschine („Kältekreislauf", „Kälteanlage") zur Luftkühlung ausgestattet. Das Arbeitsfluid einer solchen Kältemaschine wird als Kältemittel bezeichnet. Das Kältemittel durchläuft einen speziellen thermodynamischen Kreisprozess, der eine Wärmeabfuhr unterhalb des Umgebungstemperaturniveaus ermöglicht. Dies stellt eine klare Abgrenzung zu dem oft fälschlicherweise verwendeten Begriff „Kühlmittel" dar. Zudem befinden sich Kältemittel in einer Kälteanlage zumeist im Dampfzustand, d. h. sie kommen sowohl in der flüssigen und gasförmigen Phase als auch im Nassdampfzustand vor (s. auch Abschn. 3.4).

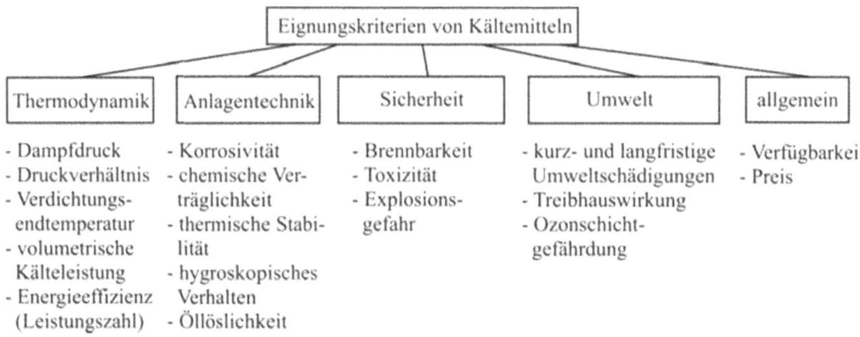

Abb. 2.20 Die wichtigsten Anforderungen an Kältemittel

Kältemittel müssen eine Reihe unterschiedlicher Anforderungen erfüllen (s. u. a. [2.20, 2.21]), die gemäß Abb. 2.20 zudem vom Kälteerzeugungsverfahren abhängen.

Thermodynamische Anforderungen

Hauptkriterium ist die grundsätzliche thermodynamische Eignung eines Stoffes als Kältemittel. Für die überwiegend zum Einsatz kommenden Kaltdampf-Kältemaschinen mit mechanischem Verdichter (s. Abschn. 3.4) bedeutet das vor allem eine geeignete Form und Lage der Dampfdruckkurve im p,T-Diagramm (Abb. 2.21).

Um Unterdruck in der Anlage zu vermeiden, wird eine Verdampfung unterhalb der Innenraumtemperatur möglichst bei einem Druck in der Nähe des atmosphärischen Druckes p_b = 0,1 MPa = 1 bar angestrebt. Zugleich soll die Verflüssigung oberhalb der Umgebungstemperatur bei einem möglichst niedrigen Druck erfolgen. Dies verringert nicht nur die generelle mechanische Belastung der Anlagenkomponenten, sondern führt auch zu einem niedrigeren Druckverhältnis π zwischen Hochdruck- und Niederdruckseite des Verdichters.

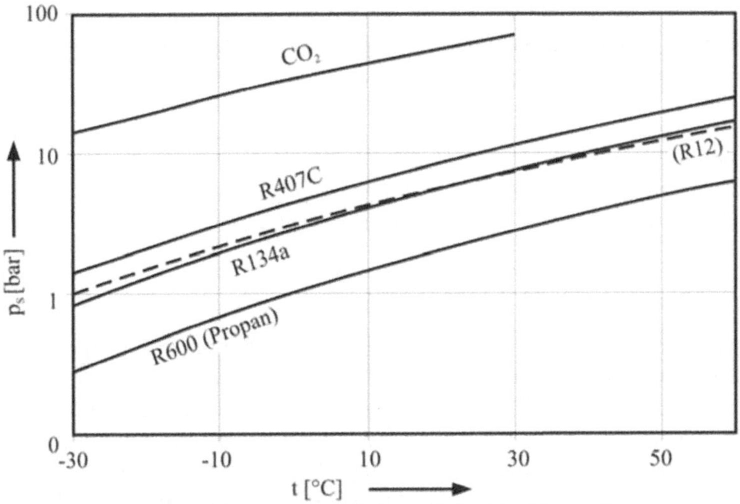

Abb. 2.21 Dampfdruckkurven verschiedener Kältemittel lg p,t-Diagramm

Im Zusammenhang mit dem Verdichtungsvorgang ist auch die Forderung nach einer möglichst niedrigen Verdichtungsendtemperatur zu sehen. Sie wird einerseits durch das Druckverhältnis bestimmt, hängt andererseits aber auch von den thermodynamischen Eigenschaften des Kältemittels selbst ab. Zu hohe Verdichtungsendtemperaturen können Probleme mit Dichtungs- und anderen Werkstoffen sowie mit dem im Kältekreislauf zirkulierenden Schmiermittel (Verkokung) bewirken. Vorteilhaft ist weiterhin eine hohe volumetrische Kälteleistung q_V eines Kältemittels. Sie gibt an, wie viel Kälte pro Volumeneinheit Kältemitteldampf erzeugt werden kann und wirkt sich damit unmittelbar auf den erforderlichen Fördervolumenstrom des Verdichters und somit auf dessen Baugröße und Masse aus. Eine weitere wünschenswerte thermodynamische Eigenschaft ist ein günstiges Verhältnis zwischen der aufgenommenen Verdampfungswärme q_o und der erforderlichen Verdichtungsarbeit $w_{t,V}$. Dieser als Kälteleistungszahl ε_o bezeichnete Quotient (engl. **c**oefficient **o**f **p**erformance COP) charakterisiert die energetische Effizienz einer Kältemaschine in sehr prägnanter Weise.

Sonstige Anforderungen

Hinsichtlich der anlagentechnischen Anforderungen darf sich ein Kältemittel nicht korrosiv gegenüber allen verwendeten Werkstoffen verhalten. Weitere Forderungen sind chemische Verträglichkeit mit Dichtungen (Quellverhalten usw.) und thermische Stabilität. Da Kältemaschinen insbesondere in Fahrzeugen nie völlig dicht ausgeführt werden können, sollte ein Kältemittel auch möglichst nicht hygroskopisch sein. Eine wesentliche anlagentechnische Forderung ist eine gute Öllöslichkeit, da Kältemittelverdichter grundsätzlich durch im Kältemittelkreislauf mitgeführtes Öl geschmiert werden.

Im Hinblick auf sicherheitstechnische Anforderungen sollte ein Kältemittel weder brennbar noch explosiv sowie auch nicht giftig sein. Dies gilt umso mehr für den grundsätzlich stärker havariegefährdeten Fahrzeugeinsatz.
Entscheidenden Stellenwert nehmen mittlerweile umweltpolitische Anforderungen ein. Von Kältemitteln dürfen daher keine kurz- und langfristigen Umweltschädigungen ausgehen.

Nicht zuletzt können auch allgemeine Forderungen wie z. B. eine gesicherte Verfügbarkeit bei günstigen Preisen ein wichtiges Beurteilungskriterium für ein Kältemittel sein.

Eingesetzte Kältemittel

Für die Fahrzeugklimatisierung in Frage kommende Kältemittel sind in Tabelle 2.8 zusammengestellt. R22 als in Ablösung befindlicher Stoff ist lediglich zum Vergleich aufgenommen. Im Gegensatz zu stationären Anwendungen werden in der Fahrzeugtechnik brennbare und/oder toxische Kältemittel auf grund des generell hohen Havarierisikos kaum toleriert. Entsprechend sind in Tabelle 2.8 nur Stoffe mit der günstigen Einstufung A1 (keine oder geringe Toxizität und unbrennbar) nach [2.22] enthalten. Die typische Bezeichnung mit einem „R" und einer codierten Kennzahl erfolgt nach [2.23].

Tabelle 2.8 Wichtige Eigenschaften fahrzeugtauglicher Kältemittel (nach [2.24])

Kältemittel	Zusammensetzung	$t_{S,N}$	t_{krit}	GWP	Praktischer Grenzwert nach EN 378-1
		°C	°C		kg/m³
(R22)	$CHClF_2$	-41	96	1500	0,3
R134a	CF_3CH_2F	-26	101	1300	0,25
R407C	R32/125/134a	-44	87	1520	0,31
HFO1234yf	$CF_3CF{=}CH_2$	-30	k. A.	4	k.A.
R744	CO_2	-57	31	1	0,07

($t_{S,N}$ – Normalsiedetemperatur; t_{krit} – kritische Temperatur; Praktischer Grenzwert – höchstzulässige mögliche Konzentration in einem Raum z. B. nach Havarie)

Nachdem ursprünglich die thermodynamische Eignung und sicherheitstechnische Fragen (Brand- und Explosionsschutz, toxische Unbedenklichkeit usw.) allein im Vordergrund standen, werden Kältemittel gegenwärtig auch in Bezug auf ihre Umweltverträglichkeit bewertet. Erster gravierender Einschnitt war in den 90er Jahren des 20. Jahrhunderts das Verbot der bis dahin weit verbreiteten „Sicherheitskältemittel" wie z. B. R11 und R12, die als Fluor-Chlor-Kohlenwasserstoffe (FCKW) nachhaltig die Ozonschicht der Erdatmosphäre [2.22] gefährdeten. Als Maßzahl für das Ozonzersetzungspotenzial dient das sog. „**O**zone **D**epleting **P**otential" ODP, welches auf die Wirkung des aggressivsten Stoffes R11 bezogen wird. Kältemittel mit hohem ODP-Wert spielen mittlerweile praktisch keine Rolle mehr. Im Zuge des FCKW-Verbots wurden Ersatzstoffe („Alternativkältemittel") entwickelt, von denen im Bereich der Fahrzeugklimatisierung vor allem das ungiftige, unbrennbare und thermodynamisch gut geeignete R134a weit verbreitet ist.

Mögliche zukünftige Kältemittel

Die Alternativkältemittel stehen heute erneut aus umwelttechnischer Sicht in der Kritik, da neben der Ozonzersetzung mittlerweile auch deren Treibhauswirkung in der Atmosphäre bewertet wird. Maßzahl ist hier das sog. „**G**reenhouse **W**arming **P**otential" GWP, welches auf die (natürliche) Treibhauswirkung des Kohlendioxids CO_2 bezogen wird.

Für den Bereich der PKW-Klimatisierung sind im EU-Recht bereits verbindliche Richtlinien verabschiedet worden [2.26], die einen schrittweisen Ausstieg aus der Anwendung treibhauswirksamer Kältemittel festlegen. So sind u. a. Typgenehmigungen neuer PKW ab 2011 nur noch mit Kältemitteln mit einem GWP < 150 erlaubt. Dies erfordert zunächst für den umfangreichen PKW-Sektor neue Kältemittel. Ausgehend hiervon sind mittelfristig jedoch ähnliche Restriktionen für weitere Fahrzeugklassen und Verkehrsträger zu erwarten [2.27].

Als mögliche Ersatzstoffe für das R134a im PKW-Einsatz sind derzeit Kohlendioxid CO_2 (Kältemittel-Kurzbezeichnung R744) [2.29, 2.30] sowie die noch in Entwicklung befindliche Substanz HFO-1234yf ([2.31] u. a.) im Gespräch. Während der Naturstoff CO_2 in Bezug auf Umweltwirkung, Verfügbarkeit und Preis konkurrenzlos günstige Eigenschaften bietet, erfordert er infolge der deutlich höheren Drücke (Abb. 2.21) eine völlig veränderte Anlagentechnik. Die noch nicht serienreife synthetische Substanz HFO-1234yf soll nach Angaben der Hersteller zwar fast identische Eigenschaften wie das zu ersetzende R134a aufweisen und somit auch die Weiterverwendung bisheriger Klimaanlagen ermöglichen. Dafür ist dieser Stoff (mäßig) entflammbar [2.30, 2.31]. Verbindliche thermische Daten sind derzeit noch nicht erhältlich.

Zudem ist bei derartigen Ersatzstoff-Diskussionen neben den direkten Umweltauswirkungen auch die indirekte Schädigungswirkung durch vorgelagerte CO_2-Emissionen zu beachten. Eine endgültige Entscheidung über die zu bevorzugenden Kältemittel der Zukunft steht somit noch aus. Unabhängig davon ist zu erwarten, dass R134a noch längere Zeit in Fahrzeugklimaanlagen zum Einsatz kommen wird.

In Bezug auf die Verwendung geeigneter bzw. zulässiger Schmierstoffe, Dichtungs- und sonstiger Werkstoffe in Kombination mit einem bestimmten Kältemittel ist in jedem Fall auf die Vorschriften der jeweiligen Kältemaschinenhersteller zu verweisen. Einen guten Überblick vermittelt hierzu [2.24].

2.2.1.11 Batterieflüssigkeiten

Batterien sind reversible Energiespeicher. Beim Laden erhöht sich durch Zufuhr elektrischer Energie ihr chemischer Energiegehalt. Bei der Entladung erfolgt eine Umkehrung dieses Prozesses. Batterien bestehen aus zwei Elektroden, die von unterschiedlichen Elektrolyten umgeben sind. Es gibt nachfolgende Arten von Batterien:

- Bleiakkumulatoren (Bleibatterien) mit verdünnter Schwefelsäure,

- Nickel-Metallhydrid-Batterien mit verdünnter Kalilauge,
- Nickel-Cadmium-Batterien mit verdünnter Kalilauge und
- Lithium-Ionen-Batterien bzw. Lithium-Polymer-Batterien mit organischer Flüssigkeit oder Polymer als Gel.

In Bleiakkumulatoren (Bleibatterien), die in Kraftfahrzeugen i. d. R. als Starterbatterie und Energiespeicher eingesetzt werden, wird verdünnte Schwefelsäure als Elektrolyt verwendet. Der positive Pol der Bleiakkumulatoren besteht im geladenen Zustand aus Blei(IV)-oxid (PBO_2) und am negativen Pol aus Bleischlamm. Die 27-%-ige Schwefelsäure (H_2SO_4) ist an den chemischen Vorgängen beteiligt. Sie verändert deshalb auch die Dichte, die beim vollen Akkumulator 1,28 g/cm^3 beträgt. Durch Messung der Dichte mittels einer Spindel kann der Ladezustand des Akkus bestimmt werden. Mittlerweile werden vorrangig Bleibatterien in verschlossener Bauform hergestellt, die es als Gelakku bzw. Vliesakku gibt. Daraus ergibt sich, dass kein flüssiges Elektrolyt mehr vorhanden ist und die Batterien verschlossen betrieben werden können. Es treten keine Gasdämpfe beim Ladevorgang mehr aus und die Batterien sind nahezu wartungsfrei, wenn beachtet wird, dass der Ladestrom zu begrenzen ist. So wird verhindert, dass über längere Zeit mit zu hoher Spannung geladen wird. Die sonst auftretende Entgasung wird zusätzlich begrenzt, indem der Batterie katalytisch aktive Materialien zugesetzt werden, an denen sich Wasser- und Sauerstoff abscheiden und wieder zu Wasser umbilden. Allerdings haben diese Bauarten einen größeren Innenwiderstand und sind deshalb als Starterbatterien mit hoher Leistung nicht geeignet.

2.2.2 Gase

Als Fluid in pneumatischen Anlagen von Kraftfahrzeugen wird i. d. R. Luft verwendet, die vom Kompressor verdichtet und im Druckkessel gespeichert wird. Neben zahlreichen zusätzlichen Komponenten, wie u. a. Wartungseinheit und Ventile, ist vor allem die Eigenschaft der Luft von ausschlaggebender Bedeutung. Andere Gase als Luft bleiben Sonderanwendungen, wie z. B. als Medium in hydraulischen Druckspeichern, vorbehalten.

Bedingt durch die Zusammensetzung der atmosphärischen Luft ergeben sich spezielle Anforderungen. So ist das Aufnahmevermögen der Luft an Wasserdampf begrenzt und vom Druck und von der Temperatur abhängig. Wasser und feste Verunreinigungen führen zur Korrosion und zu erhöhtem Verschleiß. Sie werden durch Wasserabscheider und Filter minimiert.

Die Eigenschaften der Luft als Gas können mit Hilfe der thermodynamischen Zustandsgleichungen erfasst werden. Im Arbeitsbereich kann die Luft näherungsweise als ideales Gas angesehen werden. Die allgemeine thermische Zustandsgleichung lautet

$$p_a \cdot \mathrm{V} = m \cdot R \cdot T\ . \tag{2.19}$$

Wird anstelle des Volumens V das spezifische Volumen v verwendet, so gilt

$$p_a \cdot \mathrm{v} = R \cdot T \tag{2.20}$$

Es gibt nachfolgende Grenzfälle, die der Art der Zustandsänderung entsprechen:

- Isotherme Zustandsänderung (Gesetz von Boyle-Mariotte)

$$p_a \cdot \mathrm{v} = konst. \tag{2.21}$$

- Isobare Zustandsänderung (Gesetz von Gay-Lussac)

$$\frac{\mathrm{v}}{\mathrm{T}} = konst. \tag{2.22}$$

- Isentrope (adiabate) Zustandsänderung

Die isentrope oder adiabate Ausdehnung der Druckluft innerhalb eines geschlossenen Systems von Zustand *1* zum Zustand *2* verläuft nach Gl. (2.23)

$$\frac{p_2}{p_1} = \left(\frac{v_1}{v_2}\right)^{\kappa}. \tag{2.23}$$

Der Isentropenexponent κ ergibt sich aus Gl. (2.24)

$$\kappa = \frac{c_p}{c_v}. \tag{2.24}$$

Erfolgt die Temperaturänderung bei konstantem Druck, gilt Gl. (2.25)

$$\frac{p_2}{p_1} = \left(\frac{T_1}{T_2}\right)^{\frac{\chi}{\chi-1}} \tag{2.25}$$

In den Gln. (2.19) bis (2.25) sind:

p_a	Ausgangsdruck des Gases	κ	Isentropenexponent
V	Volumen des Gases	Index *1*	Zustand 1
v	spezifisches Volumen *(v=V/m)*	Index *2*	Zustand 2
m	Masse des Gases	n	Polytropenexponent
T	Temperatur des Gases	R	Gaskonstante

Die in pneumatischen Anlagen eingeschlossene Druckluft kann in vielen Fällen wie ein geschlossenes thermodynamisches System betrachtet werden. Die Räume, die von der Luft durchströmt werden, sind wie offene thermodynamische Systeme zu behandeln. Nach dem 1. Hauptsatz der Thermodynamik besitzt jedes geschlossene System eine charakteristische kalorische Zustandsgröße, die innere Energie. Sie wächst, wenn in das System eine Wärmemenge eingeleitet wird und nimmt ab, wenn das System nach außen Arbeit leistet. So gibt bei Ausdehnung die Druckluft mechanische Energie ab. Bei Komprimierung von Luft ist hingegen Energie zu zuführen.

Für die Berechnung pneumatischer Anlagen kann für zahlreiche Anwendungen von nachfolgenden Ansätzen ausgegangen werden:

- Langsam verlaufende Vorgänge, bei denen Zeit für den Wärmeaustausch vorhanden ist und die Temperatur annähernd konstant bleibt, werden wie isotherme Zustandsänderungen berechnet.
- Schnell verlaufende Vorgänge, bei denen die Zeit für den Wärmeaustausch nicht ausreicht, werden mit den Gleichungen für die adiabate Zustandsänderung beschrieben.

2.2.3 Filter

Schon allein aus der Vielzahl der hier vorgestellten Fluide, die in Kraftfahrzeugen eingesetzt werden und den verschärften Umweltanforderungen wird deutlich, dass die Reinheit der Fluide ein zentrales Problem ist. Der damit verbundene Einsatz von Filtern ist durch die unterschiedlichsten Anforderungen gekennzeichnet. Viele Filtrationsaufgaben lassen sich heute nicht mehr separat betrachten, sondern sind Bestandteil eines Systems und haben über die Abscheidung von Schmutz hinausgehende Aufgaben zu erfüllen. Im Ergebnis wurden für die unterschiedlichsten Fluide spezielle Filter entwickelt. In Fahrzeugen werden vorrangig Tiefenfilter eingesetzt. Sie sind dann am effektivsten, wenn die Konzentration der abzuscheidenden Partikel relativ gering ist [2.32]. Die verschiedenen Filter arbeiten nach physikalischen Gesetzmäßigkeiten, die nachfolgend dargestellt sind. Für die Auslegung von Filtern wird auf die Spezialliteratur, wie u. a. [2.32, 2.4] verwiesen.

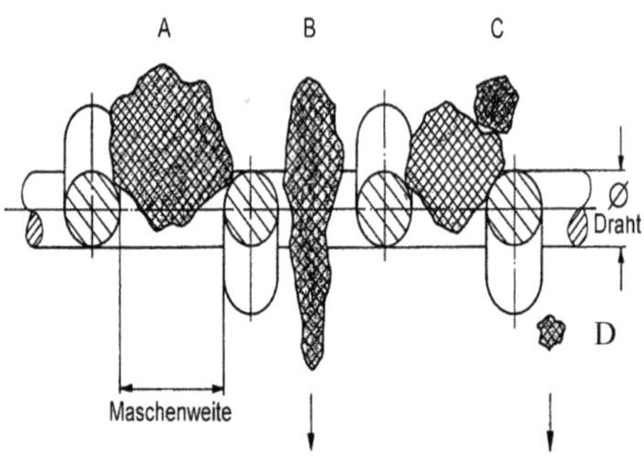

Abb. 2.22 Prinzip eines Oberflächenfilters

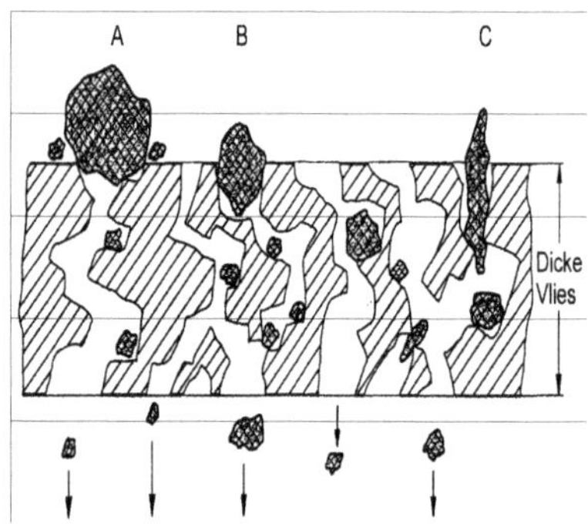

Abb. 2.23 Prinzip eines Tiefenfilters

Nach den Materialien für die Filterelemente unterscheidet man *Oberflächenfilter* und *Tiefenfilter. Oberflächenfilter* (s. Abb. 2.22) bestehen aus einer dünnen Gewebeschicht, z. B. Metall-, Zellulose-, Kunststoffgewebe oder Papier. Eine konstruktive Variante sind auch die Sieb- und Spaltfilter. Die Schmutzablagerung findet fast ausschließlich auf der Filteroberfläche statt. Papierfilter sind Wegwerffilter, während die anderen Gewebetypen meist und die metallischen Sieb- und Spaltfilter immer gereinigt werden können.

Die Wirkungsmechanismen und Probleme beim Filtrieren sollen durch die folgenden Erläuterungen veranschaulicht werden (s. Abb. 2.22):

- A: Partikel größer als Maschenweite verschließen die Oberfläche;
- B: Partikel mit wesentlich größerer Länge passieren den Filter;
- C: Partikel kleiner als Maschenweite werden durch Anlagerung auch noch zurückgehalten;
- D: Partikel kleiner als Maschenweite passieren den Filter.

Die Schmutzaufnahmekapazität sowie die Rückhalterate sind wesentlich geringer als bei einem Tiefenfilter. Oberflächenfilter sind nur bedingt reinigbar; bei der Reinigung im Ultraschallbad ist die Reinseite zu verschließen.

Tiefenfilter (s. Abb. 2.23) benutzen poröse Materialien (Sinterwerkstoffe) und Vliese aus Glas-, Kunststoff-, Metall- oder Zellulosefasern. Auch bei kleiner Porenweite sind relativ geringe Durchflusswiderstände zu erreichen. Die Schmutzpartikel verfangen sich in den labyrinthartigen Gängen und Kanälchen im Innern des Filterwerkstoffes. Tiefenfilter haben meist die Aufgabe der Feinfiltration. Sie sind nicht reinigbar (Einwegfilter).

Zur Erläuterung der Wirkungsweise:

- A: Partikel einer bestimmten Größenordnung verschließen die Poren, lassen jedoch durch die nicht gleichmäßige Öffnung der Poren noch kleinere Partikel passieren;
- B: Auch Partikel kleiner als die effektive Porengröße werden noch zu rückgehalten;
- C: Längliche Partikel verfangen sich im Porengewirr und werden im Gegensatz zum Gewebe (Oberflächenfilter) zurückgehalten.

Die Schmutzaufnahmekapazität sowie die Rückhalterate sind im Vergleich zu einem Oberflächenfilter um Größenordnungen höher [2.4].

2.3 Mess- und Bussysteme

Die Geschichte der Kraftfahrzeuge ist geprägt von einer ständigen Weiterentwicklung. Anfangs wurden rein mechanische Komponenten verwendet, um die Fahrzeuge überhaupt betreiben zu können. Für das starten der Motoren und Ermöglichung einer Fahrze, hielt relativ schnell die Elektrotechnik Einzug. Es folgten unterschiedlichste Elektromotoren und Relais, die neue Möglichkeiten schufen und im gewissen Maße auch Komfortfunktionen ermöglichten. Seit Ende der 70-er Jahre des 20. Jahrhunderts schritt die Entwicklung rasant voran, was dazu führte, dass ein immenser Installationssaufwand im Fahrzeug entstand, um die vielfältigsten Schaltfunktionen logisch miteinander zu verknüpfen. Der Ausweg und damit eine neue Entwicklungsetappe bestand in der Einführung analoger elektronischer Steuerungen, die ab Anfang der 90-er Jahre des letzten Jahrhunderts in eine neue Qualität umschlug, indem der CAN Buss (**C**ontroller **A**rea **N**etwork) vor allem im Antriebsbereich eingeführt wurde. Mittlerweile erweisen sich digitale Bussysteme als wichtige infrastrukturelle Komponente, um die unterschiedlichen funktionellen Anforderungen moderner Fahrzeugkonzepte zu ermöglichen. Die regelungstechnisch zu erfassenden Funktionen können sich auf das gesamte Fahrzeug, einzelne Funktionsbereiche (z. B. Verbrennungsmotor oder Bremsanlage) bzw. Systeme innerhalb eines Funktionsbereiches beziehen. In Tabelle 2.9 sind einige ausgewählte Beispiele dargestellt. Um solche Systeme aufzubauen, sind Sensoren und Aktuatoren einzusetzen, die geeignete elektronische Signale verarbeiten und mit dem Bussystem verbunden werden können.

Tabelle 2.9 Funktionsbereiche im Kfz

Einsatz im Kfz	Beispiel
Antriebsstrang	Motor- und Getriebesteuerung
Aktive Sicherheit	Fahrdynamikregelung
Passive Sicherheit	Airbag, Gurtstraffer
Komfort	Klimaautomatik, Lichtfunktionen
Multimedia und Telematik	Radiosystem, Navigationssystem

2.3.1 Messsysteme

Messsysteme werden von den Sensoren und der zugehörigen Messwertverarbeitung geprägt. Die Sensoren wandeln oft nichtelektrische Messsignale in elektrische Ausgangssignale um. Dabei sind Störgrößen, wie u. a. Temperaturschwankungen oder Schwankungen der Versorgungsspannung des Sensors zu berücksichtigen. Grundlegend gilt der in Abb. 2.24 dargestellte Sachverhalt. Prinzipiell gibt es *aktive Sensoren*, die eine Energieform direkt in ein elektrisches Signal umwandeln. Sie beruhen auf physikalischen Effekten, wie Thermoeffekt, Fotoeffekt oder Piezoeffekt und stellen Spannungserzeuger dar.

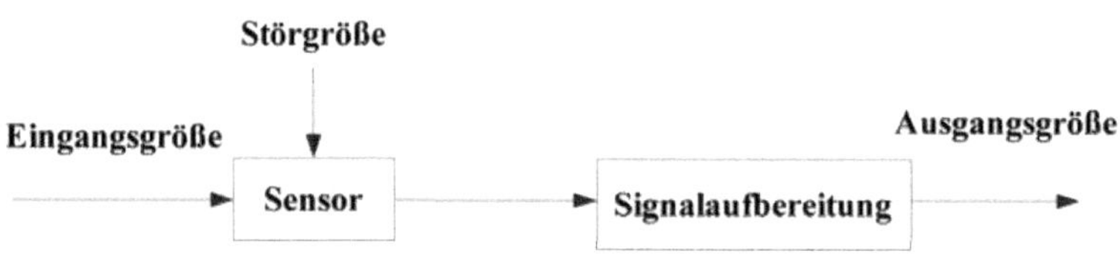

Abb. 2.24 Wirkschema eines Sensors

Passive Sensoren bewirken eine Änderung der elektrischen Energieform, wie z. B. der Kapazität, der Induktivität oder des Widerstandes. Sie benötigen eine Versorgungsspannung und Verstärkerelemente.

In der Hydraulik gelten messtechnisch erfassbare Messwerte nachfolgender Kenngrößen bzw. deren Differenzen:

- der Druck p,
- der Volumenstrom Q,
- die Temperatur T und ggf.
- die Drehzahl n.

Hierzu werden – bezogen auf den Einsatzfall – modifizierte Sensoren und zugehörige Messgeräte handelsüblich angeboten [2.4]. Die Grundprinzipien der Sensoren sind u. a. in [2.33–2.36] hinreichend beschrieben. In Abb. 2.25 sind Beispiele für typische hydraulische Sensoren und Messgeräte dargestellt.

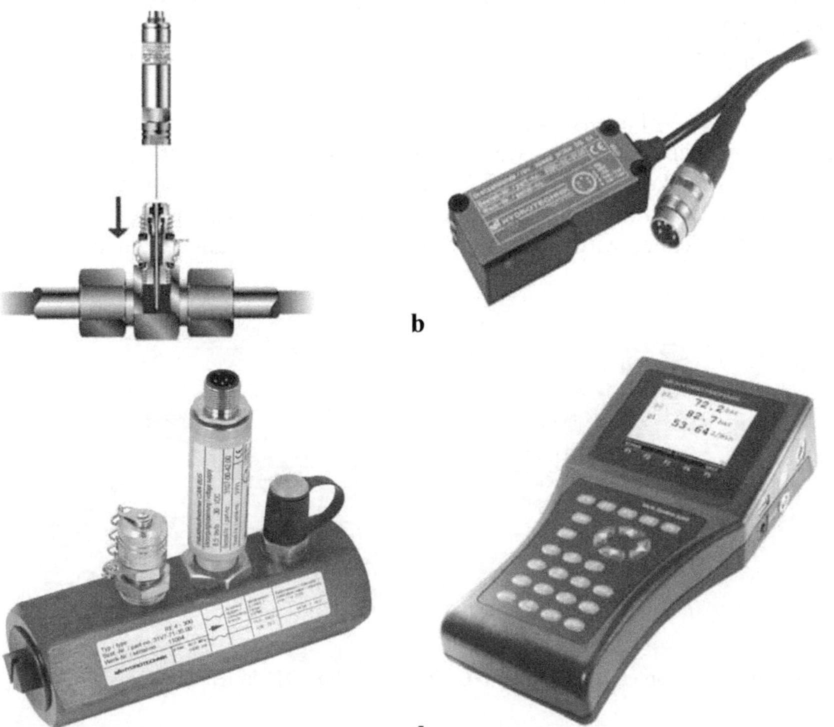

a b c d

Abb. 2.25 Messtechnik für Hydraulik. **a** Kombinierter Druck- und Temperatursensor **b** Drehzahlsensor **c** Messturbine zur Volumenstrommessung **d** Hydraulikmessgerät (Hydrotechnik)

In Kraftfahrzeugen werden modifizierte Sensoren verbaut, die den entsprechenden Medien, der Belastung und der Lebensdauer des Kfz angepasst sind. Bedingt durch die Stückzahlen können auch preislich günstige Sensoren verwendet werden, die eine ausreichende Genauigkeit aufweisen. Des Weiteren sind die Sensoren in Regelsysteme integriert, die unterschiedliche Aufgabenstellungen ermöglichen und mit Hilfe der Bussysteme verbunden sind.

In der Vergangenheit waren die meisten Messgeräte schon von der Anschauung her als solche erkennbar. Durch den zunehmenden Einsatz von Bussystemen und den Gebrauch von Laptops haben sich neue Kategorien von Messadaptern herausgebildet. In Abb. 2.26 sind zwei Systeme dargestellt, die unterschiedliche Aufgaben haben. Die Multibox (Abb. 2.26 a) gestattet den Anschluss von vier Sensoren. Die Daten werden in der Box aufbereitet und die Datenübertragung an den PC erfolgt mittels USB-Kabel. Ein modifiziertes Gerät besitzt einen internen Speicher (SD-Karte) und kann so die Messdaten speichern und als autonomer Datenlogger arbeiten. Konfiguration und Programmierung erfolgen mit dem angeschlossenen PC, danach kann die USB-Verbindung getrennt werden. Der Einsatz als Datenlogger ist vor allem im mobilen Bereich bei der Erprobung von Maschinen von Interesse [2.37, 2.38].

Die in Abb. 2.26 b dargestellte CAN-Adapterbox stellt eine Schnittstelle zwischen herkömmlichen analogen Signalen bzw. Signalen von Frequenzsensoren (Drehzahl und Volumenstrom) und der reinen Digitaltechnik dar. Die Signale der angeschlossenen Sensoren werden automatisch digitalisiert und über das CANopen-Protokoll (s. Abschn. 2.3.2) digital zum Messgerät übertragen oder aber wunschweise auch in den Datenstrom des Fahrzeuges eingebunden. Diese Kategorie von Messgeräten wird zukünftig beträchtlich an Bedeutung gewinnen.

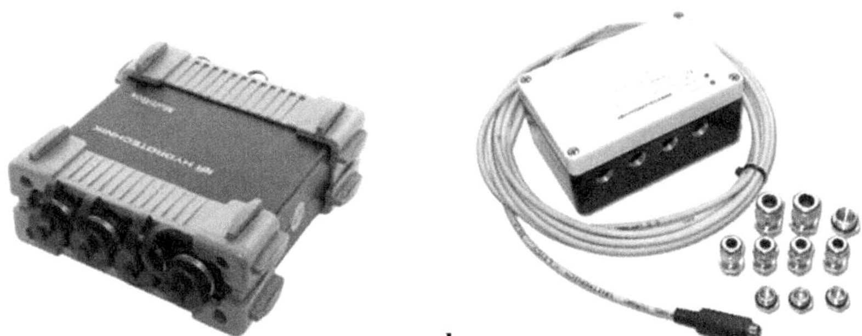

a b

Abb. 2.26 Messadapter. **a** Multibox **b** CAN Adapterbox (Hydrotechnik)

2.3.2 Bussysteme

Mit den Bussystemen in Kfz wird eine Kommunikation der elektronischen Systeme so ermöglicht, dass vielfältige Aufgaben von Teilsystemen bzw. des gesamten Fahrzeuges abgestimmt werden können und komplexe Regelfunktionen realisierbar sind.

Tabelle 2.10 CAN-Spezifikation für Anwendungen in Fahrzeugen

Spezifikation	Sachverhalt
ISO 11898-1	Signaldarstellung für alle CAN-Anwendungen
ISO 11898-2	High-Speed-CAN, Busankopplung bis 1 MBit/s
ISO 11898-3	Low-Speed-CAN, Busankopplung bis 125 kBit/s
ISO 11898-4	Time-Triggered-CAN, Erweiterung mit zeitgesteuertem Protokoll
SAE J2411	Single-Wire-CAN, Low-Speed-CAN-System mit geringen Forderungen
ISO 11992	Truck-to-Trailer-Norm, Low-Speed-CAN-System in Schleppfahrzeugen

Von der Firma Bosch wurde 1986 das *CAN-Protokoll* (**C**ontroller **A**rea **N**etwork) vorgestellt, das mittlerweile eine hohe Verbreitung als Standard-Bussystem in der Fahrzeugtechnik gefunden hat. Daraus abgeleitete Spezifikationen, wie etwa CANopen oder DeviceNet haben nur geringe Bedeutung. In Tabelle 2.10 ist eine Übersicht der gängigsten Normen enthalten.

Für die explizite Nutzung und Anwendung von CAN-Systemen wird auf die Fachliteratur, wie etwa [2.38–2.44] verwiesen. Der CAN-Bus ist durch Spannungsimpulse in Form von Rechtecken gekennzeichnet, wobei vor allem die in Abb. 2.27 dargestellten Spannungspegel eingesetzt werden. Der High-Speed-CAN ist in Fahrzeugen dadurch gekennzeichnet, dass die Knoten der beiden Signalleitungen parallel geschalten sind und durch Widerstände abgeschlossen werden, die in den Endgeräten integriert sind. Bei Unterbrechung der Signalleitung wird die gesamte Kommunikation unterbrochen. Der Low-Speed-CAN bleibt an den Enden offen und die beiden Signalspannungen werden mit der Fahrzeugmasse als Referenz ausgewertet. Dadurch kann bei Leitungsunterbrechung der Datenaustausch über die intakte Leitung ohne Einschränkungen weitergeführt werden.

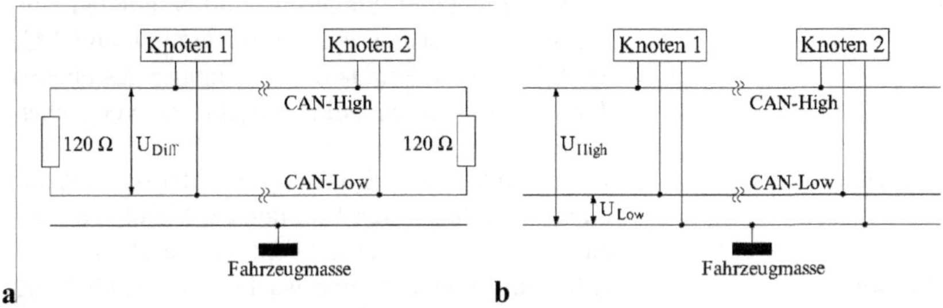

Abb. 2.27 Verschaltung der CAN-Netzwerke in Kraftfahrzeugen. **a** High-Speed-CAN **b** Low-Speed-CAN

Die erforderlichen Betriebsysteme stellen die Basis jedes Rechnersystems dar. Sie sind Sammlungen von Programmen, die Komponenten verwalten, die Zusammenarbeit organisieren und die Ausführung von anderen Programmen überwachen und steuern. Speziell durch die umfassende Struktur sind Echtzeitbetriebssysteme unumgänglich. Nur so kann das Motormanagement mit den Anforderungen moderner Sicherheitssysteme wie ABS, ASR oder ESP realisiert werden. Mit einem Echtzeitbetriebssystem kann für das Gesamtsystem (Fahrzeug) ein deterministisches Laufzeitverhalten erreicht werden, d. h., es können konkrete Ergebnisse zu vorgegebenen Zeitpunkten bereitgestellt werden. Die Schnelligkeit des Systems ist von den Anforderungen abhängig. Die Echtzeitsysteme ändern ihren Zustand als Funktion von der Zeit, es können z. B. die Geschwindigkeit des Kfz, der aktuelle Gang oder die Einspritzmenge und der Einspritzzeitpunkt des Verbrennungsmotors analysiert und beeinflusst werden. Als Zielfunktion dient möglicherweise die vom Fahrer gewünschte Geschwindigkeit unter wählbaren Bedingungen, wie u. a. sportliche Fahrweise (mit Automatikgetriebe) oder zukünftig ein minimierter Kraftstoffverbrauch. Für die logische Umsetzung (neuer Regelalgorithmen mit neuen Zielfunktionen) gibt es noch zahlreiche Möglichkeiten, die derzeit keineswegs ausgeschöpft sind.

Eine wichtige Problematik ist die Erkennung und Behandlung von Fehlern im CAN-Protokoll. Der grundlegende Hintergrund ist in Tabelle 2.11 dargestellt, wobei bei Fehlermeldungen die Nachricht gelöscht wird und der Sender zur Wiederholung der Botschaft aufgefordert wird. Einzelheiten sind der einschlägigen Literatur, wie [2.44–2.46] zu entnehmen.

Tabelle 2.11 Behandlung von Fehlern im CAN-Protokoll [2.44]

Mechanismus	Sachverhalt
Bitmonotoring	Der sendende Knoten prüft, ob der beabsichtigte Pegel auf dem Bus erscheint.
Telegrammformat	Jeder Netzknoten überwacht die gesendete Botschaft auf Formfehler.
Zyklische Blocksicherung (CRC)	Bei diesem Verfahren wird aus Botschaftsbeginn, Aribitrierungsfeld, Steuerfeld und Nutzdaten eine Prüfsequenz durch Polynomdivision gemäß CRC-Verfahren gebildet. Da der Empfänger das ebenso durchführt, können beide Ergebnisse verglichen werden.
Acknowledgement	Jeder Sender einer Botschaft erwartet die Bestätigung des fehlerfreien Empfanges; bleibt die Bestätigung aus, wird das als Fehler angesehen.
Bitstuffing	Alle Busteilnehmer überwachen die Einhaltung der Bitstuffing-Regel.

3 Personen- und Nutzfahrzeuge

Der Einsatz fluidtechnischer Komponenten stellt im Personen- und Nutzfahrzeugsektor gegenwärtig ein breites Spektrum dar. Neben den für die aktive Sicherheit maßgeblich verantwortlichen Brems-, Lenk- und Fahrdynamiksystemen findet man zunehmend im Komfortbereich hochentwickelte Hydraulikanwendungen. Auch sind unterstützende Funktionen innerhalb von Motor, Getriebe und Kupplung zu nennen, die sich trotz ihrer relativen Unscheinbarkeit bewährt haben und sich auf einem hohen technischen Niveau befinden. Nicht unerwähnt sollen die sich mittlerweile in nahezu allen Kraftfahrzeugen befindlichen Klimaanlagen bleiben, in denen viel fluidtechnisches Know-how steckt.

Aufgrund der Vielfalt derartiger Systeme und Anwendungen sowie gewisse Firmenspezifika kann eine allumfassende Darstellung nicht gegeben werden. Wichtig erscheint deshalb die physikalische Betrachtung ausgewählter typischer Komponenten.

3.1 Lenksysteme

Seitdem sich der Mensch mit Fahrzeugen fortbewegt, ist die Lenkbarkeit von entscheidender Bedeutung. Die Lenkung dient der Richtungsbestimmung des Fahrzeuges. Sie hat demnach die Aufgabe, den Lenkbefehl des Fahrers (Drehen des Lenkrades) in eine Bewegung der gelenkten Räder umzusetzen. Es werden Forderungen nach leichtgängigem Einparken, präziser und sicherer Lenkbarkeit bei hohen Fahrzeuggeschwindigkeiten sowie guter Dämpfung von Fahrbahnstößen gestellt. Zudem darf der Fahrer den „fühlbaren" Kontakt zur Fahrbahn nicht verlieren. Weiterführende und detailliertere Ausführungen sind der einschlägigen Fachliteratur zu entnehmen (z. B. [3.1]).

Seit Georg Lankensperger im Jahr 1816 die Drehschemellenkung erfand, hat sich die Lenktechnologie im großen Maß kontinuierlich weiterentwickelt (Abb. 3.1). Mit Einbeziehung der Hydraulik und folgend der Elektrotechnik/Elektronik sind aus diesen vormals einfachen Lenkungen komplexe Lenksysteme entstanden, so dass mitunter bereits von „Faszination Lenken" gesprochen wird.

Lenkanlagen sind besonderen Sicherheitsauflagen unterworfen. Der Hersteller hat zur Erlangung der allgemeinen Betriebserlaubnis des Fahrzeuges entsprechende gesetzliche Rahmenbedingungen einzuhalten. Hierbei ist für in Deutschland zugelassene Fahrzeuge der §38 der Deutschen Straßenverkehrszulassungsordnung (StVZO) bindend: *„Die Lenkeinrichtung muss leichtes und sicheres Lenken des*

Fahrzeuges gewährleisten. Sie ist, wenn nötig, mit einer Lenkhilfe zu versehen. Bei Versagen der Lenkhilfe muss die Lenkbarkeit des Fahrzeuges erhalten bleiben" [3.2]. Maximal zulässige Lenkbetätigungskräfte sind innerhalb der Europäischen Gemeinschaft u. a. in den Richtlinien EG-70/311/EWG bzw. ECE-R79 für unterschiedliche Fahrzeugklassen festgelegt. Beim Übergang eines Fahrzeuges von der Geradeausfahrt in eine definierte Kurvenfahrt dürfen die Betätigungskräfte in Abhängigkeit von der Fahrzeugklasse bei einer Lenkanlage mit Hilfskraft max. 150 N bis 250 N und bei einer gestörten Lenkanlage (z. B. Ausfall der Hilfskraft) max. 300 N bis 450 N betragen. Die Fahrzeughersteller unterschreiten diese Werte jedoch erheblich. Ausführlichere Angaben dazu sind in den bereits genannten ECE-Regeln enthalten. Seitens des Gesetzgebers ist weiterhin eine mechanische Verbindung vom Lenkrad zum gelenkten Rad vorgeschrieben, was einer vollen „Steer-by-Wire"-Funktionalität derzeit noch entgegensteht. Ausnahmen bilden nur Lenkanlagen für langsam fahrende Arbeitsmaschinen mit einer in Deutschland zulässigen Höchstgeschwindigkeit von 50 km/h bzw. 62 km/h bei Zwei-Kreis-Ausführung der Lenkung.

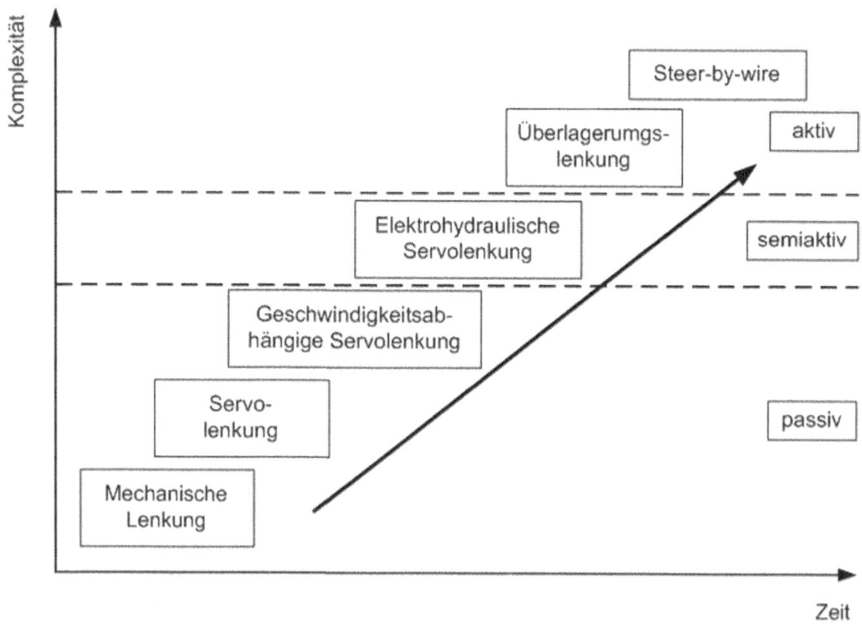

Abb. 3.1 Entwicklung der Lenksysteme

Eine eindeutige Einteilung der sich auf dem Markt befindlichen Lenksysteme gestaltet sich schwierig. Generell sind Lenkanlagen für Vorderachsen nach der Richtlinie EG-70/311/EWG folgendermaßen untergliedert:

- Muskelkraftlenkanlagen: Die Lenkkraft wird ausschließlich durch den Fahrer aufgebracht.

- Hilfskraftlenkanlagen: Die Lenkkraft wird durch den Fahrer und einer im Fahrzeug vorhandenen Energiequelle aufgebracht.
- Fremdkraftlenkanlagen: Die Lenkkraft wird ausschließlich von einer im Fahrzeug vorhandenen Energiequelle aufgebracht.

Nach Art der Lenkvorrichtung kann eine Fahrzeuglenkung in Drehschemel-, Achsschenkel- und Knicklenkung unterschieden werden, wobei die im Fahrzeugbau gebräuchliche Achsschenkellenkung als Vorderachs-, Hinterachs- oder Allradlenkung ausführbar ist.

Zur Anwendung kommen derzeit hauptsächlich die in Abb. 3.2 dargestellten Bauformen von Lenkgetrieben.

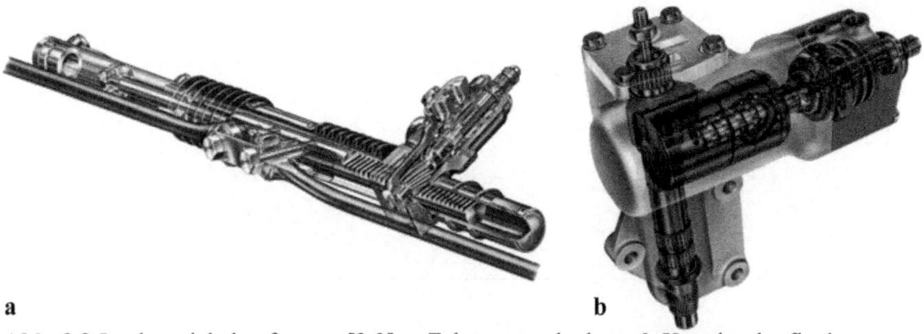

a b

Abb. 3.2 Lenkgetriebebauformen [3.3]. **a** Zahnstangenlenkung **b** Kugelumlauflenkung

Im PKW-Sektor wird fast ausnahmslos die Zahnstangenlenkung genutzt, wohingegen die Kugelumlauflenkung vorrangig bei Nutzfahrzeugen anzutreffen ist. Die Zahnstangenlenkung setzt die Drehung des Lenkrades über ein Antriebsritzel in eine geradlinige Bewegung der Zahnstange um. Bei der Kugelumlauflenkung ergibt sich eine Schwenkbewegung, die über eine Segmentwelle den Lenkstockhebel und das Lenkgestänge betätigt.

3.1.1 Lenksysteme im PKW- und Transporterbereich

Ziel der gegenwärtig eingesetzten Lenksysteme ist es, das vom Fahrer am Lenkrad aufzubringende Moment auf ein leicht zu handhabendes Maß zu reduzieren. Das kann sowohl hydromechanisch als auch elektromechanisch erfolgen. Die bereits erwähnte Zahnstangenlenkung soll als Basis für die weiteren Betrachtungen der unterschiedlichen Hilfskraftlenkanlagen herangezogen werden.

Eine wichtige Kenngröße bei der Beurteilung der Lenksysteme ist das sog. Verstärkungsverhältnis λ, das aus dem Quotienten der zum Radeinschlag nötigen Kraft F_S (Spurstangenkraft) und der am Lenkrad erforderlichen Betätigungskraft F_L (Lenkbetätigungskraft) bestimmt werden kann.

$$\lambda = \frac{F_S}{F_L} \tag{3.1}$$

Das Verstärkungsverhältnis nimmt demnach einen Wert größer 1 an und ist bei rein mechanischen Systemen aufgrund der Ritzel-Zahnstangenübersetzung konstant. Ausnahmen bilden variable Übersetzungen. Hilfskraftlenksysteme haben einen degressiven Kurvenverlauf (Abb. 3.3).

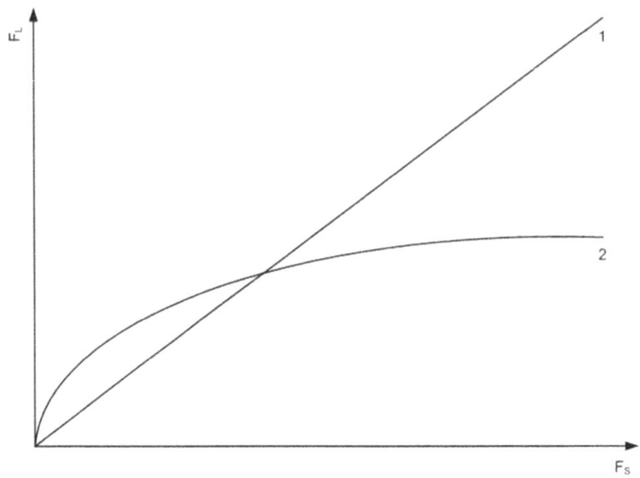

Abb. 3.3 Qualitativer Verlauf des Verstärkungsverhältnisses. *1* Mechanisches System, *2* Hilfskraftlenksystem

Die Spurstangenkraft ist dabei hauptsächlich von der Reifenhaftung, der Fahrzeugmasse und von Kräften, die während der Rotation auf das Rad wirken, abhängig. Ist die Spurstangenkraft hoch, was i. d. R. beim Lenken eines voll beladenen Fahrzeuges im Stand bzw. bei niedrigen Geschwindigkeiten auftritt, muss das Verstärkungsverhältnis hoch sein, um die Lenkkraft auf ein vertretbares Maß zu begrenzen. Diese hohen Kräfte an den Rädern sind dann vom Fahrer kaum oder gar nicht wahrnehmbar. Im Gegensatz dazu ist bei hohen Fahrzeuggeschwindigkeiten das Gefühl für die Straße am Lenkrad erwünscht, was wiederum ein niedriges Verstärkungsverhältnis notwendig macht. Somit ergibt sich bei Hilfskraftlenksystemen die Forderung nach einem nicht konstanten Übersetzungsverhältnis.

3.1.1.1 Hydromechanische Servolenksysteme

Hydromechanische Lenksysteme, auch hydraulische Servolenkungen genannt, sind bereits seit den 1940er Jahren auf dem US-amerikanischen Markt und seit den 1950er Jahren in europäischen Fahrzeugen anzutreffen. Man spricht von einer hydraulischen Unterstützung des mechanischen Lenkgetriebes.

Das Antriebsritzel, welches über eine Evolventenverzahnung in die Zahnstange greift, ist über den Dreh- oder Torsionsstab sowie den Drehschieber mit der Lenkspindel und demzufolge mit dem Lenkrad verbunden. Somit ist die gesetzlich vorgeschriebene mechanische Verbindung zwischen Lenkrad und gelenktem Rad gegeben. Die Drehung des Ritzels bewirkt eine Verschiebung der Zahnstange, die die entsprechenden Kräfte mittels Spurstange auf die Radlenkhebel überträgt. Ein federbelastetes Druckstück, das die Zahnstange gegen das Antriebsritzel drückt, sorgt für einen spielfreien Zahneingriff. Als zusätzliche Baugruppen sind eine hydraulische Lenkpumpe mit integriertem Druck- und Stromregelventil, ein Lenkventil, ein Lenkzylinder sowie Ölbehälter und hydraulische Verbindungsleitungen erforderlich.

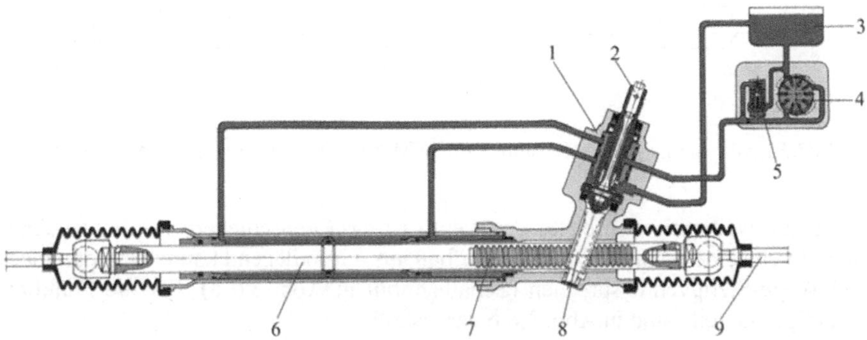

Abb. 3.4 Zahnstangen-Hydrolenkung mit Drehschieberventil [3.3]. *1* Lenkventil, *2* Drehstab, *3* Ölbehälter, *4* Hydraulikpumpe, *5* Strom- und Druckregelventil, *6* Lenkzylinder, *7* Zahnstange, *8* Antriebsritzel, *9* Spurstange

Dieses konventionelle Lenksystem arbeitet nach dem Open-Center-Prinzip („Offene Mitte"). Eine Hydraulikpumpe wird über einen Keilriemen vom Verbrennungsmotor des Fahrzeuges angetrieben und fördert drehzahlabhängig einen Ölvolumenstrom über das Lenkventil (mitunter auch Steuerventil genannt) zum Lenkzylinder bzw. in den Ölbehälter zurück. Die Bezeichnung „Offene Mitte" ergibt sich daraus, dass das Fluid in der Neutralstellung des Ventils (keine Lenkunterstützung gewünscht) von der Pumpe kommend in den Ölbehälter zurückströmt (Abb. 3.5a). Nachteilig wirkt sich dabei ein geringer Leistungsverlust infolge einer Ventildruckdifferenz von ca. 1–3 bar aus. Positiv ist jedoch die Tatsache, dass das Ventil auf Öltemperatur gehalten wird.

Bekannt sind auch Lenksysteme, die nach dem Closed-Center-Prinzip („Geschlossene Mitte") arbeiten, momentan jedoch wenig oder gar keine Anwendung finden. Das Hydraulikfluid strömt hierbei nur durch das Ventil, wenn es sich nicht in Neutralstellung befindet (Abb. 3.5b). So ist es theoretisch möglich, die Lenkpumpe bei Geradeausfahrt abzuschalten bzw. mit verminderter Drehzahl zu betreiben. Allerdings ist ein zusätzlicher Druckspeicher vorzusehen, um bei plötzlichen Lenkbewegungen bis zum Anlaufen und Druckaufbau der Pumpe ausreichend Öl bereitzustellen. Die Pumpe hat demnach hauptsächlich die Aufgabe des Aufladens des Speichers. Ein Einsatz ist bei elektrohydraulischen Lenksystemen sinnvoll (s. Abschn. 3.1.1.3), da hier eine Unabhängigkeit von der Verbrennungsmotordrehzahl gegeben ist.

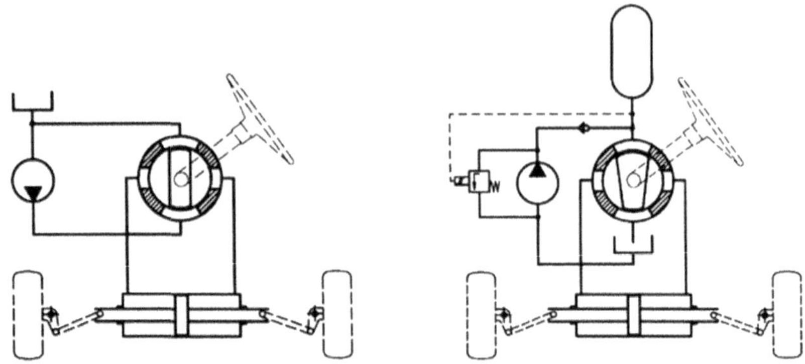

a b

Abb. 3.5 Lenksysteme [3.3]. **a** System „Offene Mitte“ **b** System „Geschlossene Mitte“

Das am weitesten verbreitete Lenkventil ist das Drehschieberventil. Es zeichnet sich durch seinen relativ einfachen Aufbau aus. Grundlegend kann man von einem 4/3-Wege-Stetigventil sprechen (Schaltsymbol in Abb. 3.6 a). Für die Funktion wichtige Bauteile sind in Abb. 3.6 b dargestellt.

a b

Abb. 3.6 Drehschieberventil. **a** Schaltzeichen **b** Bauteile [3.3] *1* Drehstab, *2* Steuerbuchse, *3* Drehschieber

Die Anschlüsse zum Lenkzylinder (A, B) dürfen aber nur gegeneinander geschlossen werden, wenn ein Moment am Lenkrad wirkt. Dazu muss z. B. das Gehäuse des Ventils (Steuerbuchse) dem Ventilschieber (Drehschieber) nachgeführt werden, so dass bei Beendigung des Lenkvorgangs die hydraulische Unterstützung abgeschaltet ist und sich die hydraulische Mitte wieder einstellt. In dieser Neutralstellung sind die Zylinderanschlüsse nun wieder miteinander verbunden. Dadurch sind äußere Kräfte, die am Rad wirken, am Lenkrad spürbar (Reaction-Lenkung). Auch eine Selbstrückstellung des Lenkrades ist gewährleistet. Diese Mittenzentrierung übernimmt der Drehstab, der auf der Lenksäulenseite mit dem Drehschieber und auf der Ritzelseite mit der Steuerbuchse mechanisch verbunden ist. Erfolgt keine Lenkbewegung, sind alle Steuerkanten geöffnet, d. h. das von der Pumpe geförderte Öl wird durch das Lenkventil zum Ölbehälter zurückgefördert.

Um die Zahnstange gegen die wirkenden Spurstangenkräfte zu verschieben, muss der Fahrer während der Drehbewegung des Lenkrades ein Moment aufbringen. Hierbei werden Drehschieber und Steuerbuchse gegeneinander verdreht (Abb. 3.7).

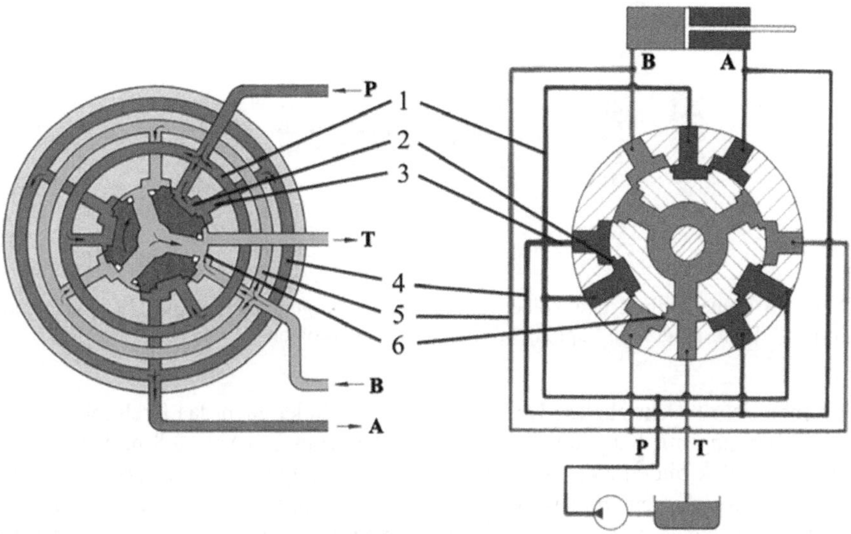

Abb. 3.7 Funktionsschema des Drehschieberventils [3.3]

Zum Einfahren des in Abb. 3.7 dargestellten Lenkzylinders, gelangt das von der Hydraulikpumpe geförderte Öl über die Zulauf-Radialnut *1* und die drei geöffneten Zulauf-Steuerkanten *2* in die drei zugehörigen Ablauf-Axialnuten *3* und weiter über die Ablauf-Radialnut *4* zum Lenkzylinderanschluss A. Nun baut sich ein Druck in der entsprechenden Zylinderkammer auf und unterstützt die mechanisch eingeleitete Zahnstangenbewegung. Das in der anderen Zylinderkammer verdrängte Öl gelangt zum Anschluss B des Lenkventils und weiter über eine Rücklauf-Radialnut *5* und die drei Rücklauf-Steuerkanten *6* des Drehschiebers zum Anschluss T und folgend zum Ölbehälter zurück. Analog verhält sich dieser Ölfluss bei entgegengesetztem Lenken. Zusammenfassend kann man feststellen, dass, solange sich der Torsionsstab verdreht, eine Nachführung der Steuerbuchse und demzufolge eine hydraulische Unterstützung erfolgt.

Die Ventilkennlinien, folglich auch das Lenkverhalten des Fahrzeuges, können durch die Steuerkantengeometrie, die Öffnungsquerschnitte und die Drehstabsteifigkeit beeinflusst werden. Die Form der Steuerkanten wirkt sich auf die Lenkkräfte und das Lenkgefühl während des Fahrbetriebes aus. Vor allem im Übergangs- oder Anlenkbereich (geringfügiges Öffnen der Steuerkanten) können durch eine spezielle Kantengestaltung Rattergeräusche vermieden werden. Über die Drehstabsteifigkeit, also maßgebend über den Drehstabdurchmesser bzw. Mittenversteifungen, wird bestimmt, wie groß das Lenkmoment sein muss, bis überhaupt die hydraulische Unterstützung im besagten Anlenkbereich einsetzt.

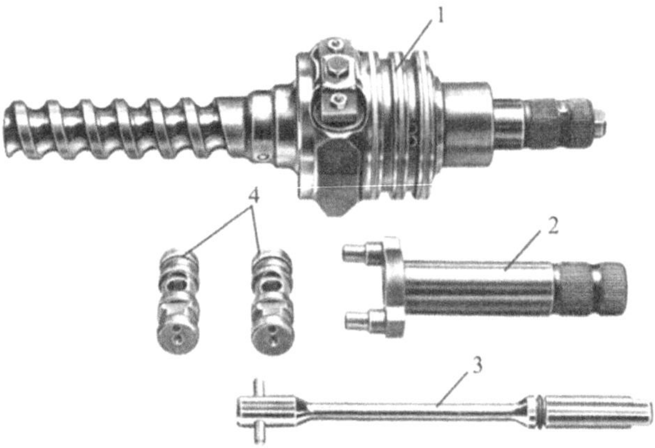

Abb. 3.8 Bauteile eines Drehkolbenventils für eine Kugelumlauflenkung [3.3]. *1* Ventilkörper, *2* Lenkspindel mit Zapfen, *3* Drehstab, *4* Steuerkolben

Neben dem beschriebenen Drehschieberventil findet auch das Drehkolbenventil in Verbindung mit Kugelumlauflenkungen Anwendung (Abb. 3.8 und Abb. 3.9). Das Herzstück bilden zwei Steuerkolben, die sich gegeneinander verschieben und den Pumpenvolumenstrom weiterleiten. Die Lenkspindel greift über zwei Zapfen in die Bohrung je eines Steuerkolbens. Die Spindel selbst ist mit dem Drehstab über einen Stift verbunden. Die andere Seite des Drehstabes bildet über einen weiteren Stift eine mechanische Verbindung mit dem Ventilkörper, der eine ähnliche Funktion wie die Steuerbuchse beim Drehschieberventil hat. Auch hier wird der Ventilkörper solange nachgeführt, bis sich die Steuerkolben wieder in der exakten hydraulischen Mitte befinden (Neutralstellung). Eine hohe Ansprechgeschwindigkeit zeichnet dieses Drehkolbenventil aus [3.3].

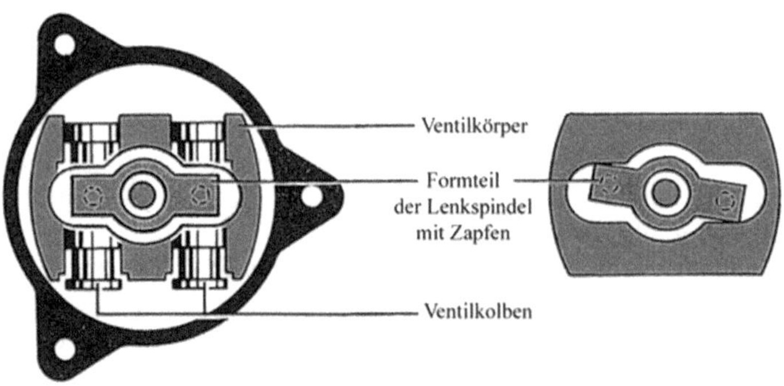

Abb. 3.9 Drehkolbenventil in Funktion [3.4]

Der Lenkpumpe, die die hydraulische Energie bereitstellen muss, kommt eine nicht unerhebliche Bedeutung zu. Sie wird, wie bereits erwähnt, meist über einen Riemen direkt vom Verbrennungsmotor angetrieben und hat die Aufgabe, das Fluid über das Lenkventil zum Lenkzylinder zu fördern und den entsprechenden Lenkdruck aufzubauen. In der Regel werden aus wirtschaftlichen Gründen Konstantpumpen eingesetzt, die allerdings einen drehzahlabhängigen Volumenstrom fördern. Aus diesem Grund wird der maximale Förderstrom am sog. Regelpunkt begrenzt. Ein Stromventil (meist 3-Wege-Stromregelventil) begrenzt den zuviel geförderten Volumenstrom und leitet diesen annähernd drucklos auf die Saugseite bzw. in den Ölbehälter zurück. Dieses System ist vergleichbar mit einem hydromechanischen Load-Sensing-System in Verbindung mit einer Konstantpumpe.

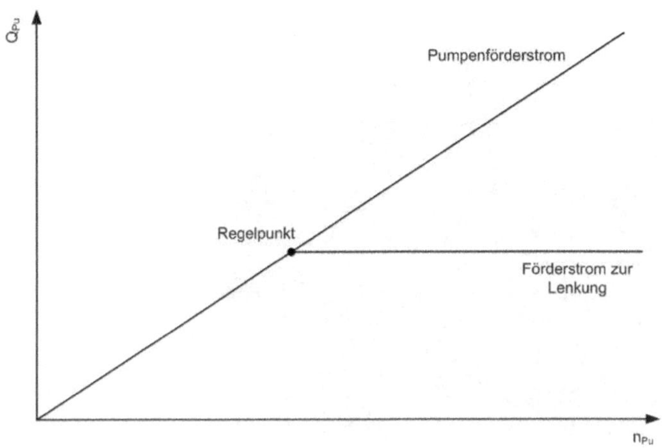

Abb. 3.10 Volumenstromkennlinie (theoretischer Verlauf)

Der Förderstrom zur Lenkung ist genau auf das Fahrverhalten des Fahrzeuges abgestimmt. Auch im niedrigen Drehzahlbereich bei schnellen Lenkmanövern (max. Lenkgeschwindigkeit ca. 500 °/s bis teilweise 800 °/s) muss ein ausreichender Volumenstrom zum Lenkzylinder gefördert werden. Geschieht das nicht, würde der Fahrer einen Lenkmomentanstieg in Form eines harten Punktes merken. Dieser Effekt wird „Catch the pump" (Einfangen der Pumpe) genannt.

Mitunter werden bereits Proportionalmagnetventile anstelle der rein mechanischen Stromregelventile zur Volumenstromdosierung eingesetzt. So kann der Förderstrom zur Lenkung in Abhängigkeit der Fahrzeuggeschwindigkeit, des Lenkwinkels und der Lenkgeschwindigkeit angepasst werden (z. B. abfallende Kennlinie bei höheren Drehzahlen). Bei Lenkpumpenherstellern sind derartige Systeme untern den Namen EV^2 (**E**lectrically **V**ariable **V**olume flow) bzw. ECO (**E**lectronically **C**ontrolled **O**rifice) bekannt. Es handelt sich dabei um sehr dynamische Systeme, die in die Fahrzeugsteuerung integriert sind und vor allem bei Geradeausfahrt den benötigten Lenkvolumenstrom stark absenken und bei Bedarf innerhalb kürzester Zeit (ca. 30 ms) auf ein Maximum erhöhen. Eine reduzierte

Leistungsaufnahme von bis zu einem Drittel einer herkömmlichen Lenkpumpe wird angegeben.

Ein zweites, meist in Kombination mit dem Förderstromregler eingebautes Ventil, ist das Druckbegrenzungsventil, welches auf den maximal zulässigen Lenkdruck fest eingestellt ist und unzulässig hohe Drücke, die zu Bauteilschädigungen führen können, vermeidet. Gegenwärtige PKW-Servolenkungen arbeiten mit einem Höchstdruck von ca. 120–140 bar (fahrzeugabhängig). Die Tendenz geht, vor allem im Transporterbereich, zu Drücken bis 180 bar. Hohe Drücke minimieren die Größe der Lenkzylinder, bringen allerdings Probleme bei den Bauteilfestigkeiten und beim volumetrischen Wirkungsgrad.

Die Lenkpumpen sind meist Flügelzellenpumpen in doppelhubiger Ausführung (Abb. 3.11).

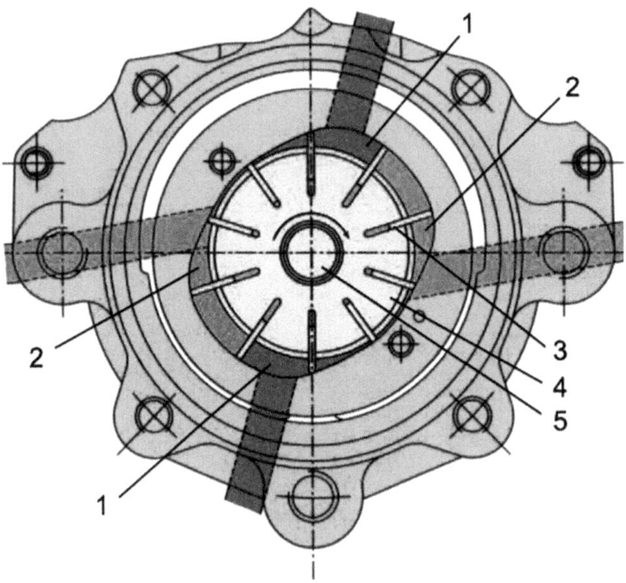

Abb. 3.11 Schema einer rechtsdrehenden doppelhubigen Flügelzellenpumpe [3.5]. *1* Saugzone, *2* Druckzone, 3 Flügel mit Druckbeaufschlagung, *4* Läufer, *5* Antriebswelle

Aufgrund der elliptischen Form des Kurvenringes, an dem die im Läufer befindlichen Flügel entlang gleiten, kommt es bei jeder Umdrehung zur Ausbildung von je zwei Saug- und Druckzonen.

Ein entscheidender Vorteil dieser Pumpenbauart ist, dass sich durch die symetrische Anordnung der Saug- und Druckzonen die am Läufer wirksamen Radialkräfte nahezu aufheben, was zu einer kleineren Dimensionierung der Antriebswelle sowie geringeren Lagerbelastungen führt. Zur Minimierung der volumetrischen Verluste trägt ein axialer Spielausgleich (sog. Spaltkompensation) sowie das Anpressen der Flügel an den Kurvenring durch innere Druckbeaufschlagung bei. Geringe Pulsationsneigung, lange Lebensdauer sowie niedriger Preis sind weitere

Argumente für den Einsatz dieser Pumpen innerhalb der Fahrzeugtechnik. Um die Nachteile der zusätzlichen Förderstrombegrenzung zu vermeiden, werden vor allem in der oberen Mittelklasse bzw. Oberklasse zunehmend verstellbare Flügelzellenpumpen eingesetzt, die jedoch funktionsbedingt einhubig ausgeführt sein müssen und demzufolge kompakter sind. Hier reduziert sich aufgrund der Hubvolumenverstellung die Leistungsaufnahme gegenüber einer geregelten Konstantpumpe weiter.

Auch Radialkolbenpumpen finden vereinzelt als Lenkpumpen Verwendung. Mit ihnen kann das Druckniveau weiter angehoben werden (200 bar). Mit einer Saugregelung ist es möglich, den Volumenstrom trotz erhöhter Drehzahl konstant zu halten. Aufgrund der bei hohen Drehzahlen auftretenden Fliehkräfte erreichen die Kolben nicht mehr die Endlagen und saugen nur einen verminderten Volumenstrom an. Ein Stromregelventil kann entfallen.

Oft kombiniert man die Lenkpumpe mit einer zweiten Pumpe, die einen weiteren Hydraulikkreislauf versorgt (z. B. Wankstabilisierung, Kraftstoffvorförderung, Hydrolüfter). Beide Pumpen befinden sich auf einer Antriebswelle. Solche Systeme werden als Tandempumpe oder Doppelpumpe bezeichnet. Bei den verwendeten Radialkolbendoppelpumpen gibt es nur einen Sauganschluss und zwei Druckanschlüsse für die entsprechenden Kreisläufe.

Als Lenkzylinder genutzte Hydraulikzylinder sind meist doppeltwirkend mit einseitiger oder durchgehender Kolbenstange. Die Kolbenstange ist mit der Zahnstange verbunden. Somit kann die hydraulische Unterstützung direkt an diese weitergegeben werden. Eine Besonderheit stellen spezielle Verbindungsquerschnitte im Zylinderrohr dar (Abb. 3.12). Diese ermöglichen kurz vor Hubende ein Zurückströmen des Öles aus dem unter Hochdruck stehenden Zylinderraum in den durch den Kolben getrennten Rücklaufraum. Hierbei kommt es kurz vor dem Endanschlag zu einem Druckabbau, der die Lenkungsmechanik vor übermäßiger Belastung schützt. Die daraus reduzierte hydraulische Lenkunterstützung bemerkt der Fahrer durch ein erhöhtes Betätigungsmoment am Lenkrad. Er erhält demzufolge unmittelbar vor dem bevorstehenden Erreichen des maximalen Radeinschlages eine Rückmeldung.

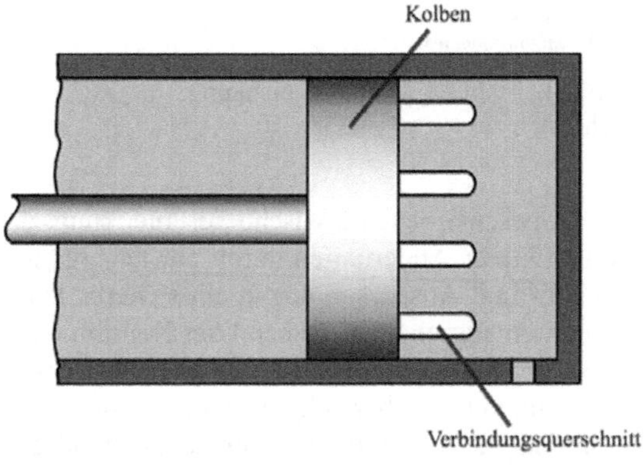

Abb. 3.12 Verbindungsquerschnitte im Lenkzylinder

Lenkungsstöße, die durch Fahrbahnunebenheiten entstehen können, versucht man auf hydraulischer Basis durch ein integriertes Ventil- und Blendensystem zu minimieren. Diese Blenden, die oftmals in die Hydraulikschlauchleitungen eingepasst sind, sollen Schwingungen, die zwangsläufig zu Geräuschen führen, vermindern. Eine Optimierung derartiger komplexer Vorgänge im Fahrzeug ist nur mit geeigneter Simulationssoftware bzw. praktischen Versuchen möglich.

In der Lenkhydraulik verwendete Fluide sind oft die so genannten ATF-Öle (**A**utomatic **T**ransmission **F**luid), die sich durch eine gute Alterungsbeständigkeit und ein sehr gutes Viskositäts-Temperatur-Verhalten auszeichnen. An dieser Stelle sei auf Abschn. 2.2 verwiesen, in welchem die in Kraftfahrzeugen eingesetzten Fluide betrachtet werden.

3.1.1.2 Geschwindigkeitsabhängige Servolenksysteme

Um den Wunsch nach einem besseren Lenkkomfort gerecht zu werden, sind in der Vergangenheit spezielle geschwindigkeitsabhängige Lenksysteme entwickelt worden. In Verbindung mit Sensorik und elektronischen Steuergeräten sind diese Systeme in der Lage, das Lenkradmoment der jeweiligen Fahrsituation anzupassen.

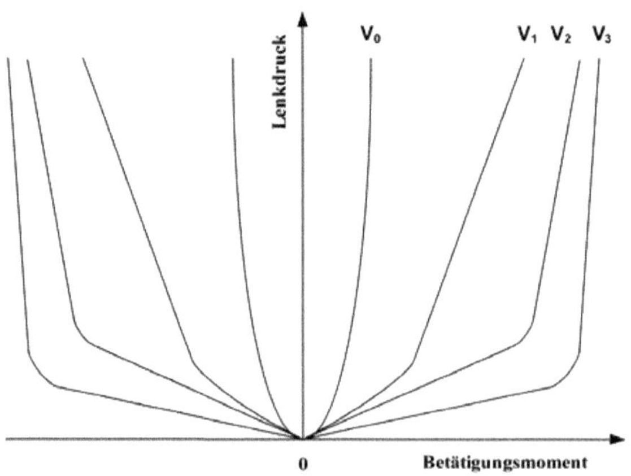

Abb. 3.13 Kennfeld einer geschwindigkeitsabhängigen Servolenkung. v_0= 0 km/h, v_1= 20 km/h, v_2= 80 km/h, v_3= 200 km/h

Die Basis bildet die im Abschn. 3.1.1.1 beschriebene klassische Servolenkung, die sich nunmehr infolge spezieller konstruktiver Änderungen durch ein leichtgängiges und komfortables Lenken beim Ein- und Ausparken sowie ein sicheres Fahrgefühl bei höheren Fahrgeschwindigkeiten auszeichnet. Anhand der Kennlinien in Abb. 3.13 ist ersichtlich, dass das Betätigungsmoment am Lenkrad beim Lenken im Stand (0 km/h) nahezu über dem gesamten Lastbereich konstant gering ist und vor allem bei sehr hohen Fahrgeschwindigkeiten (200 km/h) im fahrzustandrelevanten niedrigen Lastbereich (geringer Lenkdruck) signifikant ansteigt. Öldruck und Volumenstrom dürfen dabei zu keiner Zeit reduziert werden, so dass auch in Notsituationen (z. B. Ausweichmanöver) Sicherheit und Lenkpräzision gewährleistet sind.

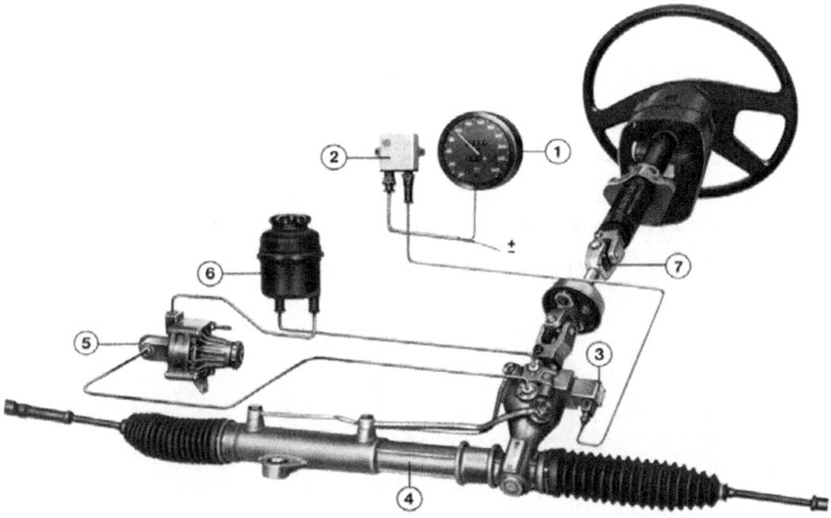

Abb. 3.14 Geschwindigkeitsabhängige Zahnstangen-Servolenkung [3.6]. *1* elektronischer Tachometer, *2* Steuergerät, *3* elektro-hydraulischer Wandler, *4* Zahnstangenlenkung, *5* Lenkpumpe, *6* Ölbehälter, *7* Lenksäule

Das Prinzip basiert auf einer direkten hydraulischen Rückwirkungskraft zusätzlich zum Verdrehwiderstand des Drehstabes. Die von einem elektronischen Tachometer gelieferten Geschwindigkeitssignale werden über ein Steuergerät an einen im Lenkventil integrierten elektro-hydraulischen Wandler gegeben, der die Funktion eines stetig verstellbaren Wegeventils hat und einen Durchflussquerschnitt zwischen Pumpendruck- und Rückwirkraum mehr oder weniger öffnet. Bei niedrigen Fahrzeuggeschwindigkeiten ist dieses Ventil geschlossen. Erhöht sich die Geschwindigkeit, reduziert sich der Steuerstrom für das Wandlerventil, das daraufhin weiter öffnet. Somit kann sich ein Druck auf einen Rückwirkkolben aufbauen, der die Beweglichkeit des Drehschiebers gegenüber der Steuerbuchse mindert und demnach ein höheres Betätigungsmoment aufgrund geringerer hydraulischer Unterstützung zur Folge hat. Ein fahrzeugspezifisch einzustellendes Druckabscheidventil begrenzt das höchste Betätigungsmoment.

Sollte das Wandlerventil nicht mehr bestromt werden (z. B. Ausfall des Bordnetzes), bleibt die Lenkung voll funktionsfähig und arbeitet auf der Basis der maximalen hydraulischen Rückwirkung, so dass vor allem bei hohen Fahrzeuggeschwindigkeiten ein sicherer Lenkzustand gewährleistet ist.

Auch funktional einfachere Systeme können eine geschwindigkeitsabhängige Beeinflussung der hydraulischen Unterstützung mit sog. „Schwarz-Weiß-Zuständen“ realisieren. Man spricht vom City-Modus, wobei im niedrigen Geschwindigkeitsbereich vom Fahrer eine Taste betätigt werden kann, die ein Ventil schaltet, welches den Rückwirkraum vom Pumpenraum trennt und eine erleichterte Lenkbewegung hervorruft. Bei höheren Fahrzeuggeschwindigkeiten bzw. Ausfall des Systems stellen sich die üblichen servohydraulischen Eigenschaften wieder ein.

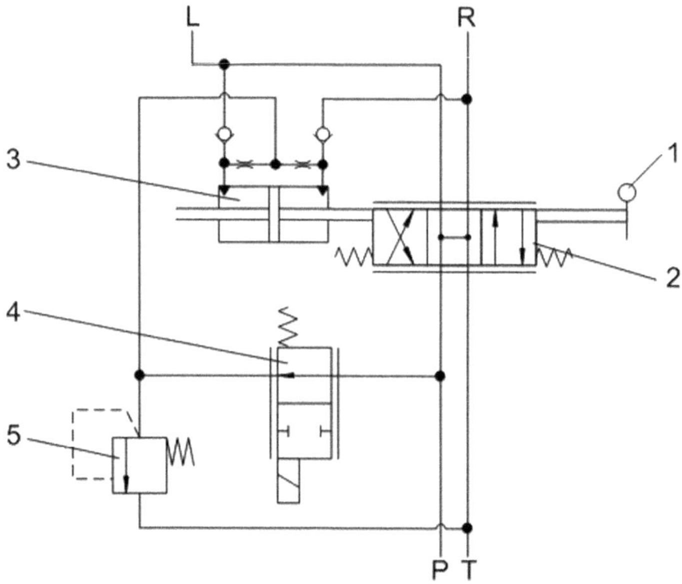

Abb. 3.15 Vereinfachter Schaltplan eines Lenkventils für ein geschwindigkeitsabhängiges Lenksystem. *1* Lenksäule mit Lenkrad, *2* Drehschieberventil, *3* Rückwirkeinrichtung, *4* elektro-hydraulischer Wandler, *5* Druckabscheidventil

3.1.1.3 Elektrohydraulische Servolenksysteme

Die bereits beschriebene Abhängigkeit des Pumpenförderstromes von der Verbrennungsmotorzahl kann durch elektrisch angetriebene Hydraulikpumpen vermieden werden. Diese mitunter auch als Powerpack bezeichneten Systeme bestehen aus einem Pumpenträger, an den die Lenkpumpe, der Hydrauliktank, notwendige Ventile sowie ein Elektromotor samt Steuergerät angebracht sind. Dieses Antriebssystem kann nun unabhängig vom Verbrennungsmotor variabel im Fahrzeug verbaut werden. Vorteile liegen in einem verbesserten Crashverhalten und in der Tatsache begründet, dass auch bei abgeschaltetem Fahrzeugmotor die volle Lenkunterstützung zur Verfügung steht. Durch die Steuerungselektronik ist es relativ einfach möglich, das Lenksystem auf das Fahrzeug abzustimmen und Faktoren wie Fahrzeuggeschwindigkeit und Lenkraddrehzahl effizienter mit einzubeziehen. In Verbindung mit einem Speicher kann das System „Geschlossene Mitte“ (s. Abschn. 3.1.1.1) eingesetzt werden, d.h. die Lenkpumpe wird hauptsächlich zum Füllen des Speichers genutzt.

Abb. 3.16 Komplettes elektrohydraulisches Lenksystem (EHPS) in Verbindung mit einer Zahnstangen-Hydrolenkung [3.7]

Es wird von Kraftstoffeinsparungen bis zu 0,3 l/100 km gegenüber konventionellen Servolenksystemen gesprochen. Grenzen liegen allerdings aufgrund des derzeitigen 12-V-Bordnetzes in der eingeschränkten Leistungsaufnahme, das einen Einsatz in größeren und schwereren Fahrzeugen mit höheren aufzubringenden Lenkkräften verhindert.

3.1.1.4 Elektromechanische Servolenksysteme

Gänzlich auf eine hydraulische Unterstützung verzichten diese Systeme, die vollständigkeitshalber erwähnt werden sollen.

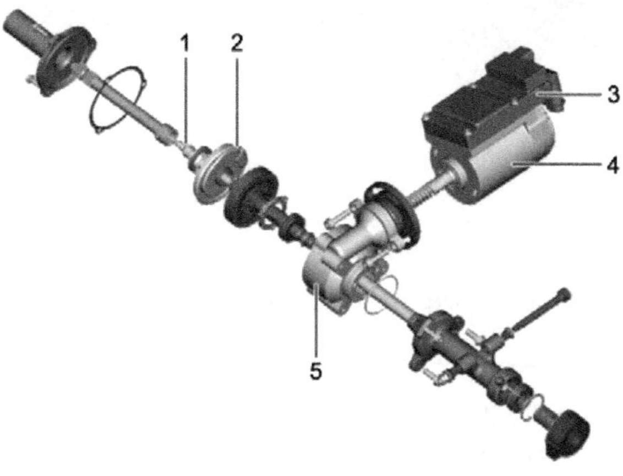

Abb. 3.17 Elektrische Unterstützung an der Lenksäule [3.8]. *1* Torsionsstab, *2* Drehmomentsensor, *3* Steuergerät, *4* Stellmotor, *5* Schneckengetriebe

Das unterstützende Moment bringt ein Stellmotor auf, der direkt an der Lenksäule (Abb. 3.17), am Lenkritzel bzw. zusätzlichen Doppelritzel oder achsparallel auf die Zahnstange wirkend angebaut sein kann. Ein im Torsionsstab eingebauter optoelektronischer oder magnetoresistiver Drehmomentsensor erfasst Lenkmoment und Lenkraddrehzahl sowie -winkel und gibt diese Information an ein Steuergerät weiter, welches in Abhängigkeit der Fahrzeuggeschwindigkeit das geforderte Unterstützungsmoment für den Stellmotor bestimmt.

Zu den im Abschn. 3.1.1.3 genannten Vorteilen elektrohydraulischer Systeme kommt nun auch noch der Verzicht auf sämtliche hydraulische Bauelemente zum Tragen. Allerdings bestimmen auch hier die maximale Stromstärke von ca. 80 Ampere bei 12-V-Bordnetzen sowie die Stellmotorgröße die Einsatzgrenzen.

3.1.1.5 Pneumatische Servolenksysteme

Um eine kostengünstige Alternative zu hydraulischen Hilfskraftlenksystemen zu finden, wurden in den 1980er Jahren Entwicklungen bezüglich pneumatischer Hilfskraftlenkungen vorangetrieben.

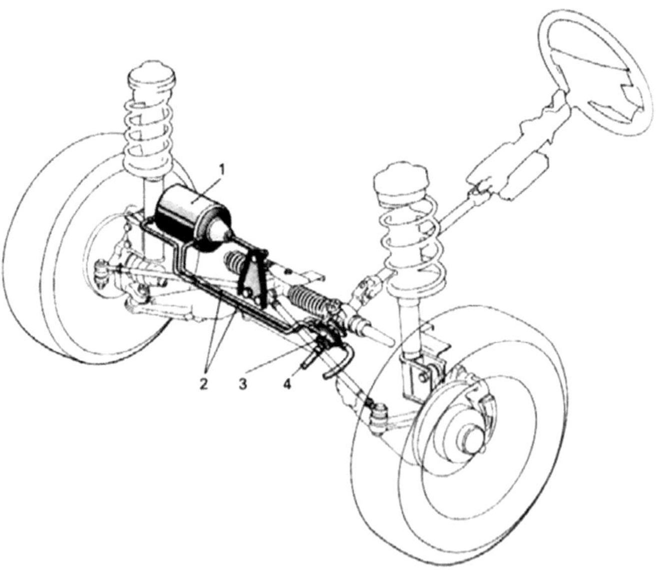

Abb. 3.18 Pneumatische Hilfskraftlenkung [3.9]. *1* Pneumatikzylinder, *2* Verbindungsleitungen, *3* Steuerventil, *4* Unterdruckleitung

Aufgrund der Tatsache, dass der für die Lenkunterstützung nötige pneumatische Arbeitszylinder auf Unterdruckbasis (Saugrohr, Unterdruckpumpe) zwar einfach, aber auch relativ großvolumig gebaut ist (Zylinderdurchmesser >120 mm), gab es in den Folgejahren keine innovativen Weiterentwicklungen. Bekannt geworden ist dieses System auch als Unterdruck-Servolenkung.

3.1.1.6 Überlagerungslenksysteme

Um den Lenkkomfort weiter zu verbessern, finden Überlagerungslenkungen, auch als Aktivlenkung bekannt, in Verbindung mit geschwindigkeitsabhängigen servohydraulischen Lenksystemen Anwendung. Hierbei wird zwischen Ritzel und Lenkventil ein zusätzliches Planetengetriebe eingefügt, welches die Aufgabe hat, je nach Fahrzeuggeschwindigkeit die Übersetzung zwischen Lenkrad und Zahnstangenritzel zu verändern. Durch Verdrehen des Planetenradträgers mit Hilfe eines Schneckenrades, das von einem Elektromotor angetrieben wird, ist es möglich, dem Lenkradwinkel einen Zusatzwinkel (Motorwinkel) hinzuzufügen oder abzuziehen. Bei langsamer Fahrt und vor allem beim Parken ist die Lenkung direkter, d. h. der Fahrer benötigt etwa nur eine Lenkraddrehung zum Aus- oder Einparken. Bei höheren Fahrzeuggeschwindigkeiten wird dagegen die Übersetzung verringert, so dass eine Lenkraddrehung nur einen sehr kleinen Radeinschlag zur Folge hat. Das kommt wiederum der Fahrzeugsicherheit zugute. Sollte das Fahrzeug bei z. B. unterschiedlichen Fahrbahnzuständen zwischen linkem und rechtem Rad versuchen auszubrechen, ist es mit diesem System auch möglich, über den Stellmotor aktiv in die Lenkung einzugreifen. Man spricht von der Gierratenregelung.

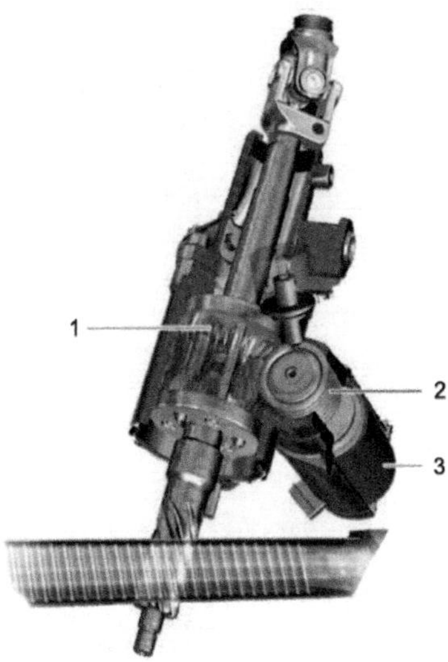

Abb. 3. 19 Aktivlenkung [3.8]. *1* Planetengetriebe, *2* Schneckenrad, *3* Elektromotor

Hohe Anforderungen werden an die hydraulische Unterstützung gestellt, denn beim Einparken kommt es aufgrund des niedrigen Übersetzungsverhältnisses zu großen Unterstützungskräften bei schnellen Zahnstangenbewegungen. Die Volumenstromregelung ist hier besonders gefordert, da vor allem im Niedrigdrehzahlbereich beim Parkieren ein ausreichend hoher Volumenstrom dem Lenkzylinder zur Verfügung stehen muss.

3.1.1.7 Steer-by-Wire-Lenksysteme

Die derzeit gesetzlich vorgeschriebene mechanische Rückfallebene entfällt bei diesen Systemen. Eine Weitergabe des Lenkbefehles erfolgt rein elektronisch. Vom im Lenkrad angebrachten Lenkradmodul werden Informationen über Lenkmoment, -winkel und -geschwindigkeit erfasst und über ein Steuergerät an einen Lenkmotor, der das Lenkgetriebe betätigt, weitergegeben. Die Rückmeldung des Lenkverhaltens des Fahrzeuges an den Fahrer erfolgt in umgekehrter Richtung an den im Lenkradmodul integrierten elektrischen Lenkradmotor. Eine zusätzliche Pufferbatterie stellt die Notversorgung bei Bordnetzausfall her. Mit einer mehrfachen Auslegung (Redundanz) der sich im Betrieb befindlichen Komponenten soll eine Steigerung der Systemzuverlässigkeit erzielt werden. Ein 42-V-Bordnetz ist ebenfall Grundvoraussetzung.

Systeme der ersten Generation (Abb. 3.20) besitzen eine hydraulische Rückfallebene, die bei einem Fehler im elektrischen System die Lenkbarkeit des Fahrzeuges sichert. Eine im Lenkradmodul befindliche Handpumpe fördert mit Unterstützung eines aufgeladenen Druckspeichers einen Volumenstrom zu einem im Lenkgetriebe verbauten Hydraulikzylinder. Dieser hydraulische Notkreis wird bei Ausfall der elektrisch-elektronischen Komponenten über ein Umschaltventil freigegeben.

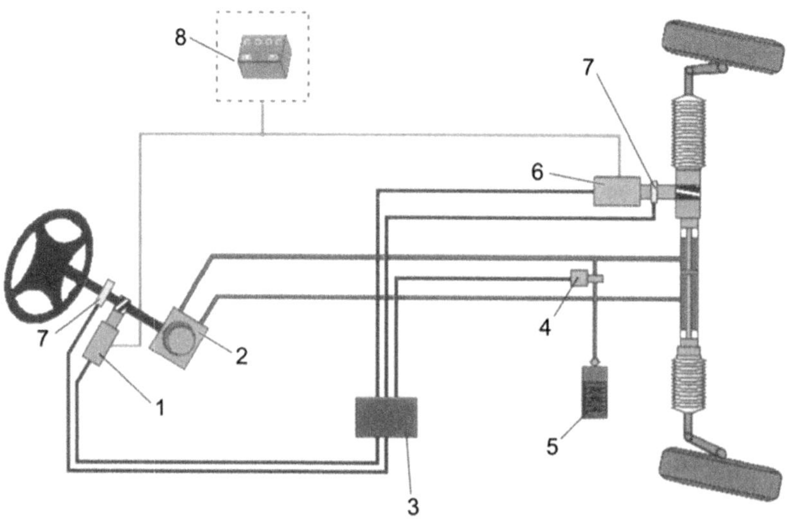

Abb. 3.20 Steer-by-Wire-Lenksystem [3.6]. *1* Lenkradmotor, *2* Handpumpe, *3* Steuergerät, *4* Umschaltventil, *5* Druckspeicher, *6* Lenkmotor, *7* Sensorik, *8* Bordnetz

Zukünftig werden elektronische Rückfallebenen geschaffen, die gemeinsam mit entsprechender Fehlersoftware diese Systeme sicherer machen. Inwieweit sie sich gemeinsam mit anderen elektronischen Systemen (Brake-by-Wire, Drive-by-Wire) durchsetzen und vom Kunden akzeptiert werden, bleibt abzuwarten.

3.1.2 Lenksysteme im Nutzfahrzeugbereich

Die im Nutzfahrzeugsektor am häufigsten eingesetzte Lenkgetriebebauform ist die Kugelumlauflenkung, die sich durch Robustheit und Einbauflexibilität auszeichnet. Aufgrund der mit ihrem Einbau verbundenen großen Bodenfreiheit ist sie vor allem für Baustellen- und Sonderfahrzeuge von entscheidender Bedeutung. Begründet durch begrenzte Lenkachslasten und höhere Bauraumforderungen spielt die Zahnstangenlenkung bei Nutzfahrzeugen derzeit noch eine eher untergeordnete Rolle (s. Abschn. 3.1.2.6).

3.1.2.1 Ein-Kreis-Lenksysteme

Der grundlegende funktionelle Aufbau einer hydraulisch unterstützten Nutzfahrzeuglenkung ähnelt der einer Pkw-Lenkung. In einem kompakten Gehäuse befindet sich das mechanische Lenkgetriebe, das Steuerventil und der Hydraulikzylinder. Eine Lenkpumpe stellt den entsprechenden Volumenstrom zur Verfügung.

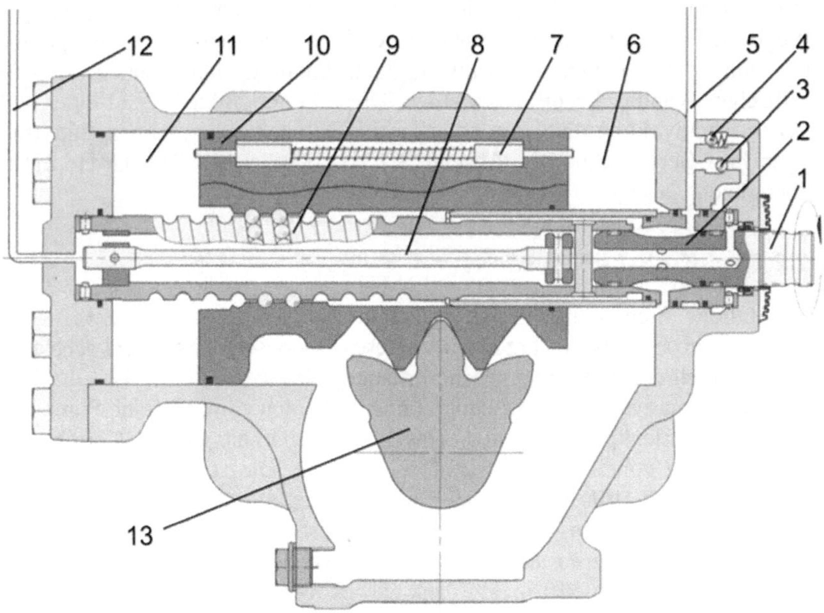

Abb. 3.21 Nfz-Lenkaggregat in Kugelumlaufbauart [3.10]. *1* Lenkwelle, *2* Ventilschieber, *3* Nachsaugventil, *4* Druckbegrenzungsventil, *5* Zulaufleitung, *6* rechter Zylinderraum, *7* Lenkbegrenzungsventil, *8* Drehstab, *9* Schnecke mit Kugelkette, *10* Arbeitskolben, *11* linker Zylinderraum, *12* Ablaufleitung, *13* Segmentwelle

Wird am Lenkrad eine Drehbewegung eingeleitet, überträgt diese sich auf den mit der Lenkwelle verbundenen Ventilschieber. Durch dessen Drehung bewegt sich die Schnecke. Über eine Kugelkette wird der Arbeitskolben axial verschoben, der wiederum die Segmentwelle durch Zahneingriff schwenkt. Auf der Segmentwelle ist der Lenkstockhebel montiert, der daraufhin über ein Lenkgestänge den Lenkeinschlag der Räder bewirkt. Wie bereits erwähnt, erfüllt der Drehschieber die gleiche Funktion wie bei dem im Abschn. 3.1.1.1 ausführlich beschriebenen hydromechanischen Pkw-Servolenksystem. Der Unterschied besteht nur darin, dass sich beim Nfz-Lenkventil der Ventilschieber gegen die Schneckenventilbohrungen verdreht und den von der Pumpe kommenden Ölstrom zum jeweiligen Zylinderraum freigibt. Die Mittenzentrierung des Ventilschiebers erfolgt über den bekannten Drehstab, der die Verbindung zwischen Ventilschieber und Schnecke herstellt. Eine hydraulische Lenkbegrenzung schützt die Lenkpumpe vor übermäßiger Belastung bei Volleinschlag der Räder. Kurz vor Hubende des Arbeitskolbens wird dieses Lenkbegrenzungsventil durch einen einfahrenden Ventilstift geöffnet, was eine Verbindung der beiden Zylinderräume zur Folge hat. Durch den damit verbundenen Druckabfall lässt die hydraulische Unterstützung stark nach. Der Fahrer bemerkt einen erhöhten Kraftaufwand beim Weiterlenken. Den gleichen Effekt erzielen bei der Zahnstangen-Hydrolenkung die Entlastungsnuten am Lenkzylinderanschlag (Abb. 3.12). Jeweils ein Druckbegrenzungsventil und ein Nachsaugventil (erforderlich beim Lenken ohne hydraulische Unterstützung) sind im Lenkaggregat integriert. Das Förderstrombegrenzungsventil befindet sich in der Lenkpumpe. Auch kann die Lenkung geschwindigkeitsabhängig über einen elektrohydraulischen Wandler beeinflusst werden. Diese Funktion basiert auf einer hydraulischen Rückwirkung und ist ausführlich im Rahmen der geschwindigkeitsabhängigen Pkw-Servolenkung (s. Abschn. 3.1.1.2) beschrieben. Das Grundprinzip ist dabei gleich.

3.1.2.2 Zwei-Kreis-Lenksysteme

Um gesetzliche Sicherheitskriterien einhalten zu können, werden Zwei-Kreis-Lenkysteme bei allen Nutzfahrzeugen eingesetzt, wo sehr hohe Lenkachslasten und oftmals mehrere gelenkte Achsen vorhanden sind (Abb. 3.22). Es gibt dabei Ausführungen mit zwei oder drei Lenkpumpen, von denen immer eine Pumpe die Funktion der Notlenkpumpe besitzt. Das hohe Sicherheitspotenzial ergibt sich durch zwei völlig voneinander getrennte Lenkkreise. Die zusätzliche Lenkunterstützung erfolgt mit Hilfe von ein oder zwei am Lenkgestänge angebrachten externen Hydraulikzylindern. Die Notlenkpumpe ist eine fahrabhängige Pumpe (meist Radialkolbenpumpe), die im Normalbetrieb den geförderten Ölvolumenstrom nahezu drucklos wieder in den Tank zurück fördert. Sollte eine Notfallsituation auftreten (z. B. Motorstillstand, Leistungsminderung der motorgetriebenen Pumpe(n)), kommt ein sog. Umschaltventil zu Einsatz. Ist der Pumpendruck zu gering, bewirkt dies eine Zuschaltung der Notlenkpumpe bei gleichzeitigem Abschalten der externen Arbeitszylinder. Somit reicht die nun geringere Förderleistung für den sicheren Betrieb der Kugelumlauflenkung aus. Der Fahrer bemerkt diesen Zustand durch erhöhten Kraftaufwand sowie das Leuchten einer Kontrolllampe.

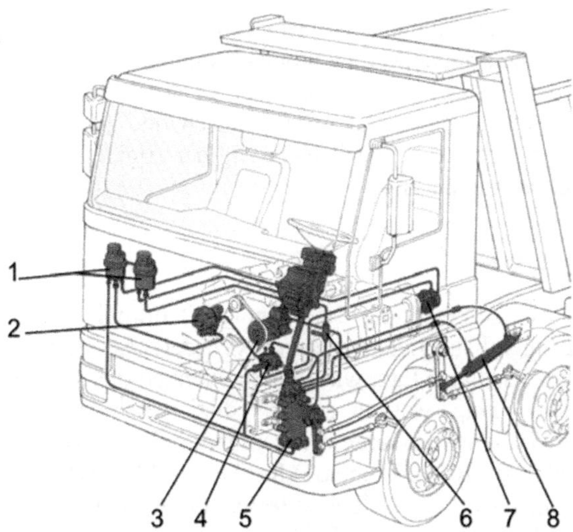

Abb. 3.22 Zwei-Kreis-Lenksystem [3.10]. *1* Ölbehälter, *2* Lenkpumpe 1, *3* Lenkpumpe 2, *4* Umschaltventil, *5* Lenkaggregat, *6* Durchflussanzeiger, *7* Notlenkpumpe, *8* externer Arbeitszylinder

3.1.2.3 Halbblock-Hydrolenksysteme

Sollten aufgrund sehr hoher Lenkachslasten die benötigten Lenkkräfte so groß werden, dass der Einsatz eines Lenkaggregates in Blockbauweise unwirtschaftlich wird, setzt man Halbblock-Hydrolenkaggregate ein.

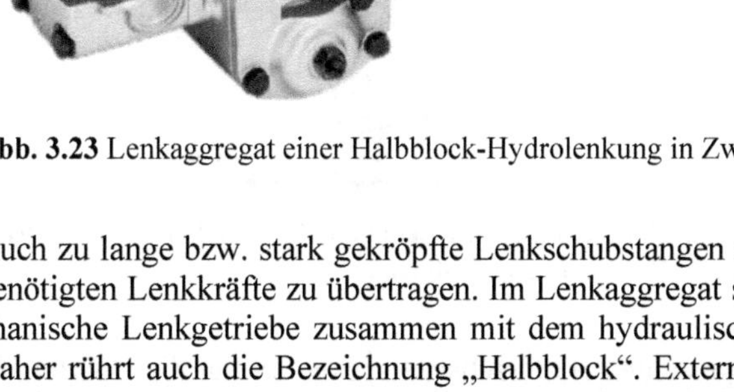

Abb. 3.23 Lenkaggregat einer Halbblock-Hydrolenkung in Zwei-Kreis-Ausführung [3.10]

Auch zu lange bzw. stark gekröpfte Lenkschubstangen sind nicht in der Lage, die benötigten Lenkkräfte zu übertragen. Im Lenkaggregat selbst ist nur noch das mechanische Lenkgetriebe zusammen mit dem hydraulischen Steuerteil vorhanden. Daher rührt auch die Bezeichnung „Halbblock". Externe Lenkzylinder, die meist unmittelbar am Lenkhebel des Radträgers verbaut sind und sich am Fahrzeugrahmen abstützen, sind durch Schlauchleitungen mit dem Halbblock-Lenkaggregat verbunden. Das vom Fahrer aufzubringende Lenkmoment kann so bei maximal auftretenden Lenkkräften an den Achsen und erforderlichen Lenkgeschwindigkeiten minimal gehalten werden. Schwerstfahrzeuge mit Fahrgeschwindigkeiten über 62 km/h, wie z. B. mehrachsige Mobilkrane, besitzen häufig derartige Halbblock-Hydrolenksysteme in Zwei-Kreis-Ausführung.

3.1.2.4 Hinterachslenksysteme

In Nutzfahrzeugen kommen zur Verbesserung der Wendigkeit oftmals Systeme zum Einsatz, bei denen das eigentliche Lenksystem der Vorderachse durch ein Hilfslenksystem an der Hinterachse unterstützt wird. Hierbei lenken die Räder der Vorder- und Hinterachse gegensinnig, was zu einem reduzierten Wendekreisdurchmesser des Fahrzeuges, zu einer besseren Kurvenfahrt bei niedrigen Geschwindigkeiten und demzufolge zur Reduzierung des Reifenverschleißes beiträgt. Im Gegensatz zu den hydraulischen Zwangslenksystemen (s. Abschn. 3.1.2.5) spricht man hier von aktiven Systemen, die dadurch gekennzeichnet sind, dass entweder eine mechanische Verbindung zwischen Vorder- und Hinterachslenkung besteht oder aber Hydraulikzylinder bzw. -motoren an der Hinterachse angebracht werden, die ein hydraulisches oder elektrisches Stellsignal erhalten. Neben den bereits betrachteten allgemeinen gesetzlichen Anforderungen für herkömmliche Lenksysteme (s. Abschn. 3.1) gelten bei Hinterachslenksystemen spezielle Vorschriften für Fahrzeuge mit Allradlenkung. Der Ausfall der Hinterachslenkung darf nicht zu einer plötzlichen Veränderung des Fahrverhaltens führen. Zudem muss sich die Hinterachse in eine sichere Position überführen bzw. in dieser verriegeln lassen. Eine mechanische Verbindung vom Lenkrad zur gelenkten Hinterachse ist nicht vorgeschrieben.

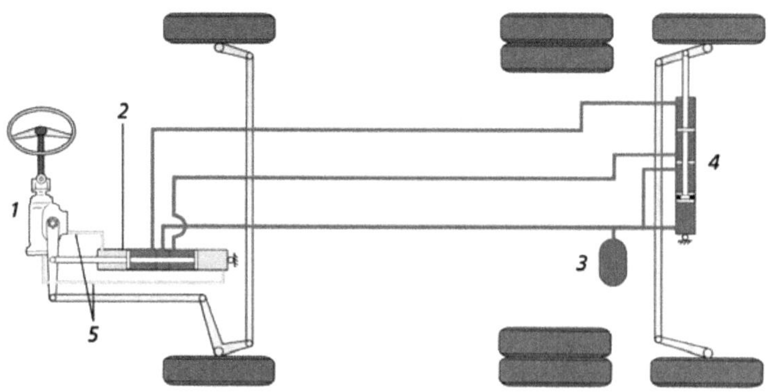

Abb. 3.24 Einfaches Hinterachslenksystem [3.10]. *1* Lenkgetriebe, *2* Geberzylinder, *3* Hydraulikspeicher, *4* Nehmerzylinder, *5* Verbindungsleitungen

Bei dem in Abb. 3.24 dargestellten Hinterachslenksystem erfolgt die Übertragung der Lenkkräfte mittels Hydraulikfluid. Durch den einfachen Aufbau ist es zudem auch relativ kostengünstig. Rohr- und Schlauchleitungen verbinden einen Spezialzylinder mit zwei Kammern (Geberzylinder), welcher an der Vorderachse angebracht ist, mit einem Hydraulikzylinder an der Hinterachse (Nehmerzylinder), der wiederum über ein Schubgestänge die Hinterräder auslenkt. Um das System unter einem vordefinierten Druck zu halten, ist zusätzlich ein Druckspeicher verbaut. Druckänderungen durch Betätigung des Vorderachszylinders können aufgrund dieser Vorspannung so nahezu verzögerungsfrei an den Hinterachszylinder weitergegeben werden. Zudem unterstützt der Speicher die Rückstellung in die Geradeaus-Position (Druckabfall im Geberzylinder), die er folgend festhält (Zentrierfunktion).

Zur Verbesserung des Fahrkomforts verfügt die Hinterachslenkung über eine automatische Synchronisation. Bei kleinen Lenkwinkeln (<5 °) spricht das System nicht an, da die beiden Zylinderräume des Geberzylinders kurzgeschlossen sind. Das Öl fließt innerhalb dieses vorgegebenen Lenkwinkelbereichs von einem Zylinderraum in den anderen, so dass die Hinterräder in Geradeausstellung verbleiben. Damit wird auch ausgeschlossen, dass sich geringe Leckagen im Geberzylinder auf ungewollte Lenkbewegungen seitens des Nehmerzylinders auswirken. Wird ein Lenkwinkel größer als der definierte Winkel eingestellt, erfolgt eine Abtrennung der einzelnen Zylinderkammern voneinander und die Lenkbewegungen können übertragen werden.

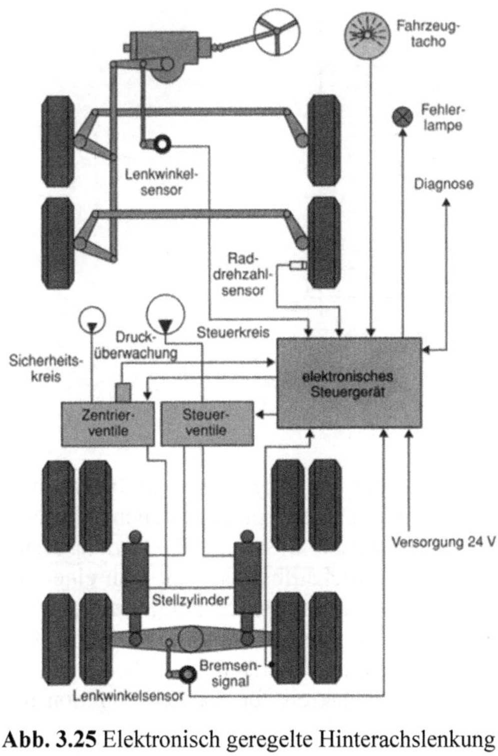

Abb. 3.25 Elektronisch geregelte Hinterachslenkung [3.6]

Elektronisch geregelte Hinterachslenksysteme (Abb. 3.25) bieten wesentlich mehr Komfort und Variabilität, da auch angetriebene Achsen gelenkt werden können und komplexe Regelstrategien mit Anpassung an die jeweilige Fahrsituation Anwendung finden. Hierbei gibt es keine hydraulische oder mechanische Verbindung zwischen Vorder- und Hinterachse, was sowohl ein elektronisches als auch hydraulisches Zwei-Kreis-System erforderlich macht.

Das Herzstück des elektronischen Systems bildet ein Steuergerät, welches Daten von Sensoren aufnimmt (Lenkwinkel von Vorder- und Hinterachse, Raddrehzahlen, Fahrzeuggeschwindigkeit, Bremsbetätigung) und über ein abgespeichertes Lenkwinkelkennfeld (Abb. 3.26) den optimalen Lenkwinkel für die Hinterachse in Abhängigkeit von Fahrzeuggeschwindigkeit und Vorderachslenkwinkel errechnet. Ein Soll-Ist-Abgleich des Hinterachslenkwinkels führt zur Signalweitergabe an das Regelventil des hydraulischen Systems. Die geforderte Redundanz ergibt sich, da zu diesem elektronischen Stellkreis noch ein Sicherheitskreis hinzukommt, der die gleichen Signale empfängt und verarbeitet.

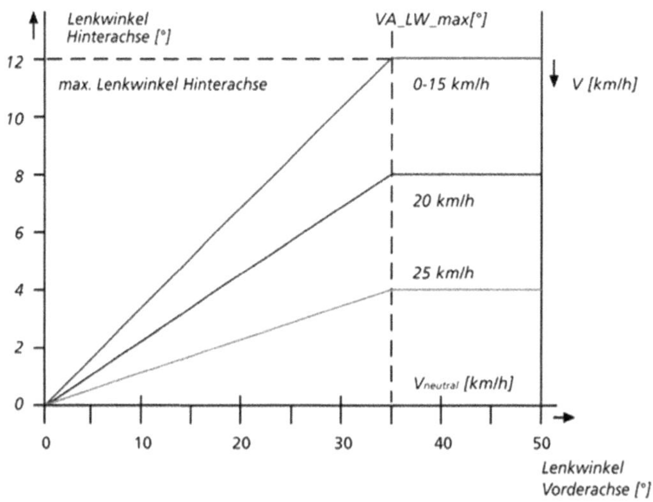

Abb. 3.26 Lenkwinkelkennfeld [3.10]

Sollten sich Differenzen beim Vergleich beider Ausgabesignale ergeben, kommt es zu einem Abschalten der Hinterachslenkung. Man spricht folglich vom Notfallmodus. Bei angetriebenen Hinterachsen wird das System in die Geradeausstellung bewegt und dort gehalten. Durch einen Druckaufbau erreicht man eine hydraulische Einspannung. Bei nicht angetriebenen Hinterachsen kommt es zu einem Abschalten des Servo-Systems (druckloses System). Dieser sog. „Achse-frei-Modus“ führt zum Verhalten einer nicht gelenkten Nachlaufachse. Das hydraulische Zwei-Kreis-System besteht aus dem Arbeitskreis für die Lenkfunktion und dem Zentrierkreis für die Notlauffunktion.

Eine elektrisch betriebene Hydraulikpumpe sorgt im Arbeitskreis für den Druckaufbau. Die Dosierung der Stellzylinder für die Hinterachse übernimmt ein Proportionalventil, welchen den von der Elektronik errechneten Stellwert umsetzt. Der Zentrierkreis hat eine eigene Hydraulikpumpe, die einen Hydraulikspeicher auf einem konstanten Druck hält. Im Fall eines Versagens des Arbeitskreises gelangt das im Speicher befindliche Fluid in die Stellzylinder, die daraufhin in Neutralstellung gehen und eine Geradeaus-Position der Hinterachse sichern.

Als ein sehr gutes Anwendungsbeispiel kann die elektro-hydraulische Hinterachslenkung eines Mobilkranes angesehen werden. Diese „All Tarrain Crane" müssen sowohl die Handling-Eigenschaften als Nutzfahrzeug für den öffentlichen Straßenverkehr als auch eine optimale Manövrierbarkeit bei beengten Ortsdurchfahrten (z. B. Kreisverkehr) oder im Baustellenbereich vorweisen können.

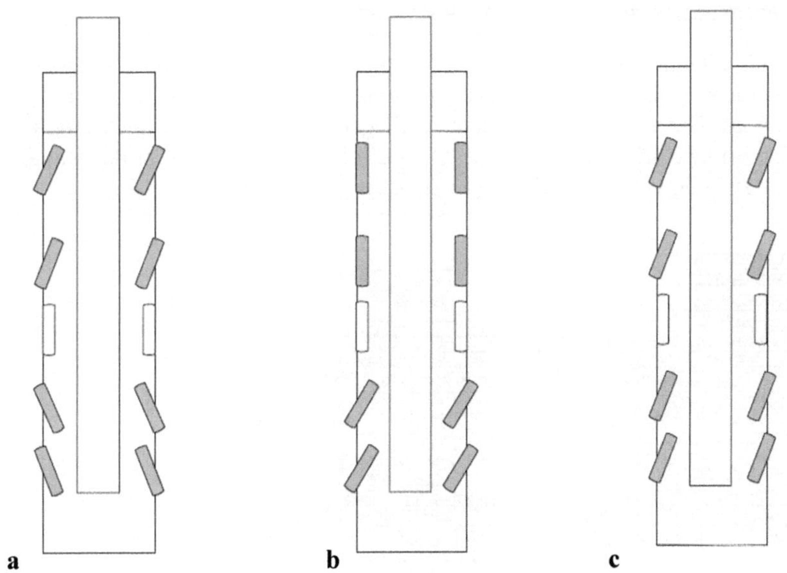

Abb. 3.27 Vordefinierte Lenkprogramme [3.11]. **a** Straßenfahrt **b** unabhängige Hinterachslenkung **c** Diagonallenkung

Hierbei werden alle Achsen bis auf die mittige Starrachse gelenkt. Die Lenkung der Vorderachsen erfolgt nach dem Prinzip eines hydromechanischen Zwei-Kreis-Lenksystems (s. Abschn. 3.1.2.2 und 3.1.2.3). Für die Hinterachslenkung kommt ein auf elektro-hydraulischer Funktionsweise basierendes mechatronisches System zum Einsatz. Es ist mechanisch unabhängig von der Vorderachslenkung, frei programmierbar und demnach als „Steer-by-Wire"-System anzusehen. Pro gelenkte Hinterachse findet je ein Steuergerät Anwendung. Die Lenkbewegung wird mittels hydraulischer Lenkzylinder realisiert, die über Verstell- oder Konstantpumpen versorgt werden. Das Energiemanagement übernimmt ein Load-Sensing-Steuerblock.

Für die Straßenfahrt mit Fahrgeschwindigkeiten größer als 40 km/h erfolgt eine Verriegelung der Achsen in Geradeausstellung. Im Straßenbetrieb mit Geschwindigkeiten kleiner als 40 km/h werden die Hinterachsen gegensinnig zu den Vorderachsen gelenkt (Abb. 3.27 a). Spezielle Lenkprogramme (Abb. 3.27 b und Abb. 3.27 c) sind für Fahrgeschwindigkeiten kleiner als 20 km/h vom Fahrer wählbar. Nach ECE R79, Anhang 6, muss im Fall eines Systemfehlers die Beherrschbarkeit des Fahrzeuges gewährleistet sein. Fehler werden dem Fahrer angezeigt und im Fehlerspeicher abgelegt. Zudem erfolgt eine Systemreaktion, die die Hinterachse in einen sicheren Zustand bewegt. In der Entwicklungsphase sieht die Systemanalyse zahlreiche praktische Fahrversuche mit Fehlersimulationen vor.

3.1.2.5 Hydraulisches Zwangslenksystem

Diese Lenksysteme finden bei Sattelaufliegern Anwendung, wenn durch deren Kombination mit einer Sattelzugmaschine eine Gesamtlänge von 16,5 m überschritten wird. Nur mit einer gelenkten Aufliegerachse ist es dann noch möglich, die Kreisfahrtvorschrift nach §70 StVZO zu erfüllen und dem Fahrer das Rangieren bzw. Passieren von Engstellen zu erleichtern (Abb. 3.28).

Abb. 3.28 Zwangsgelenkter Sattelauflieger (Foto: Firma Langendorf)

Beim Einlenken stellt sich zwischen der Zugmaschine und dem Sattelauflieger eine Winkeldifferenz ein, die von Geberzylinder auf Nehmerzylinder übertragen wird. Es ist kein eigenständig funktionierendes Lenksystem, sondern eher eine Übertragungseinrichtung, die nach dem Verdrängersystem arbeitet.

Um die Forderung nach einem redundanten System (§38 StVZO) zu erfüllen, werden generell mindestens zwei Geber- und Nehmerzylinder in je einem geschlossenen Hydraulikkreis angeordnet. Die Kraftübertragung zwischen den Zylindern erfolgt rein hydraulisch. Ein externer Eingriff, wie er noch beschrieben werden soll, ist während des normalen Fahrbetriebes nicht zulässig.

Durch die Drehbewegung des Drehkranzes um den Königzapfen werden die beiden doppeltwirkenden Geberzylinder ein- bzw. ausgefahren. Das verdrängte Öl setzt die beiden ebenfalls doppeltwirkenden Nehmerzylinder in Bewegung, wodurch die Aufliegerachsen einlenken. Der Abstand zwischen Drehpunkt der Aufliegerlenkschwinge und der Spurstangenaufnahme vergrößert sich für die weiter hinten liegenden Achsen, so dass sich deren Lenkeinschlag erhöht (Abb. 3.29).

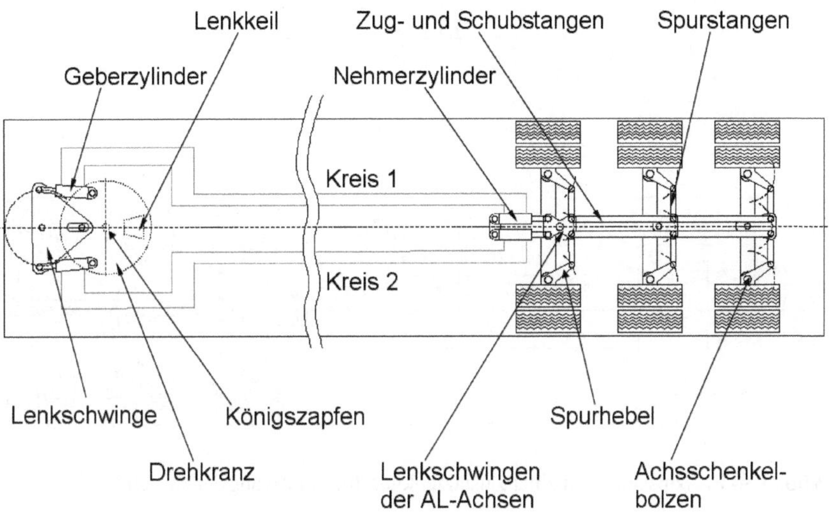

Abb. 3.29 Zwangslenksystem eines 3-Achs-Sattelaufliegers

Für die ordnungsgemäße Funktion des Zwangslenksystems macht sich eine Zusatzlenkung erforderlich, die folgende Aufgaben hat:

- Nachspeisung von internen Leckölverlusten und Wiederherstellung des Vorspanndruckes,
- Realisierung eines Einspurvorgangs nach Nutzung der Zusatzlenkung und
- Ermöglichung von Rangiermanövern bei sehr beengten Platzverhältnissen.

Die Zusatzlenkung greift in die ansonsten geschlossenen Lenkkreise ein. Dabei wird unabhängig von den Geberzylindern ein zusätzlicher Volumenstrom von einer Hydraulikpumpe zur Verfügung gestellt, womit ein anderer (größerer) Radeinschlag als von den Geberzylindern vorgegeben realisiert werden kann (Abb. 3.30). Gerade bei Schwerlasttransporten ist das oftmals nötig. Allerdings darf diese Anwendung nur im Stand bzw. bei Schrittgeschwindigkeit erfolgen.

Durch ein Hauptventil werden beide Lenkkreise geöffnet. Der Pumpenvolumenstrom gelangt über ein 4/3-Wegeventil je nach gewünschter Lenkrichtung zu den Nehmerzylindern und setzen diese in Bewegung. Die Hydraulikpumpe kann elektrisch mit einem 24-V-Motor, über einen Nebenantrieb oder auch manuell angetrieben werden. Die Rückschlagventile stellen zudem einen gewissen Vorspanndruck sicher, der während der Fahrt (vor allem bei schnellen Spurwechseln) ein Überschwingen des Aufliegers minimieren soll.

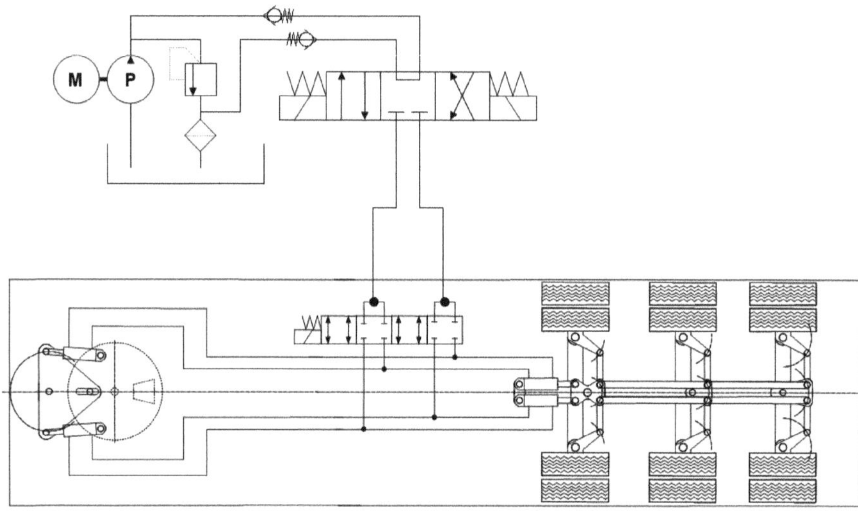

Abb. 3.30 Prinzipschaltplan einer Zusatzlenkung für ein Zwangslenksystem

Der Gebrauch dieser Zusatzfunktion zieht einen sog. Einspurvorgang nach sich. Der Lastzug wird auf gerader Strecke auf eine Linie gebracht und die Räder des Aufliegers in Geradeausstellung gestellt. Nach Kontrolle und Korrektur eines evtl. Spurversatzes können die Zusatzlenkung abgeschaltet und die Lenkkreise wieder geschlossen werden.

3.1.2.6 Zahnstangenhydrolenkung für Nutzfahrzeuge

Seit einiger Zeit wird versucht, in Kombination mit Einzelradaufhängungen für Nutzfahrzeuge auch Zahnstangenlenkungen einzusetzen, was zu einer Verbesserung des Fahrkomforts und des Fahrzeughandlings führt.

Das von ZF Lenksysteme auf den Markt gebrachte System wird „Servoline" genannt (Abb. 3.31). Es entfallen sämtliche bei herkömmlichen Kugelumlauflenkungen nötigen Umlenkhebel und Koppelstangen. Um den Kinematikanforderungen der Einzelradaufhängung bei Nutzfahrzeugen gerecht zu werden, sind der mechanische und der hydraulische Teil parallel angeordnet (Abb. 3.32). Mit diesem Konzept werden die gesetzlichen Anforderungen an die Notlenkeigenschaften einer Ein-Kreis-Lenkanlage erfüllt.

Abb. 3.31 Zahnstangenhydrolenkung „Servoline“ [3.12]

Durch die Trennung von Lenkgetriebe und Lenkzylinder ist es relativ einfach, das System durch Auswahl von unterschiedlichen Lenkzylindergrößen an verschiedene maximale Radlasten anzupassen.

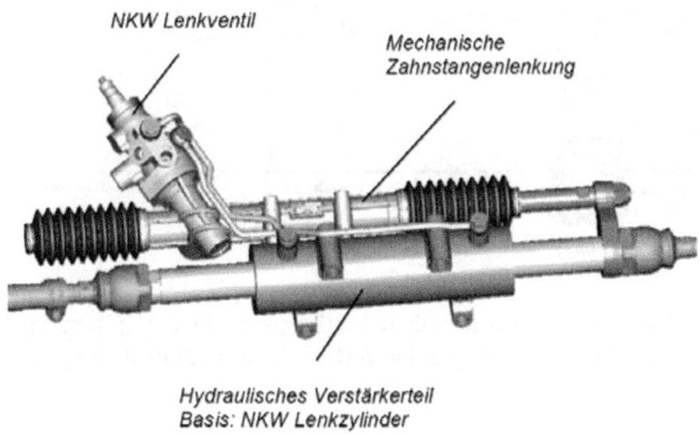

Abb. 3.32 Baugruppen der Zahnstangenhydrolenkung „Servoline“ [3.12]

3.1.2.7 Hydrostatische Lenksysteme

Da bei diesen Lenksystemen die durchgängige mechanische Verbindung zwischen Lenkrad und gelenkten Rädern fehlt, spricht man von einem hydraulischen Fremdkraftlenksystem. Anstelle eines mechanischen Lenkgestänges übernehmen zwei in Verbindungsleitungen eingeschlossene Ölsäulen die Übertragung der Lenkkraft. Bei Versagen der Lenkhilfe muss jedoch die Lenkbarkeit des Fahrzeuges gewährleistet sein. Eingesetzt werden derartige Lenksysteme vorwiegend in Fahrzeugen mit hohen Achslasten, geringen Fahrzeuggeschwindigkeiten und bei denen sich eine mechanische Verbindung vom Lenkgetriebe zu den gelenkten Rädern schwierig realisieren lässt. Die maximalen Fahrgeschwindigkeiten sind auf 50 km/h (62 km/h bei Zwei-Kreis-Ausführung) begrenzt. Hauptanwendungen sind in langsamfahrenden Land-, Forst- und Baumaschinen sowie Flurförderfahrzeugen wie z. B. Gabelstapler. Beim Fahren und Lenken im schweren Gelände kommt es dabei zu sehr hohen Lenkkräften, die nur hydraulische aufgebracht werden können.

In Abb. 3.33 ist der prinzipielle Aufbau am Beispiel einer Achsschenkellenkung zu sehen. Eine Hydraulikpumpe stellt den notwendigen Volumenstrom zur Verfügung, der über ein Lenkventil und Verbindungsleitungen zum Lenkzylinder gelangt. Als Lenkzylinder kommen Differential- oder Gleichgangzylinder, bei größeren und schwereren Fahrzeugen auch kreuzverbundene Differentialzylinder zum Einsatz.

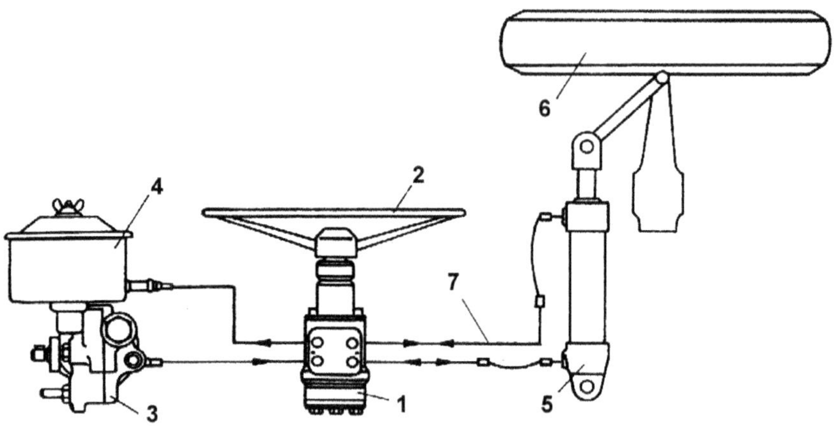

Abb. 3.33 Prinzipieller Aufbau eines hydrostatischen Lenksystems [3.13]. *1* Lenkventil, *2* Lenkrad, *3* Hydraulikpumpe, *4* Tank, *5* Lenkzylinder, *6* Rad, *7* Verbindungsleitungen

Das Lenkventil besteht aus dem für die Funktion notwendigen Steuerventil und einer Dosier- oder Rotorpumpe in Zahnringbauart. Der Rotor der Pumpe ist mechanisch mit der Lenksäule verbunden und hat zum einen die Aufgabe, den von der Hydraulikpumpe kommenden Volumenstrom zu dosieren und synchron zum Drehwinkel des Lenkrades an den Lenkzylinder weiter zu leiten und zum anderen den sog. Notlenkbetrieb bei Ausfall der Hydraulikpumpe sicherzustellen. Hierbei wird die Dosierpumpe zur Handpumpe und ein Nachsaugen aus der Tankleitung bei gleichzeitigem „manuellen“ Druckaufbau wird möglich. Am Lenkrad macht sich dieser Zustand in Form eines stark erhöhten Drehmomentanstieges bemerkbar.

$$M_{Lenkrad} = \frac{V_{HRotor} \cdot \Delta p}{2 \cdot \pi} \tag{3.2}$$

Anhand Gl. (3.2) wird deutlich, dass das Lenkmoment vom Lenkdruck, der wiederum von der Spurstangenkraft beeinflusst wird, und von der Rotorgröße abhängt. Um das Lenkmoment im Notlenkbetrieb nicht über die vom Gesetzgeber vorgegebene Größe (120 Nm) anwachsen zu lassen, werden oftmals zwei oder drei Rotorsätze eingebaut, von denen einer bzw. zwei abschaltbar sind. Man erreicht damit eine Halbierung (Drittelung) des Lenkmomentes, allerdings aber auch eine Verdopplung (Verdreifachung) der Lenkradumdrehungen. Ein ähnliches Prinzip ist die Kammerabschaltung, d. h. im Notlenkbetrieb werden einzelne Verdrängerkammern im Rotorgehäuse abgeschaltet, die somit das Verdrängervolumen und daraus folgend auch das Lenkmoment minimieren. Auch gibt es elektrisch betriebene oder die in Abschn. 3.1.2.2 betrachteten fahrabhängigen Notlenkpumpen, die bei Druckabfall im System zugeschaltet werden und eine Ölversorgung der Lenkung gewährleisten.

Für eine ordnungsgemäße Funktion des hydrostatischen Lenksystems sind weitere zusätzliche Ventile im Lenkventil integriert (Abb. 3.34).

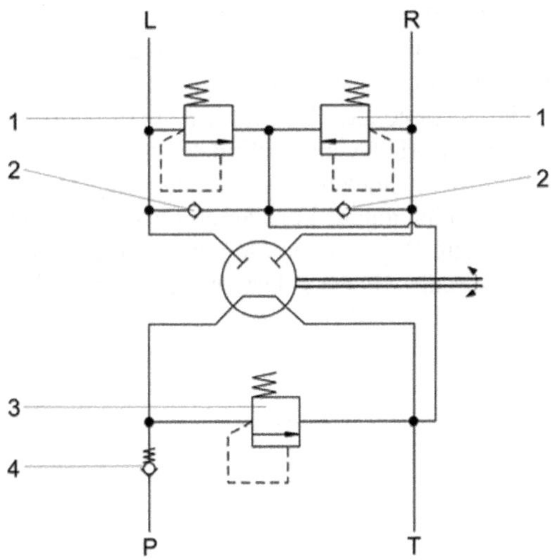

Abb. 3.34 Beispiel eines Lenkventils in Open-Center- und Non-Reaction-Ausführung [3.14]. *1* Schockventil, *2* Nachsaugventil, *3* Druckbegrenzungsventil, *4* Rückschlagventil

Die beiden Schockventile schützen die Lenkung vor Stößen durch äußere Kräfte auf den Lenkzylinder und begrenzen den maximalen Differenzdruck vom Zylinderanschluss (L oder R) zum Tankanschluss (T). Der Einstelldruck ist ca. 50 bar höher als der Druckbegrenzungsventildruck. Die Funktion der beiden Nachsaugventile liegt in der Vermeidung von Kavitationserscheinungen infolge ungünstiger Lenkverhältnisse (z. B. schnelle Lenkbewegungen, Notlenkverhalten). Für ein korrektes Nachsaugen ist allerdings ein Gegendruckventil in der Tankleitung nötig, welches für eine vorgespannte und demzufolge gefüllte Tankleitung sorgt. Das Druckbegrenzungsventil begrenzt das maximale Druckgefälle über dem Lenkventil. Sollte der Zylinderdruck höher als der Pumpendruck sein, verhindert ein Rückschlagventil am Pumpenanschluss das Zurückfließen des Öles durch das Lenkventil.

Lenkventile können in Open-Center-Bauart (Pumpe und Tank in Neutralstellung verbunden) oder Closed-Center-Bauart (Pumpe und Tank in Neutralstellung geschlossen) ausgeführt werden. Zudem gibt es je nach Verbindung der Arbeitsanschlüsse L und R die sog. Reaction-Lenkung (Verbindung der Arbeitsanschlüsse in Neutralstellung; äußere Kräfte am Lenkrad spürbar) bzw. die Non-Reaction-Lenkung (keine Verbindung der Arbeitsanschlüsse in Neutralstellung; äußere Kräfte am Lenkrad nicht spürbar).

Oftmals wird die Lenkhydraulik mit der Arbeitshydraulik von einer gemeinsamen Hydraulikpumpe versorgt (Abb. 3.35). Ein Prioritätsventil, welches der Lenkung Priorität zusichert, macht sich für diesen Zweck erforderlich. Die Steuerung des Prioritätsventils erfolgt über das Lastsignal (Anschluss LS – **L**oad-**S**ensing) des Lenkventils. Wird nicht gelenkt, steht der Pumpenvolumenstrom der Arbeitshydraulik (Anschluss EF – **E**xcess **F**low) zur Verfügung. Kommt es zu einer Lenkbewegung, wird je nach Volumenstrombedarf das Lenkventil (Anschluss CF – **C**ontrol **F**low) versorgt. Das kann soweit führen, dass die Arbeitshydraulik vollständig abgeschaltet wird. Das Prioritätsventil arbeitet nach dem Prinzip eines 3-Wege-Stromregelventils, bei dem die Messblende (A_2) im Lenkventil angeordnet ist und die Regelblende (A_1) sich im Prioritätsventil befindet. Somit wird die Druckdifferenz über dem Lenkventil konstant gehalten, was einen entsprechend des Öffnungsquerschnittes lenkdruckunabhängigen konstanten Volumenstrom zum Lenkzylinder gewährleistet. Die zweite Regelblende (A_3) sichert die Druckunabhängigkeit bezüglich der Arbeitshydraulik. Dieses System ist in der Mobilhydraulik auch als Load-Sensing-Steuerung bekannt.

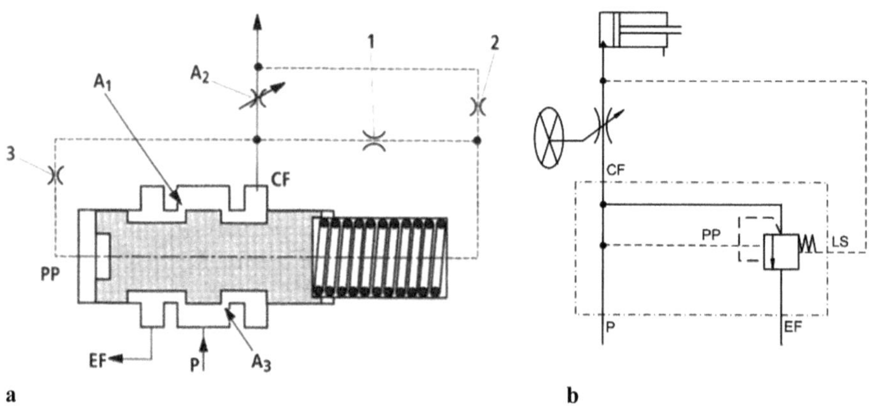

Abb. 3.35 Prioritätsventil **a** Prinzipdarstellung [3.15] **b** Einbindung im Lenkkreislauf. *1* LS-Dynamikdüse, *2* LS-Dämpfungsdüse, *3* PP-Dämpfungsdüse

Pumpe und Arbeitshydraulik müssen über ein separates Druckbegrenzungsventil abgesichert werden. Um die Dynamik zu erhöhen, verwendet man oft Lenkventile, bei denen ständig ein geringer Steuervolumenstrom (ca. 0,5 l/min) in Neutralstellung das Ventil durchfließt. Das Lenkventil hat somit annähernd die gleiche Temperatur wie das Öl. Temperaturschocks werden weitgehend vermieden. Der sog. „harte Punkt“ beim Anlenken, auch bei Kaltstart, ist gewöhnlich nicht mehr spürbar.

Solange sich entsprechend der erforderlichen Lenkkraft ein Druck unterhalb des durch das Druckbegrenzungsventil vorgegebenen Maximaldrucks einstellen kann, muss der Fahrer ein achslastunabhängiges gleich bleibendes niedriges Lenkmoment aufbringen. Um auch entsprechend hohe Achslasten und schnelle Lenkbewegungen hydraulisch unterstützen zu können, ist eine ordnungsgemäße Auslegung des hydrostatischen Lenksystems erforderlich. Bei Achsschenkellenkungen kann zur Ermittlung der maximalen Zylinderkräfte die Gleichung nach Taborek herangezogen werden. Es handelt sich dabei um eine empirisch ermittelte Größengleichung (Gl. 3.3).

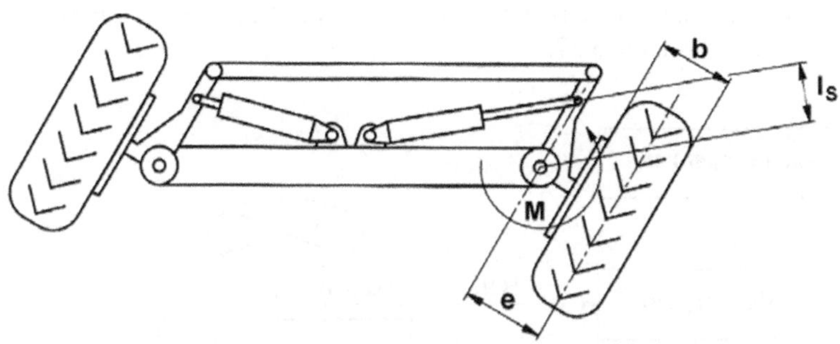

Abb. 3.36 Ermittlung der Zylinderkräfte an einer Achsschenkellenkung [3.14]

$$M = 0{,}05 \cdot F_A \cdot \frac{1}{\left(1+\dfrac{e}{b}\right)} \cdot \frac{b}{200} \cdot \frac{\mu}{0{,}7} \qquad (3.3)$$

$$F_{Zyl} = \frac{M}{l_S} \qquad (3.4)$$

M	Moment um Achsschenkelbolzen [Nm]
F_A	Achslast [N]
b	Reifenbreite [mm]
e	Lenkrollhalbmesser [mm]
μ	Reibwert Reifen-Fahrbahn [-]
l_S	kleinster wirksamer Lenkhebel [mm]
F_{Zyl}	erforderliche Lenkzylinderkraft [kN]

Unter Kenntnis der Geometrien und äußeren Kräfte können entsprechenden Hydraulikzylinder und daraus folgend das Lenkventil und die Hydraulikpumpe ausgewählt werden. Man geht dabei vom ungünstigsten Anwendungsfall aus (Lenken im Stand auf „griffigem" Untergrund mit Reibwerten von $\mu \geq 1$ sowie voll eingeschlagenen Rädern). Bei der Auslegung der Pumpe werden eine maximale Lenkraddrehzahl von 100–150 U/min sowie ca. 3 bis 4 Lenkradumdrehungen beim Rechts-/Linkslenken empfohlen. Auch sollte im Notlenkbetrieb (Pumpenausfall) das vom Fahrer aufzubringende maximale Moment 120 Nm nicht überschreiten.

Um z. B. im sog. Y-Betrieb eines Radladers die Lenkradumdrehungen zu minimieren, werden Lenksysteme mit einem gerotorfreien Modus angeboten (System Versa Steer™ der Firma Eaton). Dieser Modus kann im Stand bzw. bei geringen Fahrzeuggeschwindigkeiten gewählt werden, so dass der Fahrer das Lenkrad nur noch eine Viertel Umdrehung zum Einschlagen der Räder aus der Geradeausstellung bewegen muss.

In landwirtschaftlichen Fahrzeugen finden verstärkt automatische Lenkkonzepte in Verbindung mit hydrostatischen Lenksystemen Anwendung. Um eine höhere Effizienz beim Maschineneinsatz zu erzielen, soll der Fahrer entlastet werden. Somit kann er sein Augenmerk verstärkt auf die Bedienung der Maschine mit ihren zahlreichen Funktionen richten. Den schematischen Aufbau eines solchen Lenkkonzeptes zeigt Abb. 3.37.

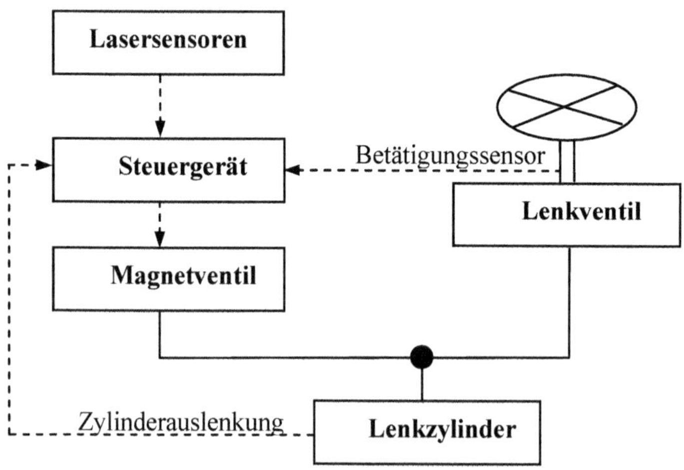

Abb. 3.37 Schematischer Aufbau eines automatischen Lenksystems mit Lasersensoren

Parallel zur hydrostatischen Lenkeinheit ist ein Magnetventil an den Lenkzylinder angeschlossen. Ein elektronisches Steuergerät berechnet aus den Signalen der Lasersensoren, welche an der Maschine angebracht sind, und der Auslenkung des Lenkzylinders die Stellsignale für das Magnetventil. Zusätzlich ist am Lenkrad ein Betätigungssensor angebracht, der die automatische Lenkung deaktiviert, wenn der Fahrer manuell weiterlenken möchte. Anstelle der Lasersensoren können auch Ultraschallsensoren bzw. weiterführend satellitengestützte Systeme (GPS) eingesetzt werden. Letzteres führt tendenziell zur fahrerlosen Maschine.

3.2 Bremssysteme

Neben der Betätigungshäufigkeit ist es der sicherheitstechnische Aspekt, der den Bremssystemen eine besondere Rolle am Kraftfahrzeug zuordnet. Daraus abgeleitet ergeben sich die Anforderungen, die allgemeiner Art in der StVZO und in DIN 74000 zusammengefasst sind. In § 41 (1) der StVZO heißt es:

„Kraftfahrzeuge müssen zwei voneinander unabhängige Bremsanlagen haben oder eine Bremsanlage mit zwei voneinander unabhängigen Bedienungseinrichtungen, von denen jede auch dann wirken kann, wenn die andere versagt. Die voneinander unabhängigen Bedienungseinrichtungen müssen durch getrennte Übertragungsmittel auf verschiedene Bremsflächen wirken, die jedoch in oder auf derselben Bremstrommel liegen können. Können mehr als zwei Räder gebremst werden, so dürfen gemeinsame Bremsflächen und (ganz oder teilweise) gemeinsame mechanische Übertragungseinrichtungen benutzt werden; diese müssen jedoch so gebaut sein, dass bei Bruch eines Teiles noch mindestens zwei Räder, die nicht auf derselben Seite liegen, gebremst werden können. Alle Bremsflächen müssen auf zwangsläufig mit den Rädern verbundene, nicht auskuppelbare Teile wirken. Ein Teil der Bremsflächen muss unmittelbar auf die Räder wirken oder auf Bestandteile, die mit den Rädern ohne Zwischenschaltung von Ketten oder Getrieben verbunden sind. Dies gilt nicht, wenn die Getriebeteile (nicht Ketten) so beschaffen sind, dass ihr Versagen nicht anzunehmen und für jedes in Frage kommende Rad eine besondere Bremsfläche vorhanden ist. Die Bremsen müssen leicht nachstellbar sein oder eine selbsttätige Nachstelleinrichtung haben.“

Für die Auslegung von hydraulischen Bremsen sind vor allem nachfolgende Kriterien zu berücksichtigen, die sich unmittelbar aus den gesetzlichen Vorschriften [2.16] ergeben:

- zwei Räder, die nicht auf einer Achse sind, müssen gebremst werden,
- zwei Bremskreise bzw. –anlagen müssen vorhanden sein,
- Pedalweg maximal 150 mm und
- Pedalkraft maximal 500 N.

Grundlegend besteht eine Bremsanlage aus zwei Hydraulikzylindern gemäß Abb. 3.38, wobei der Zylinder *1* als Hauptbremszylinder *(HBZ)* und der Zylinder *2* als Radbremszylinder *(RBZ)* arbeitet.

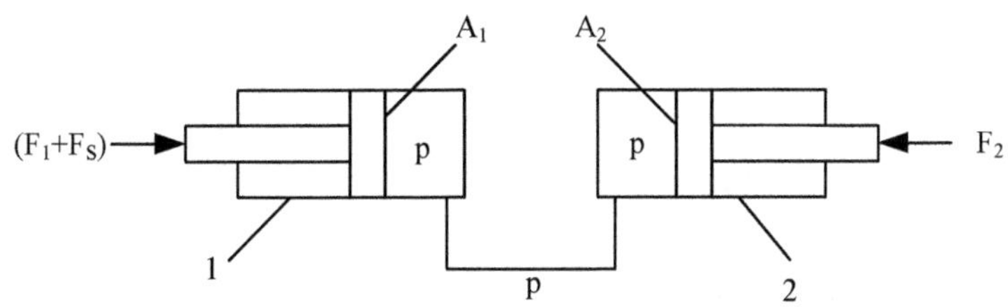

Abb. 3.38 Allgemeine Bremsanlage. *1* Hauptbremszylinder, *2* Radbremszylinder

Aus der Pedalkraft F_P ergibt sich unter Berücksichtigung des Hebelverhältnisses die in Längsrichtung des HBZ wirkende Kraft F_1. Gemäß der Gl. (3.5) entsteht die Kraft F_2, die die auf den Bremsbelag (Scheibenbremse) wirkende Kraft darstellt, wobei A_1 die Bodenfläche des HBZ darstellt und A_2 die Bodenfläche des RBZ ist:

$$F_2 = F_1 \cdot \frac{A_2}{A_1} \,. \tag{3.5}$$

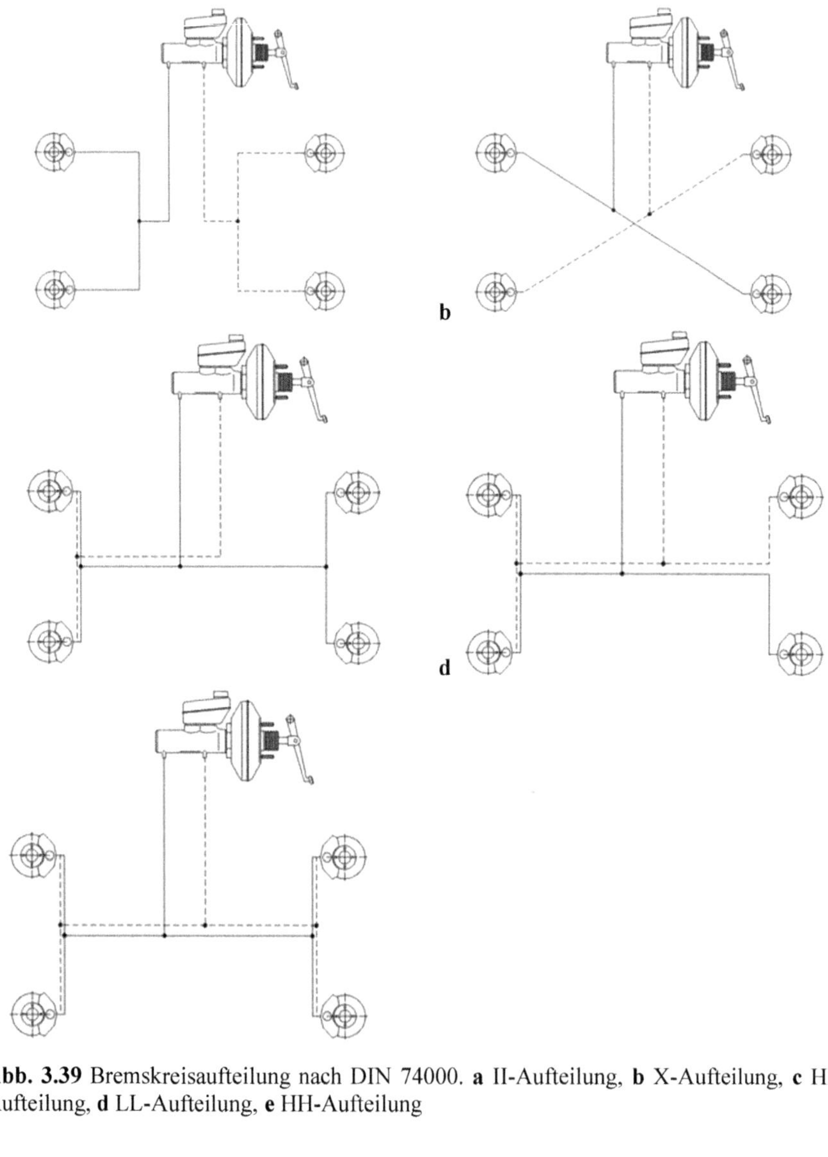

a b c d e

Abb. 3.39 Bremskreisaufteilung nach DIN 74000. **a** II-Aufteilung, **b** X-Aufteilung, **c** HI-Aufteilung, **d** LL-Aufteilung, **e** HH-Aufteilung

Speziell durch den Einsatz von Scheibenbremsen, die Vergrößerung der Massen der Fahrzeuge und eine höhere Motorleistung entstand bei gleichzeitigem Anstieg der Verkehrsdichte die Forderung nach kürzeren Bremswegen, was mit einer Erhöhung der Kraft F_2 verbunden war. Gemäß Gl. (3.5) kann das erreicht werden, wenn alle Faktoren die im Zähler stehen, vergrößert werden und A_1 verkleinert wird. Allerdings sind die Flächen A_1 und A_2 nur sehr geringfügig frei veränderbar, da das vom Zylinder verdrängte Ölvolumen von der Fläche selbst und dem Zylinderweg abhängig ist. Hier sind nun durch die Begrenzung des Pedalweges und die Einbauverhältnisse für den HBZ und RBZ kaum Veränderungen möglich. Die Kraft F_1 kann auch nur geringfügig durch eingeschränkte Veränderung der Hebelverhältnisse erhöht werden. Die Pedalkraft F_p ist gesetzlich begrenzt. Es verbleibt also nur eine Möglichkeit, die darin besteht, zusätzlich zur Kraft F_1 eine weitere Kraft F_S bereitzustellen. Die vom Unterdruckbremskraftverstärker bereitgestellte Zusatzkraft F_S führt dazu, dass für Bremsanlagen die Gl. (3.6) gilt

$$F_2 = (F_1 + F_S) \cdot \frac{A_2}{A_1}. \tag{3.6}$$

Die technische Ausführung durch den Bremskraftverstärker unter Nutzung eines Unterdruckes wird in Abschn. 3.2.1 vorgestellt. Die ebenfalls vorliegende Forderung hinsichtlich der Realisierung von Bremskreisen kann prinzipiell gemäß Abb. 3.39 erfolgen. Die Bezeichnung der Bremskreise ergibt sich aus der Anordnung der Bremsleitungen, die den gewählten Buchstaben entspricht. Von den dargestellten Varianten haben sich II- und X-Aufteilungen durchgesetzt. Sie garantieren einen minimalen hardwareseitigen Aufwand, was mit einem verminderten Ausfallrisiko durch Leckagen einhergeht. Die gesetzlich geforderte Hilfsbremswirkung wird bei frontlastigen Kraftfahrzeugen mit der X-Aufteilung und bei hecklastigen Fahrzeugen mit der II-Aufteilung am effektivsten erreicht.

3.2.1 Bremssysteme für PKW

3.2.1.1 Komponenten konventioneller Bremssysteme

Die *Hauptbremszylinder* (HBZ) stellen Tandemhydraulikzylinder dar, wobei ein Kolben schwimmend gelagert ist. Es werden generell zwei Kolben eingesetzt, die getrennte Kammern begrenzen und damit den Primär- und den Sekundärkreis mit Bremsflüssigkeit versorgen. Als Bauarten gibt es HBZ mit:

- Schnüffelloch,
- Zentralventil und
- Plungerzylindern.

Der Schnüffelloch-HBZ wurde durch die beiden anderen Bauarten weitgehend verdrängt, da er sich nur bedingt für den Einsatz in Kraftfahrzeugen mit Bremsregelsystemen eignet. Die Ausführung der Ausgleichsbohrungen erfolgt durch Zylinderbohrungen, die beim Bremsvorgang von den Dichtmanschetten im drucklosen Zustand überfahren werden. Da bei einer Bremsdruckregelung höhere Drücke im HBZ auftreten können, ist die Gefahr der Undichtheit bzw. Zerstörung der Manschetten wesentlich größer.

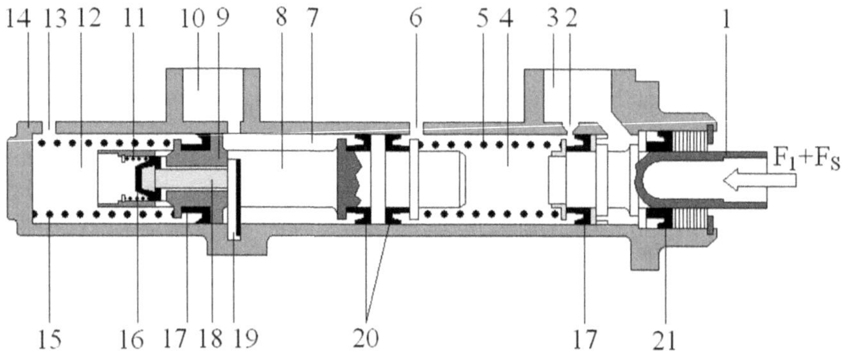

Abb. 3.40 Hauptbremszylinder mit Zentralventil. *1* Steuerkolben Zylinder 1, *2* Nachlaufbohrung, *3* Anschluss Vorratsbehälter Primärkreis, *4* Druckraum Primärkreis 1, *5* Druckfeder, *6* Anschluss Leitung für Bremskreis 1, *7* Zwischenraum, *8* Zwischenkolben, *9* Schwimmkolben, *10* Anschluss Vorratsbehälter Sekundärkreis, *11* Ventilfeder, *12* Druckraum Sekundärbremskreis, *13* Anschluss Leitung für Bremskreis 2, *14* Zylindergehäuse, *15* Druckfeder, *16* Ventildichtung, *17* Primärmanschette, *18* Ventilstift, *19* Spannhülse, *20* Trennmanschette, *21* Sekundärmanschette

In Abb. 3.40 ist ein HBZ mit Zentralventil dargestellt. Die Kolbenstange des Zylinders des Primärkreises *1* wird von der Kraft (F_I+F_S) in Bewegung gesetzt, sodass sich im Druckraum des Primärkreises *4* ein Druck aufbaut. Das Öl fließt in die Radbremszylinder des ersten Bremskreises. Der Zwischenkolben *8* wird durch die Verbindung über die Druckfeder ebenfalls bewegt und verschiebt den Schwimmkolben, der seinerseits für den Druckaufbau im Sekundärkreis verantwortlich ist. Nachdem sich der Zwischenkolben *9* geringfügig bewegt hat, liegt der Ventilstift *17* nicht mehr auf der Spannhülse *18* auf. Die Anordnung dieser Bauteile führt zur Bezeichnung als Zentralventil. Die Dichtung *16* trennt durch Anlegen an den Schwimmkolben *9* den Druckraum des Sekundärkreises *12* gegen den Zwischenraum ab. Kehrt sich der Bewegungsablauf um, sind die ehemaligen Druckräume mit den Vorratsbehältern verbunden, so dass die Bremsflüssigkeit zurück fließen kann bis ggf. die Hydraulikkreisläufe drucklos sind. Die Nachlaufbohrung *2* und der Zwischenraum *4* sind mit den Vorratsbehältern für die Bremsflüssigkeit ständig verbunden. Der Einsatz von Zentralventilen hat den Vorteil, dass die Nachlaufbohrung nicht benötigt wird. Es gibt auch Varianten mit Zentralventil in beiden Kolben, dadurch ergibt sich ein verkleinerter Schließweg, was zu einem verbesserten Ansprechverhalten führt.

Mit den Darstellungen in Abb. 3.41 ist leicht nachvollziehbar, dass bei Ausfall eines Bremskreises durch Leckagen jeweils der andere Bremskreis in seiner Funktion erhalten bleibt. Der Kraftfahrer bemerkt den Effekt durch einen verlängerten

Weg des Bremspedals, bevor der Druckaufbau erfolgt. Außerdem ist eine erhöhte Bremspedalkraft erforderlich.

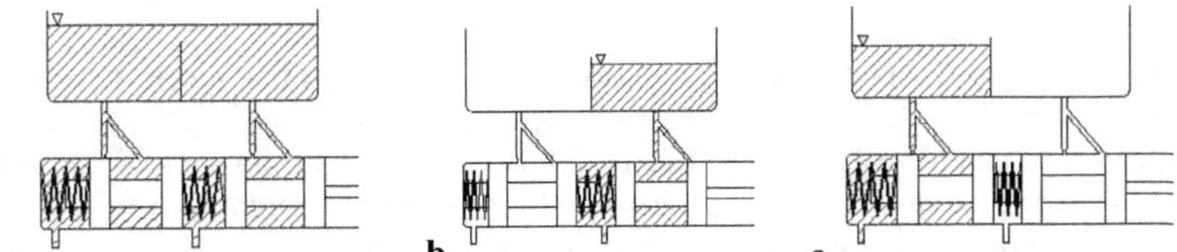

Abb. 3.41 Wirkung der Bremskreise. **a** beide Kreise funktionsfähig **b** Sekundärkreis ausgefallen **c** Primärkreis ausgefallen

Der *Bremskraftverstärker* stellt bei einer Betätigung der Bremsanlage eine zusätzliche Kraft bereit. Er ist direkt mit dem Hauptbremszylinder (Abb. 3.42) verbunden. Die Zusatzkraft F_S entsteht, indem der im Ansaugrohr des Ottomotors vorhandene Unterdruck ca. (0,2–0,8) bar genutzt wird. Vorrangig bei Dieselmotoren und Ottomotoren mit Benzineinspritzung werden separate Unterdruckpumpen verwendet.

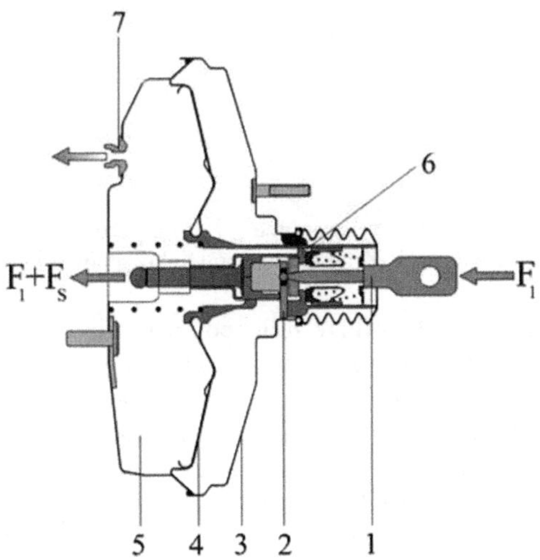

Abb. 3.42 Einfach-Vakuum-Bremskraftverstärker. *1* Kolbenstange, *2* Keil, *3* Gehäuse, *4* Trennmembran, *5* Unterdruckzylinder, *6* Tellerfeder, *7* Vakuumanschluss

In der Lösestellung (keine Betätigung des Bremspedals in Abb. 3.42) herrscht in der Arbeitskammer und der Unterdruckkammer der gleiche Druck, dadurch drückt die Membranfeder *3* den Membranteller 5 mit der Membran gegen die rechte Gehäuseseite. Ausgehend von dieser Ausgangsstellung wird bei Einleitung eines Bremsvorganges die Kolbenstange nach links verschoben, wodurch das Tellerventil die Unterdruckverbindung der Arbeitskammer schließt. Nach Öffnen des Außenluftkanals baut sich in der Arbeitskammer atmosphärischer Druck auf. Infolge der Druckdifferenz zwischen Unterdruckkammer und Druckkammer und der Membranfläche entsteht eine Zusatzkraft (F_S), die auf den Membranteller und den damit verbundenen HBZ als Unterstützung der Fußkraft wirkt.

Eine weitere Variante nutzt hydraulische Energie, die über einen separaten Bremshydraulikkreislauf zur Verfügung gestellt wird. Die Abstufung hat so zu erfolgen, dass eine feinfühlige Dosierung der Bremskraft und das Gefühl für den Bremsvorgang nicht beeinträchtigt werden. In Pkw mit Ottomotoren werden vorrangig ein- oder zwei stufige Unterdruckverstärker eingesetzt.

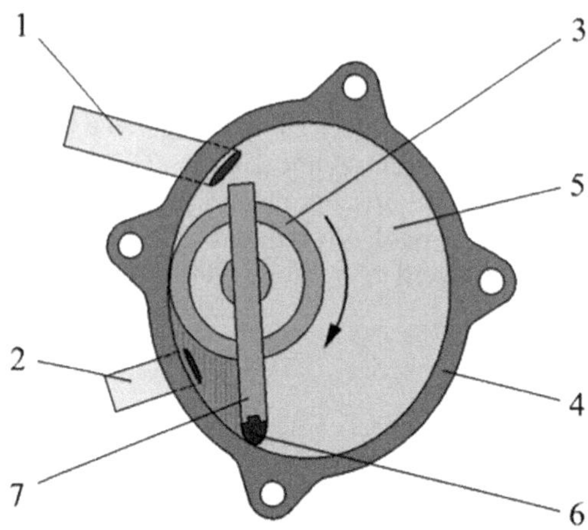

Abb. 3.43 Schema einer einflügeligen Unterdruckpumpe. *1* Unterdruckanschluss, *2* Ausschuböffnung für Luft, *3* Rotor, *4* Gehäuse *5* Förderkammer *6* Dichtkappe *7* Flügel

Die *Unterdruckpumpen* sind i. d. R. Monoflügelzellenpumpen, die direkt am Verbrennungsmotor angeflanscht werden und mit Nockenwellendrehzahl betrieben werden [3.17]. Bereits bei Leerlaufdrehzahl des Verbrennungsmotors wird der Unterdruck von ca. 0,9 bar erreicht. In Abb. 3.43 ist eine Einflügelpumpe (Monoflügelzellenpumpe) dargestellt. Der Arbeitsraum ist oval geformt, um eine Volumenänderung und damit die Bereitstellung des Unterdruckes zu ermöglichen. Der Flügel *7* hat eine konstante Länge und ist außermittig vom Stator angeordnet. Durch Drehen des Rotors *3* stützt sich der Flügel am Gehäuse ab und wird in Richtung Saugseite verschoben. In einer Kombination aus Drehen des Rotors und Verschieben des Flügels wird das Volumen auf der Saugseite vergrößert und somit strömt Luft aus dem Unterdruckanschluss *1* nach. Während des Komprimierens der Luft in der Förderkammer 5 wird der Flügel relativ zum Rotor nur gering bewegt. Die eingeschlossene Luft wird dabei komprimiert und auf der anderen Seite strömt weiter Luft nach, so dass der angeschlossene Raum evakuiert wird. Auf der Druckseite sitzt ein Ventil, das bei einem vorgegeben Druckwert öffnet. Die Pumpen werden häufig vom Ölkreislauf des Verbrennungsmotors geschmiert.

In diesem Fall kann die Abluft nicht direkt in die Umgebung geleitet werden und gelangt in das Kurbelgehäuse.

Bremskraftverteiler werden verwendet, um ab einem einstellbaren Druckwert (Umschaltpunkt) den Druck für den Hinterachsbremskreis gegenüber dem Vorderachskreis bei II-Aufteilung zu vermindern. Bei Fahrzeugen mit konstanter Bremskraftaufteilung kommt es durch die Achslastverlagerung bei Bremsvorgängen zum Überbremsen der Vorder- oder Hinterachse je nach gewählter Aufteilung. Eine überbremste Hinterachse beeinflusst das Fahrverhalten negativ. Durch den Einsatz von Bremskraftverteilern kann das verhindert werden.

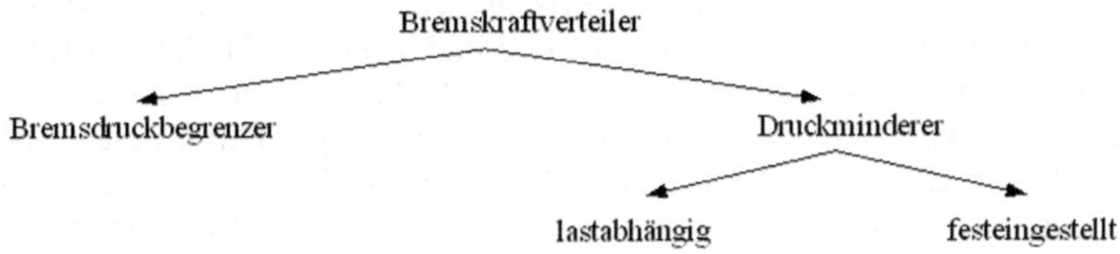

Abb. 3.44 Bremskraftverteiler

Während Bremsdruckbegrenzer, die vergleichsweise wie ein Druckbegrenzungsventil arbeiten, den Druck der Radbremszylinder (RBZ) auf einen festlegbaren Maximalwert begrenzen, werden druckabhängige (festeinstellbare) Druckminderer dort eingesetzt, wo nur geringe Achslastveränderungen gegeben sind. Sie regeln den Druck der RBZ der Hinterachse ab einem einstellbaren Umschaltpunkt. Dadurch wird ein festes Druckverhältnis zwischen Vorder- und Hinterachse erreicht. Lastabhängige Druckminderer werden in Kraftfahrzeuge mit stark wechselnden Lastverteilungen verbaut.

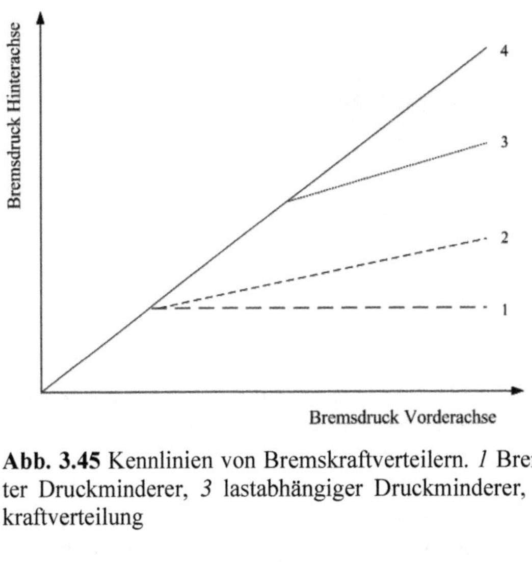

Abb. 3.45 Kennlinien von Bremskraftverteilern. *1* Bremsdruckbegrenzer, *2* fest eingestellter Druckminderer, *3* lastabhängiger Druckminderer, *4* konstruktiv vorgesehene Bremskraftverteilung

Die Unterschiede in der Wirkungsweise der einzelnen Arten der Bremskraftverteiler (Abb. 3.44) kommen in Abb. 3.45 gut zum Ausdruck, indem die Kennlinien gegenübergestellt werden.

Der in Abb. 3.46 dargestellte Bremskraftminderer ist im Hinterachsbremskreis eingebaut. Beim Bremsvorgang wird die Bremsflüssigkeit vom Hauptbremszylinder (HBZ) zum Anschluss *2* gefördert. Sie fließt über den Ringraum durch die Bohrung im Kolben zum Anschluss für die RBZ der Hinterachse. Durch die damit verbundene Bewegung der Kolben der RBZ wird durch Anlegen der Bremsbacken an die Bremstrommel bzw. Bremsscheibe ein Druck aufgebaut. Der Druck liegt nunmehr im gesamten Bremskreis vor. Wird das Bremspedal weiter betätigt, steigt auch der Druck im Bremskreislauf weiter an. Dieser sich daraus einstellende Druck wirkt an den Flächen der Ringräume *2* und *4*. Da die Fläche *2* größer ist, wird der Kolben sich im Bild nach rechts verschieben. Damit ist zunächst eine Absperrung des RBZ-Kreises verbunden. Wird die Bremspedalkraft weiter erhöht, so steigt der Druck im HBZ-Kreis und der Kolben verschiebt sich bis das Ventil *7* öffnet. Durch den nun stattfindenden Druckausgleich bewegt der Kolben sich nach links und der Bremsdruck im RBZ-Kreis steigt wieder an. Damit setzt der Kolben sich wieder in Bewegung. Die Druckverminderung zwischen den beiden Bremskreisen ergibt sich aus dem Verhältnis der Ringflächen der Ringräume *2* und *5*. Wird die Pedalkraft vermindert, wirkt die Kraft, die sich aus dem Druck im RBZ-Kreis und der Wirkfläche des Kolbens ergibt, auf den Kolben *9*, der sich auf der Druckfeder *1* abstützt. Die Bewegung des Kolbens und Öffnung des Ventils führt dazu, dass die Bremsflüssigkeit aus den RBZ zurückfließen kann und damit der Druck im Bremskreislauf abgebaut wird.

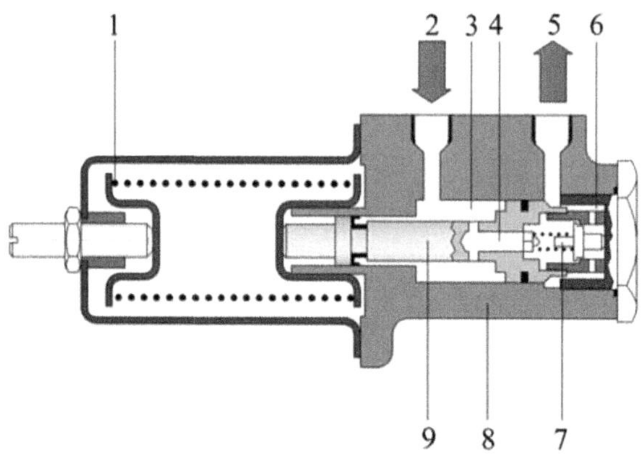

Abb. 3.46 Bremskraftminderer. *1* Druckfeder, *2* Anschluss HBZ, *3* Ringraum 1, *4* Bohrung, *5* Anschluss RBZ, *6* Ringraum 2, *7* Ventil, *8* Gehäuse, *9* Stufenkolben

Für Fahrzeuge mit stark schwankenden Beladungszuständen reicht die Wirkung der statisch wirkenden Bremskraftminderer nicht aus. Hier werden lastabhängige Bremskraftminderer verwendet. Die in Abb. 3.47 dargestellte Bauart nutzt die beim Einfedern entstehende Relativbewegung zwischen Hinterachse und Aufbau.

Das Gestänge stützt sich auf den Kolben *1* ab, der seinerseits sich verschiebt und damit die Regelfedern *2* vorspannt. Somit wird die Wirkung der Aufteilung der Drücke zwischen HBZ-Kreis und RBZ-Kreis entsprechend der Zuladung verändert.

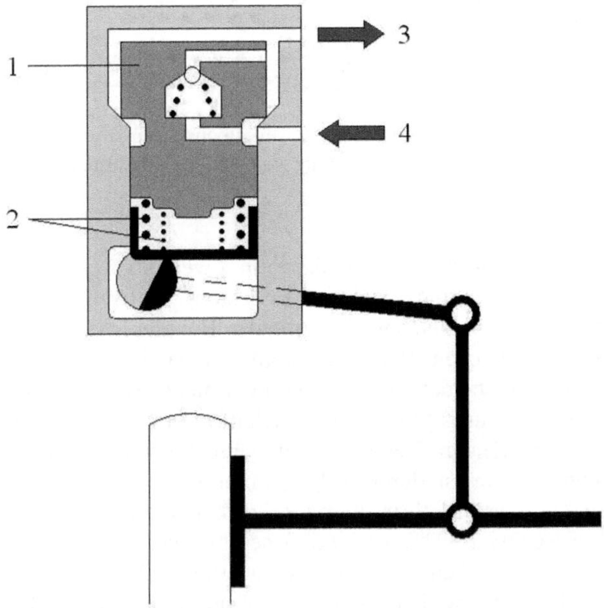

Abb. 3.47 Lastabhängiger Druckminderer. *1* Kolben, *2* Regelfedern, *3* Anschluss zu RBZ, *4* Anschluss vom HBZ

Radbremszylinder sind je nach Einsatzvariante als Zylinder mit einem oder zwei Kolben gemäß Abb. 3.48 ausgeführt. Bei der Variante mit einem Kolben, die bei Duplexbremsen verwendet wird, bewegt sich der Kolben *5*, wenn vom HBZ Bremsflüssigkeit in den Zylinderraum *3* gefördert wird. Die Druckfeder sorgt dafür, dass der Druckbolzen ständig an den Bremsbacken anliegt. Radbremszylinder in Zweikolbenbauart arbeiten ähnlich, nur dass hier bei Hinzufügung von Bremsflüssigkeit in den Zylinderraum *3* beide Kolben *6* sich bewegen und damit beide Bremsbacken betätigt werden. Die in Abb. 3.48 b dargestellte Bauart mit Nutring hat den Vorteil, dass die Nutringe unterdruckfest ausgeführt werden können. Damit kann eine technologisch einfachere Unterdruckentlüftung und Befüllung der Bremskreise erfolgen. Außerdem kann bei dieser Ausführung auf den sonst erforderlichen Vordruck in den Bremskreisen verzichtet werden.

Die eigentlichen Bremsen werden als Trommel- oder Scheibenbremsen ausgeführt. Bis in die fünfziger Jahre des letzten Jahrhunderts wurden vorrangig Trommelbremsen in den in Abb. 3.49 dargestellten Arten eingesetzt, danach haben sich verstärkt Scheibenbremsen durchgesetzt.

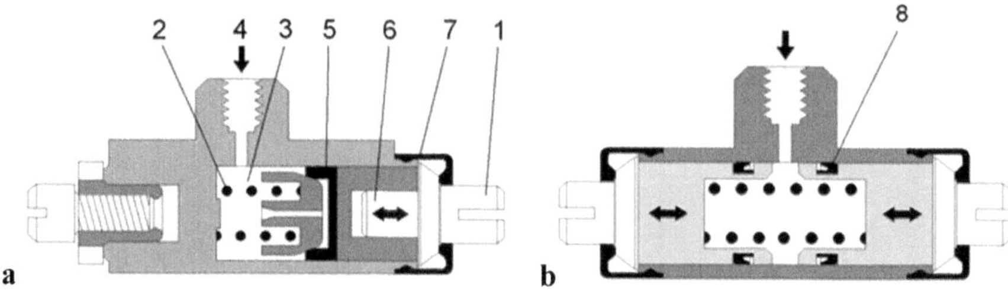

Abb. 3.48 Radbremszylinder. **a** Einkolbensystem **b** Zweikolbensystem mit Nutring *1* Druckbolzen, *2* Druckfeder, *3* Zylinderraum, *4* Zuleitung vom HBZ, *5* Dichtmanschette, *6* Kolben, *7* Abdeckkappe (Gummi), *8* Nutring

Die Simplexbremse ist dadurch gekennzeichnet, dass ein Zweikolbenzylinder *1* beide Bremsbacken *2* betätigt. Die Zugfeder zieht bei Entlastung die Bremsbacken in die Ruhelage und lässt die Druckbolzen spiellos anliegen. Bei dieser Bauart mit festem Drehpunkt kann es zu ungleichem Verschleiß kommen, da die Backen sich nicht selbst zentrieren. Werden die beiden Drehpunkte nicht mehr fest ausgeführt, sondern beide Bremsbacken mit einer gemeinsamen Gleitführung ausgelegt, ist eine Selbstverstärkung der auflaufenden Bremsbacke zu verzeichnen (modifizierte Bauart). Nur die ablaufende Backe ist durch Selbsthemmung geprägt. Bei der Duplexbremse wirken die Zylinder in Fahrtrichtung so, dass beide Bremsbacken selbstverstärkend sind. Bei Rückwärtsfahrt ist eine wesentlich geringere Bremswirkung zu verzeichnen, da die Selbstverstärkung wegfällt. Bei der Duo-Dupplexbremse gibt es in der Bremswirkung keine drehrichtungsbezogenen Unterschiede, da der RBZ auf beide Bremsbacken wirkt und das Übertragungselement *6* für die Selbstverstärkung verantwortlich ist. Die Servobremse arbeitet mit einen Zweikolbenzylinder und schwimmender Aufhängung, so dass in Fahrtrichtung eine Selbstverstärkung wirkt. Bei Rückwärtsfahrt ist die Wirkung einer Simplexbremse gegeben. Auf die unterschiedlichen Arten des Spielausgleiches bei Verschleiß der Bremsbacken und der Bremstrommel (Nachstellvorrichtungen) wird nicht eingegangen.

Scheibenbremsen haben den Vorteil, dass sie mit vergleichsweise geringerer Masse bei größerer Bremswirkung ausgelegt werden können. Die wirksame Bremsfläche zwischen Bremsscheibe und Bremsklotz ist gemessen an der Fläche der Bremsscheibe relativ klein. Durch diese im Vergleich zu Trommelbremsen kleinere Fläche müssen höhere Kräfte am RBZ bereitgestellt werden, um auf zumindest gleiche Bremsmomente zu kommen. Der Einsatz von Bremskraftverstärkern ist somit eine unabdingbare Voraussetzung. Es gibt nachfolgende Arten von Scheibenbremsen:

- Festsattelbremsen,
- Schwimmrahmenbremsen und
- Faustsattelbremsen.

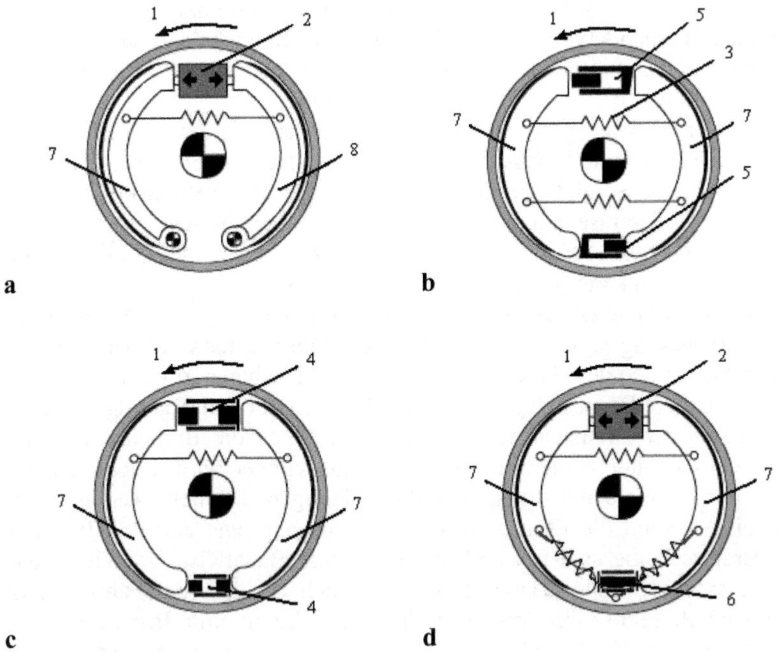

Abb. 3.49 Arten der Trommelbremsen. **a** Simplexbremse **b** Duplexbremse **c** Duo-Duplexbremse **d** Servobremse *1* Drehrichtung der Bremstrommel, *2* Zweikolbenzylinder, *3* Bremsbacken, *4* Zylinder, *5* Druckkolben, *6* Übertragungselement (verschiebbar), *7* schwimmende Aufhängung, *8* auflaufende Bremsbacke, *9* ablaufende Bremsbacke

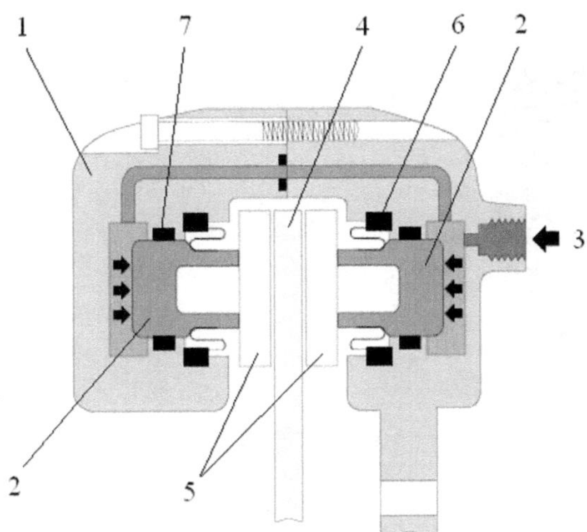

Abb. 3.50 Festsattelbremse. *1* Gehäuse, *2* Kolben, *3* Anschluss vom HBZ, *4* Bremsscheibe, *5* Bremsbelag, *6* Schutzkappe, *7* Kolbendichtung, *8* Spreizfeder

Die *Festsattelbremse* gemäß Abb. 3.50 ist dadurch gekennzeichnet, dass zwei Bremszylinder vorhanden sind, deren Kolben *2* die Bremsbeläge an die Bremsscheibe drücken, wenn ein Bremsvorgang eingeleitet wird. Beim Lösen der Bremse werden die Kolben *2* von den verformten Kolbendichtringen *7* in die Ausgangsposition zurückgezogen. So stellt sich das erforderliche Spiel von ca. 0,15 mm ein. Es garantiert, dass die Bremsscheibe frei drehen kann. Außerdem wirkt zusätzlich eine Spreizfeder, die die Bremsbeläge an die Bremskolben drückt und das Lösen der Bremse unterstützt. Der Dichtring *7* ermöglicht bei größer werdenden Verschleiß ein stufenloses Nachstellen der Bremsbeläge, da der Kolben seinen Weg anpassen kann (Gefahr des Durchrutschens).

Die *Schwimmrahmenbremse* arbeitet mit einem Kolben, der ursächlich den zugehörigen Bremsbelag an die Scheibe andrückt. Dadurch, dass der Schwimmrahmen in den Führungen des Halters gleiten kann, wird selbiger so verschoben, dass sich auch der andere Bremsbelag anlegt. Der Halter ist mit dem Radträger fest verschraubt. Wenn der Bremsvorgang beendet wird, fließt die Bremsflüssigkeit in den Ausgleichsbehälter zurück und der Radbremszylinder wird drucklos. Durch die vorgespannte Kolbendichtung und die zulässigen Taumelbewegungen der Bremsscheibe werden die Bremsbeläge in die Ausgangslage zurückgedrückt, so dass die Bremsscheibe sich frei drehen kann. Diese Bauart ist dadurch gekennzeichnet, dass ein geringer Platzbedarf erforderlich ist, dass der Fahrtwind die Hydraulikbauteile relativ frei umströmen kann und die gesamte Bremsanlage gut geschmiert wird. Des Weiteren kann eine Feststellbremse integriert werden.

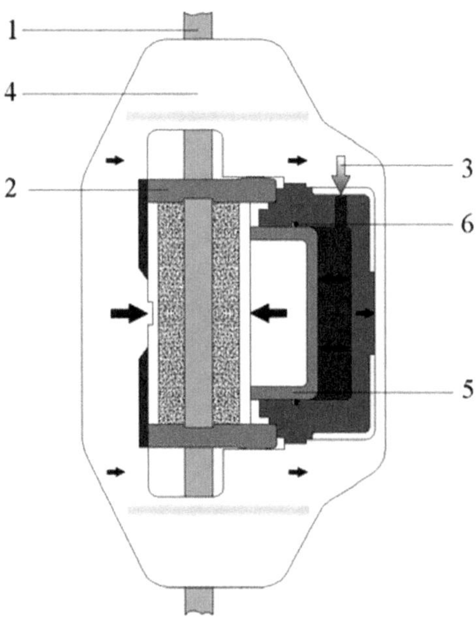

Abb. 3.51 Schwimmrahmenbremse. 1 Bremsscheibe, 2 Schwimmrahmen, 3 Anschluss HBZ, 4 Halter, 5 Kolben, 6 Kolbendichtung

Die *Faustsattelbremse* stellt eine wartungsfreundliche Weiterentwicklung der Schwimmrahmenbremse dar. Demzufolge gilt prinzipiell der gleiche Wirkmechanismus. Das ebenfalls verschiebbare Gehäuse gleitet auf zwei Führungsbolzen *2*. Der exaktere Bewegungsablauf ergibt sich durch die reibungsärmere, Schmutz unempfindlichere und schmierbare Gestaltung der Gleitebenen. Es gibt ebenfalls Ausführungsvarianten mit integrierter Feststellbremse.

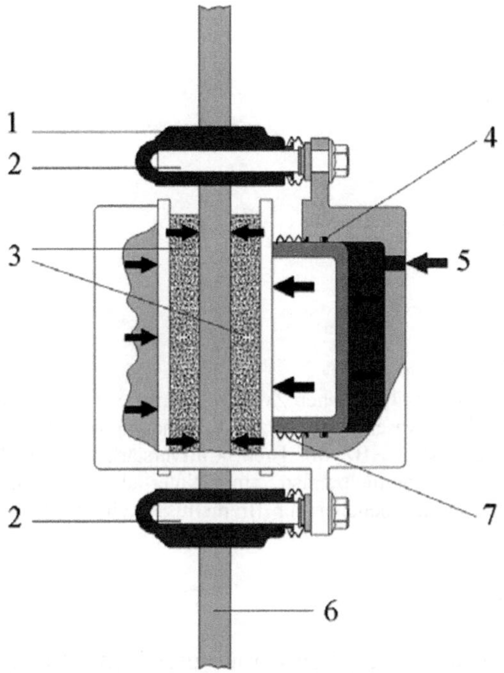

Abb. 3.52 Faustsattelbremse. *1* Halter, *2* Führungsbolzen, *3* Bremsbelag, *4* Kolbendichtung, *5* Anschluss HBZ, *6* Bremsscheibe, *7* Schutzkappe

Das Zusammenwirken der Einzelkomponenten ist in Abb. 3.53 dargestellt. In der klassischen „II-Aufteilung“ werden die Vorderachse mit Scheibenbremsen und die Hinterachse mit Trommelbremsen bestückt. Diese Variante wird für zahlreiche Kleinwagen gewählt. Zur optimalen Bremsdruckaufteilung für die beiden Bremskreise wird ein Bremskraftminderer eingesetzt. Die Trommelbremsen an der Hinterachse garantieren eine gute Dosierbarkeit und Wartung der Feststellbremse. Die Scheibenbremsen an der Vorderachse berücksichtigen die dynamische Achslastverlagerung und garantieren so eine verbesserte Bremswirkung gegenüber der Auslegung ausschließlich mit Trommelbremsen. Regelsysteme werden bei dieser Ausführung nicht eingesetzt.

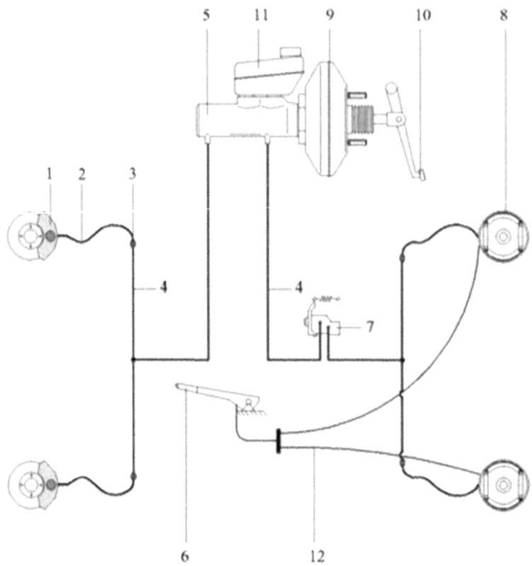

Abb. 3.53 Herkömmlicher Bremskreis einer hydraulischen Zweikreis-Anlage. *1* Scheibenbremse am Vorderrad, *2* Bremsschlauch, *3* Anschlussstück zur Verbindung von Bremsschlauch und Bremsleitung, *4* Bremsleitung, *5* HBZ mit Bremskraftverstärker, *6* Handbremshebel, *7* Bremskraftminderer, *8* Trommelbremse am Hinterrad, *9* Bremskraftverstärker, *10* Bremspedal, *11* Ausgleichsbehälter für Bremsflüssigkeit, *12* Handbremsseil

3.2.1.2 Bremssysteme mit ABS

Eine Erhöhung der aktiven Sicherheit, die mit Bremsen mit gesteigerter Bremswirkung und verbessertes dynamisches Verhalten des gesamten Pkw verbunden ist, wird durch den Einsatz von:

- Antiblockersystemen (ABS),
- Bremsassistenten und
- Antischlupfreglern (ESP) möglich.

Antiblockiersysteme erkennen beim Bremsen die Blockierneigung eines oder mehrer Räder und sorgen dafür, dass der Bremsdruck so geregelt wird und dadurch die Räder nicht blockieren. Damit bleibt das Fahrzeug lenkbar, wobei die Darlegungen gemäß Abschn. 2.1 zu berücksichtigen sind. Das ist vor allem bei kleinen Reibbeiwerten zwischen Rad und Fahrbahn kritisch.

Allen Fahrzeugen mit ABS sind nachfolgende Phasen für den zeitlichen Ablauf des Bremsvorganges eigen:

- Phase 1 Druckaufbau,
- Phase 2 Druckhalten und
- Phase 3 Druckabbau.

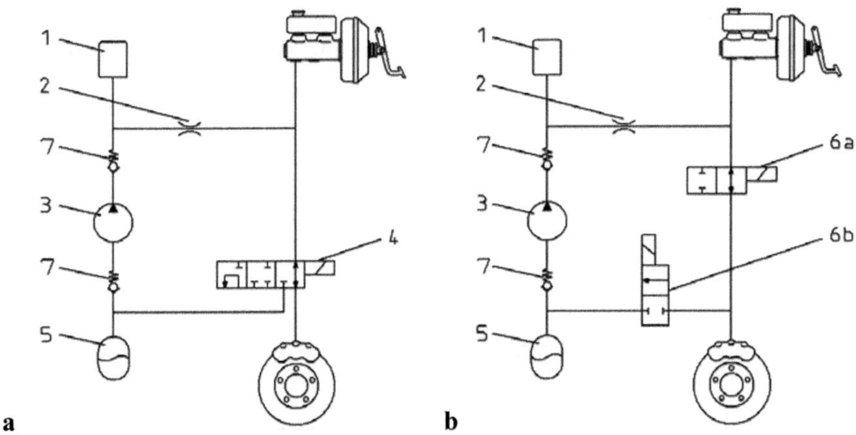

Abb. 3.54 ABS-Systeme. **a** ABS 2 **b** ABS 5 *1* Dämpferkammer, *2* Drossel, *3* Rückförderpumpe, *4* 3/3 Wegeventil, *5* Speicher, *6a* Einlassventil, *6b* Auslassventil, *7* Rückschlagventil

In Abb. 3.54 sind zwei Entwicklungsstufen von ABS-Systemen dargestellt. Die anfangs eingesetzte Variante von ABS 2 arbeitet mit einem 3/3-Wegeventil, das zwischen HBZ und RBZ geschaltet ist. In der in Abb. 3.54 a eingezeichneten Grundstellung wird das Hydrauliköl vom HBZ zum RBZ gefördert und es baut sich nach Anlegen der Bremsklötze ein Bremsdruck auf. Erkennt das Raddrehzahlsystem (Drehzahlsensor und Drehzahlauswertung) eine starke Radverzögerung, die vom Rechner als Blockiergefahr interpretiert wird, wird das 3/3-Wegeventil in die Mittelstellung geschaltet. Damit bleibt vorerst der aktuelle Bremsdruck erhalten. Sollte die Radverzögerung sich weiter erhöhen, wird das Ventil *4* in die linke Schaltstellung gebracht. Somit erfolgt weiterhin die Trennung von HBZ und RBZ und die Bremsflüssigkeit wird von der Rückförderpumpe *4* zum HBZ gefördert. Der Speicher *5* und die Dämpferkammer *1* dienen in Verbindung mit der Drossel *2* und den Rückschlagventilen *7* als Volumenausgleich und als Dämpfer. Diese Elemente sorgen aber andererseits für eine gewisse Trägheit des Systems.

Eine realisierte Ausführung des ABS 2 ist in Abb. 3.55 dargestellt, wobei die Kompaktheit des Hydroaggregates *2* deutlich wird. Der modulare Aufbau mit den zentralen Einzelkomponenten HBZ *1*, Steuergerät *3*, Hydroaggregat *2*, RBZ *4* und Drehzahlsensor *5* und deren Funktion kann gut nachempfunden werden. Ebenso wird die Bedeutung des Steuergerätes *3* sichtbar, das die Signale des Drehzahlsensors *5* verarbeitet und den Elektromotor *6,* die Rückförderpumpe *7* und die Magnetspule *8* des 3/3-Wegeventils *9* ansteuert.

Das System ABS 5 gemäß Abb. 3.54 b arbeitet im Grundprinzip analog dem System ABS 2, nur dass anstatt des 3/3-Wegeventils zwei 2/2-Wegeventile verbaut sind, die als Einlass- und Auslassventile wirken. Das führt zu kleineren Stellwegen, geringeren Magnetkräften und kompakteren Ventilkonstruktionen. Hierzu trägt auch bei, dass je Ventil nur eine stromdurchflossene Spule pro Magnet erforderlich ist. Die 2/2-Wegeventile werden in unterschiedlichen Ausführungsvarianten eingesetzt. Sie ermöglichen durch den pulsweitengesteuerten Taktbetrieb eine hohe Dynamik mit Proportionalventilcharakteristik. Durch die weiterhin vorhandene dämpfend wirkende Hardware sind weitere Verbesserungen notwendig, die mit ABS 8 realisiert werden.

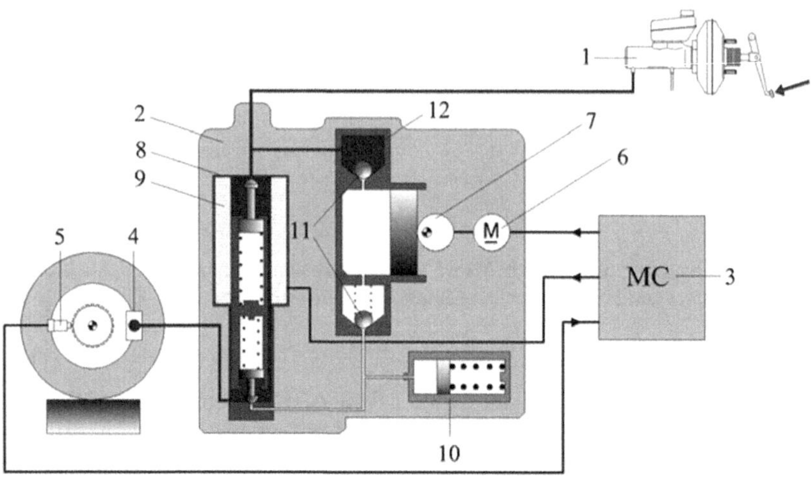

Abb. 3.55 Technische Ausführung des ABS 2. *1* HBZ, *2* Hydroaggregat, *3* Steuergerät, *4* RBZ, *5* Drehzahlsensor, *6* Elektromotor, *7* Rückförderpumpe, *8* Magnetspule, *9* 3/3-Wegeventil, *10* Speicher, *11* Rückschlagventil, *12* Dämpferkammer

Mit dem in Abb. 3.56 dargestellten ABS 8 werden stromgeregelte Ventilsteuerungen eingesetzt, die einen erheblichen Gewinn an Funktionalität mit sich bringen. Sie ermöglichen die Anpassung des Bremssystems auch an stark wechselnde Haftreibungsbeiwerte und erhöhen den Komfort für den Kraftfahrer durch eine Geräuschreduzierung und verbesserte Pedalrückwirkung. Das ABS 8 gestattet durch Variation der Komponenten eine Anpassung an nahezu beliebige Fahrzeuganforderungen. Ermöglicht wird das vor allem durch Weiterentwicklungen im Bereich der Elektronik. Die eingesetzten digitalen Regler werden von Mikrocontrollern geprägt, die derzeit im Ansteuergerät verbaut sind. Durch wesentlich größere Kompaktheit wird eine erhebliche Reduzierung der Verkabelung erreicht. Des Weiteren kann der Mikrocontroller in Verbindung mit einer verbesserten Software den Bremsvorgang besser ausregeln bzw. ab ABS 8 auch in Verbindung mit einer Antriebschlupfregelung arbeiten. Die Kommunikation mit anderen Steuergeräten und für Diagnosezwecke erfolgt über den CAN-Bus. Die bis ABS 5 eingesetzten hardwareseitigen Dämpfungselemente entfallen bis auf die Speicher, da durch schnelle Regelalgorithmen die Dämpferwirkung softwareseitig nachgebildet werden kann. Diese Systeme entsprechen dem Stand der Technik und gelten als sehr gut ausgeregelt.

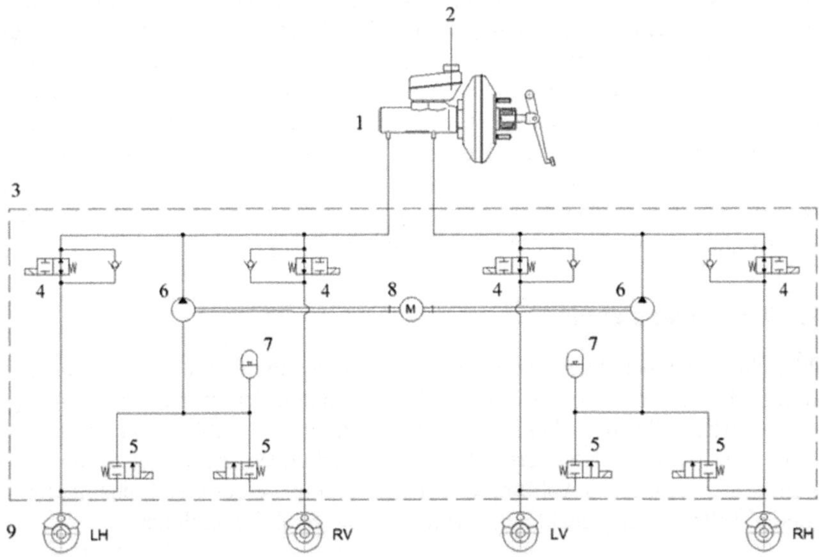

Abb. 3.56 ABS 8 in X-Aufteilung. *1* HBZ, *2* Ausgleichsbehälter, *3* Hydraulikaggregat, *4* Einlassventil, *5* Auslassventil, *6* Rückförderpumpe, *7* Speicher, *8* E-Motor für Hydraulikpumpe, *9* RBZ

In Abhängigkeit von der Bremskraftaufteilung (s. Abb. 3.39) werden aus Kostengründen folgende Systemvarianten in Abhängigkeit von der Anzahl der Regelkanäle und Drehzahlsensoren unterschieden:

- 4-Kanal-/4-Drehzahlsensor-Systeme,
- 3-Kanal-/3-Drehzahlsensor-Systeme bzw.
- 2-Kanal-/3-Drehzahlsensor-Systeme.

Das System mit 4 Kanälen und 4-Drehzahlsensoren gestattet die individuelle Regelung jedes Rades unabhängig von der Drehzahl der jeweils anderen Räder. Es wird ein jederzeit optimaler Bremsvorgang garantiert.

Generell gilt, dass sowohl beim Bremsen als auch beim Anfahren die Kraftübertragung vom Schlupf zwischen Reifen und Fahrbahn abhängt. Folgerichtig wurden die Bremssysteme um eine Antriebsschlupfregelung erweitert. Daraus resultieren die Forderungen an das ASR, dass auch bei Änderungen nachfolgende Sachverhalte erfüllt werden:

- Verhinderung des Durchdrehens der Räder auch bei unterschiedlichen Reibbeiwerten an den Rädern, insbesondere auch bei glatter Fahrbahn,
- Verhinderung des Durchdrehens der Räder beim Beschleunigen auch in der Kurve,
- Verhinderung des Durchdrehens der Räder beim Anfahren am Berg und
- Erhöhung der Kurvenstabilität.

Das kann nur erreicht werden, wenn sowohl eine Antriebsmomentenregelung als auch eine Bremsmomentenregelung wahlweise einsetzbar sind. Neben dem regelbaren Kraftfluss hinsichtlich Antriebsmoment ist ein gezieltes aktives Bremsen des zum Durchdrehen tendierenden Rades erforderlich. Diese Aufgabe kann nur erfüllt werden, wenn unabhängig vom Fahrer ein aktives System die Regelung übernimmt. Durch mechanische Trennung von Gaspedal und Verbrennungsmotor und einen regelbaren aktiven Druckaufbau im Bremssystem werden die Vorrausetzungen geschaffen. Die damit erforderlichen Hydroaggregate und Steuergeräte gestatten gleichzeitig den Einsatz von Bremsassistentsystemen.

3.2.1.3 Bremsassistent

Zahlreiche Untersuchungen haben ergeben, dass Normalfahrer in Schrecksituationen nur zögerlich bremsen, also die volle Betätigung der Bremse und damit ggf. die erforderliche Bremswirkung erst zeitversetzt einsetzt (Abb. 3.57). Dieser Zeitverzug ist mit einem verlängerten Bremsweg verbunden. An dieser Stelle schafft der Bremsassistent (BA) Abhilfe, da er bei Erkennung einer Gefahrensituation sofort eine Vollbremsung unabhängig von der Fahrerreaktion einleitet.

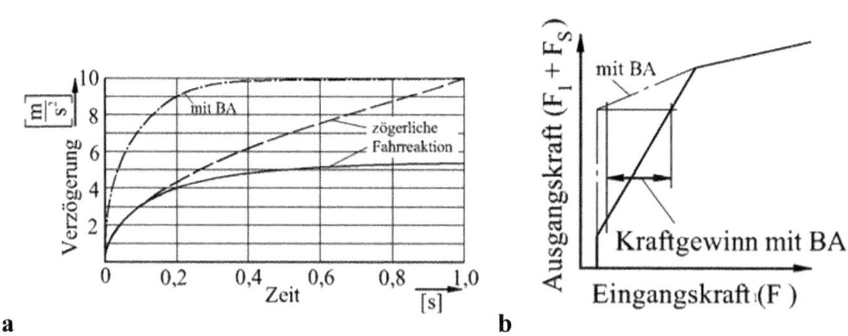

Abb. 3.57 Kennlinien Bremsassistent **a** Verzögerungsverlauf **b** Kräfte am Bremskraftverstärker

Zur Lösung des Sachverhaltes gibt es drei Varianten:

- pneumatisch mechanischer Bremsassistent,
- pneumatisch elektronischer Bremsassistent und
- hydraulisch elektronischer Bremsassistent.

Der *pneumatisch mechanische Bremsassistent* ist dadurch gekennzeichnet, dass er bei erhöhten Bremspedalgeschwindigkeiten sofort den atmosphärischen Druck im Bremskraftverstärker freigibt. Dadurch wird eine höhere Verstärkung ($F_S \uparrow$) auch bei vergleichsweise kleineren Bremspedalkräften erreicht, was zu einem verkürzten Bremsweg führt.

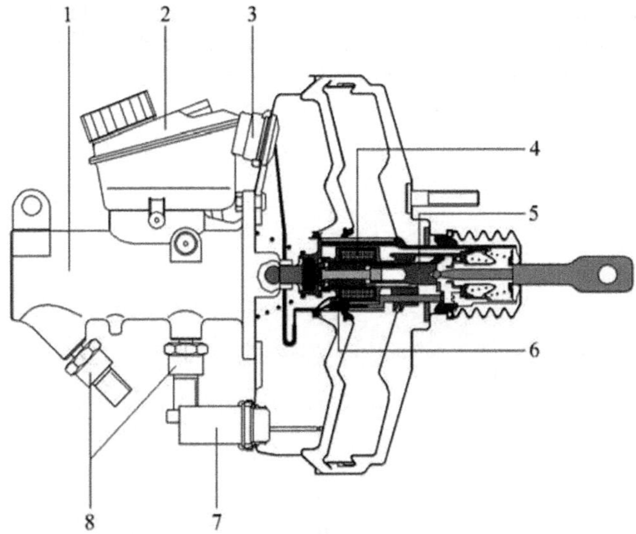

Abb. 3.58 Aktiver Bremskraftverstärker. *1* Gehäuse HBZ, *2* Ausgleichsbehälter für Bremsflüssigkeit, *3* Kabeldurchführung, *4* Elektromagnet, *5* Schiebehülse, *6* Löseschalter, *7* Wegsensor, *8* Drucksensoren

Beim *pneumatisch elektronischen Bremsassistenten* gemäß Abb. 3.58 wird mit dem Wegsensor *7* der Membranweg gemessen und daraus die Geschwindigkeit bei Betätigung des Bremspedals berechnet. Bei Überschreitung eines festzulegenden Schwellwertes wird der Elektromagnet *4* angesteuert, der ein Ventil betätigt, das den Umgebungsluftdruck schlagartig bereitstellt. Somit wird der Bremskraftverstärker voll wirksam, weil auf der einen Seite der Membran der Unterdruck und auf der anderen Seite der Luftdruck anliegt, also die maximale Druckdifferenz die Servokraft F_S zusätzlich bereitstellt.

Der *hydraulisch elektronische Bremsassistent* erfordert ein bei ESP bereits vorhandenes Hydroaggregat, da nur so unabhängig von der Bremspedalkraft ein aktiver Bremsdruck aufgebaut werden kann. Abbildung 3.59 zeigt ein ABS-/ASR-System. Der aktive Druckaufbau wird ermöglicht, indem die Hydraulikpumpe *9* als selbstsaugende Pumpe ausgelegt wird und durch Betätigung der Ansaugventile *4*, der Umschaltventile *5* und der Pumpe *9* Bremsflüssigkeit bereitgestellt wird. Wenn der Elektromotor *10* angesteuert wird, saugt die Pumpe aus den HBZ mit geöffnetem Zentralventil des Schwimmkolbens aus dem Vorratsbehälter an. Die Bremsflüssigkeit wird über die jeweiligen Einlassventile *6* zu den Radbremszylindern gefördert. Ist der erforderliche (gewünschte) Bremsdruck erreicht, wird das jeweilige Einlassventil *6* und Auslassventil *7* geschlossen. Das im Umschaltventil verbaute Rückschlagventil gestattet zusätzlich die Einleitung einer Bremsung über das Bremspedal. Die Begrenzung des Bremsdruckes wird durch die ebenfalls in den Umschaltventilen vorhandenen Druckbegrenzungsventilen erreicht. Ein möglicher Unterdruck auf der Saugseite der Pumpe, der sich bei geschlossenen Ansaugventil und Pumpenlauf ergeben könnte, wäre dann für Kavitation in der Pumpe verantwortlich. Außerdem käme es zu einer Verminderung der Bremsleistung, da das Druckniveau in der Bremsleitung vermindert würde. Das saugseitige Rückschlagventil und der Speicher *8* verhindern diesen Effekt.

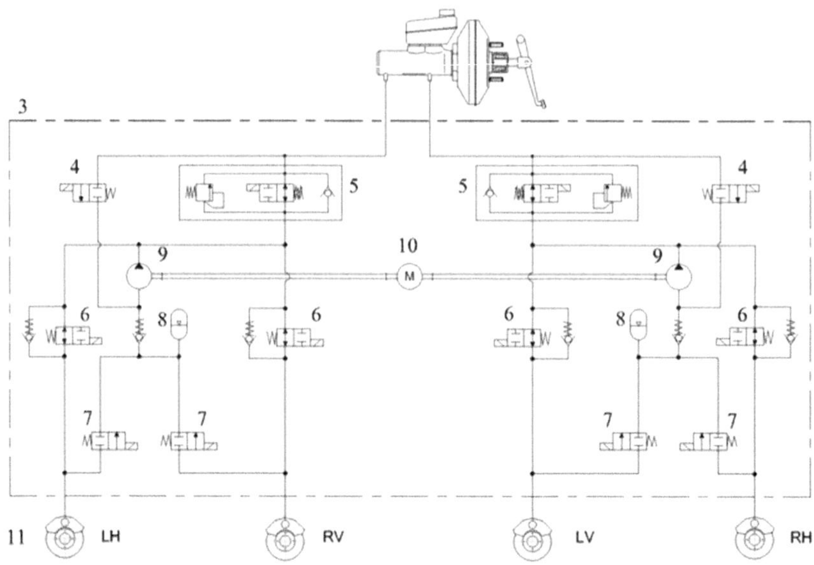

Abb. 3.59 ABS-/ASR-Hydrauliksystem in X-Bremskreisaufteilung. *1* HBZ, *2* Ausgleichsbehälter für Bremsflüssigkeit, *3* Hydroaggregat, *4* Ansaugventil, *5* Umschaltventil, *6* Einlassventil, *7* Auslassventil, *8* Speicher, *9* Hydropumpe, *10* Elektromotor, *11* RBZ

Durch weiterentwickelte Ventile wird ein ausreichend schneller Druckanstieg im RBZ erreicht. Dem entgegen steht das Problem, dass die Viskosität der Bremsflüssigkeit stark von der Temperatur abhängig ist. Besonders für tiefe Temperaturen ist das Ansaugventil *4* mit vergrößertem Querschnitt auszulegen, was zur Folge hat, dass die Magnetkraft zur Betätigung des Ventils nicht ausreicht. Daraus abgeleitet wurde ein zweistufiges Saugventil entwickelt, dass in der ersten Stufe einen kleineren und in der zweiten Stufe einen größeren Querschnitt freigibt. Trotzdem kann es vor allem bei RBZ mit großem Volumen passieren, dass die Druckanstieggeschwindigkeit nicht ausreicht. Speziell dafür wurden intelligente Bremskraftverstärker entwickelt, so wie in Abb. 3.58 als Beispiel dargestellt. Durch ein elektrisch ansteuerbares Proportionalventil kann unabhängig von der Betätigung des Bremspedals eine Belüftung der rechten Kammer des HBZ durchgeführt werden, so dass ein Bremsdruck aufgebaut werden kann.

Eine weitere Variante ergibt sich durch den Einsatz einer Vorförderpumpe, die gemäß Abb. 3.60 Bremsflüssigkeit aus dem Vorratsbehälter ansaugt und in den HBZ fördert. Durch das zwischen HBZ und Vorratsbehälter zusätzlich vorhandene

Drosselventil entsteht im HBZ ein Staudruck von ca. 15 bar, der sich bis zur Saugseite der Hydropumpe fortpflanzt.

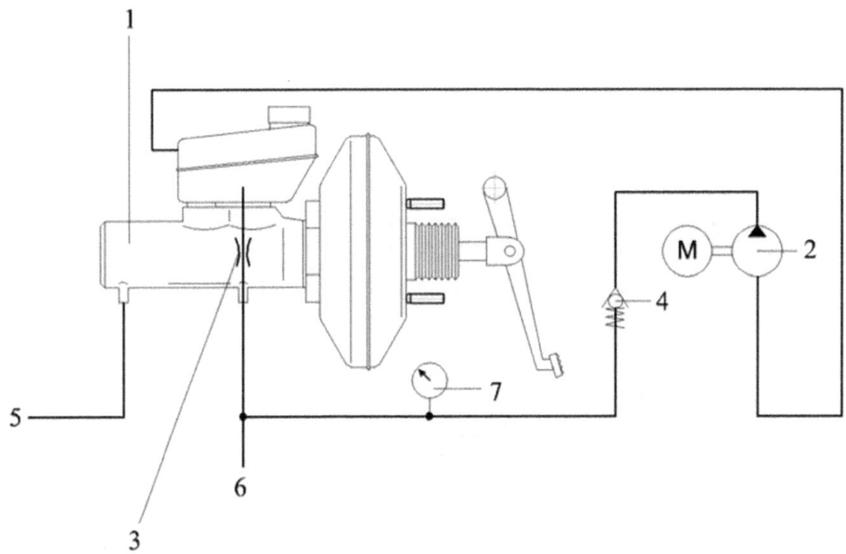

Abb. 3.60 ABS/ASR-Vorförderpumpe. *1* HBZ, *2* Vorförderpumpe, *3* Drosselventil, *4* Rückschlagventil, *5* Sekundärbremskreis, *6* Primärbremskreis, *7* Drucksensor

Die Hydraulikkomponenten sind schaltungstechnisch so konzipiert, dass auch bei Ausfall der Regelsysteme die Ventile nur federbelastet geschaltet werden und das Hydroaggregat ausgeschaltet bleibt. Damit wird eine ungeregelte Bremsung im vollen Funktionsumfang gewährleistet.

Allen bisher beschriebenen Varianten ist eigen, dass ein direkter Durchgriff vom Bremspedal über den HBZ bis zum RBZ mit mehr oder weniger großer Unterstützung gegeben ist. Damit lassen sich direkte Eingriffe in den Bremsvorgang ohne eine Auslösung durch den Fahrer nicht erreichen.

3.2.1.4 Elektrohydraulische Bremsen

Mit der ständigen Weiterentwicklung entstand der Wunsch, auch unabhängig vom Handlungsvermögen des Fahrers bestimmte Vorgänge durch Auswertung von Signalen von Sensoren oder vorgewählten Fahrfunktionen auslösen zu können. Dafür ist es erforderlich, dass ein mit Druck vorgespanntes Bremssystem vorhanden ist, dass eine mechanische Entkopplung bzw. Redundanz des Bremspedals möglich ist und dass eine sinnvolle Ansteuerung der erforderlichen Komponenten erfolgt.

Dies konnte mit dem *elektrohydraulischen Bremssystem EHB* realisiert werden, das es mit Druckmodulator und Speicher bzw. mit elektro-hydraulischem Wandler gibt. Das EHB mit Druckmodulator stellt eine Weiterentwicklung des ABS/ASR-Systems wie in Abb. 3.61 dargestellt dar und wird vorrangig mit hydraulischen Komponenten realisiert. Der Einsatz erfolgte als Entwicklung der Daimler AG und der Robert Bosch GmbH für die Pkw-Baureihen MB SL, MB E-Klasse und Maybach ab 2001 [3.26].

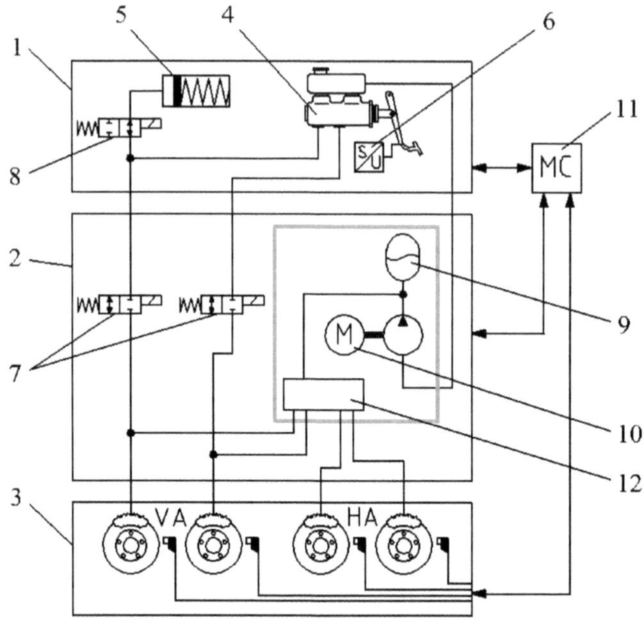

Abb. 3.61 Schema EHB mit Druckmodulator. *1* Betätigungseinheit, *2* Hydraulikaggregat, *3* RBZ mit Raddrehzahlsensoren, *4* HBZ, *5* Pedalwegsimulator, *6* Pedalwegsensor, 7 Trennventil, *8* 2/2-Wegeventil, *9* Speicher, *10* Elektromotor für Hydropumpe, *11* Steuergerät

EHB mit Druckmodulator

Bei Inbetriebnahme des Fahrzeuges wird das 2/2-Wegeventil *8* und das Trennventil *7* bestromt, so dass sich die in Abb. 3.62 eingezeichnete Schaltstellung ergibt. Bei Fehlern im EHB werden die Ventile *7* und *8* durch die Federkraft in die Ausgangslage gedrückt und die Bremsanlage arbeitet als rein hydraulische Bremsanlage ohne Berücksichtigung von Zusatzfunktionen. Die Betätigungseinheit *1* beinhaltet neben dem HBZ *2* mit dem Ausgleichsbehälter den Pedalwegsimulator *5* und den Pedalwegsensor *6*. Mittels des Pedalwegsimulators kann einerseits ein erforderlicher Fußpedalkraft-Weg-Verlauf und andererseits eine angemessene Gegenkraft, die am Bremspedal spürbar ist, realisiert werden.

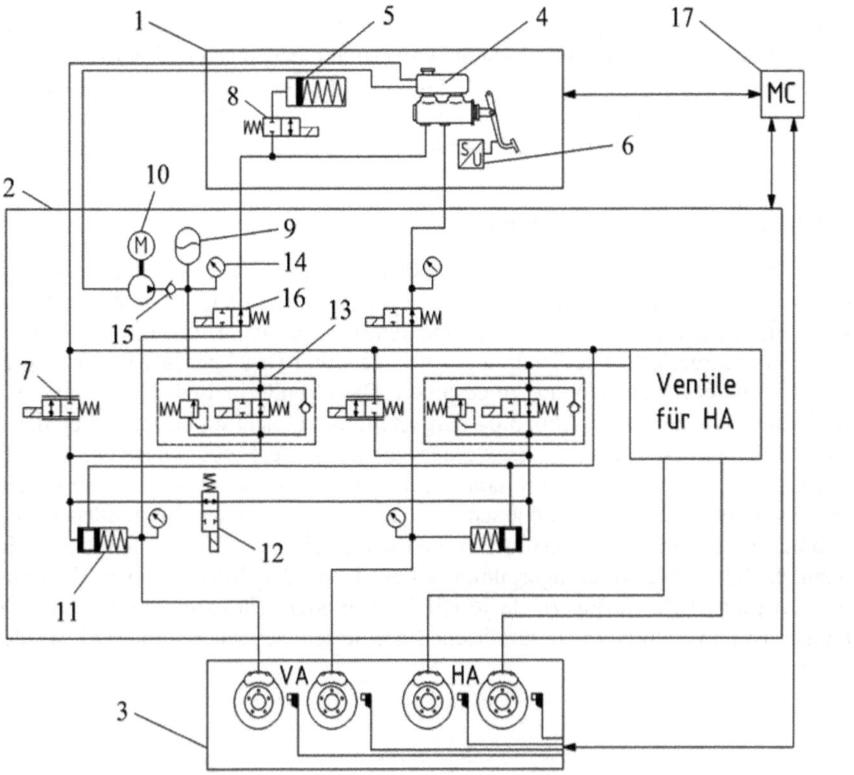

Abb. 3.62 Hydraulikschaltplan EHB mit Modulator *1* Betätigungseinheit, *2* Hydraulikaggregat, *3* RBZ mit Raddrehzahlsensoren, *4* HBZ, *5* Pedalwegsimulator, *6* Pedalwegsensor, 7 Einlassventil, *8* 2/2-Wegeventil, *9* Speicher, *10* Elektromotor für Hydropumpe, *11* Medientrenner, *12* Balanceventil, *13* Umschaltventil, *14* Drucksensor, *15* Steuergerät, *16* Trennventil, *17* Steuergerät

Dem Fahrer wird so das gleiche Bremsgefühl wie bei einer herkömmlichen Bremse vermittelt. Da diese Funktion immer hinterlegt ist, wird diese auch oft als *hydraulische Rückfallebene* bezeichnet. Im Normalbetrieb ist das System mit einem Druck von ca. 140–165 bar durch den Speicher *9* vorgespannt und das 2/2 Wegeventil *8* und das Eilassventil *7* befinden sich in der gezeichneten Stellung. Bei Betätigung des Bremspedals wird die Bremsflüssigkeit des Sekundärkreises in den Pedalwegsensor, der einen durch eine Schraubenfeder vorgespannten Zylinder darstellt, verdrängt. Durch die Feder im Pedalwegsensor wird eine lineare, für den Fahrer spürbare Gegenkraft aufgebaut. Des Weiteren werden vom Steuergerät *17* die proportional wirkenden Einlassventile *12* angesteuert, so dass Bremsflüssigkeit zu den RBZ fließt. Durch den damit verbundenen Druckabfall wird der Elektromotor *10* der Hydropumpe angesteuert und Volumenstrom nachgefördert bis das Ausgangsdruckniveau erreicht ist bzw. je nach Regelfunktion einzelne RBZ entsprechend angesteuert werden. Die Medientrenner *11* verhindern eine Vermischung der Bremsflüssigkeit der beiden wirksamen Kreisläufe bei Normalbetrieb (Bremsung mit EHB) und im Notbremskreis (rein mechanisch hydraulische Bremsung ohne Regelfunktion). Außerdem sind noch die Balanceventile *12* verbaut, die eine direkte Verbindung zwischen RBZ einer Achse herstellen, um bei Ausfall eines Drucksensors noch das Drucksignal des anderen Sensors dieser Achse nutzen zu können.

EHB mit elektronischem Wandler

Diese Systeme verzichten auf einen Speicher, nutzen aber weiterhin vorrangig hydraulische Komponenten. Die Besonderheit sind von Elektromotoren angetriebene Plungerzylinder. Das Wirkschema eines derartigen Hubverdrängers ist in Abb. 3.63 dargestellt. Die Trennung von Saug- und Druckphase wird prinzipiell von den eingezeichneten Ventilen gesteuert. Das Grundprinzip der EHB mit elektronischem Wandler ist in Abb. 3.64 dargestellt und gleicht im Grundaufbau der in Abb. 3.62 dargestellten Art. Es werden ebenfalls die Betätigungseinheit *1*, die Trennventile *7* und die RBZ mit den Raddrehzahlsensoren verwendet. Der gravierende Unterschied ist die Art der schnellen Bereitstellung eines Bremsflüssigkeitsstromes bei Bremswunsch. Dafür werden die elektrisch betätigten Plungerzylinder genutzt, die als Hubverdrängerpumpe arbeiten und den Vorteil haben, dass sich die Leistung stark verringert, da je RBZ ein Plunger-Elektromotor-System vorhanden ist und dadurch die hydraulische Energie sehr schnell bereitgestellt werden kann.

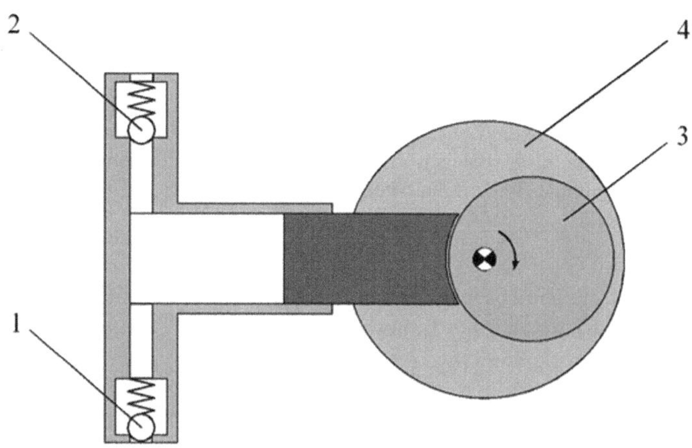

Abb. 3.63 Wirkschema Plungerhubverdrängerpumpe. *1* Saugventil, *2* Druckventil, *3* Exzenter, *4* Elektromotor

Ein wesentliches Leistungsmerkmal der EHB ist der insgesamt höhere Bremskomfort und damit ein wesentlicher Aspekt zur Verbesserung der aktiven Sicherheit in Kraftfahrzeugen. Zusammenfassend ergeben sich folgende Vorteile bei Einsatz von EHB:

- fahrsituationsabhängige dynamische Bremskraftverteilung,
- gute Vernetzung mit anderen Fahrassistenzsystemen,
- Rückfallebene gewährleistet Notbremsfunktion,
- kein Vakuum für Bremskraftverstärkung nötig,
- in vorhandenes Bordnetz integrierbar,
- sehr hohe Druckaufbaudynamik und
- Zusatzfunktionen leicht realisierbar.

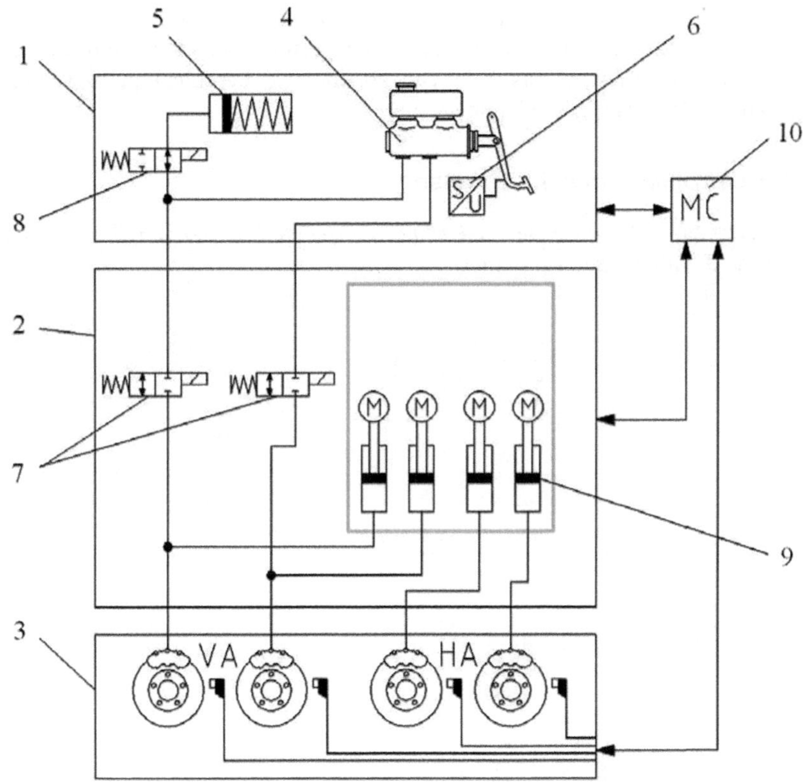

Abb. 3.64 Schema EHB mit elektronischem Wandler. *1* Betätigungseinheit, *2* Hydraulikaggregat, *3* RBZ mit Raddrehzahlsensoren, *4* HBZ, *5* Pedalwegsimulator, *6* Pedalwegsensor, *7* Trennventil, *8* 2/2 Wegeventil, *9* Plungerzylinder mit Elektromotor, *10* Steuergerät

Speziell der letzte Punkt ergibt sich durch den Einsatz von elektrischen Sensoren, der elektrischen Ansteuerbarkeit der hydraulischen Komponenten und der relativ variabel gestaltbaren Software des Mikrocontrollers. Die Möglichkeiten werden mittlerweile zumindest in Pkw der oberen Mittelklasse genutzt um u. a. folgende Komfort- Sicherheitsfunktionen zu integrieren:

- Die *Soft-Stop-Funktion* sorgt für ein sanftes und ruckfreies Anhalten.

- Die *Trockenbremsfunktion* führt bei Fahrbahnnässe regelmäßig kurze, schwache Bremsimpulse aus. Dadurch wird der Wasserfilm auf den Bremsscheiben beseitigt und so das Einsetzten einer bedarfsweisen Bremsung mit sofortiger Wirkung möglich. Die Funktion kann z. B. mit dem Scheibenwischer bzw. Regensensor aktiviert werden.
- Die *Berganfahrhilfe* (*Hill Holder*) erkennt selbstständig ein temporäres Anhalten am Berg. Das System führt auch bei Rückstellung des Bremspedals eine Bremsung durch, so dass ein Zurückrollen des Fahrzeuges ausgeschlossen wird.
- Eine Erweiterung des *Adaptive* ***C****ruise* ***C****ontrol ACC* ist das *ACC Stop & Go*, das den Abstand zum vorausfahrenden Kfz überwacht. Je nach Verkehrssituation wird das Fahrzeug abgebremst, beschleunigt bzw. fährt auch selbstständig wieder an.

3.2.1.5 Elektromechanische Bremsen

Im Gegensatz zu EHB wird bei *elektromechanischen Bremsen EMB* völlig auf hydraulische Komponenten verzichtet.

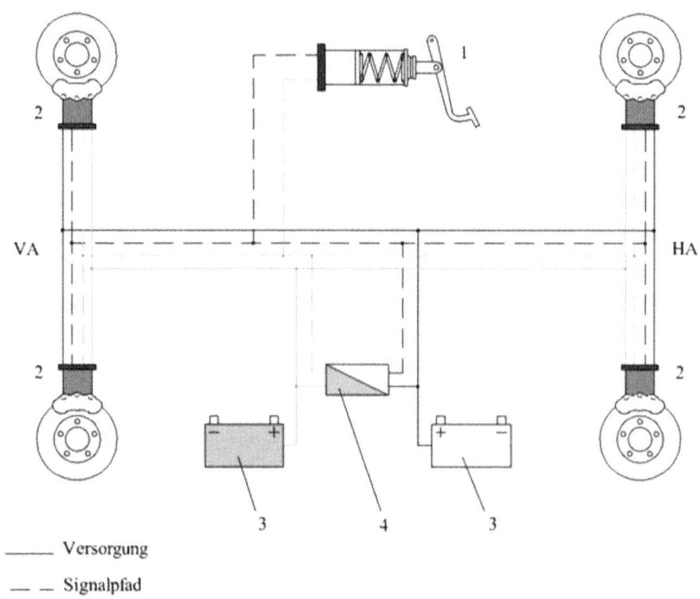

Abb. 3.65 Schema eines EHB Systems. *1* Bremspedal mit Pedalwegsimulator, *2* Radbremssystem, *3* Batterie, *4* Steuergerät

Die für das Erreichen der gewünschten Bremswirkung erforderlichen Kräfte werden rein elektrisch durch Elektromotoren und damit mechanisch verbundene Bremsklötze bereitgestellt. Der Bremswunsch wird aus einer Analyse des Pedalwegsensors abgeleitet. Der ebenfalls mit dem Bremspedal verbundene Pedalwegsimulator stellt eine für den Fahrer spürbare Gegenkraft bereit. Dadurch, dass redundante Systeme vorhanden sind und auch eine zweite Batterie verbaut ist, wird stets eine funktionsfähige Rückfallebene garantiert, die auch eine Notbremsung gewährleistet. In Abb. 3.65 ist das Grundprinzip dargestellt. Um ein hinreichend schnelles Ansprechen der Bremsanlage zu erreichen, sind ebenfalls Steuergeräte erforderlich. Durch den Einsatz von Spindelkolbenaktuatoren bzw. Keilbremsaktuatoren wird auch eine mechanisch wirkende Parkarretierung möglich. Allerdings bedingen die EHB-Systeme eine Erhöhung der ungefederten Massen und benötigen eine erhöhte elektrische Leistung die nur mir 42-V-Anlagen bereitgestellt werden kann. Schon allein diese beiden Gründe lassen mittelfristig derartige Systeme nicht praktikabel erscheinen.

3.2.2 Bremssysteme für Nutzfahrzeuge

Mittelschwere und schwere Nutzfahrzeuge mit einer Gesamtmasse von mehr als 7,5 t werden vorrangig mit Druckluftbremsanlagen betrieben. Der Grund ist die gesetzlich vorgeschriebne maximale Fußkraft von 500 N, mit der bei Nutzfahrzeugen die ebenfalls geforderten Bremsverzögerungswerte des Gesamtfahrzeuges nicht erreicht werden. Die Gestaltung der Bremsanlage erfolgt als Fremdkraftanlage, die mit Druckluft betrieben wird.

„Air over hydraulic"-Bremsanlagen werden teilweise in mittelschweren Nutzfahrzeugen eingesetzt. Derzeit ist eine abnehmende Tendenz dieser Systeme erkennbar. Reine Zweikreis-Hydraulik-Fremdkraftanlagen sind dagegen im Kommen, da sich durch die aus der Pkw-Branche bekannten Systeme mit aktiven Hydraulikpumpen neue Möglichkeiten ergeben.

Die Zweikreis-Druckluftbremsanlagen sind bei der überwiegenden Anzahl von Nutzfahrzeugen die Standardanwendung, die durch folgende Hauptkomponenten gekennzeichnet sind:

- Kompressoren zur Drucklufterzeugung,
- Druckluftaufbereitung und Speicherung,
- diverse Ventile zur Steuerung der Bremsanlage,
- Radbremszylinder und
- Anlage zur Versorgung und Steuerung der Bremsanlage für Anhängerfahrzeuge.

Die vom Kompressor geprägte Drucklufterzeugung beinhaltet noch den Luftfilter und Lufttrockner, so dass gereinigte und entwässerte Druckluft bereitgestellt wird. Der Kompressor stellt eine Kolbenpumpe dar, deren Kurbelwelle mechanisch vom Verbrennungsmotor angetrieben wird. Heute werden Kompressoren mit einem Verdrängungsvolumen bis ca. 720 cm^3 und einem Druckniveau bis 12,5 bar eingesetzt.

In Abb. 3.66 ist eine typische Zweileitungs-Zweikreisbremsanlage für ein Zugfahrzeug dargestellt. Durch die mittlerweile vorgeschriebene Zweileitungsanlage wird jederzeit eine Druckluftversorgung der Komponenten bzw. bei Einleitung und Durchführung einer Bremsung eine Entlüftung der RBZ ermöglicht. Außerdem ist eine permanente Luftversorgung des Anhängers gegeben.

Die Speicherung der Druckluft erfolgt in den Luftbehältern *5*, deren Volumen aus der gesetzlich geforderten Bremswirkung abgeleitet werden kann. Die Vierkreisschutzventile *4* verteilen die Luftmenge in die einzelnen Bremskreise und trennen diese gleichzeitig voneinander. Zur Betätigungseinrichtung gehört das Bremspedal, das mechanisch das Betriebsbremsventil betätigt. Das Betriebsventil steuert seinerseits weg- und kraftabhängig die Verbindung zwischen Luftbehälter und RBZ. Zur lastabhängigen Bremskraftverteilung auf die Achsen können analog zu den Pkw-Systemen Bremskraftregelungen eingesetzt werden. Die hier eingesetzten System sind bedingt durch das Medium Luft vollkommen anders aufgebaut.

Für die permanente Versorgung der Bremsanlage des Anhängers mit Druckluft werden Anhängersteuerventile und zur einfachen sicheren Kopplung der Leitungen spezielle Kupplungsköpfe eingesetzt, die beim sachgemäßen Entkoppeln selbsttätig schließen.

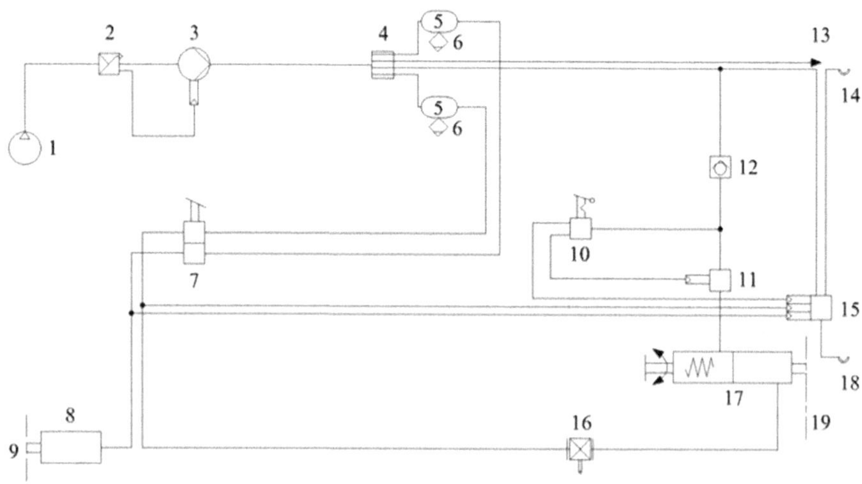

Abb. 3.66 Pneumatische Zweileitungs-Zweikreisbremsanlage. *1* Kompressor, *2* Druckregler, *3* Frostschutzpumpe, *4* Vierkreisschutzventil, *5* Luftbehälter, *6* Wasserablassventil, *7* Betriebsbremsventil, *8* Bremszylinder, *9* Vorderachse, *10* Feststellventil, *11* Relaisventil, *12* Rückschlagventil, *13* Nebenverbraucher, *14* Kupplungskopf, *15* Anhängersteuerventil, *16* Bremskraftregelung (ALB), *17* Kombizylinder, *18* Kupplungskopf (Bremsleitung), *19* Hinterachse

Durch die Gestaltung des Anhängerbremsventils wird gewährleistet, dass bei unbeabsichtigter Trennung des Zugfahrzeuges vom Anhänger die Bremsen des Anhängers aktiviert werden. Im Zugfahrzeug wird der entsprechende Kreis bis zum Vierkreisbremsventil entlüftet und von der Luftversorgung getrennt, so dass die volle Bremswirkung am Zugfahrzeug erhalten bleibt. Eine zentrale Bedeutung für die Funktion der Bremsanlage auch unter wechselnden klimatischen Verhältnissen hat die Luftentfeuchtung, die im Wesentlichen durch die Trockenmittelbox gewährleistet wird. Beim Durchströmen der Trockenmittelbox mit Druckluft wird der Luft durch Kondensation und Adsorption Wasser entzogen. Das dafür verantwortliche Granulat hat eine begrenzte Wasseraufnahmekapazität und muss deshalb regeneriert werden. Dabei entspannt sich die getrocknete Luft aus dem Regenerationsluftbehälter über dem Lufttrockner mit vorgeschalteter Drossel auf den atmosphärischen Luftdruck. Dem Granulat wird dabei Feuchtigkeit entzogen. Die im Gegenstrom angefeuchtete Luft wird in die Umgebung geleitet. Die Druckluftregelung, die Luftaufbereitung und die Druckluftverteilung sind heute in der Luftaufbereitungseinheit zusammengefasst, die als mechatronisches System elektronisch gesteuert und überwacht wird.

Die Radbremsanlagen sind nicht als Dauerbremsanlagen dimensioniert, so dass thermische Überlastungen, z. B. bei langen Bergabfahrten nicht auszuschließen sind. Aus diesem Grund werden zusätzlich zur Bremsanlage Retarder verbaut, die zwischen Motor und Getriebe als Primär-Retarder oder zwischen Getriebe und Antriebsachse als Sekundär-Retarder genutzt werden.

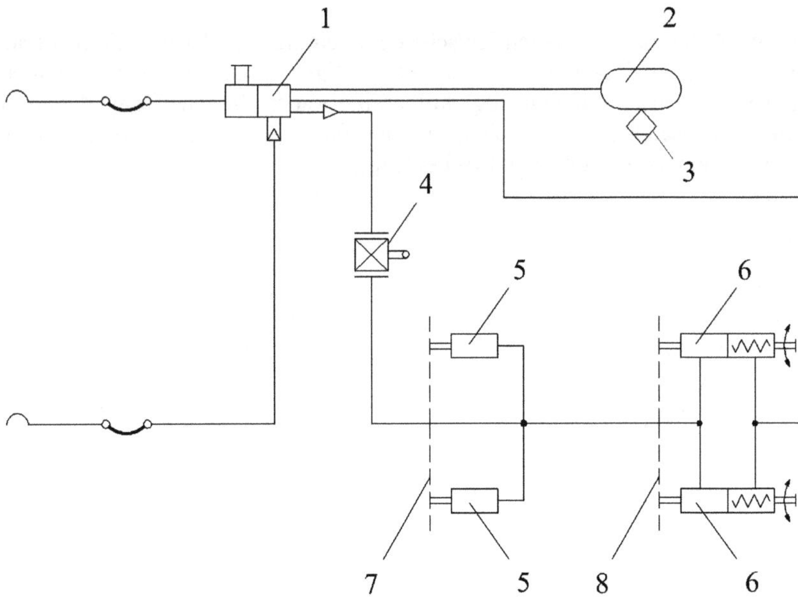

Abb. 3.67 Zweileitungsanlage für Anhänger *1* Anhängerbremsventil, *2* Luftbehälter, *3* Wasserablassventil, *4* Bremskraftregelung (ALB), *5* Bremszylinder, *6* Druckbegrenzungsventil, *7* Vorderachse, *8* Hinterachse

Die Primär-Retarder verwenden oft eine Auspuffbremse, die im Abgassystem einen Gegendruck erzeugt, gegen den jeder Kolben des Verbrennungsmotors im 4.

Takt die verbrannten Gase ausschieben muss. Als Sekundär-Retarder werden hydrodynamische Wandler eingesetzt, die in der Wirkungsweise einer Föttinger-Kupplung gleichen. Dabei wandelt der Rotor mechanische Energie der Antriebswelle in kinetische Energie der strömenden Flüssigkeit um, die am Stator in Wärme umgesetzt wird, was eine Kühlung unabdingbar macht. Bei elektrodynamischen Retardern wird eine Erregerspule aus dem Bordnetz des Fahrzeuges gespeist. In den Rotoren werden Wirbelströme induziert, die zu einem Bremsmoment führen, was ebenfalls eine thermische Belastung zur Folge hat. Deshalb werden zusätzlich z. B. Bimetallschalter eingesetzt, die den Retarder bei Überhitzung abschalten.

Im Detail stellen Bremsanlagen in Nkw eigene spezifische Anforderungen, die sich grundlegend von denen von Pkw unterscheiden. Um den Umfang des Buches nicht zu sprengen, wird auf einschlägige Spezialliteratur wie u. a. [3.78] verwiesen, zumal viele Komponenten von firmenspezifischen Besonderheiten geprägt sind.

3.3 Fahrdynamiksysteme

Schon im 18. Jahrhundert hatten Kutschen eine einfache Federung, die den Fahrkomfort erhöhte und den Aufbau vor übermäßigen Beanspruchungen schützte. Mittlerweile haben Straßenfahrzeuge luftbereifte Räder, die eine Reifendämpfung garantieren. Diese Dämpfung reicht aber keinesfalls aus, um den in Abb. 3.68 dargestellten scheinbaren Zielkonflikt zu bewältigen.

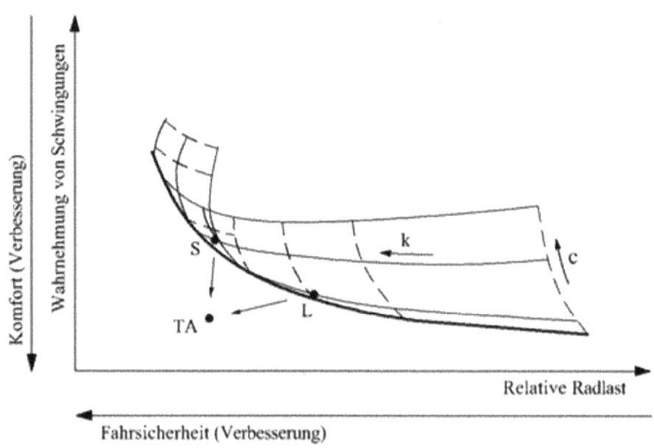

Abb. 3.68 Zusammenhang zwischen Fahrsicherheit und Fahrkomfort. S Sportwagen, L Limousine, TA Teilaktive Federung, c Federkonstante, k Dämpferkonstante

Der Trend geht dahin, dass beide Aspekte optimiert werden und zunehmend geregelte Fahrwerke eingesetzt werden. Ausgehend von den in Abschn. 2.1.3 vorgestellten Aspekten zur Vertikaldynamik werden die Möglichkeiten zur Beeinflussung des Federungs- und Dämpfungsverhaltens vorgestellt. Darüber hinaus ist die mit Veränderung der Fahrzeugmasse einhergehende Veränderung des Abstandes zwischen Fahrbahn und Fahrzeugunterseite zu berücksichtigen. Grundlage für diese Anforderungen ist die Abstimmung des parallel geschalteten Feder-Dämpfer-Systems. Bekannt sind neben den klassischen Systemen, deren Einzelelemente konstante Kennlinien aufweisen, auch Fahrwerkregelungssysteme, die in unterschiedlicher Form auf die Federung oder Dämpfung Einfluss nehmen. Die im Folgenden beschriebenen Systeme werden gegenwärtig in Kfz eingesetzt.

Passive Systeme

Die passiven Systeme haben Federungs- und Dämpfungseigenschaften, die nicht veränderlich sind. Eine Anpassung an veränderliche Bedingungen ist damit nicht möglich. Das Verhalten des Gesamtsystems wirkt sich auf das Fahrverhalten des Fahrzeuges aus. Diese konventionellen Fahrwerke werden zunehmend zumindest in Sportfahrzeugen und Sonderfahrzeugen von den folgenden Systemen verdrängt.

Adaptive Systeme

Adaptive Systeme zeichnen sich durch die Möglichkeit aus, dass verschiedene Kennlinien realisiert werden können. Eine Anpassung an unterschiedliche Verhältnisse wie Fahrzeugmasse, Fahrgeschwindigkeit oder Fahrbahnzustände ist möglich. Für die Ansteuerung der eingeschränkt verstellbaren Komponenten ist eine Hilfsenergie erforderlich. Die Systeme sind relativ träge und haben eine spürbare Stellzeit t_s im Bereich von 25 ms < t_s < 1 s.

Semi-aktive Systeme

Einen nächsten Schritt in der Entwicklung stellen Semi-aktive Systeme dar, die sich durch höhere Schaltfrequenzen auszeichnen. Damit kann der für das gesamte Fahrzeug interessante Frequenzbereich abgedeckt werden. Die Stellzeiten betragen t_s < 10 ms. Ein Anwendungsfall ist z. B. das **C**ontinuous **D**amping **C**ontrol (CDC).

Langsam-aktive Systeme

Die Langsam-aktiven-Systeme werden von einem aktiven Stellglied, das oft hydraulisch oder pneumatisch betätigt wird, geprägt. Die Stellzeiten sind t_s > 0,3 s und lassen Anwendungen im niederfrequenten Bereich zu. So werden Nick- und Hubbewegungen des Aufbaus beeinflusst, indem der Aktuator parallel zur Federung und Dämpfung angeordnet ist, bzw. die Vorspannung des Torsionsstabes der Hinterachse variabel gestaltet wird. Anwendung finden die Systeme z. B. bei Daimler als ABC und bei BMW als Dynamic Drive.

Aktive Systeme

Aktive Systeme ermöglichen die Bereitstellung einer Kraft, die zwischen Rad und Aufbau wirkt und unabhängig von der Federbewegung des Rades ist. Es wird eine externe Energiequelle benötigt. Die Stellzeit beträgt t_s < 10 ms.

Ausgehend von dem in Abb. 3.68 dargestellten Sachverhalt besteht der Wunsch, die Dämpfer an verschiedene Achslasten und Fahrzustände variabel anzupassen. Dieser Grundsatz lässt sich nur mit elektronisch geregelten Systemen realisieren. Die wesentlichen Kriterien bekannter Systeme sind in Tabelle 3.1 zusammengefasst. Die Unterschiede zwischen CDC, aktiver Wankstabilisierung ARS (**A**nti **R**oll **S**tabilisation) und aktiven Federungssystemen ASC (**A**ctive **S**uspension **C**ontrol) sind beträchtlich. Die Entwicklung derartiger Systeme geht relativ schnell vonstatten und ist derzeit geprägt vom Einsatz proportional wirkender Dämpferventile und optimierter Energiequellen.

Tabelle 3.1 Ausgewählte Merkmale von Fahrdynamiksystemen [3.28]

	CDC	ARS	ASC
Heben/Senken < 3 Hz	1		1
Vibration > 3 Hz	1		1
Wanken	1	2	2
Nicken	1		2
Radlastschwankungen	1	1	1

1 Verringerrung (Begrenzung, Verzögerung), 2 vollständiger Ausgleich

3.3.1 Klassische Federungssysteme

Das Fahrverhalten und der Fahrkomfort von Fahrzeugen werden maßgeblich von der Gestaltung der Radaufhängungen beeinflusst. Neben der Art und Dimensionierung der Feder (Blatt-, Schrauben- oder Torsionsstabfeder) ist es der Schwingungsdämpfer, umgangssprachlich auch als Stoßdämpfer bezeichnet, der viele Gestaltungsmöglichkeiten bietet. Die Schwingungsdämpfer haben die Aufgabe, die Schwingungen der ungefederten Massen möglichst schnell, aber für den Fahrer angenehm, abklingen zu lassen. Sie wandeln die kinetische Energie W in Wärme um. Grundsätzlich gibt es die in Abb. 3.69 dargestellten Arten.

Die parallel zu den Federn angeordneten Schwingungsdämpfer (Abb. 3.70) sollen ein Aufschaukeln und Nachschwingen des Fahrzeuges bei Anregung durch Unebenheiten der Fahrbahn verhindern. Durch Erreichen einer Bodenhaftung der Räder ergeben sich eine gute Lenkbarkeit und eine Optimierung der Bremswirkung. Beim Überfahren von Bodenunebenheiten werden Feder und Stoßdämpfer zusammengedrückt. Der dabei auftretende Kraftimpuls wird von der Federung in der Art aufgenommen, dass keine starre Kopplung zwischen Fahrzeugaufbau und Rädern (Durchschlagen) erfolgt. Die Entspannung der Federung sorgt dafür, dass die gespeicherte Energie wieder abgegeben wird. Gefederte und ungefederte Massen schwingen in verschiedenen Frequenzbereichen. Deshalb muss die Radaufhängung als Gesamtsystem betrachtet werden (s. Abschn. 2.2.3). Auf die konstruktive Gestaltung der Radaufhängung mit Achse und Querlenker [3.29] wird nicht eingegangen.

Der in Abb. 3.69 a dargestellte Reibungsdämpfer ist eine seit vielen Jahrzehnten bekannte Bauart. Beim Ein- und Ausfedern entsteht an den Reibscheiben *2* ein Reibmoment, das von der Spannschraube *1* beeinflusst wird. Mit dem F-s-Diagramm wird das Problem dieser Bauart sichtbar, denn die Kraft bleibt unabhängig vom Weg konstant. Die Dämpfungsarbeit nimmt linear mit der Amplitude zu und passt nicht zum Schwingungsverhalten des Fahrzeugaufbaus. Diese nur sehr eingeschränkte Eignung als Dämpfersystem hat in den 20-er Jahren des letzten Jahrhunderts hydraulische Dämpfer hervorgebracht.

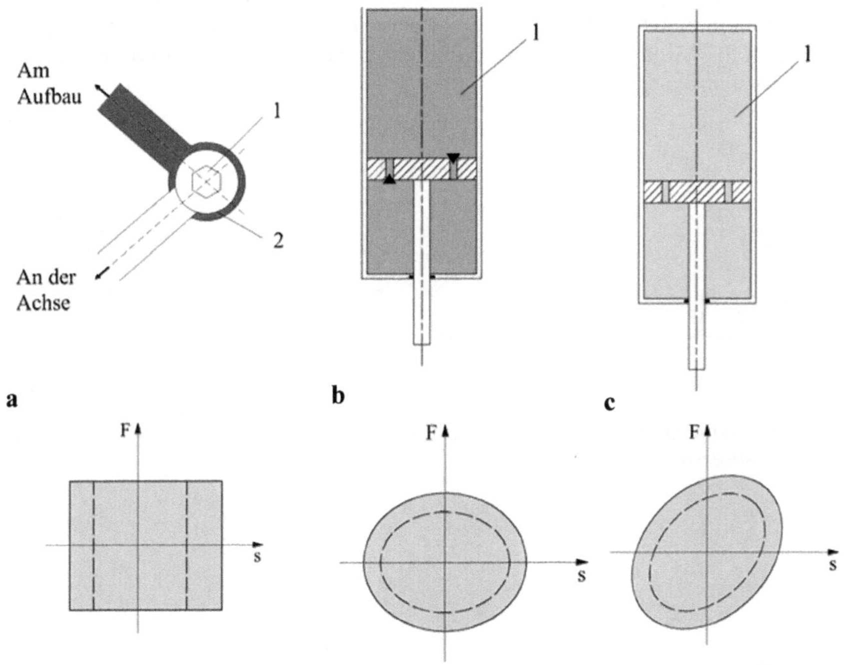

$$W \approx c \cdot s^{*} \quad (3.7) \qquad W \approx c \cdot \omega \cdot s^{*2} \quad (3.8) \qquad W \approx c \cdot s^{*2} \quad (3.9)$$

Abb. 3.69 Bauarten von Fahrzeugdämpfern und zugehörige Kennlinien. **a** Reibungsdämpfer **b** hydraulischer Dämpfer **c** pneumatischer Dämpfer *1* Spannschraube, *2* Reibscheiben, *3* Stoßdämpferflüssigkeit, *4* Gas, W Energie, c Federsteifigkeit, s Weg

Der in Abb. 3.69 b dargestellte hydraulische Dämpfer arbeitet analog zu einem Hydraulikzylinder, nur dass der Dämpfer mit Öl gefüllt ist, das bei Bewegung der Kolbenstange durch die Ventile in den jeweils anderen Raum verdrängt wird. Es entsteht ein Strömungswiderstand, der näherungsweise proportional zur Strömungsgeschwindigkeit des Öls ist, was zur Folge hat, dass sich die Dämpfkraft auch proportional zur Dämpfergeschwindigkeit verhält. Der hydraulische Dämpfer entspricht den Anforderungen, die ein Ein-Massen-Schwinger im Eigenfrequenzbereich erfordert. Bei großen Bodenunebenheiten in Verbindung mit hohen Fahrzeuggeschwindigkeiten können Schwingungen auftreten, die oberhalb des Eigenfrequenzbereiches liegen. Dabei entstehen durch die hohe Dämpfergeschwindigkeit große Dämpfkräfte (eingeschränkte Federung), was den Fahrkomfort vermindert.

Der pneumatische Dämpfer (Abb. 3.69 c) arbeitet ähnlich einem hydraulischen Dämpfer. Die grundlegenden Unterschiede sind die Kompressibilität des Gases und der Wegfall von Ventilen. In der Praxis hat sich herausgestellt, dass derartige Systeme bei höher frequenten Anregungen schwer abstimmbar sind (s. Abschn. 3.3.6).

Im Kraftfahrzeugbau hat sich die hydraulisch-mechanische Dämpfung durchgesetzt, die maßgeblich von der Wirkungsweise der Schwingungsdämpfer geprägt ist. In Abb. 3.70 sind zwei typische Möglichkeiten für die Ausführung des Feder-Dämpfersystems aufgeführt.

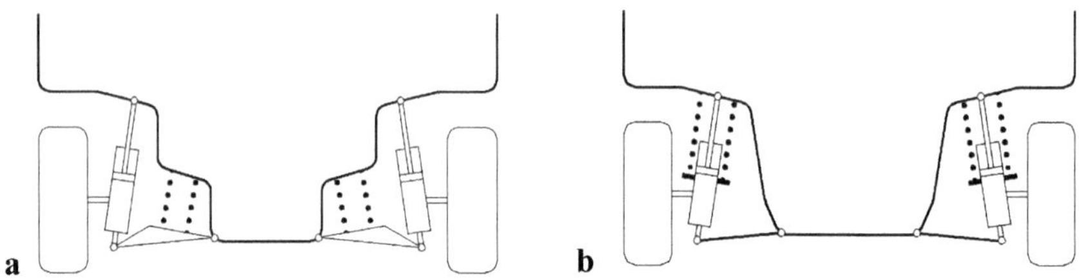

Abb. 3.70 Gestaltungsvarianten des Feder-Dämpfer-Systems. **a** Feder und Dämpfer getrennt **b** Mc-Pherson-Federbein

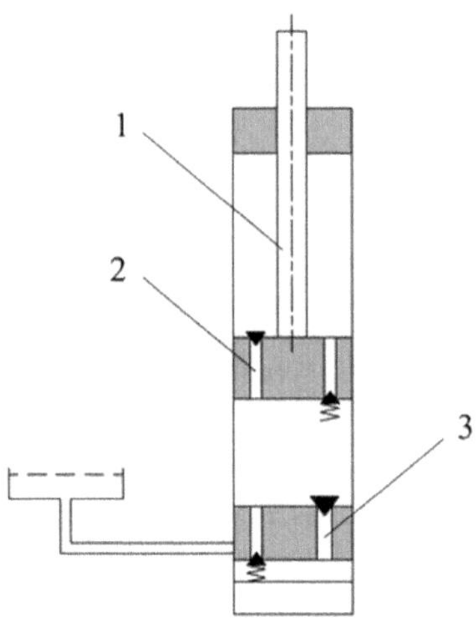

Abb. 3.71 Schema eines Schwingungsdämpfers. *1* Kolbenstange, *2* Kolbenventil, *3* Bodenventil

Die Dämpfung der Schwingungsdämpfer wird erreicht, indem hydraulische Widerstände zum Aufbau von Druckdifferenzen genutzt werden. Das Fluid, mit dem der Schwingungsdämpfer gefüllt ist, wird bei Bewegung der Kolbenstange in den jeweils anderen Raum verdrängt. Da die Kolbenstange Öl verdrängt, ist ein Ausgleichsbehälter erforderlich, der in Abb. 3.71 symbolisch eingezeichnet ist. Das Öl strömt durch die Drosselstellen, die in Abb. 3.71 als Ventilkegel dargestellt sind. Die Ventile bestehen aus einem System von Federscheiben, Schraubenfedern und Ventilkörpern mit Drosselbohrungen. Durch die Gestaltung der Drosselstellen können unterschiedliche Kennlinien gemäß Abb. 3.72 erreicht werden.

Die Druckdifferenzen Δp können mit den Gln. (3.10) – (3.12) zumindest näherungsweise berechnet werden, wenn die nachfolgend typischen Drosselstellen berücksichtigt werden:

- laminarer Querschnitt

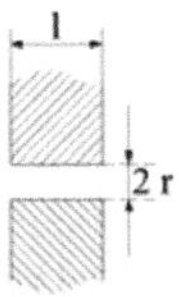

$$\Delta p = \frac{8 \cdot \eta \cdot l}{\pi \cdot r^4} \cdot Q \tag{3.10}$$

- Blende

$$\Delta p = \frac{\rho}{2 \cdot \alpha_D^2 \cdot A^2} \cdot Q^2 \tag{3.11}$$

- Druckbegrenzungsventil

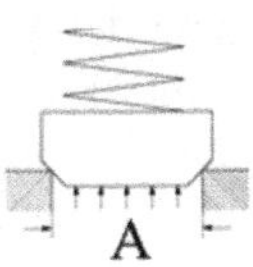

$$\Delta p = \frac{F_{Feder}}{A} \,. \tag{3.12}$$

Die Dämpfkraft F_D kann letztlich mit Gl. (3.15) aus dem Produkt von Druckdifferenz Δp, der Dämpfergeschwindigkeit v und der wirksamen Verdrängerfläche A (Kolbenfläche bzw. Ringfläche) berechnet werden. Für exaktere Berechnungen sind die Strömungsverhältnisse in den Drosselstellen bzw. Ventilen zu berücksichtigen, die neben der Gestaltung auch von der Viskosität abhängig sind (vgl. Abschn. 2.2.1).

$$F_D = \Delta p \cdot Q \tag{3.13}$$

$$v = Q / A \tag{3.14}$$

$$F_D = \Delta p \cdot v \cdot A \tag{3.15}$$

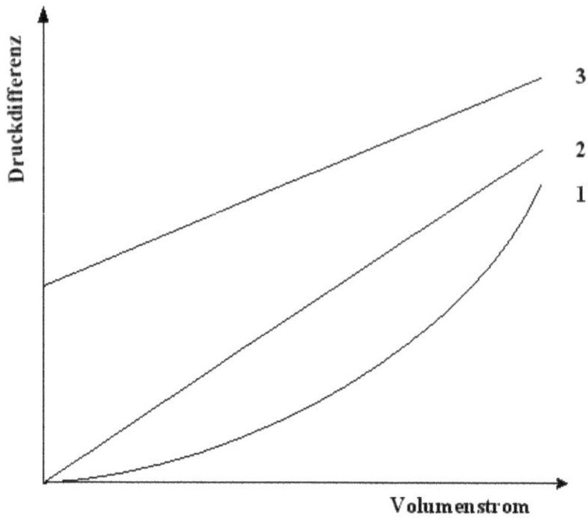

Abb. 3.72 Kennlinien. *1* Drosselstelle (Blende), *2* Laminarer Querschnitt, *3* Druckbegrenzungsventil

Technische Ausführungen von Teleskopdämpfern gibt es als Zwei- und Einrohr-Bauarten (Abb. 3.78). Bei *Zweirohr-Dämpfern* besteht das Behälterrohr aus zwei Räumen. Der Arbeitsraum beinhaltet den Kolben und die Kolbenstange. Der ringförmige Ölvorratsraum *4* kann wie in Abb. 3.73 a dargestellt, mit der Atmosphäre verbunden sein oder aber als abgeschlossener Raum mit 6–8 bar Luftdruck belastet werden. Bei beiden Bauarten müssen die Volumenunterschiede, die sich bei Ein- und Ausfahrt des Kolbens ergeben, ausgeglichen werden. Bei Einfahrt des Zylinders (Druckhub) des Stoßdämpfers wird das Fluid durch das Rückschlagventil *5* in den Raum über den Kolben gedrückt. Durch die Drosselwirkung des Ventils wird eine Druckdifferenz zwischen beiden Räumen aufgebaut, es entsteht eine der Bewegungsrichtung entgegengesetzt wirkende Dämpfkraft. Da das Volumen über dem Kolben im Vergleich zum Volumen unterhalb des Kolbens kleiner ist, wird auch Flüssigkeit über das Druckstufenventil *3* in den Vorratsraum *4* verdrängt. Bei umgekehrter Bewegungsrichtung (Zugstufe) laufen die Vorgänge analog ab, nur dass im Kolben das Zugstufenventil *2* als Drosselventil wirkt und durch das Rückschlagventil *5* das Fluid nachgesaugt wird. Zweirohrdämpfer werden durch folgende Eigenschaften charakterisiert:

- weiches Ansprechen (geringe Reibung),
- unempfindlich gegen Steinschlag,
- kurze Einbaulänge realisierbar,
- leicht Überlastung möglich (Kavitation) und
- nur definierte Einbaulagen möglich.

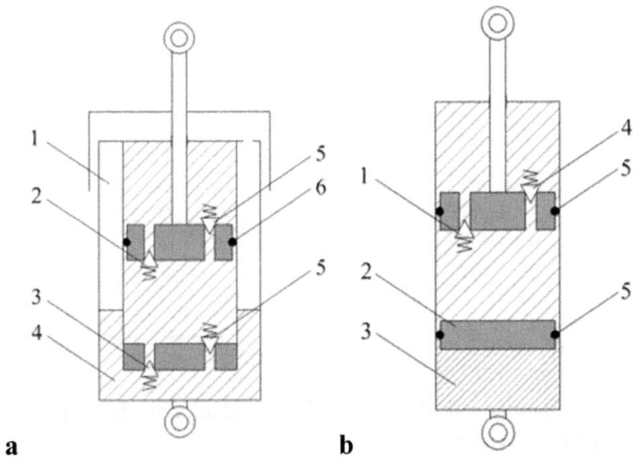

Abb. 3.73 Stoßdämpfer. **a** Zweirohrdämpfer *1* atmosphärischer Druck, *2* Zugstufenventil, *3* Druckstufenventil, *4* Vorratsraum für Fluid, *5* Rückschlagventil, *6* Kolbendichtung, **b** Einrohrdämpfer *1* Zugstufenventil, *2* Trennkolben, *3* mit Gas gefüllter Ausgleichsraum, *4* Druckstufenventil, *5* Kolbendichtung

Der *Einrohr-Dämpfer* ist dadurch gekennzeichnet, dass sich Arbeitsraum und Ölvorratsraum in einem Zylinderrohr befinden (Abb. 3.73 b). Des Weiteren ist ein mit Gas gefüllter Ausgleichsraum *3* vorhanden, der mittels Trennkolben *2* eindeutig vom Fluid abgetrennt wird. Die Drosselwirkung wird ausschließlich durch das Druckstufenventil *4* bzw. Zugstufenventil *1* erreicht. Durch den mit > 35 bar vorgespannten Trennkolben erfolgt der Ausgleich der unterschiedlichen Volumina problemlos. Die heute vorzugsweise eingesetzten Einrohrdämpfer sind gekennzeichnet durch:

- gute Einstellbarkeit der Dämpfkräfte,
- keine Kavitationsgefahr (Vordruck),
- direkte Wärmeabfuhr am Zylinderrohr,
- beliebige Einbaulage,
- große Einbaulänge,
- verminderte Steinschlaggefahr und
- nicht so leichtes Ansprechen durch druckbelastete Kolbenstangendichtung (Minderung von Resonanzschwingungen).

Durch die konstruktive Gestaltung des Stoßdämpfers können zahlreiche Sonderwünsche bzw. sinnvolle Effekte erreicht werden. So kann z. B. durch Bypassventile hubabhängig die Dämpfkraft verändert werden. In Abb. 3.74 sind mögliche Varianten dargestellt, wobei die eingezeichneten „Verdickungen" eine Steuernut darstellen, die vom Kolben des Dämpfers überfahren werden.

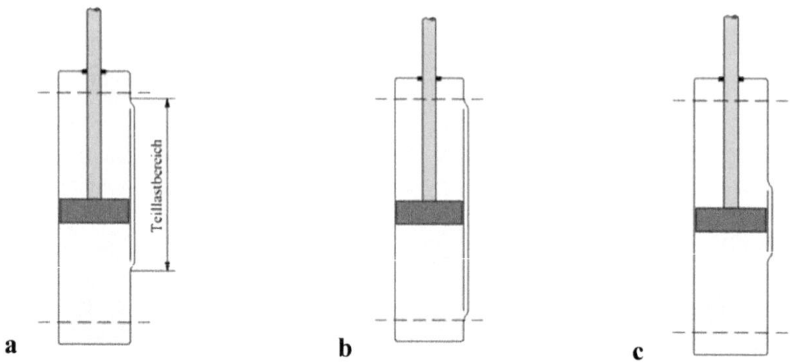

Abb. 3.74 Gestaltung einer hubabhängigen Dämpfung. **a** 2-Stufendämpfung **b** hydraulische Endlagendämpfung **c** Beispiel. für Niveauregulierung

Eine lastabhängige Dämpfung, die z. B. gemäß Abb. 3.74 a realisierbar ist, hat zwei Kennlinien. Vom Leerzustand bis zum Teillastbereich bewegt sich der Kolben mit entspannter Feder im Bereich der Steuernut. Bei Erhöhung der Zuladung wird die Feder weiter zusammengedrückt und der Dämpfer arbeitet mit voller Dämpfung (ohne Steuernut). Der Einsatz erfolgt ggf. bei leichten Lkw bzw. Pkw-Kombis. Wird die Nut sehr lang gestaltet (Abb. 3.74 b), kann ein Zug- und Druckanschlag (Endlagendämpfung) realisiert werden. Die Nut ist so auszulegen, dass im Wirkbereich die gewünschte Dämpfung erreicht wird. Außerhalb der Nut wirkt eine verstärkte Dämpfkraft. Das Prinzip ist besonders für Einrohrdämpfer von Vorteil, da das Kolbenventil in beiden Richtungen gleichermaßen wirkt. Bei Zweirohrdämpfern ist das Prinzip in Druckrichtung nur eingeschränkt einsetzbar, da das Bodenventil ständig wirkt. Die in Abb. 3.74 c dargestellte Variante ist für niveauregulierte Fahrzeuge vorteilhaft, da eine weiche Dämpfung in der Mitte des Dämpfers (Arbeitsbereich) möglich ist. Das Bauprinzip wird bei zahlreichen luftgefederten Bussen und für Fahrerhausfederungen eingesetzt.

Die reine *Luftfederung* gestattet vor allem, den Abstand zwischen Fahrbahn und Fahrzeugaufbau aktiv zu verändern (Abb. 3.75). Im Pkw-Bereich ist ein separates Luftversorgungssystem erforderlich. Bei Nutzfahrzeugen ist es bei Einsatz von Luftdruckbremsen schon vorhanden. Für das System ergeben sich folgende Vorteile:

- hoher Fahrkomfort und Schonung von Aufbau, Ladung und Straßenbelag durch niedrige Eigenfrequenz und
- einfache Möglichkeit des Anhebens und Absenkens des Aufbaus zum Be- und Entladen.

Diese Vorteile sind vor allem im Nutzfahrzeugbereich von Interesse (s. Abschn. 3.3.7).

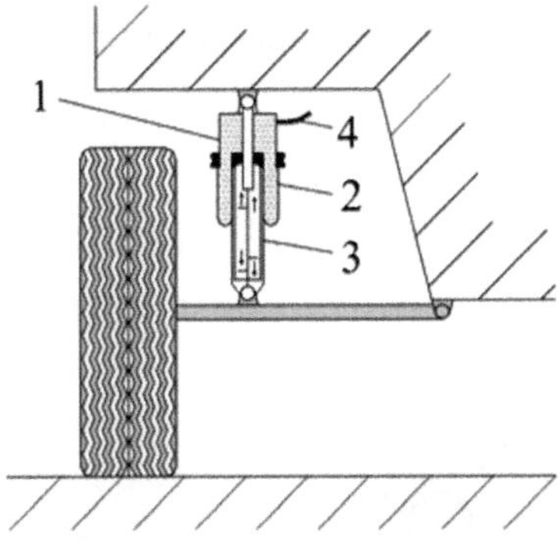

Abb. 3.75 Schema einer Luftfederung. *1* Luftfeder *2* Balg *3* Dämpfer *4* Luftversorgung

Des Weiteren gibt es eine Kombination von hydraulischen und pneumatischen Dämpfern als *hydropneumatische Dämpfer*. Anfang der 50er Jahre des letzten Jahrhunderts wurde erstmals im Citroen ID ein derartiges System eingesetzt. Das in Abb. 3.76 dargestellte Grundprinzip verwendet einen Hydraulikzylinder *2* als Aktuator. Der Bodenraum des Zylinders ist mit einem Speicher (hier Membranspeicher) *3* und der Hydraulikpumpe *1* verbunden. Der Speicher dient als Federelement und die Drossel als Dämpferelement. Die gas- und ölbeständige Membran des Speichers trennt den Ölraum vom Gasraum (Stickstoff). Die gegenüber dem Öl viel größere Kompressibilität des Gases ermöglicht einen Federweg bei gleichzeitiger Dämpfung. Durch den Einsatz von Drosseln können die Kennlinien an die erforderlichen Gegebenheiten angepasst werden.

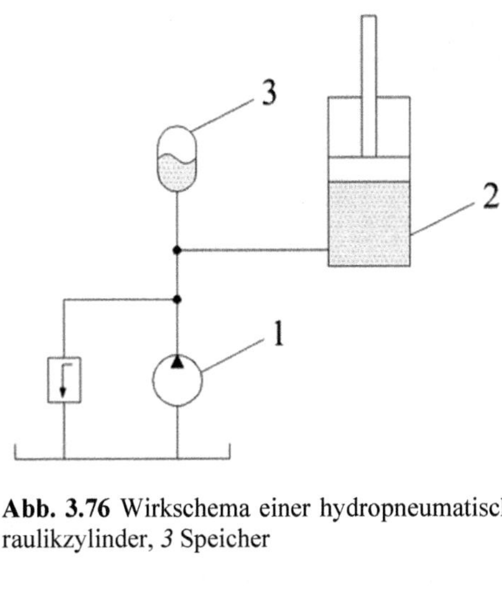

Abb. 3.76 Wirkschema einer hydropneumatischen Federung. *1* Hydraulikpumpe, *2* Hydraulikzylinder, *3* Speicher

Mit dem System gemäß Abb. 3.76 lässt sich eine Niveauregulierung erreichen, indem unter Nutzung eines zusätzlichen Wegeventils die Ölmenge im Zylinder verändert werden kann. Darüber hinaus gibt es sog. *Selbstpumper*, bei denen das Öl aus einem Vorratsbehälter durch Bewegung eines zusätzlichen Zylinders, der in diesem Fall als Hydraulikpumpe arbeitet, bereitgestellt wird.

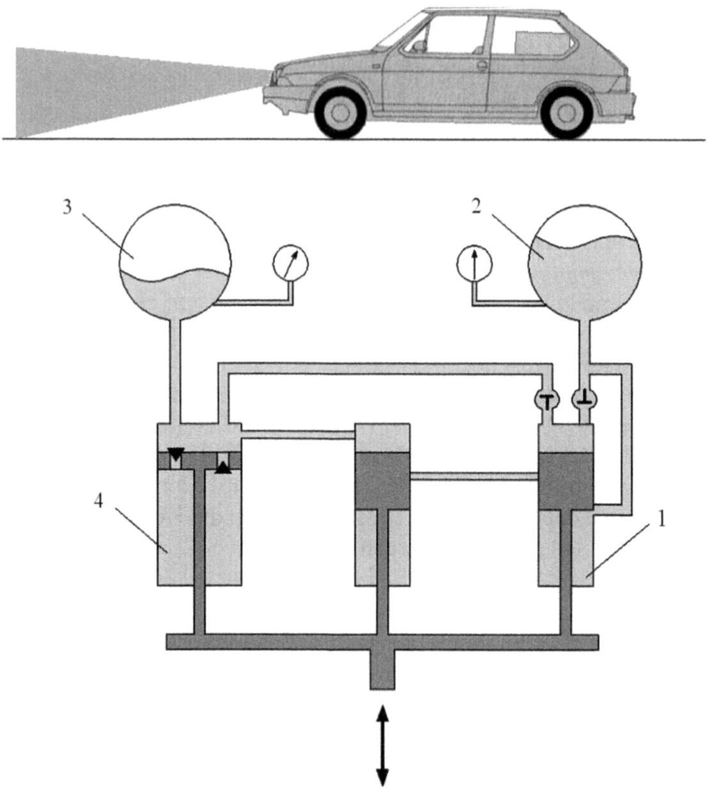

Abb. 3.77 Wirkschema eines Selbstpumpers. *1* Pumpzylinder, *2* Vorratsbehälter, *3* Speicher, *4* Höhenregler

Sobald der in Abb. 3.77 dargestellte Pkw (Hinterachse eingefedert) in Fahrt gesetzt wird, führen die Bewegungen des Pumpzylinders *1* dazu, dass Öl aus dem Vorratsbehälter 2 in Richtung Speicher 3 gedrückt wird. Die damit verbundene Druckerhöhung lässt die Kolbenstange ausfahren. Der Höhenregler 4 beeinflusst den Druckausgleich im Sinne einer Niveauregulierung. Für die exakte Funktion sind weitere Ventile erforderlich, die z. B. den Ölfluss zwischen Vorratsraum und Pumpzylinder beeinflussen, damit ein Druckaufbau bzw. eine Ölmengenregulierung ermöglicht wird.

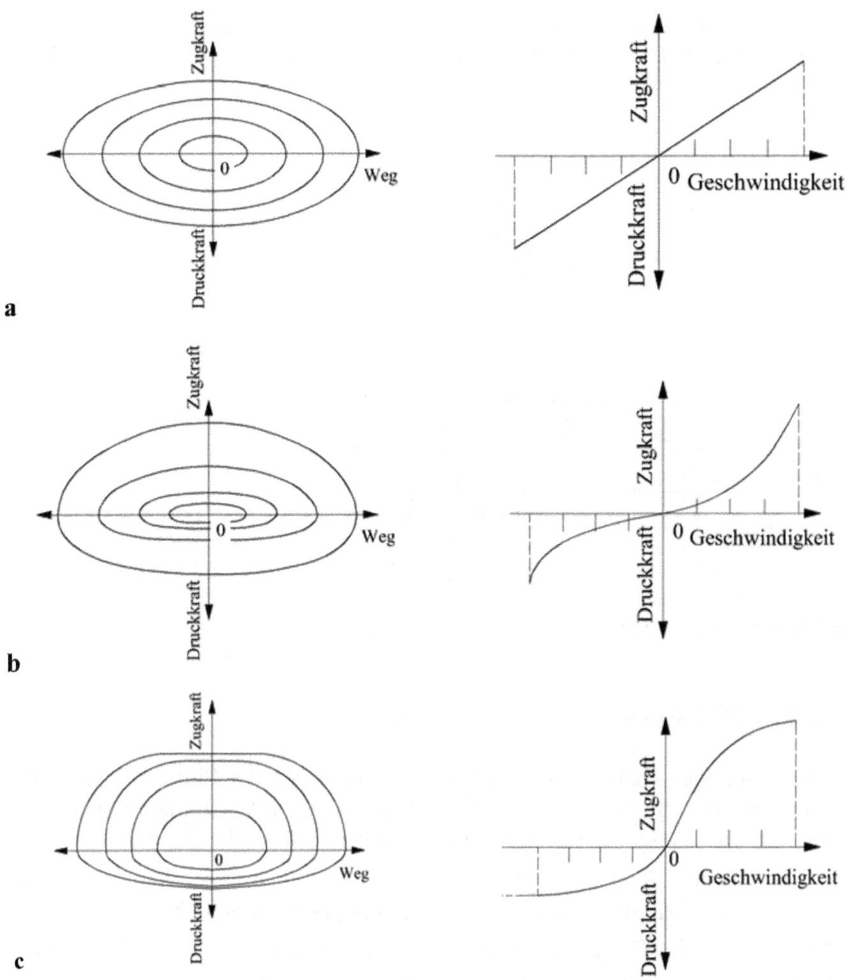

Abb. 3.78 Stoßdämpferkennlinien. **a** linear **b** progressiv **c** degressiv

Die Stoßdämpferkennlinien werden mit mechanischen oder besser servohydraulischen Prüfständen aufgenommen (s. Kap. 7). Durch Variation des Hubweges, der Geschwindigkeiten und unterschiedlich ausgelegte Ventile lassen sich die in Abb. 3.78 dargestellten Kennlinien aufnehmen. Bei Fehlern im Stoßdämpfer ergeben sich Unstetigkeiten in den Kurvenverläufen. Es kann eine Fehleranalyse erfolgen.

Die in Abb. 3.79 dargestellte *Skyhook*-Regelung versucht das Fahrzeug unabhängig vom Fahrbahnzustand ruhig zu halten, als wäre es „am Himmel" befestigt. Die theoretische Modellbildung geht davon aus, dass zwischen Himmel und Karosserie ein Dämpfer befestigt ist. Mit diesem regelungstechnischen Ansatz kann eine wesentlich verbesserte Dämpfung der gefederten Massen erreicht werden, was mit einer Reduzierung der Aufbaubeschleunigung einhergeht. Die Regelung des Fahrwerkes nach diesem Ansatz erfolgt z. B. beim CDC-System und beim ABC-System von Daimler.

Abb. 3.79 Skyhook-Prinzip

3.3.2 Das CDC-System

Für das **C**ontinous **D**amping **C**ontrol (CDC) wurde von der Firma ZF Sachs ein Aktuator entwickelt, der eine stufenlose Verstellung der Dämpfercharakteristik ermöglicht. Das System erfüllt insbesondere folgende Anforderungen:

- niedrige Radlastschwankungen und
- hohe Dämpfung bei geringen Dämpfergeschwindigkeiten.

In Abb. 3.80 ist das Grundprinzip von CDC-Dämpfern dargestellt, wobei die Zylinder wie Zweirohrdämpfer arbeiten, die im Bypass durch ein externes Proportionalventil ergänzt werden.

Das System erhält von Sensoren die Signale:

- Straßenzustand,
- Fahrzeuggeschwindigkeit,
- Bremsbetätigung,
- Radbeschleunigung,
- Lenkbewegung,
- Neigungswinkel des Fahrzeuges in Längs- und Querrichtung,
- Querbeschleunigung (Gierrate),
- EPS-Signale zur Dämpfungskontrolle und
- vom Fahrer vorgewählter Fahrmodus.

Aus den Signalen wird die Ansteuerspannung für das Proportionalventil berechnet wird.

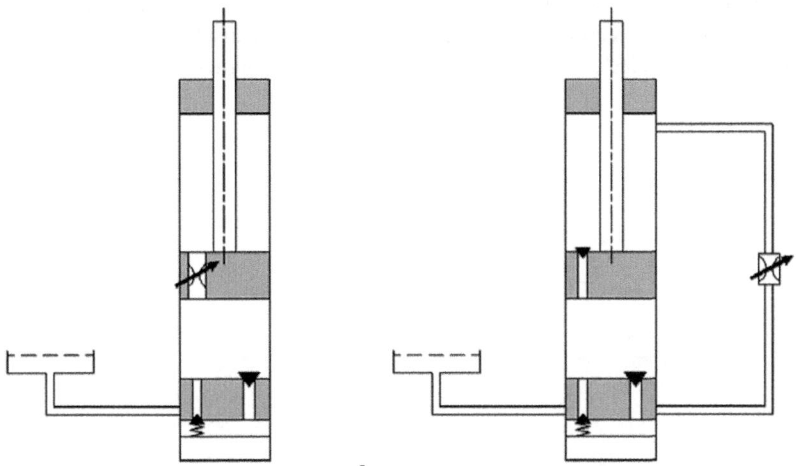

a b

Abb. 3.80 Grundprinzip eines CDC-Dämpfers. **a** integriertes Proportionalventil **b** externes Proportionalventil

Das Ventil wirkt als Drossel und beeinflusst so die Strömungsgeschwindigkeit des Stoßdämpferöls durch veränderten Druckaufbau. Damit kann jeder Punkt zwischen weich und hart für die Dämpfung eingestellt werden. Das CDC wird z. B. im Opel Astra und Insignia [3.30] eingesetzt. Die technische Ausführung zeigt Abb. 3.81. Das in Abb. 3.81 b dargestellte Proportionalventil ist unmittelbar am Zylinderrohr des Schwingungsdämpfers befestigt.

a b

Abb. 3.81 Wirkschema des CDC. **a** CDC-Stoßdämpfer **b** Proportionalventil (ZF Sachs)

Die flexiblen Möglichkeiten, die das CDC-System bietet, werden hierbei deutlich. Das gesamte Kennfeld (Abb. 3.82) kann durch Einsatz anderer Regelfedern bzw. durch veränderte Ansteuerung des Proportionalmagneten abgedeckt werden.

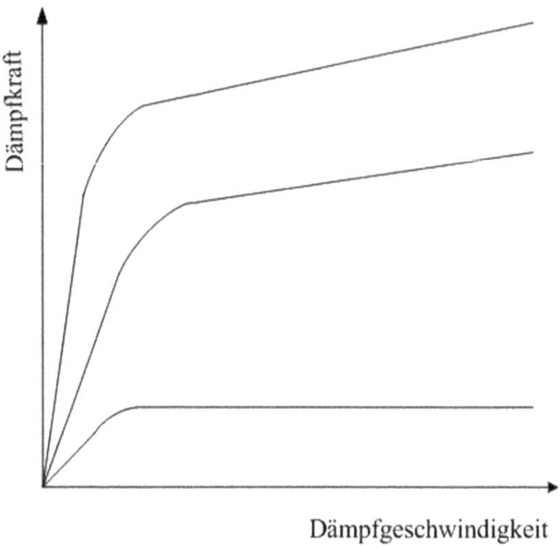

Abb. 3.82 Kennfeld des CDC-Dämpfers

3.3.3 Das Dämpferregelungssystem Audi magnetic ride

Das in Abschn. 2.2.1.4 beschriebene magneto-rheologische Prinzip wird im Schwingungsdämpfer umgesetzt und ermöglicht eine stufenlose Verstellung der Dämpfkräfte. Die Anwendung erfolgt z. B. im Audi TT.

Während bei stromlosem Betrieb die Magnetpartikel regellos angeordnet sind, richten sie sich bei Bestromung kettenförmig entlang der magnetischen Flusslinien quer zu den Kolbenkanälen aus (vgl. Abb. 3.83). Die eingestellten Ströme liegen zwischen 0 und 5 A. Der Dämpferkolben ersetzt die sonst üblichen Ventile. Über die Größe des Spaltes wird die Grundcharakteristik des Dämpfers eingestellt. Je enger der Spalt ist, desto größere Kräfte ergeben sich und zwar sowohl im unbestromten als auch im bestromten Zustand. Über einen Bypasskanal, durch den das Fluid ohne Magnetfeldbeeinflussung fließt, wird zusätzlich der Kraftanstieg bei niedrigen Dämpfergeschwindigkeiten eingestellt [3.31]. Das Dämpfkraftkennfeld ergibt sich in der in Abb. 3.84 dargestellten Art. Der eingezeichnete symmetrische Aufbau der Kennlinie gilt als Normalfall. Durch veränderte Regelcharakteristiken kann ebenso eine eventuell erforderliche Kraftverteilung realisiert werden. Die Stabilität der Kennlinie wird durch die im Fluid eingesetzten Additive erreicht. So erfolgt bereits mit dem ersten Dämpfhub eine solche Durchmischung der Dämpferflüssigkeit, dass keine Sedimentation zu verzeichnen ist. Die Langzeitstabilität der Dämpfereigenschaften wird vor allem erreicht, indem die abrassive Wirkung der weichmagnetischen, globularen Partikel beherrscht wird.

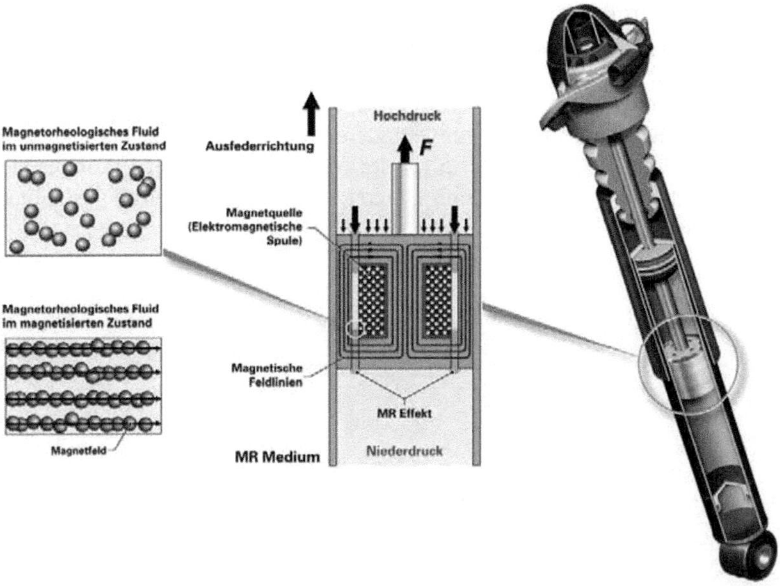

Abb. 3.83 Wirkschema des magneto-rheologischen Effektes im Hinterachsdämpfer des Audi TT [3.31]

Der Regelalgorithmus verwendet zur Bestimmung der Aufbaubewegung die Wegsignale der Höhensensoren. Die bandpassgefilterten Signale sind die Grundlage für die modalen Geschwindigkeiten für Heben, Nicken und Rollen. Die Aufbaugeschwindigkeiten an den vier Fahrzeugecken werden mittels eines Fahrzeugmodells errechnet.

Die Module zur Aufbaukontrolle berücksichtigen Algorithmen zur Skyhook-Regelung ebenso wie

- die transiente Rollkontrolle: Beeinflussung der Aufbaubewegung während Lenkmanövern,
- die transiente Nickkontrolle: Beeinflussung des Überganges in den stationären Zustand beim Beschleunigen und Bremsen und
- die Achskontrolle: große Anregungen an beiden Rädern einer Achse erhöhen das Dämpfkraftniveau.

Zur Querregelung sind folgende Einzelmodule vorhanden:

- transiente Rollkontrolle: Neben der Beeinflussung der Aufbaubewegung dient dieses Modul im Wesentlichen auch zur Beeinflussung der Handlingeigenschaften. Basierend auf der Änderung der Querbeschleunigung erfolgt die Dämpfkraftansteuerung der einzelnen Räder.
- Querbeschleunigungsregelung zur Regelung der Dämpfkräfte in Abhängigkeit von der Querbeschleunigung.

- Gierkontrolle: Basierend auf der Differenz aus gewünschter (Lenkwinkel und Fahrzeuggeschwindigkeit) und gemessener Gierrate (vom ESP) erfolgt eine gezielte Verteilung der Dämpfkräfte zwischen den einzelnen Rädern, um das Eigenlenkverhalten in Richtung Übersteuern oder Untersteuern zu verändern. Vereinfacht ausgedrückt wird beim Übersteuern der Grip an der Vorderachse durch Erhöhung der Dämpfkräfte reduziert, beim Untersteuern hingegen der an der Hinterachse.

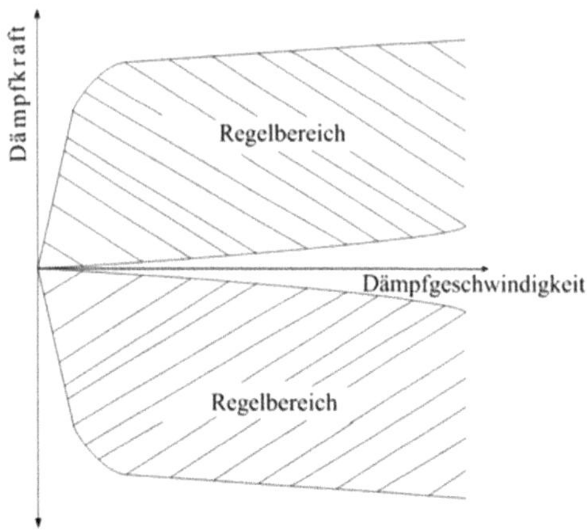

Abb. 3.84 Kennfeld eines rheologischen Schwingungsdämpfers

Das Steuergerät ist mit dem Fahrzeugbussystem über den Antriebs-CAN verbunden. Über diese Schnittstelle erfolgen die Kommunikation mit anderen Steuergeräten, die Diagnose sowie die etwaige Update-Programmierung.

Ein wesentlicher Vorteil des magneto-rheologischen Dämpfers sind hohe Kräfte schon bei niedrigen Dämpfergeschwindigkeiten. So können Aufbaubewegungen bereits im Ansatz regelungstechnisch berücksichtigt werden. Insbesondere die hohen Dämpfkräfte im Druckbereich ermöglichen eine sehr gute Wankabstützung und damit eine verbesserte Lenkansprache. Das Fahrzeug reagiert spontan auf Lenkmanöver [3.31]. In Abb. 3.84 ist das Kennfeld eines magneto-rheologischen Dämpfers dargestellt.

3.3.4 Das ABC-System von Daimler

Seit Anfang der 80er Jahre des letzten Jahrhunderts werden Dämpfersysteme in Serienfahrzeugen angeboten, die eine manuelle bzw. automatische (adaptive) Dämpferkraftverstellung erlauben. Fast zeitgleich gab es auch Systeme zur Federkraftverstellung entlang der Federkennlinie. Einen erweiterten Auslegungsspielraum, also eine Optimierung beider Zielkriterien wird mittels aktiver Systeme erreicht.

Eine Entwicklungsstufe der Daimler AG stellte das in den späten 80er Jahren des letzten Jahrhunderts in der Limousine der S-Klasse (W126) eingesetzte System gemäß Abb. 3.85 dar. Der servohydraulische Stellzylinder befand sich zwischen Rad und Aufbau und ermöglichte Bewegungen der Karosserie, um die höherfrequenten Schwingungen der Räder zu regeln. Mit dem damaligen Stand der Technik ergab sich ein Energieaufwand von ca. 6–7kW. Außerdem waren bei starken Anregungen vom Rad her keine Verbesserungen gegenüber passiven Systemen nachweisbar.

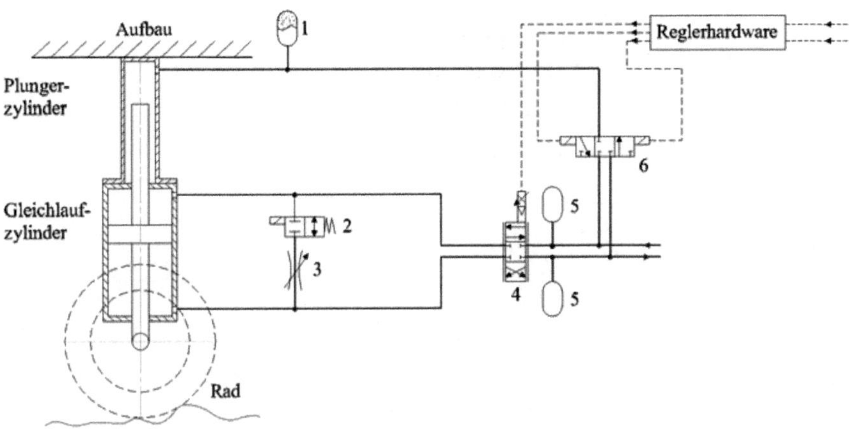

Abb. 3.85 Vollaktive servohydraulische Federung. *1* Speicher, *2* Ventil, *3* Drossel, *4* Ventil, *5* Speicher, *6* Ventil

Daraus abgeleitet wurde das System weiterentwickelt und unter den Namen **A**ctiv **B**ody **C**ontrol (ABC) erstmals auf dem Genfer Automobilsalon 1999 mit dem CL 500 und CL 600 vorgestellt. Das ABC stellt ein teilaktives Federungssystem dar, da ausschließlich der Fahrzeugaufbau in einem Frequenzbereich von 1–2 Hz aktiv beeinflusst wird. Die Räder werden durch passive Elemente bedämpft und befedert. Das System ist gekennzeichnet durch die Reihenschaltung von Stahlfeder und Hydraulikzylinder sowie den parallel dazu angeordneten Schwingungsdämpfer (s. Abb. 3.86). Bei dem System wird außerdem auf Stabilisatoren verzichtet. Die Funktion des Wankausgleiches wird durch den aktiven Eingriff ermöglicht; es wird ein straßeninduziertes Wanken weitestgehend verhindert und der Abrollkomfort verbessert.

Die Auslegung der passiven Feder- und Dämpferelemente richtet sich zum einen nach den Anforderungen der ausreichenden passiven Raddämpfung und zum anderen nach den Belangen des aktiven Stelleingriffs sowie nach dem zur Verfügung stehenden Bauraum [3.35]. Aufgrund dieser Vorgaben ist die Federsteifigkeit der Stahlfeder gegenüber vergleichbaren Fahrzeugen mit konventionellen Fahrwerk deutlich größer. Der Schwingungsdämpfer kann weicher ausgelegt werden. Eine weitere Randbedingung ergibt sich daraus, dass das Fahrzeug auch bei Systemausfall vom Fahrer beherrschbar sein muss.

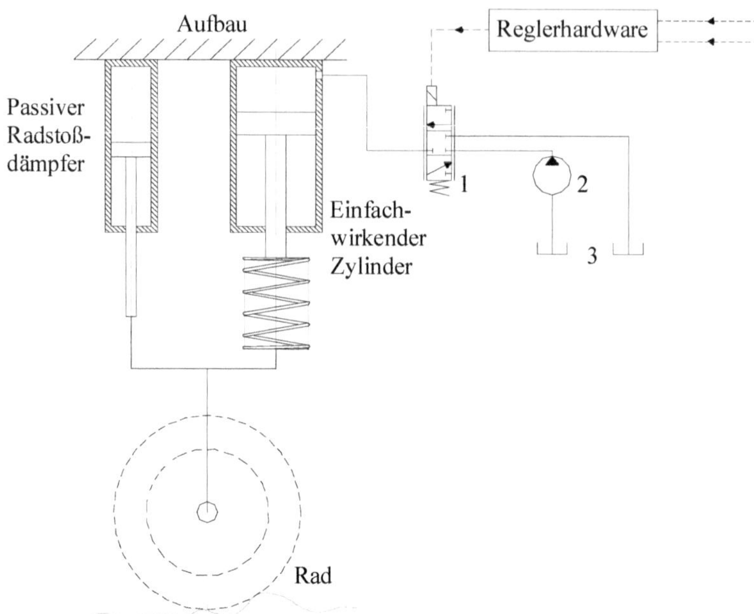

Abb. 3.86 Prinzipschaltbild eines ABC-Systems. *1* Ventil, *2* Hydraulikpumpe, *3* Tank

Zum besseren Verständnis des gesamten ABC-Systems ist in Abb. 3.87 der Hydraulikschaltplan für die Vorderachse dargestellt. Als Volumenstromquelle dient eine sauggedrosselte Radialkolbenpumpe *2* mit 7 Kolben. Mit Hilfe der Saugdrossel *1* lässt sich die Fördermenge der Hydraulikpumpe bedarfsgerecht einstellen. Die Pumpe liefert bei einer Drehzahl von 1500 1/min und geöffneter Saugdrossel einen Volumenstrom von ca. 10,5 l/min und bei geschlossener Drossel einen Volumenstrom von ca. 1 l/min. Die Hydraulikpumpe ist mit einem Druck von 200 bar abgesichert. Für extreme Beanspruchungen (sehr hoher Volumenstrombedarf bei hohen Federungsgeschwindigkeiten) gleicht der Speicher *9* den ggf. fehlenden Volumenstrom aus. Der Pulsationsdämpfer dient neben der Verminderung der Volumenstrompulsation zur Geräuschreduzierung. Für beide Achsen sind separate Ventilblöcke *12* vorhanden. Zwischen Verstellzylinder und Proportionalventil ist zusätzlich ein Sperrventil *6* angebracht, das den Zylinder bei abgestellten Fahrzeug arretiert und eine Niveauänderung verhindert. Außerdem schließt das Sperrventil bei Ausfall des Regelsystems und ermöglicht eine weitere Nutzung des Fahrzeuges mit passiver Radaufhängung.

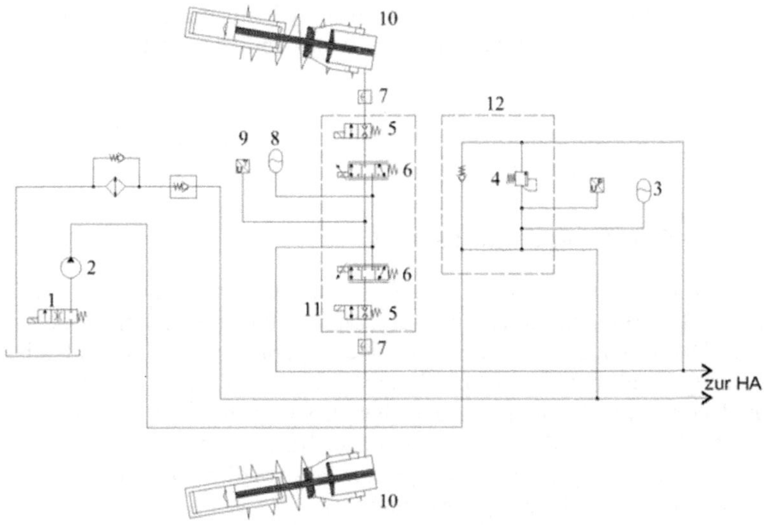

Abb. 3.87 Teilschaltplan ABC für Vorderachse. *1* Saugdrossel, *2* Hydraulikpumpe, *3* Pulsationsdämpfer, *4* Druckbegrenzungsventil, *5* Drucksensor, *6* Sperrventil, *7* Regelventil, *8* Entlüftung, *9* Arbeitsspeicher Vorderachse, *10* Temperatursensor, *11* Federbein Vorderachse, *12* Ventilblock Vorderachse

Das Steuergerät verarbeitet die Eingangssignale und generiert daraus die Ansteuerungssignale für die Aktuatoren. Ferner überwacht es ständig die internen Komponenten sowie alle Signale auf Fehler. Das Steuergerät ist bedingt durch die Sicherheitsrelevanz als Mehrrechnersystem aufgebaut.

Für eine gute Agilität im unteren Geschwindigkeitsbereich einerseits und einer hohen Geradeauslaufstabilität andererseits ist die Wankmomentverteilung variabel ausgelegt. Sie wird bei einer Geschwindigkeit von 60 km/h mit 60% VA/ 40% HA realisiert und bis zu einer Geschwindigkeit von 160 km/h linear verschoben auf 80% VA/ 20% HA.

Mit dem heutigen Stand der Technik wurde es möglich, den Zielkonflikt zwischen Fahrdynamik und Fahrkomfort besser zu nutzen. Außerdem ergibt sich durch die Vernetzung mit anderen Fahrwerkregelsystemen ein beträchtliches Potenzial zur Erhöhung der Fahrsicherheit.

3.3.5 Wankstabilisierungsssysteme

Aktive Stabilisierungssysteme zum reinen Wankausgleich gibt es in verschiedenen Konfigurationen, die alle das Ziel haben, den Wankwinkel des Fahrzeuges zu reduzieren und dabei gleichzeitig das Eigenlenkverhalten zu verbessern. Der Ansatzpunkt besteht darin, dass die zur Stabilisierung eingesetzten Torsionsstäbe aufgetrennt werden und beide Räder einer Achse mit variablen Momenten vorgespannt werden. Die Momente können durch Hydraulikzylinder, die über einen

Hebelarm am Torsionsstab angreifen oder mittels Hydraulikmotoren bereitgestellt werden. Die so erreichbare Veränderung der Wankstabilität wird durch eine Entkopplung beider Fahrzeughälften erreicht. Bei Überfahrt von Bodenunebenheiten werden die Bewegungen nicht zwangsweise auf die Karosserie übertragen. Werden hingegen aktive Federungssysteme eingesetzt, so können diese Konzepte den Wankausgleich mit übernehmen.

3.3.5.1 Active Cornering Enhancement

Von der Firma Delphi wurde das **A**ctive **C**ornering **E**nhancement (ACE) entwickelt, das gemäß Abb. 3.88 durch einen Hydraulikzylinder als Aktuator gekennzeichnet ist. Der Volumenstrom wird von einer Hydraulikpumpe (Radialkolbenpumpe) erzeugt und mittels elektrisch ansteuerbarer Ventile ein Regelkreis aufgebaut. Der Hydraulikzylinder *1*, der über den Hebelarm am Torsionsstab *2* angreift, stellt die für das Moment erforderliche Kraft bereit. Das System wurde im Land Rover Discovery II eingesetzt [3.21]. Im aktuellen Modell wird inzwischen eine voll aktive Luftfederung verwendet.

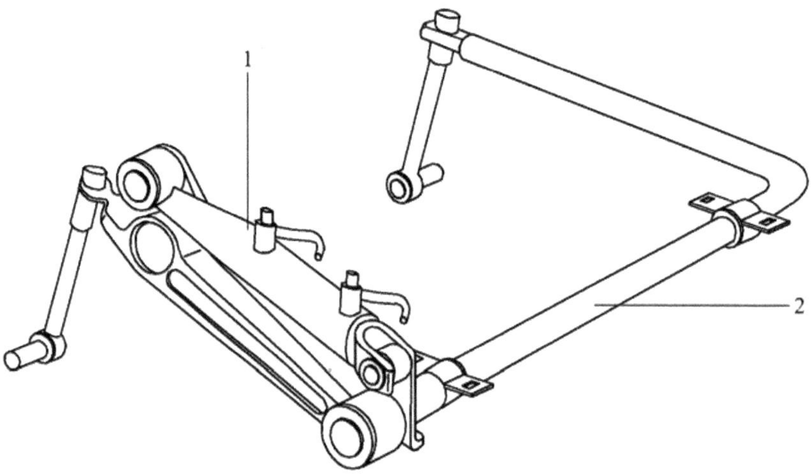

Abb. 3.88 Wankstabilisierung mit ACE-System *1* Hydraulikzylinder, *2* Torsionsstab

3.3.5.2 Dynamic Drive

Das Dynamic Drive von BMW stellt ein Wankstabilisierungssystem unter Einsatz von Hydraulikmotoren dar. In Abb. 3.89 ist der in den durchtrennten Torsionsstab *2* eingebrachte Hydraulikmotor *3* sichtbar. Da bei dieser Anwendung keine Drehzahlen, sondern Drehmomente erforderlich sind, werden Schwenkmotoren eingesetzt (Abb. 3.91). Schwenkmotorgehäuse und -welle sind jeweils mit einer Hälfte des Torsionsstabes verbunden und stellen so ein variables rückstellendes Moment gegenüber der Karosserie zur Verfügung. Bei Fahrbahnanregungen und Geradeausfahrt werden nur geringe Kräfte in den Aufbau eingeleitet. Das wird dadurch erreicht, dass der Schwenkmotor freigeschaltet wird, also beide Hälften des Torsionsstabes hydraulisch entkoppelt werden.

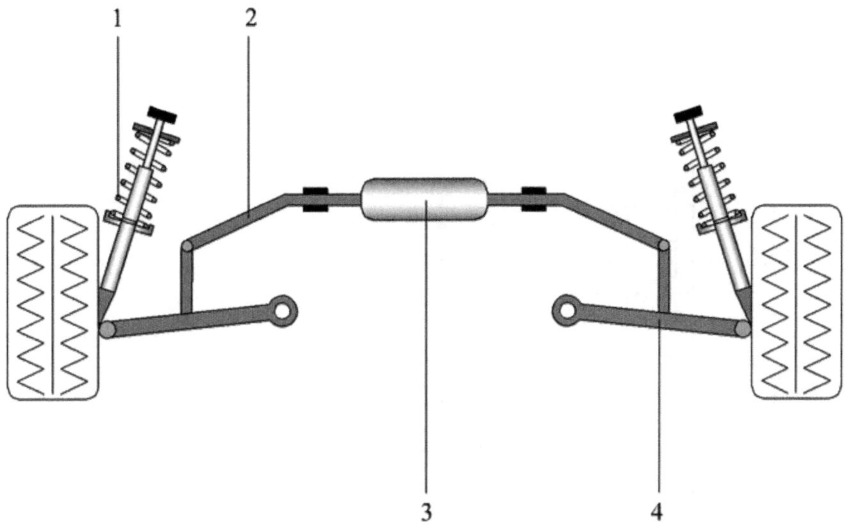

Abb. 3.89 Schema des Dynamic Drive. *1* Schwingungsdämpfer mit Feder, *2* Torsionsstab, *3* Hydraulikmotor, *4* Querlenker

Der grundlegende Aufbau des Dynamic Drive ist im Schaltplan in Abb. 3.90 dargestellt. Die Schwenkmotoren *2* und *3* werden von der Hydraulikpumpe *1* mit Volumenstrom versorgt. Das Wegeventil *6* steuert die jeweils erforderlichen Seiten der Schwenkmotoren an und legt damit die Wirkrichtung des Drehmoments fest. Durch Auswertung der Signale der Drucksensoren 5 und anderer Signale der Fahrsysteme erfolgt eine Beeinflussung des Verdrehmoments des Torsionsstabes durch Veränderung der an den Ventilen 4 eingestellten Druckwerte. Der Drehwinkel selbst ist gering. Für den Fall, dass dem Rechner Fehler gemeldet werden, werden die Ventile stromlos geschaltet und das Fail-Safe-Ventil 7 wird von der Feder in die Ausgangslage gedrückt. Damit ist das Dynamic Drive abgeschaltet. Die restlichen Federungssysteme bleiben in der vollen Funktion erhalten.

Die Wirkungsweise der Schwenkmotoren geht aus Abb. 3.91 hervor. Pro Halbseite des Motors stehen zwei Arbeitsräume zur Verfügung. Es wird für jede Seite entweder der Arbeitsraum 1 oder 2 mit Druck beaufschlagt. Da beide Flügel auf der Motorwelle befestigt sind, können die erforderlichen Drehmomente bereitgestellt werden.

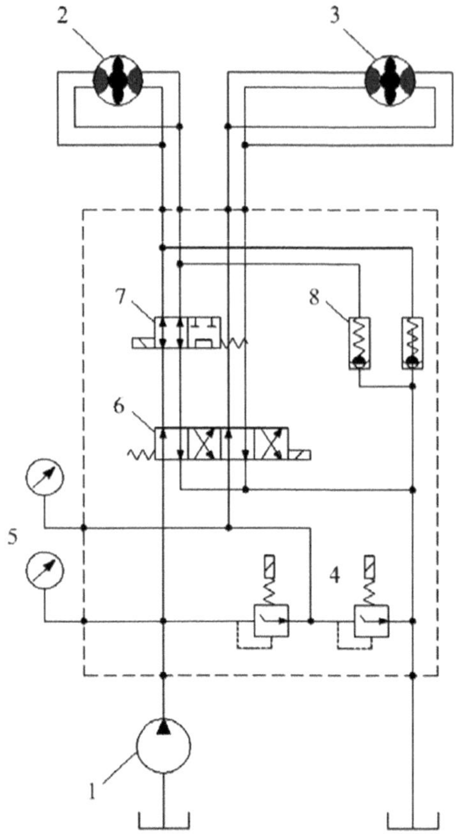

Abb. 3.90 Schaltplan des Dynamic Drive. *1* Hydraulikpumpe, *2* Schwenkmotor vorn, *3* Schwenkmotor hinten, *4* Schaltventil, *5* Drucksensoren, *6* Wegeventil, 7 Fail-Safe-Ventil, *8* Rückschlagventil

Nachfolgende Ziele werden von der Regelstrategie umgesetzt;

- Reduzierung des Wankwinkels auf 0° bis zu einer Querbeschleunigung von 0,3 g,
- Reduzierung des Wankwinkels um ca. 80% im Vergleich zu passiven Fahrwerken bis zu einer Querbeschleunigung von 0,6 g und
- Verminderung des Stützmomentes ab einer Querbeschleunigung von 0,6 g (Spürbarkeit für den Fahrer – physikalische Grenzbereich s. Abschn. 2.1).

Das System ist mit einem vertretbaren Energieaufwand realisierbar und bringt gegenüber rein passiven Systemen eine spürbare Verbesserung des Fahrverhaltens des Fahrzeuges. Die Beanspruchung des Torsionsstabes und die Anforderung an der Gestaltung der Lagerstellen sind beträchtlich.

Abb. 3.91 Schwenkmotor. *1* Gehäuse, *2*Arbeitsraum 1, *3* Dichtkante, *4* Arbeitsraum 2, *5* Welle

3.3.6 Niveauregulierung

Im Allgemeinen ist der Abstand zwischen Fahrbahn und Aufbau des Fahrzeuges bei veränderter Zuladung nicht konstant. Mit der Niveauregulierung kann dieser Nachteil ausgeglichen werden. Es besteht darüber hinaus die Möglichkeit, den Abstand bewusst aktiv zu beeinflussen. So kann z. B. bei Autobahnfahrt das Fahrzeug abgesenkt und so der Luftwiderstand verringert werden.

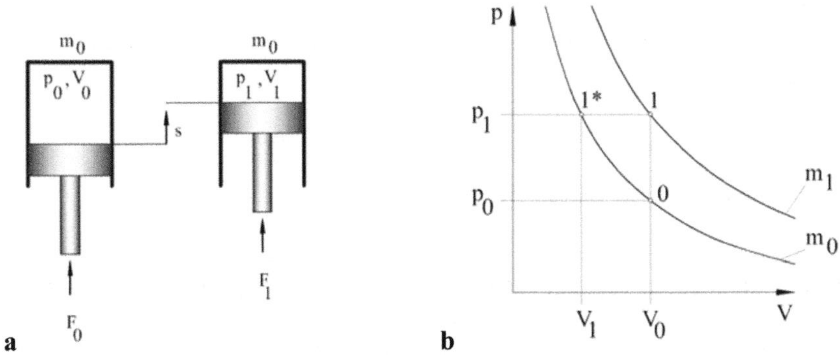

Abb. 3.92 Gasfederung. **a** Schema einer Gasfeder **b** p-V-Diagramm

Die Federung mit Niveauregulierung wird ausgelegt, indem der Feder ein Zylinder parallel geschaltet ist, der mit Luft oder Öl vorgespannt wird (Abb. 3.93). Man spricht von Luftfederung oder hydropneumatischer Federung.

Das Grundprinzip einer *pneumatischen Federung* ist in Abb. 3.92 a dargestellt, wobei die physikalischen Vorgänge als polytrope Zustandsänderung aufgefasst werden können (vgl. Abschn. 2.2.2). Wird im Arbeitspunkt *0* (in Abb. 3.92 b) die Kraft von F_0 auf F_1 erhöht, so steigt im Zylinder der Druck auf p_1 und das Volumen verändert sich auf V_1. Der Vorgang wird durch die Kurve entlang m_0 beschrieben. Der beschriebene Endpunkt ist 1^*. Soll bei einer Niveauregulierung die ursprüngliche Lage erreicht werden, muss Gas nachgefördert werden. Damit erhöht sich der Gasdruck auf p_1 und die Masse des Gases erhöht sich ebenfalls auf m_1. Damit wird der Punkt 1 erreicht. Für den Federungsvorgang gilt die Kurve m_1.

Verwendet man hingegen eine *hydropneumatische Federung* (Abb. 3.93), so wird zum Einfederungsausgleich Öl nachgefördert. Entsprechend Abb. 3.92 b bleibt die Gasmasse m_0 konstant, der Druck ändert sich auf p_1 entlang der Ausgangspolytrope (m_0) in Abb. 3.92 b. Das Wirkschema eines derartigen Systems ist in Abb. 3.93 dargestellt.

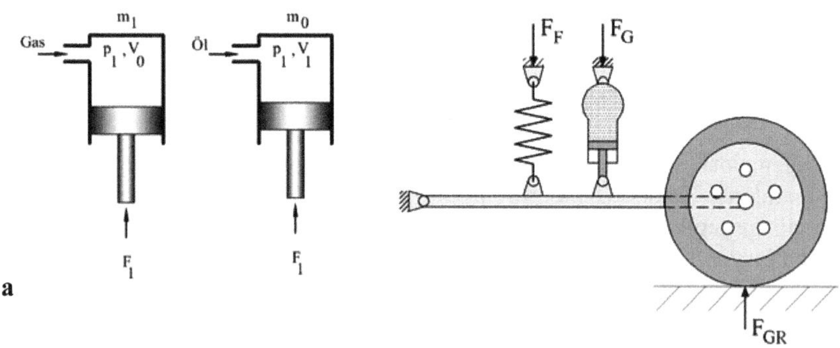

a

b

Abb. 3.93 Hydropneumatische Niveauregulierung. **a** Grundprinzip **b** Wirkschema am Fahrzeug

3.3.7 Federungen für Nutzfahrzeuge

Im Nutzfahrzeugbereich wurden bis in die 80er Jahre des zwanzigsten Jahrhunderts nur Stahlfedern und ggf. Schwingungsdämpfer eingesetzt. Landmaschinen wurden oft ohne Federung und Dämpfung betrieben. Die wesentlich verbesserten Möglichkeiten der technischen Umsetzbarkeit von ergonomischen und fahrtechnischen Forderungen führten zunehmend zur Verwendung hydropneumatischer Federungen. Zusammenfassend ergeben sich folgende Vorteile gegenüber herkömmlichen Systemen bzw. Fahrzeugen mit reiner Luftfederung:

- von der Beladung unabhängige konstante Fahrzeughöhe,
- einfache Niveauverstellung,
- geringeres Eigengewicht,
- Erhöhung des Fahrkomforts und Schonung des Ladegutes,
- kleinere Federrate und
- weitgehend konstante, niedrigere Eigenfrequenz.

Die damit verbundenen höheren Kosten werden vom Nutzer akzeptiert, da die Vorteile von ausschlaggebender Bedeutung sind.

Das hydropneumatische Feder-Dämpfer-System besteht im Wesentlichen aus Federspeicher, Federungszylinder, Drossel und ggf. einer Hydraulikölversorgung. Der Federspeicher ist meist als Membranspeicher mit Stickstofffüllung ausgeführt, da diese Speicher Druckverhältnisse von bis zu 1:10 einsetzbar sind. Blasenspeicher sind hier nicht geeignet (Druckverhältnisse von maximal bis 1:4). Der Federungszylinder (s. Abb. 3.94) kann einfach- oder doppelt wirkend ausgeführt sein. Er nimmt die Kräfte auf, welche durch die Fahrbahnunebenheiten hervorgerufen werden und wandelt die mechanische Leistung in hydraulische Leistung um. In Abb. 3.94 b ist ein doppeltwirkender Zylinder, bei dem die Kolbenbodenseite und die Ringseite miteinander verbunden sind („Eilgangschaltung"), dargestellt. Es wird nur ein Ölvolumen verdrängt, das dem Volumen der Kolbenstange entspricht. Somit wird auch nur dieses Volumen dem Membranspeicher zu- bzw. abgeführt.

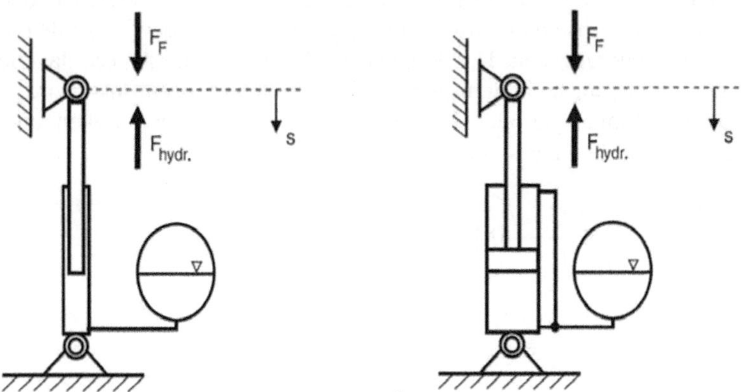

a b

Abb. 3.94 Ausführungsvarianten hydropneumatischer Dämpfer. **a** Plungerzylinder **b** doppelt wirkender Zylinder mit verbundenen Arbeitsräumen

Bei hydraulisch vorgespannten Systemen (Abb. 3.95) wird die Ringseite des Zylinders mit einem Druck beaufschlagt ohne dass eine Last anliegt. Diese Vorspannung dient dazu, die Federsteifigkeit des Systems unabhängig von der Last zu verändern. Um den Zylinder in einer Position zu halten, muss in gleichem Maße der Druck und das Ölvolumen auf der Kolbenbodenseite und den zugehörigen Speichern erhöht werden.

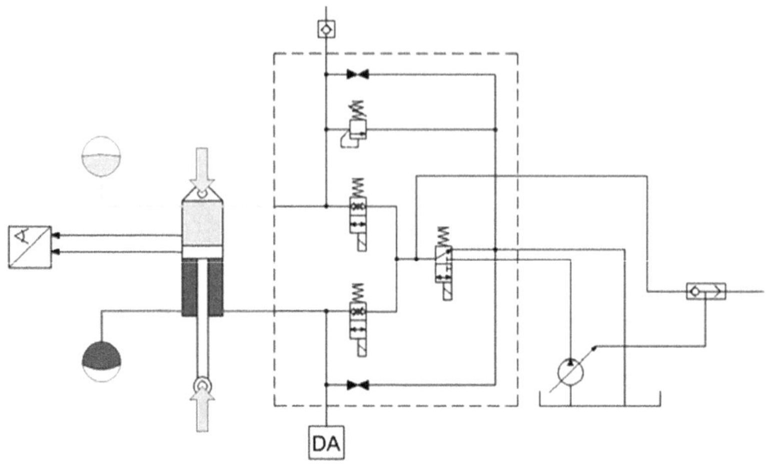

Abb. 3.95 Hydropneumatischer Dämpfer mit vorgespanntem System

Die Niveauregulierung in Land- und Baumaschinen ist meist elektronisch geregelt (Abb. 3.96). Sie dient dazu, den Fahrzeugaufbau immer im gleichen Abstand zur Fahrbahn zu halten. Ein weiteres Ziel ist es, die Federsteifigkeit der Federung der Last anzupassen. Durch die Niveauregulierung ist immer der gleiche Federweg in beide Richtungen vorhanden. Der Lagesensor *3* ist ein Wegaufnehmer, der den Abstand zwischen Achse und Aufbau misst; diese Information wird an den Micro Controler *MC* weitergegeben. Das Regelventil *1* wird so angesteuert, das die Ölmenge in den Federungszylindern und Membranspeichern beeinflusst wird. Fahrzeugspezifische Eingangsgrößen in den *MC* sind die Geschwindigkeit und Beschleunigung des Fahrzeugs sowie die Öltemperatur.

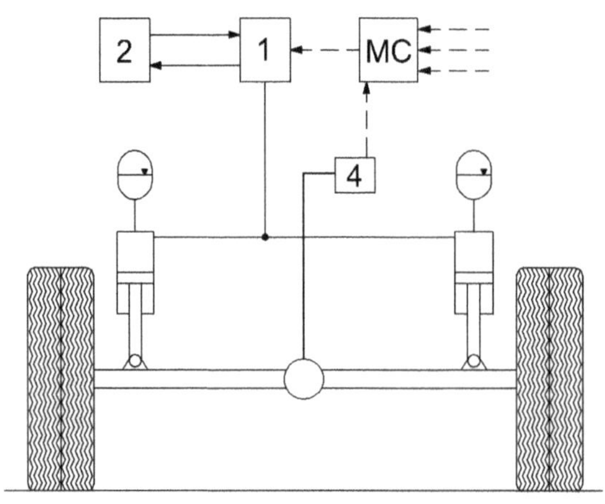

Abb. 3.96 Schema einer elektronischen Niveauregulierung

Bei Nutzkraftwagen mit mehreren Achsen sind durch die Nutzung eines hydraulischen Achsausgleichs gleicher Achslasten erreichbar. Durch den Ausgleich langwelliger Bodenunebenheiten gemäß Abb. 3.97 wird stets eine ebene Ladefläche ermöglicht. Außerdem können durch den Einsatz als Niveauregulierung Seitenneigungen ausgeglichen werden. Hierfür werden mehrere einfach wirkende Hydraulikzylinder zu Abstützkreisen zusammengeschlossen. Diese können sich somit gegenseitig ausgleichen. Bei der Niveauregulierung ist ein zusätzliches Hydrauliksystem erforderlich. Dadurch kann das gesamte Fahrzeug neben der Niveauregulierung um den Hub der Hydraulikzylinder angehoben oder abgesenkt werden. Dies ist ggf. notwendig, um Tunneldurchfahrten nutzen zu können. Bei Fahrzeugen bzw. Anhängern, welche auch mit höheren Geschwindigkeiten bewegt werden, wird dieser Hydraulikkreislauf mit einem Hydrospeicher erweitert und dient damit als hydropneumatische Federung.

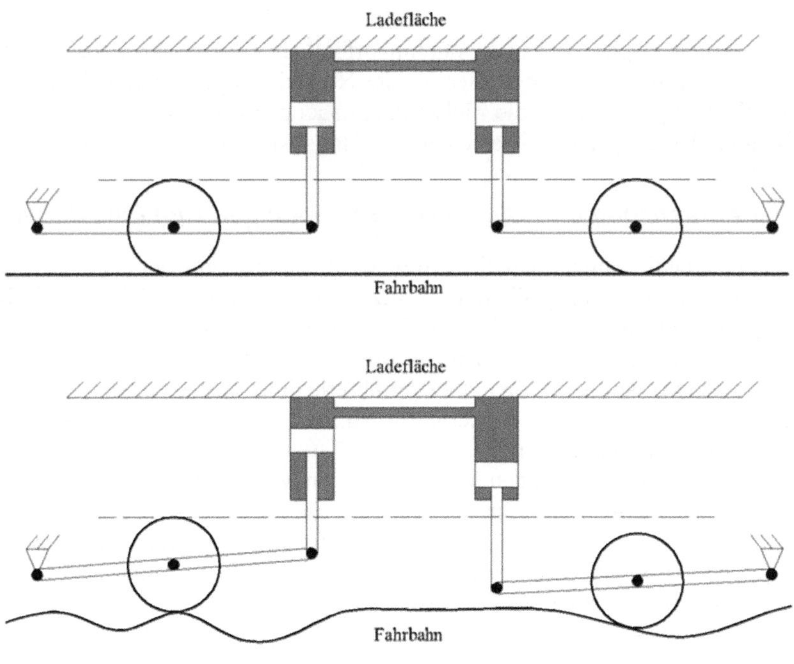

Abb. 3.97 Prinzipdarstellung eines hydraulischen Achsausgleichs

Speziell bei Traktoren kommt der Gestaltung der Radaufhängung eine große Bedeutung zu. Unter Verwendung von Querschwingen, z. B. der Firma Fendt, bzw. von Längsschwingen des Herstellers Same werden Teilverbesserungen im Fahrverhalten erreicht. Als derzeitige Endlösung werden zunehmend Einzelradaufhängungen verbaut. Erhöhte Kosten sind dabei nicht zu vermeiden.

3.4 Fahrzeugklimaanlagen

Innerhalb weniger Jahre hat sich die Klimaanlage de facto als Bestandteil der Serienausstattung vieler Fahrzeuggattungen etabliert, z. B. [3.41, 3.42]. Die speziellen Randbedingungen in Fahrzeugen führten dabei zu einer deutlichen technischen Abgrenzung von stationären Klimaanlagen. Gemeinsames Merkmal ist die erforderliche Kältebereitstellung, die überwiegend mit Hilfe eines speziellen flüssigen bzw. dampfförmigen Kältemittels erfolgt. Obwohl die Technik mittlerweile als ausgereift gilt, entstehen im Zusammenhang mit Entwicklung, Fertigung und Betrieb der Fahrzeugklimaanlagen auch neuartige Herausforderungen. So stehen gegenwärtig vor allem Fragen des Umweltschutzes und der Energieeinsparung im Mittelpunkt des Interesses.

3.4.1 Übersicht

Fahrzeugklimaanlagen sind nicht nur im öffentlichkeitswirksamen PKW-Sektor weit verbreitet, sondern auch im Bereich der Nutzfahrzeuge. Bei gleicher physikalischer Wirkungsweise kann die Zielstellung dabei durchaus variieren. Die rasante Verbreitung lässt sich anhand verschiedener Statistiken gut nachvollziehen.

3.4.1.1 Abgrenzung und allgemeine Bemerkungen zum Einsatzzweck

Eine Fahrzeugklimaanlage hat die Aufgabe, im Fahrzeuginnenraum einen definierten thermischen und qualitativen Luftzustand zu erzeugen. Diese Aufgabenstellung wird fast ausschließlich unter Komfortaspekten betrachtet, und zwar im Sinne der Erzielung von „Behaglichkeit“. Weiteres Argument ist die nachweislich höhere Leistungsfähigkeit von Fahrzeugführern unter behaglichen Raumluftbedingungen, so dass auch der Sicherheitsaspekt ein wesentliches Einsatzkriterium für Fahrzeugklimaanlagen darstellt.

Die – nicht zuletzt durch den Wettbewerb von Verkehrsträgern und Fahrzeugherstellern induzierte – Komfortorientierung verdrängt die Tatsache, dass Fahrzeugklimaanlagen oftmals auch elementare Aufgaben der Lebenserhaltung erfüllen müssen. Dies gilt insbesondere für Fahrzeuge, die in kalten Klimazonen verkehren (Heizung), sowie für Flugzeuge (Druckkabine).

In diesem Sinne wird die Fahrzeugbeheizung oft als eine selbstverständliche Funktion betrachtet. Technisch wird der Unterschied zwischen einer reinen Heizungs-/Lüftungsanlage und einer Klimaanlage durch das Vorhandensein einer Luftkühleinrichtung definiert. Die Heizungsfunktion ist grundsätzlich immer inbegriffen.

Die Vielfalt von Fahrzeugarten und -typen führt zwangsläufig zu einer großen Bandbreite von Klimaanlagen. Sie können sich signifikant hinsichtlich Konfiguration, Anordnung im Fahrzeug und Leistungsfähigkeit unterscheiden. Es existieren sowohl Klimatisierungslösungen für Gesamtfahrzeuge als auch separate Anlagen für Führer- bzw. Fahrgasträume.

Im weiteren Sinne kommen ähnliche thermische Aufbereitungsanlagen auch zur Laderaumkonditionierung (Kühl-, Gefriergut) zum Einsatz. Dies soll hier jedoch nicht Gegenstand sein.

3.4.1.2 Entwicklung und Verbreitung

Abhängig von der verfügbaren Technik bestanden „klimatechnische" Ausrüstungen in Fahrzeugen zunächst bestenfalls aus Heizungseinrichtungen. Zumindest in Mitteleuropa wurden PKW bis in die 50er Jahre des 20. Jahrhunderts teilweise noch mit speziellen „Öfchen" beheizt, bevor hierfür generell Motorabwärme genutzt wurde. Heizeinrichtungen waren noch in den 1960er Jahren teilweise aufpreispflichtiges Sonderzubehör [3.39]. Erste sog. „Klimaanlagen" aus den späteren 1960er Jahren erlaubten lediglich das Einblasen frischer Außenluft in den Sommermonaten. Eine Ausnahme bildeten Oberklassefahrzeuge, die zahlenmäßig jedoch kaum ins Gewicht fielen. 1975 betrug der Anteil werkseitig mit Klimaanlage ausgerüsteter PKW in Deutschland lediglich 3,9 %, bis 1984 steigerte sich diese Quote bis auf ca. 13 % [3.40].

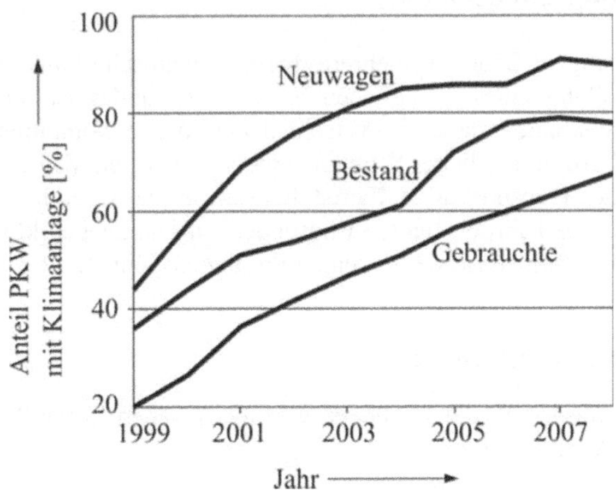

Abb. 3.98 Ausstattungsgrad von PKW mit Klimaanlagen in Deutschland [3.41]

Zunehmende Verfügbarkeit der technischen Einrichtungen und insbesondere sinkende Preise ermöglichten spätestens ab Mitte der 90er Jahre des 20. Jahrhunderts eine stürmische und selbst von Experten kaum vorhergesehene Expansion „echter" PKW-Klimaanlagen bis in kleine Fahrzeugklassen ([3.41, 3.42]). Klimatische Besonderheiten und die entsprechenden wirtschaftlichen Randbedingungen bewirkten den vergleichbaren Boom in den USA bereits ca. 20 Jahre früher. Hier waren schon 1960 ca. 10 % der Gesamtproduktion an PKW mit einer Klimaanlage ausgestattet, 1983 sogar 83,4 % [3.40]. Mittlerweile liegt die Ausstattungsquote von Neufahrzeugen auch in Deutschland bei ca. 90 % (siehe Abb. 3.98).

Tabelle 3.1 Beispiele für Ausstattungsgrade verschiedener Nutzfahrzeuge mit Klimaanlagen (Stand 2002) [3.42]

Busse		LKW		Landmaschinen	
ÖPNV	42%	<1,5 t	20%	Ackerschlepper	70%
Überland	70%	1,5 t – 7,5 t	24%	Mähdrescher	95%
Fernreise	100%	> 7,5 t	83%	Häcksler	95%

Steigende Ausstattungsquoten sind auch bei Bussen, LKW, Landmaschinen und Baumaschinen zu finden. Die in Tabelle 3.1 erfassten Daten beruhen in Ermangelung verlässlicher statistischer Angaben auf umweltpolitischen Erhebungen [3.42] aus dem Jahr 2002. Da bei diesen Fahrzeugarten nicht nur der Komfort, sondern auch Arbeitsbedingungen sowie Sicherheitsaspekte eine Rolle spielen, ist ebenfalls mit einer weiteren Zunahme der Klimatisierungsquote zu rechnen.

3.4.2 Funktionsweise und Konfiguration

Klimaanlagen vereinen auf engem Bauraum mehrere thermodynamische Funktionen, deren Ziel die Herstellung eines behaglichen Raumluftzustandes ist. Die grundlegenden Teilprozesse können dabei in verschiedener Weise kombiniert werden, so dass sich eine Vielzahl möglicher Schaltungsvarianten ergibt. Von entscheidender Bedeutung ist der Transport der aufbereiteten Luft in die Aufenthaltsbereiche der Fahrgäste bzw. des Fahrpersonals. Insbesondere in Fahrzeugen können die prinzipbedingt großvolumigen Luftleitungen zu Problemen führen.

3.4.2.1 Grundsätzliche Funktionsweise

Eine Klimaanlage muss grundsätzlich die folgenden vier thermischen Luftaufbereitungsprozesse realisieren können:

- Heizen,
- Kühlen,
- Entfeuchten und
- Befeuchten

der Luft, z. B. [3.43, 3.44]. Weitere Funktionen sind die Förderung sowie die Reinigung/Filterung der Luft. In Fahrzeugklimaanlagen wird bis auf seltene Einzelfälle auf die Befeuchtungsfunktion verzichtet, vor allem wegen Wartungs- und Hygieneproblemen. Wie in Abschn. 3.4.5.1. erläutert, erfolgt die Trocknung der Luft praktisch ohne zusätzliche Maßnahmen zumeist beim Kühlvorgang. Die Kühlfunktion ist somit entscheidendes Ausstattungsmerkmal einer Fahrzeugklimaanlage.

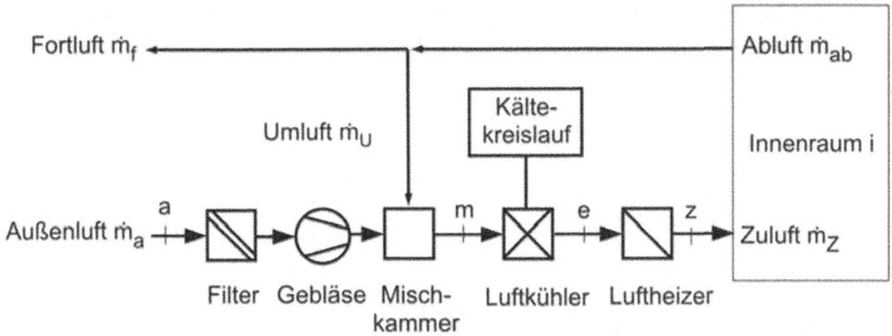

Abb. 3.99 Grundsätzliches Schaltschema einer Fahrzeugklimaanlage (ohne Regelung)

Der Grundaufbau einer Klimaanlage ergibt sich durch Hintereinanderschalten der erforderlichen Luftbehandlungs-Aggregate wie Filter, Lüfter, Luftheizer/-kühler (Abb. 3.99).

Bei größeren Anlagen kann zusätzlich eine zumeist mittels Umluftklappe regelbare Mischkammer zum Beimischen von Umluft vorhanden sein. Dies dient der Energieeinsparung, da weniger Außenluft aufzubereiten ist. In PKW ist nahezu standardmäßig ein kurzzeitiger reiner Umluftbetrieb möglich, um z. B. vor Geruchsbelästigungen zu schützen.

Zur Absicherung der Kühlfunktion muss eine Kältemaschine vorhanden sein („Kältebereitstellung"). Wärmequelle für die Heizung ist nach Möglichkeit Motorabwärme, anderenfalls Elektroenergie oder ein spezieller Brenner.

3.4.2.2 Schaltungsvarianten

Je nach Fahrzeugart und -größe sowie nach Komfortanspruch werden unterschiedliche Anforderungen an die Regelbarkeit gestellt. Die in Abb. 3.99 gezeigte Grundkonfiguration kann als sog. „Einkanalanlage" durch zentrale Luftbehandlung lediglich eine Zuluftqualität für das Gesamtfahrzeug bereitstellen. In hochwertigen PKW sowie in Fahrzeugen mit ausgedehntem Fahrgastraum (Reisebusse u. ä.) wird hingegen oft eine individuelle Regelbarkeit für einzelne Sitze, Sitzbereiche oder auch Abteile gefordert.

Dies wird zumeist durch eine Kombination aus zentraler („primärer") Luftaufbereitung und dezentraler („sekundärer") Nachbehandlung realisiert. Bekannt sind Zweikanalanlagen sowie Luftauslässe mit dezentraler Nachheizung bzw. -kühlung. Letzteres muss über einen zentral aufbereiteten Wärme-/Kälteträger erfolgen, reine Nachheizung ist auch elektrisch möglich (Abb. 3.100).

Fahrzeugspezifische Vor- und Nachteile der Varianten, z. B. hinsichtlich Einbauraum und Massezuwachs, sind im Einzelfall sorgfältig zu bewerten. Grundsätzlicher Nachteil einer Zweikanalanlage aus fahrzeugtechnischer Sicht ist der hohe Bauraumbedarf für den zweiten Luftkanal. Bei PKW-Klimaanlagen ermöglichen die besonderen räumlichen Gegebenheiten oft die Kombination aus Zweikanalschaltung für die Vordersitze und Nachbehandlung für den Fond.

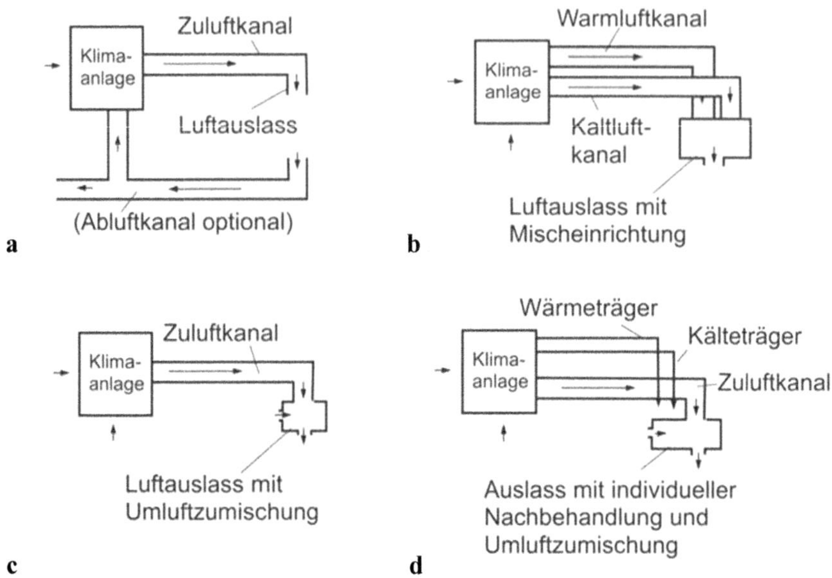

Abb. 3.100 Schematische Darstellung verschiedener Schaltungsvarianten [3.44]. **a** Einkanalanlage **b** Zweikanalanlage **c** Einkanalanlage mit dezentraler Nachmischung **d** Anlage mit separatem Wärme-/Kälteträger und individueller Nachbehandlung

3.4.2.3 Luftseitige Hauptkomponenten

Im Gegensatz zu stationären Klimaanlagen werden in Fahrzeugen die Komponenten aus Platzgründen oft in speziell angeformten Gehäusen untergebracht, die zugleich die Luftführung teilweise übernehmen. Dies gilt insbesondere für PKW (Abb. 3.101 a). Diese Funktionseinheiten werden daher als „Luftbehandlungseinheit“ oder „Luftbehandlungsgerät“ bezeichnet.

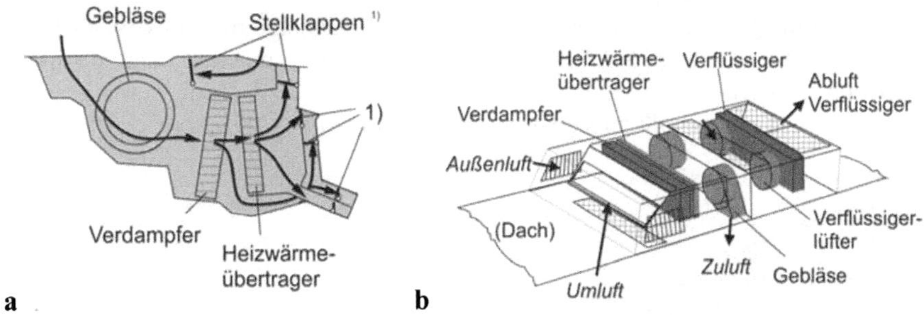

Abb. 3.101 Beispiele für die Komponentenanordnung. **a** Schematischer Schnitt durch ein PKW-Luftbehandlungsgerät **b** Aufdach-(Mitteldach-)Busklimaanlage

Luftfilter

Zur Luftfilterung kommen je nach Fahrzeugart und Einsatzgebiet unterschiedliche Filterbauarten und -klassen zum Einsatz. Beispielhaft seien Staub- und Pollenfilter genannt, in hochwertigen Fahrzeugen teilweise auch Aktivkohlefilter. Zu beachten sind eventuelle Normative bezüglich geforderter Filterklassen sowie die gut zugängliche Anordnung der Filter zu Wartungszwecken. Die VDI-Richtlinie 6032 [3.45] fasst die Anforderungen an die Hygiene in Fahrzeuglüftungsanlagen verbindlich zusammen. Bei Fahrzeugen für sehr staubige Umgebung (Baufahrzeuge, Landmaschinen, spezielle Exportgebiete) sollten die Ansaugöffnungen so angeordnet werden, dass die Filter nicht zu schnell verschmutzen.

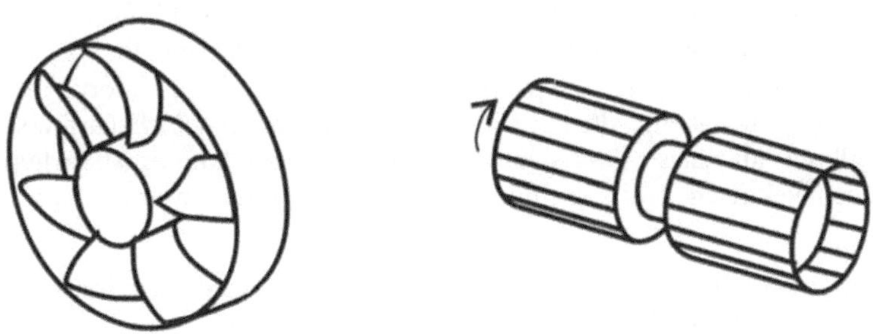

Abb. 3.102 Lüfterbauformen. links: Axiallüfter, rechts: Walzengebläse

Lüfter

Je nach Größe und Bauart der Klimaanlage werden sowohl Radial- als auch Axiallüfter verwendet (Abb. 3.102). Speziell im PKW-Bereich werden häufig auch Walzengebläse eingesetzt. Die Lüfter sind so auszulegen, dass der erforderliche Luftvolumenstrom (siehe Abschn. 3.4.6) unter Überwindung aller Strömungswiderstände im Kanalnetz und in der Klimaanlage selbst transportiert werden kann. Der Antrieb der Lüfter ist zumeist elektrisch und häufig regelbar ausgelegt.

Misch- und Regelklappen

Die Anordnung erfolgt meist im Gehäuse der Klimaanlage bzw. des Luftbehandlungsgerätes. In einfachen Anlagen werden die Klappen manuell betätigt (direkt, Seilzüge, Hebel), zunehmend jedoch mittels Stellmotoren sowie durch entsprechende Regelungstechnik angesteuert (Klimaautomatik).

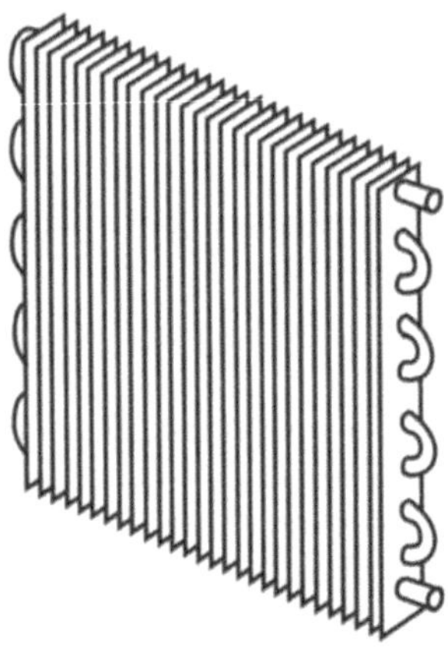

Abb. 3.103 Ansicht eines Lamellenwärmeübertragers

Heiz-Wärmeübertrager (Luftheizer)

Bei Nutzung von Motorabwärme wendet man grundsätzlich Lamellenwärmeübertrager an, welche einen guten Kompromiss aus Bauraum und luftseitiger Oberflächenvergrößerung bieten (Abb. 3.103). Die Rohre werden ständig vom Motorkühlmittel durchströmt, um bei entsprechender Klappenstellung sofort Warmluft zur Verfügung zu haben. Ältere Fahrzeuge schalteten bei Heizbedarf erst den Kühlmittelkreislauf zu, so dass sich eine sehr träge Regelung ergab. Alternativ können auch elektrische Heizregister im Luftstrom angeordnet werden.

Luftkühler

Ausführung ebenfalls zumeist als Lamellenwärmeübertrager. Bei direkter Kühlung fungiert der Luftkühler zugleich als Verdampfer (Abb. 3.104). Die Rohre sind somit vom verdampfenden Kältemittel beaufschlagt. Bei einer Havarie kann das Kältemittel direkt in den Fahrgastraum dringen, was beim möglichen Einsatz von CO_2 als Kältemittel zu Problemen führen könnte. Eingehende Risikoabschätzungen relativieren diese Bedenken jedoch teilweise ([3.46, 3.47]). Bei indirekter Kühlung durchströmt ein in der Kältemaschine abgekühlter Kälteträger die Rohre des Luftkühlers. Dies bewirkt eine Trennung kältemittelführender Teile vom Innenraum. Bei größeren Fahrzeugen lässt sich damit weiterhin eine dezentrale Luftkühlung ohne aufwändige und lange Kältemittelleitungen realisieren [3.48]. Als Kälteträger kommt ein frostsicheres Medium, oft auf Glykolbasis zum Einsatz. In jedem Fall ist wegen der mit der Luftkühlung einhergehenden Entfeuchtung (Abschn. 3.4.5.1.) ein sicherer Kondensatablauf zu gewährleisten.

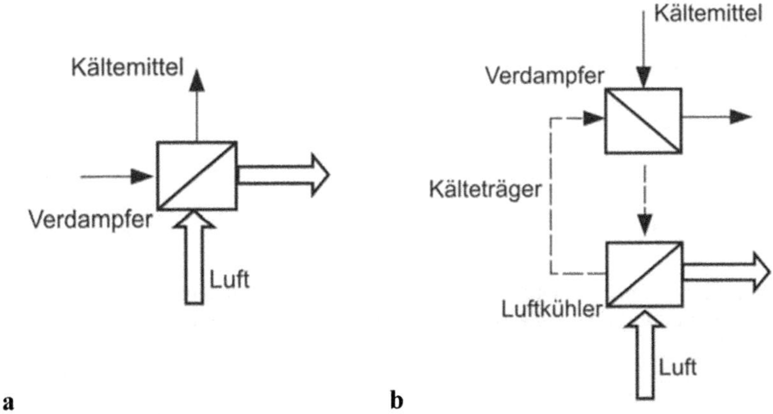

Abb. 3.104 Schema der Luftkanäle. **a** direkte Kühlung **b** indirekte Kühlung

Luftkanäle
Zur Verteilung der meist zentral aufbereiteten Zuluft sind entsprechende Kanäle erforderlich. Aus Platzgründen werden häufig speziell der Fahrzeug- und Innenraumkontur angepasste Luftleitungen verwendet, vor allem bei PKW. Ähnliche Konstruktionen finden sich bei LKW sowie Land- und Baumaschinen. Für Busse oder sonstige Fahrzeuge mit großem Fahrgastraum können Teile der teilweise sehr langen Luftkanäle auch aus standardisiertem Material bestehen. Für Gestaltung und Materialauswahl der Luftkanäle formuliert [3.45] ebenfalls hygienische Mindestansprüche.

Luftauslässe
In PKW sind die Auslässe typspezifisch gestaltet, meist manuell oder automatisch regulierbar durch schwenk- und schließbare Gitter. Vergleichbare Gestaltungen finden sich auch in Fahrerkabinen von LKW, Land- und Baumaschinen, hier allerdings mit geringerem Designaufwand. In Bussen können sowohl speziell angeformte Flachauslässe als auch vereinheitlichte, oft regelbare Einzelauslässe Verwendung finden.

3.4.2.4 Anordnung im Fahrzeug

Bei Fahrzeugen mit Verbrennungsmotor wird die Klimaanlage oft in der Nähe des Fahrzeugmotors angeordnet, weil der Kältemittelverdichter üblicherweise wie eine Lichtmaschine direkt über Riementrieb o. ä. angetrieben wird. Zur Verbindung zwischen Kältemittelverdichter, Luftbehandlungsgerät und Verflüssiger sind entsprechende Kältemittelleitungen erforderlich (Abschn. 3.4.3.). Die Verteilung der aufbereiteten Luft über die Fahrzeuglänge erfolgt über ein Luftkanalnetz, das je nach Fahrzeuglänge und Komfortanspruch unterschiedlich ausgedehnt sein kann (siehe Abb. 3.105) und z. B. [3.40, 1.12].

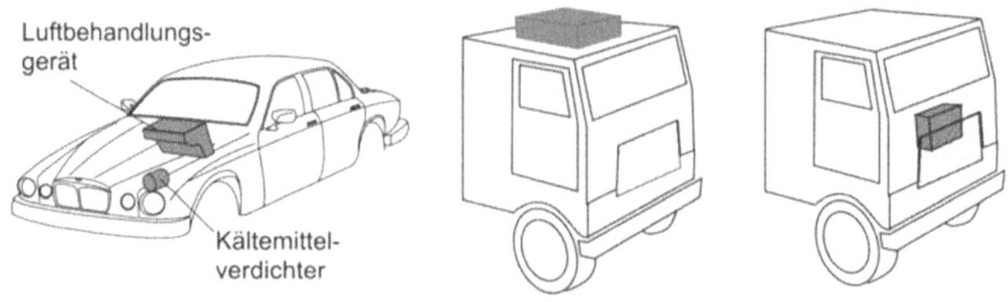

Abb. 3.105 Beispiele für die Anordnung der Klimaanlage in Fahrzeugen.
links: PKW (Frontmotor), Mitte: LKW mit Dachanlage, rechts: LKW mit integrierter Anlage ähnlich PKW

Wegen der teilweise sehr großen Leistungen ist vor allem bei Bussen auch die Anordnung der Klimaanlage auf dem Dach möglich (Abb. 3.106). Entsprechende Energieversorgung und Anlagentechnik vorausgesetzt, kann bei elektrisch angetriebenen Kältemittelverdichtern die gesamte Klimaanlage einschließlich Verdichter in einem Gehäuse an nahezu beliebiger Stelle im Fahrzeug angeordnet werden.

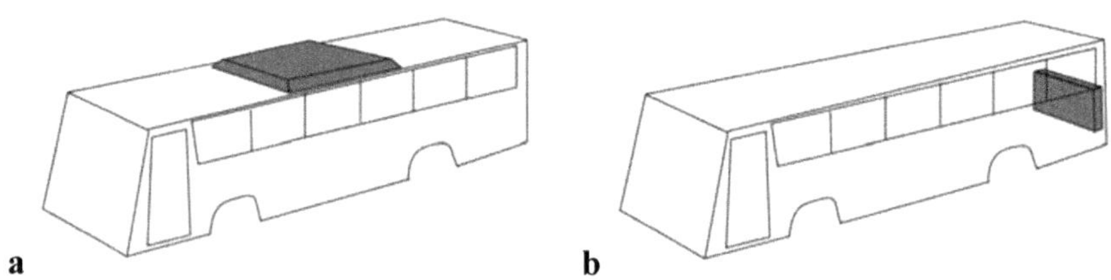

Abb. 3.106 Beispiele für die Anordnung der Klimaanlage in Bussen. a Dachanlage b Heckanlage

3.4.3 Kältebereitstellung

In Fahrzeugklimaanlagen erfolgt die Kältebereitstellung fast ausschließlich mittels Kaltdampf-Kältemaschine mit mechanischer Verdichtung, deren Berechnung und Funktionsweise in Abschn. 3.4.5.2 beschrieben wird. In seltenen Ausnahmen werden abweichend davon thermoelektrische Kühlaggregate (Peltierkühlung) verwendet. Untersucht wurde verschiedentlich der Einsatz von Kaltluft-Kältemaschinen, auch mit direkter abgasseitiger Ankopplung [3.49]. Ein weiterer, in jüngerer Vergangenheit diskutierter Ansatz ist der Einsatz von mit Abwärme angetriebenen Absorptionskältemaschinen. Aufgrund ihrer geringen Verbreitung bzw. des sehr frühen Projektstadiums wird auf diese Verfahren hier nicht eingegangen.

Die Hauptbauteile des Kaltdampf-Kältemaschinenkreislaufs sind in Abb. 3.107 dargestellt. Verdampfer und Verflüssiger wurden bereits in Abschn. 3.4.2.3. beschrieben. Die Bauart der verwendeten Kältemittelverdichter hängt stark von Art und Größe des Fahrzeuges ab. Bei direktem Antrieb durch den Fahrzeugmotor werden sog. „offene" Verdichter eingesetzt, die sich zudem für das gesamte Drehzahlband eignen müssen. Elektrisch angetriebene Verdichter sind zumeist „halbhermetisch" (geschlossenes Motor-Verdichter-Gehäuse, lösbar) ausgeführt, kleinere Baugrößen auch „hermetisch" (nicht lösbares Motor-Verdichter-Gehäuse, „Kapsel") [3.50, 3.51]). Eine Übersicht über prinzipiell geeignete Bauarten von Kältemittelverdichtern für Fahrzeuge liefert Abb. 3.108 [3.40, 1.12].

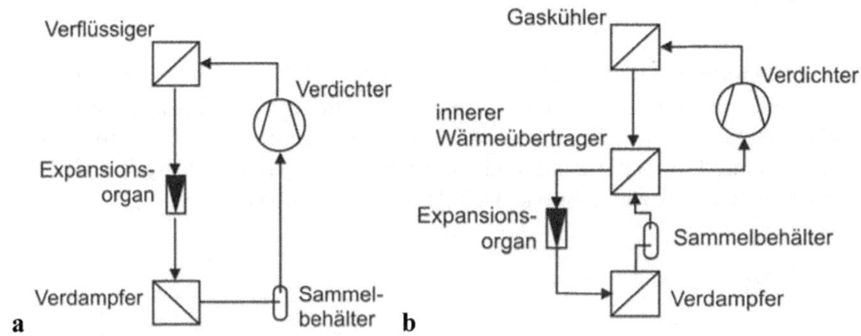

Abb. 3.107 Hauptbestandteile des Kältekreislaufes. **a** herkömmliches Kältemittel (R134a) **b** CO_2 als Kältemittel

In größeren Fahrzeugen wie Bussen kommen nach wie vor Hubkolbenverdichter zum Einsatz. Hierfür spricht deren robuste und erprobte Bauweise. Eine Alternative sind die prinzipiell gut regelbaren und leiseren Schraubenverdichter.

Im PKW-Bereich haben sich neben diversen Rotationskolben-Bauarten vor allem Taumelscheibenverdichter mit ca. 3 bis 10 Zylindern durchgesetzt (Abb. 3.109). Wesentlicher Vorteil ist, dass die Verstellbarkeit der Taumelscheibe eine Anpassung des Kolbenhubs an die Verdichterdrehzahl ermöglicht. Somit bleibt die Kälteleistung auch bei variabler Motor- und damit Verdichterdrehzahl näherungsweise konstant. Darüber hinaus kann durch Verstellung der Taumelscheibe eine generelle Leistungsstellung erzielt werden.

Die Schmierung des Verdichters erfolgt durch im Kältemittelkreislauf mitgeführtes Spezialöl. Art und Menge des Öles sind vom Verdichterhersteller exakt vorgegeben.

Die Verbindung der kältetechnischen Komponenten erfolgt mittels spezieller Kältemittelleitungen. Diese müssen nicht nur die teilweise sehr hohen Anlagendrücke (siehe Abschn. 2.2.7) aushalten, sondern auch den rauen Bedingungen im Fahrzeug standhalten und zudem leicht montierbar sein. Selbstverständlich muss zwischen Kältemittel und Leitungsmaterial chemische Verträglichkeit bestehen.

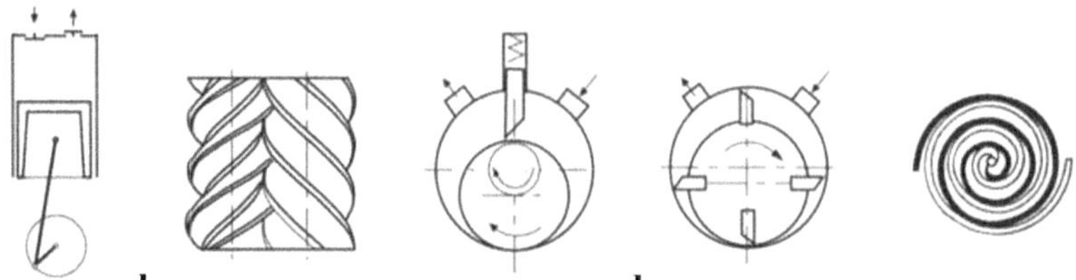

a b c d e

Abb. 3.108 Schematische Darstellung wichtiger Bauarten von Kältemittelverdichtern. **a** Hubkolbenverdichter **b** Schraubenverdichter **c** Rollkolbenverdichter **d** Zellenverdichter **e** Scrollverdichter

Der Kältemittelsammler (auch „Akkumulator") erfüllt als Ausgleichs- und Vorratsbehälter mehrere Funktionen: Insbesondere im Anlagenstillstand stellt er ein Puffervolumen dar [3.52, 3.54]. Zudem ist er meist mit einem Filtertrocknereinsatz kombiniert. Spezifizierung und Anordnung erfolgen nach Vorgaben des Verdichterherstellers sowie teilweise nach Art des Expansionsorgans.

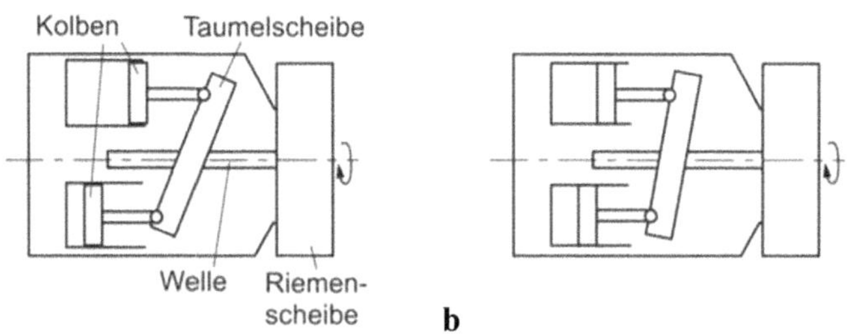

a b

Abb. 3.109 Schematische Darstellung der Funktionsweise eines Taumelscheibenverdichters. **a** großer Anstellwinkel mit großem Kolbenhub und Förderstrom **b** kleiner Anstellwinkel für reduzierten Kolbenhub

Als Expansionsorgan wird ein Drosselventil verwendet, zunehmend und bei größeren Anlagen grundsätzlich ein thermostatisch geregeltes Expansionsventil. Für Details sei auf einschlägige Kältetechnik-Literatur verwiesen [3.50, 3.51]. Die Auswahl der Ventile erfolgt entsprechend der Kältemittelmengenströme und der Druckabbaus nach Herstellerunterlagen. Eine neuere, speziell für Fahrzeuge geeignete Entwicklung wurde als „Ejector" vorgestellt und soll einen Teil der Expansionsverluste zurückgewinnen [3.53].

Der Verdampfer wurde als Luftkühler unter Abschn. 3.4.2.3 beschrieben, bei indirekter Kühlung erfolgt die Ausführung als Plattenwärmeübertrager [3.48].

Als Verflüssiger kommen ebenfalls Lamellenwärmeübertrager zum Einsatz. Hier sind die Rohre innen mit dem kondensierenden Kältemittel beaufschlagt. Standardmäßig sind bei PKW mit Frontmotor vor dem Fahrzeugkühler angeordnet. Sonstige Fahrzeugklimaanlagen benötigen separate Verflüssigerlüfter, deren Regelung nach dem Verflüssigungsdruck sinnvoll ist.

Die Befüllung der montierten Anlage mit Kältemittel erfolgt so, dass sich in allen Betriebszuständen eine gleichmäßige Durchströmung der Anlage ergibt und keine unzulässigen Drücke erreicht werden. Die Füllmenge muss durch Versuche bestimmt werden. Bei der Befüllung muss zugleich auch die korrekte Ölmenge gemäß Herstellervorgaben zugeführt werden [3.52].

Aus Gründen des Umweltschutzes (siehe auch Abschn. 2.2.7) müssen Fahrzeugklimaanlagen sehr dicht ausgeführt sein. In [3.55] wird gefordert, dass nicht mehr als 40 g Leckverluste an Kältemittel pro Jahr entstehen dürfen (60 g bei zwei Verdampfern). Dies wird nach Montage der Anlage mittels spezieller Lecksuchgeräte überprüft.

Wie unter Abschn. 3.4.5.2 erläutert, sind bei Einsatz von CO_2 als Kältemittel erheblich höhere Anlagendrücke zu erwarten. Entsprechend angepasste Komponenten sind mittlerweile verfügbar [3.56]. Die höhere Druckfestigkeit CO_2-geeigneter Komponenten relativiert sich darüber hinaus durch die deutlich größere volumetrische Kälteleistung des Kohlendioxids. Im Vergleich zu bisherigen Anlagen können daher die meisten Komponenten kleiner gewählt werden, z. B. [3.57]. Aus energetischen Gründen ist ein interner Wärmeübertrager zu empfehlen.

3.4.4 Thermische Behaglichkeit

Der Begriff Behaglichkeit wird allgemein als Synonym für (subjektives) Wohlbefinden verwendet. Aus wissenschaftlicher Sicht existiert eine Vielzahl von Einflussfaktoren (Abb. 3.110) und z. B. [3.43, 3.58]. Eine Klimaanlage kann hierbei nur die „thermische Behaglichkeit" beeinflussen. Wie aus Abb. 3.110 ebenfalls hervorgeht, ist dies jedoch nicht möglich ohne weitere Aspekte in Betracht zu ziehen. Neben physikalischen Größen wie Geräuschentwicklung, Schwingungsbelastung usw. können auch physiologische und intermediäre Faktoren großen Einfluss auf die Erzielung von „Behaglichkeit" ausüben.

Als wichtige Beispiele seien die typischerweise niedriger eingestellten Temperaturen in US-amerikanischen PKW oder die Toleranz gegenüber nur teilweise erzielten Behaglichkeitswerten in Fahrzeugen des ÖPNV genannt [3.59]. Zur thermischen Behaglichkeit existiert eine Vielzahl wissenschaftlicher Arbeiten, wobei sich speziell Fanger um diese Problematik sehr verdient gemacht hat [3.43, 3.58]. Die thermische Behaglichkeit wird keineswegs nur von der Raumlufttemperatur, sondern von weiteren Größen beeinflusst (Abb. 3.110). Speziell in Fahrzeugen wirken sich die Umschließungsflächentemperaturen (Wandinnentemperaturen) sowie die Luftgeschwindigkeiten sehr stark aus. Beispielhaft zeigt Abb. 3.111, wie stark sich die genannten Größen gegenseitig beeinflussen.

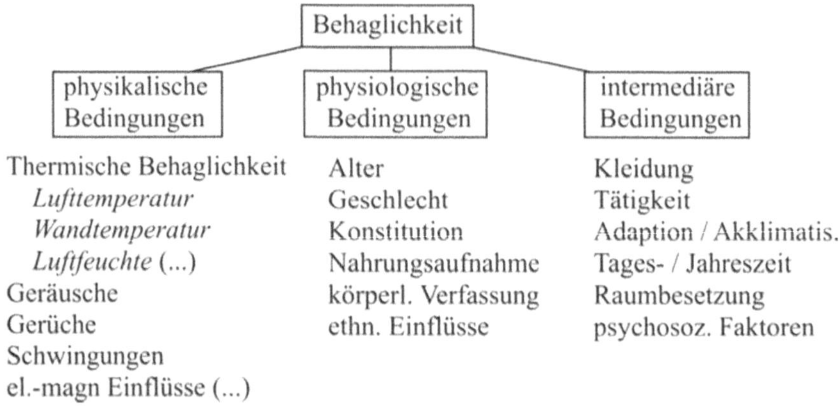

Abb. 3.110 Wichtige Einflussfaktoren auf die Behaglichkeit

Da Behaglichkeit ein äußerst subjektiv empfundener Zustand ist, lässt sich ein Anteil Unzufriedener nie ausschließen. Dies wird u. a. in der ISO-Norm DIN ISO 7730 [3.60] in Form der Bewertungsgrößen „PPD“ (**p**redicted **p**ercentage of **d**issatisfied, „Vorausgesagter Prozentsatz an Unzufriedenen“) und „PMV“ (**p**redicted **m**ean **v**ote, „Vorausgesagtes mittleres Votum“) zum Ausdruck gebracht. Die Eignung dieser aus der Gebäudetechnik stammenden Richtlinien für Fahrzeuge steht wegen der engeren Raumverhältnisse und der zumeist höheren thermischen Belastungen in Frage [1.12, 3.61, 3.63] und führt zu speziellen Formulierungen für Fahrzeuganwendungen [3.62].

Tabelle 3.2 Wichtigste Einflussgrößen auf die thermische Behaglichkeit und Erfahrungswerte

Parameter	Symbol	empfohlener/überschlägiger Wertebereich
Raumlufttemperatur	t_i	ca. (20 … 22)°C Winter ca. (20 … 26)°C Sommer
relative Raumluftfeuchte	φ_i	ca. (35 … 65)%
Temperatur der Wandinnenflächen	$t_{W,i}$	$\left\|t_i - t_{W,i}\right\| \leq 3K$
Luftgeschwindigkeit	c_L oder w_L	$c_L \leq (0{,}2...0{,}25) m/s$

So werden z. B. für die hier ansonsten nicht betrachteten Schienenfahrzeuge die Behaglichkeitskennwerte in einer Normenreihe detailliert vorgegeben [3.64 – 3.66]. Eine Übersicht für verschiedene Fahrzeugarten bietet z. B. DIN 1946-3 [3.67]. Oft kann durch individuelle Regelung der Klimaanlage eine Anpassung in weiten Grenzen erfolgen.

Ein weiteres wichtiges Qualitätskriterium ist die Qualität bzw. Zusammensetzung der Raumluft. Der Mensch gibt stoffwechselbedingt permanent Kohlendioxid, Wasserdampf sowie sog. „Riech- und Ekelstoffe" ab [3.44]. Zur Aufrechterhaltung einer ausreichenden Luftqualität ist daher eine ständige Zufuhr aufbereiteter Frischluft (Außenluft) erforderlich (siehe auch Abschn. 3.4.6).

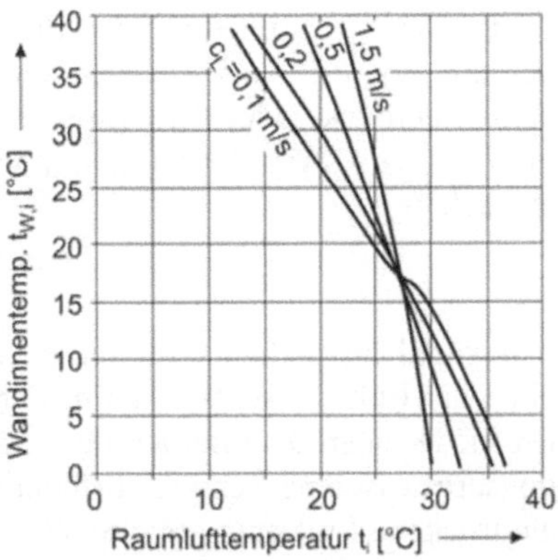

Abb. 3.111 Zulässige Luftgeschwindigkeiten c_L in Abhängigkeit von der Raumlufttemperatur t_i und der Temperatur der Umschließungsflächen $t_{W,i}$ [3.43]

3.4.5 Berechnungsgrundlagen

Bedingt durch die thermodynamische Funktionsweise lassen sich die wichtigsten Berechnungsgrundlagen in zwei Hauptgruppen unterteilen: die Modellierung der feuchten Umgebungsluft und die Berechnung des Kältekreislaufes. Die thermophysikalischen Eigenschaften der beteiligten Stoffe – Luft-Wasserdampf-Gemisch und Kältemittel – erfordern jeweils völlig unterschiedliche Berechnungsansätze.

3.4.5.1 Feuchte Luft

In Klimaanlagen erfolgt eine thermische Aufbereitung der atmosphärischen Umgebungsluft, wobei vor allem bei Kühlvorgängen der stets vorhandene Wasserdampfanteil berücksichtigt werden muss. Aufgrund des Wasserdampfgehalts wird dieses natürliche Medium auch als *feuchte Luft* bezeichnet. Die thermodynamische Modellierung erfolgt als Gemisch der beiden idealen Gase trockene Luft „*L*" und Wasserdampf „*D*". Dies ist zulässig, da im in Frage kommenden Zustandsbereich die Voraussetzungen für das Idealgasmodell erfüllt sind (Näheres u. a. in [3.68, 3.69]). Gemäß des Dalton'schen Gesetzes nimmt in einem Gemisch idealer Gase jede Komponente den gesamten verfügbaren Raum so ein, als ob keine weitere

Komponente vorhanden wäre. Somit kann die thermische Zustandsgleichung des idealen Gases für beide Komponenten angesetzt werden, wobei V und T für beide konstant bleiben:

$$p_L V = m_L R_L T \tag{3.16}$$

$$p_D V = m_D R_D T \tag{3.17}$$

Für die Idealgaskonstanten der Luft und des Wasserdampfes werden die bekannten Tabellenwerte $R_L = 0{,}287\ kJ/(kg{\cdot}K)$ bzw. $R_D = 0{,}4615\ kJ/(kg{\cdot}K)$ eingesetzt. Die Drücke p_L und p_D bezeichnet man als Teildrücke oder Partialdrücke der Komponenten trockene Luft und Wasserdampf mit $p_D << p_L$. Der Gesamtdruck p entspricht zugleich dem barometrischen Luftdruck p_b.

$$p = p_L + p_D \equiv p_b \tag{3.18}$$

Der Sättigungsdruck p_S bezeichnet den maximal möglichen Partialdruck des Wasserdampfes, mithin die Aufnahmefähigkeit der Luft für Wasserdampf. Für p_S kann man mit sehr guter Näherung auch den Siede- oder Dampfdruck des reinen Wassers $p_{D,S}(t)$ ansetzen [3.69]. Der Sättigungsdruck ist eine Temperaturfunktion, d. h., mit zunehmender Temperatur kann die trockene Luft eine größere Wasserdampfmasse m_D aufnehmen! Feuchte Luft kann somit in verschiedenen Formen auftreten:

ungesättigte feuchte Luft bei $p_D < p_S(t)$
gesättigte feuchte Luft mit flüssigem Wasser bei $p_D = p_S(t)$ und $t > 0°C$
gesättigte feuchte Luft mit Eis bei $p_D = p_S(t)$ und $t < 0°C$.

Im Rahmen der Fahrzeugklimatisierung sollten jedoch ausschließlich ungesättigte Luftzustände im Innenraum auftreten, so dass sich die weiteren Betrachtungen auf diesen Fall beschränken können.

Die Gemischzusammensetzung wird quantitativ mit dem Wassergehalt x

$$x = \frac{m_D}{m_L} \tag{3.19}$$

sowie der relativen Luftfeuchte φ

$$\varphi = \frac{m_D}{m_{D,S}} \tag{3.20}$$

beschrieben, wobei $m_{D,S}$ die Sättigungswasserdampfmasse darstellt. Führt man die vorgenannten Ausdrücke zusammen, erhält man einen Zusammenhang zwischen der relativ leicht messbaren relativen Feuchte φ und dem Wassergehalt x.

$$\varphi = \frac{x}{0{,}6221 + x} \cdot \frac{p_b}{p_S(t)} \tag{3.21}$$

Die relative Luftfeuchte nimmt bei gleichem Wassergehalt unterschiedliche Werte an, wenn sich die Temperatur t der feuchten Luft und damit der Sättigungsdruck p_S bzw. die aufnehmbare Sättigungswasserdampfmasse $m_{D,S}$ ändern.

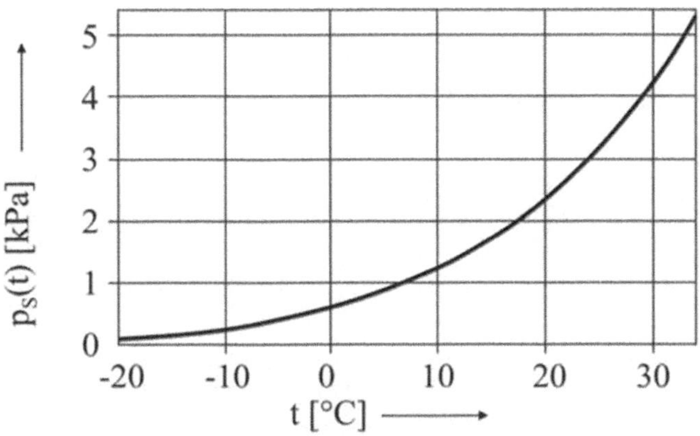

Abb. 3.112 Sättigungsdruck p_S des Wasserdampfes in der Luft in Abhängigkeit von der Temperatur t

Aus diesen grundlegenden Zusammenhängen lassen sich für die ungesättigte feuchte Luft nunmehr die benötigten Zustandsgrößen spezifische Enthalpie h, Dichte ρ und spezifisches Volumen v leicht ermitteln.

$$h = c_{p,L} \cdot t + x(r_o + c_{p,D} \cdot t) \tag{3.22}$$

$$\rho = \frac{1+x}{R_L + x \cdot R_D} \cdot \frac{p_b}{T} \tag{3.23}$$

$$v = \frac{R_D \cdot T}{p_b} \cdot (0{,}6221 + x) \tag{3.24}$$

Für die spezifischen (isobaren) Wärmekapazitäten der Luft bzw. des Wasserdampfes werden die Werte $c_{p,L} = 1{,}006\ kJ/(kg{\cdot}K)$ sowie $c_{p,D} = 1{,}86\ kJ/(kg{\cdot}K)$ verwendet. Die spezifische Verdampfungsenthalpie des Wassers beträgt $r_o = 2500\ kJ/kg$. Die Lufttemperatur t bzw. T ist entsprechend des Symbols in °C bzw. in K einzusetzen. Angelehnt an Gl. (3.19) beziehen sich alle spezifischen Größen feuchter Luft auf die Trockenluftmasse m_L. Lüftungspraktiker rechnen oft pauschal mit einer Luftdichte von $\rho = 1{,}2\ kg/m^3$.

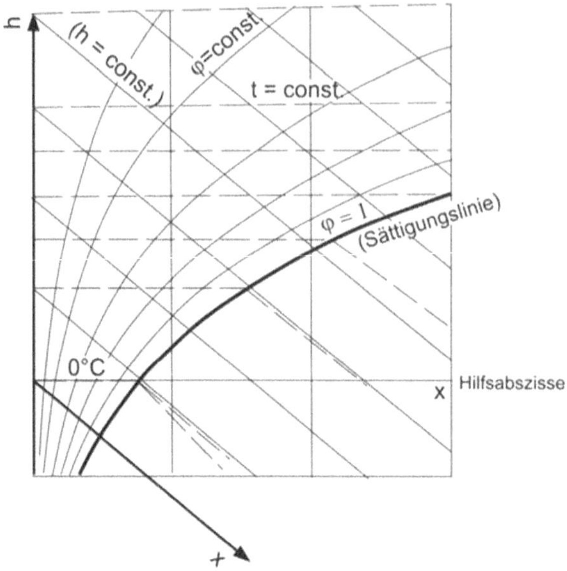

Abb. 3.113 Mollier-h,x-Diagramm feuchter Luft, Aufbau

Als hervorragendes grafisches Berechnungshilfsmittel hat sich das *Mollier-h,x-Diagramm* etabliert (Abb. 3.113). Details zum Entwurf mit geneigter Abszisse finden sich u. a. in [3.68, 3.69]. Neben der einfachen thermischen Zustandsbeschreibung ermöglicht es die direkte Modellierung aller wichtigen klimatechnischen Aufbereitungsprozesse der feuchten Luft (Abb. 3.114). Mit Hilfe der abgelesenen Enthalpien *h* können die für die Auslegung benötigten Leistungen einfach berechnet werden.

Heizleistung: $$\dot{Q}_H = \dot{m}_L \cdot (h_2 - h_1) \quad (3.25)$$

Kühlleistung: $$\left|\dot{Q}_o\right| = \dot{m}_L \cdot (h_1 - h_2) \quad (3.26)$$

Entfeuchtungsleistung: $$\dot{m}_D = \Delta x \cdot \dot{m}_L = \dot{m}_L \cdot (x_1 - x_2) \quad (3.27)$$

Der Mischzustand *M* zweier Feuchtluftmasseströme $\dot{m}_1$ und $\dot{m}_2$ kann mittels Energie- und Stoffbilanz auch direkt berechnet werden:

$$x_M = \frac{x_1 \cdot \dot{m}_{L,1} + x_2 \cdot \dot{m}_{L,2}}{\dot{m}_{L,1} + \dot{m}_{L,2}} \quad (3.28)$$

$$h_M = \frac{h_1 \cdot \dot{m}_{L,1} + h_2 \cdot \dot{m}_{L,2}}{\dot{m}_{L,1} + \dot{m}_{L,2}} \tag{3.29}$$

Ein spezielles Problem stellt die Kühlung mit Entfeuchtung dar (Abb. 3.114). Bei diesem in Klimaanlagen sehr häufigen Vorgang ist die Oberflächentemperatur $t_{O,m}$ des Luftkühlers so niedrig, dass der resultierende Sättigungsdruck $p_S(t_{O,m})$ den tatsächlich vorhandenen Partialdruck p_D in der Luft unterschreitet (Unterschreitung der „Taupunkttemperatur" t_τ).

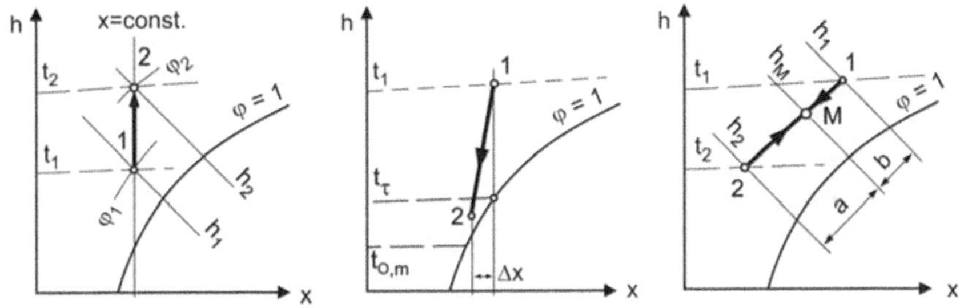

Abb. 3.114 Nachbildung der wichtigsten thermischen Luftaufbereitungsprozesse im *Mollier-h,x-Diagramm* (Mischvorgang: $\dot{m}_1 / \dot{m}_2 = a / b$)

Der nicht mehr von der Luft getragene Wasseranteil Δm_D fällt bei $t_{O,m} > 0°C$ als Flüssigkeit bzw. bei $t_{O,m} < 0°C$ als Reif/Eis aus. Dieser Effekt wird meist bewusst zur Lufttrocknung genutzt, wobei der Fall $t_{O,m} < 0°C$ vermieden werden sollte. Der reale Verlauf der Luftkühlung hängt von der Kühlerbauart ab [3.43, 3.58].

3.4.5.2 Kaltdampfkältemaschine

Das Schaltschema geht aus Abb. 3.115 hervor. Die eigentliche „Kälteerzeugung" erfolgt im Verdampfer, einem speziellen Wärmeübertrager. In seinem Inneren wird das *Kältemittel* (Abschn. 2.2.7) bei dem sog. Verdampfungsdruck p_o zum Verdampfen gebracht. Seine thermodynamischen Eigenschaften erlauben die Verdampfung bei der niedrigen Temperatur t_o (Verdampfungstemperatur), so dass die nötige Verdampfungswärme der zu kühlenden Luft entzogen werden kann. Der entstandene Kältemitteldampf wird vom Verdichter abgesaugt und auf einen ausreichend hohen Druck p_k komprimiert. Der erzielte Verflüssigungsdruck p_k muss so hoch liegen, dass nunmehr die zugehörige Siedetemperatur t_k (Verflüssigungstemperatur) des Kältemittels über der Umgebungstemperatur liegt. Somit kann im Verflüssiger, einem weiteren Wärmeübertrager, das gasförmige Kältemittel unter Wärmeabgabe an die Umgebung verflüssigen (kondensieren). Der Kreisprozess schließt sich durch die zumeist geregelte Entspannung des flüssigen Kältemittels von p_k auf p_o, so dass die Verdampfung erneut ansetzen kann.

Der resultierende Kreisprozess ist ebenfalls in Abb. 3.115 dargestellt. Das verwendete *lg-p,h-Diagramm* erlaubt nicht nur die Visualisierung der einzelnen Zustandsänderungen, sondern auch die vergleichsweise unkomplizierte thermodynamische Berechnung. Dies geschieht üblicherweise mit maßstäblichen *lg-p,h*-Schaubildern für die betreffenden Kältemittel [3.13, 3.51] bzw. in zunehmendem Maße über entsprechende Software [3.70] u. a.

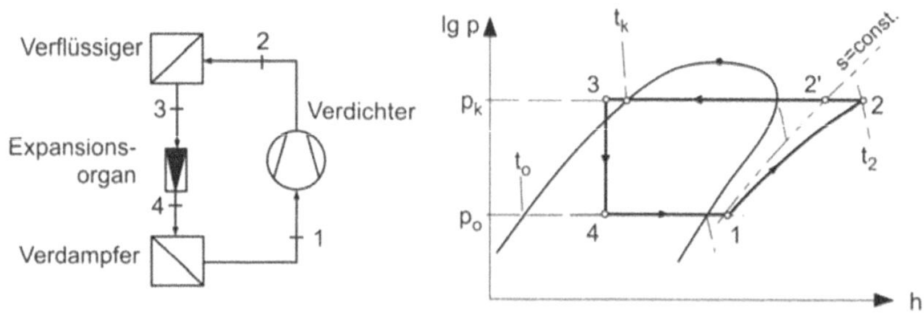

Abb. 3.115 Schaltschema und Kreisprozess im lg-p.h-Diagramm, unterkritischer Prozessverlauf mit herkömmlichem azeotropen Kältemittel

Die Konstruktion des Kreisprozesses ist anhand der bekannten Randbedingungen ohne Weiteres möglich, so dass alle Drücke p und spezifischen Enthalpien h direkt abgelesen werden können. Dabei werden die Verdampfung und Verflüssigung als isobare Zustandsänderungen, die Drosselentspannung isenthalp und der Verdichtungsvorgang in Bezug auf die Isentrope 1-2' modelliert. Man erhält für die Kälteleistung:

$$\dot{Q}_o = \dot{m}_{Km} \cdot (h_1 - h_4) \tag{3.30}$$

mit dem Kältemittelmassestrom $\dot{m}_{Km}$ und für die Verdichterantriebsleistung:

$$P_V = \frac{1}{\eta_i \cdot \eta_m} \cdot \dot{m}_{Km} \cdot (h_{2'} - h_1) \tag{3.31}$$

mit dem isentropen Verdichtergütegrad η_i und dem mechanischen Wirkungsgrad η_m. Wird der Verdichter elektrisch angetrieben, sind die elektrischen Verluste in Form des elektrischen Wirkungsgrades η_{el} zu berücksichtigen.

$$P_{el} = \frac{1}{\eta_{el}} \cdot P_V \tag{3.32}$$

Zur Auslegung des Verflüssigers muss der abzuführende Wärmestrom („Verflüssigerleistung") bekannt sein:

$$\dot{Q}_k = \dot{m}_{Km} \cdot (h_2 - h_3) \tag{3.33}$$

Als weitere Information kann man z. B. die „Heißgastemperatur" t_2 aus dem lg p,h-Schaubild entnehmen (vgl. Abschn. 2.2.7). Der Endpunkt 2 des realen Verdichtungsvorgangs kann hierzu näherungsweise über

$$h_2 = h_1 + \frac{1}{\eta_i}(h_{2'} - h_1) \tag{3.34}$$

berechnet werden. Da zumeist die benötigte Kälteleistung $\dot{Q}_o$ vorgegeben ist, kann man über das spezifische Ansaugvolumen v_1 das notwendige Fördervolumen $\dot{V}_{geo}$ (Fördervolumen*strom*) des Verdichters leicht berechnen:

$$\dot{V}_{geo} = \frac{\dot{Q}_o \cdot v_1}{\lambda \cdot (h_1 - h_4)} \tag{3.35}$$

Der Liefergrad λ ist eine maschinentechnische Kenngröße und gibt an, welches tatsächliche Fördervolumen ein Verdichter in Bezug zum geometrischen Fördervolumen $\dot{V}_{geo}$ transportieren kann. Bekannte und wichtige Bewertungsgröße ist die Leistungszahl ε (engl. **c**oefficient **o**f **p**erformance „COP"), welche die energetische Effizienz der Kälteerzeugung sehr anschaulich wiedergibt.

$$\varepsilon = \frac{\dot{Q}_o}{P_V} \approx \frac{(h_1 - h_4)}{(h_2 - h_1)} \tag{3.36}$$

Da es sich um keine Wirkungsgraddefinition handelt, sind Werte $\varepsilon > 1$ ohne weiteres möglich.

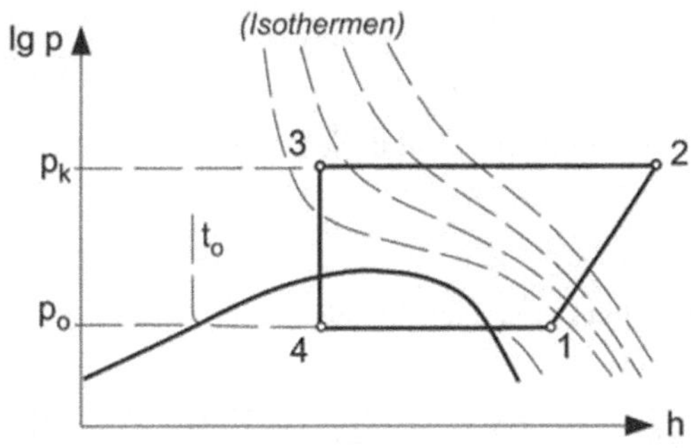

Abb. 3.116 Transkritischer Kreisprozess mit dem Kältemittel CO_2 [3.57]

Beim Einsatz des natürlichen Kältemittels CO_2 verändern sich Kreisprozessverlauf und Berechnung nicht grundlegend, allerdings sind zwei wesentliche Abweichungen zu beachten. Einerseits entstehen deutlich höhere Prozessdrücke (vgl. *p, t*-Schaubild in Abschn. 2.2.7). Andererseits wird bereits bei 31 °C die kritische Temperatur des CO_2 erreicht, so dass zur Sicherstellung der Wärmeabgabe ein transkritischer Prozessverlauf erforderlich ist (Abb. 3.116). Dies hat weiterhin zur Folge, dass keine Verflüssigung mehr stattfindet, sondern eine Gaskühlung mit gleitender Temperatur. Hier wird für zukünftige Entwicklungen ein vorteilhafter

Ansatzpunkt für die Nutzung als Wärmepumpe zum energiesparenden Heizbetrieb gesehen. Zugleich hat sich der eingestellte Maximaldruck als Optimierungskriterium herausgestellt (z. B. [3.57]). Somit können im Vergleich zu den derzeitigen R134a-Anlagen mit ca. (20 … 25) bar Maximaldruck in einem CO_2-Kältekreislauf durchaus Maximaldrücke von 120 bis 150 bar auftreten.

3.4.6 Auslegung

Eine Klimaanlage hat aus physikalischer Sicht die Aufgabe, thermische und stoffliche Lasten in einem Fahrzeuginnenraum zu kompensieren. Mit Kenntnis der Lasten kann die erforderliche Zuluftmenge und -qualität bestimmt werden, wodurch nachfolgend alle Komponenten wie Kältemittelverdichter, Wärmeübertrager, Lüfter usw. ausgelegt werden können.

Die Lastberechnung lässt sich in diesem Rahmen nur überblicksartig vermitteln. Ziel ist die Erfassung aller das Innenraumklima beeinflussenden Wärme- und Stoffströme, der sog. Raumklimastörgrößen. Diese können nach ihrem Wirkungs- bzw. Entstehungsort auch in innere und äußere Raumklimastörgrößen unterschieden werden [3.43, 3.44]. Im Einzelnen sind zu ermitteln:

Wärmeabgabe der Fahrgäste:

$$\dot{Q}_M = n_P \cdot q_P \tag{3.37}$$

Feuchteabgabe der Fahrgäste:

$$\dot{m}_{W,M} = n_P \cdot \dot{m}_{W,P} \tag{3.38}$$

Hierbei ist n_P die Personenzahl, $\dot{q}_P$ und $\dot{m}_{W,P}$ sind die pro Person emittierten Werte nach Tabelle 3.3.

Tabelle 3.3 Gesamte Wärmeabgabe $\dot{q}_P$ (trocken und feucht) und Feuchteabgabe $\dot{m}_{W,P}$ des Menschen [3.44]

Lufttemp. t_i	°C	18	22	23	25	26
$\dot{q}_P$	W/Pers	120	115	115	115	115
$\dot{m}_{W,P}$	g/(h·Pers.)	20	40	50	60	65

Wärme- und Feuchteabgabe $\dot{Q}_{Agg}$ bzw. $\dot{m}_{W,Agg}$ von Aggregaten, Beleuchtung usw. sind anhand der Daten der betreffenden Einbaukomponenten zu ermitteln!

Transmissionswärmestrom durch die Fahrzeugaußenwände:

$$\dot{Q}_k = k \cdot A \cdot (t_i - t_a) \tag{3.39}$$

mit dem Wärmedurchgangskoeffizienten k („k-Wert“, nach EU-Normung teilw. auch „U-Wert“), der Wandfläche A und den Lufttemperaturen innen und außen t_i und t_a, wobei

$$k = \frac{1}{\frac{1}{\alpha_a} + \frac{1}{\alpha_i} + \sum_j \frac{\delta_j}{\lambda_j}} \tag{3.40}$$

Hierbei sind α_i und α_a der innere bzw. äußere Wärmeübergangskoeffizient [3.44], δ_j die Dicke sowie λ_j die Wärmeleitfähigkeit der einzelnen Wandschichten j.

Wärmeströme infolge Sonneneinstrahlung auf opake Flächen:

$$\dot{Q}_{S,j} = \frac{(k \cdot A)_j}{\alpha_{a,j}} \cdot \varepsilon_j \cdot \dot{q}_{S,j} \tag{3.41}$$

Maßgeblich sind hier die richtungsabhängige Sonnenstrahlungsintensität $\dot{q}_{S,j}$ zur Teilfläche j sowie das Emissionsverhältnis ε_j als spezifische Eigenschaft der Oberfläche [3.43, 3.44, 3.58, 3.64].

Wärmeströme infolge Sonnenstrahlung durch transparente Flächen:

$$\dot{Q}_{S,F} = A_F \cdot \dot{q}_{S,F} \cdot d_F \tag{3.42}$$

Unter d_F ist der Energiedurchlassgrad der Verglasung mit der Fläche A_F zu verstehen, welche der Sonnenstrahlungsintensität $\dot{q}_{S,F}$ ausgesetzt ist.

Aus ungewolltem Luftwechsel resultierender Wärmestrom:

$$\dot{Q}_{L,uL} = \dot{m}_{L,uL} \cdot (h_a - h_i) \tag{3.43}$$

Aus ungewolltem Luftwechsel resultierender Wasserdampfstrom:

$$\dot{m}_{W,uL} = \dot{m}_{L,uL} \cdot (x_a - x_i) \tag{3.44}$$

Die rechnerische Bestimmung des Luftmassestroms durch ungewollten Luftwechsel $\dot{m}_{L,uL}$ erweist sich als äußerst schwierig, so dass bestenfalls Erfahrungswerte angesetzt werden können. Die Indizes „*a*“ und „*i*“ beziehen sich jeweils auf die spezifische Enthalpie h und den Wassergehalt x der Außen- und der Innenraumluft.

Entscheidende Voraussetzung zur Berechnung dieser Lastanteile ist die Kenntnis der klimatischen Bedingungen im Einsatzgebiet des Fahrzeuges. Auf diese umfangreiche Thematik kann hier nicht näher eingegangen werden. Klimadaten sind in einschlägigen Tabellen, Datenbanken sowie auch Internet-Diensten verfügbar. Dabei ist zu entscheiden, inwiefern bei der Auslegung seltene Extremwerte berücksichtigt werden sollen. Sehr hilfreich können hierbei Normen sein wie z. B. [3.64–3.66].

Die Zusammenfassung aller Störgrößen in Form der Energiestrombilanz führt zur Wärmelast $\dot{Q}_{La}$:

$$\dot{Q}_{La} = \dot{Q}_M + \dot{Q}_{Agg} + \dot{Q}_k + \sum_j \dot{Q}_{S,j} + \dot{Q}_{S,F} + \dot{Q}_{L,uL} \tag{3.45}$$

Aus der Wassermassenbilanz folgt weiterhin die Feuchtelast $\dot{m}_{W,La}$ zu:

$$\dot{m}_{W,La} = \dot{m}_{W,M} + \dot{m}_{W,Agg} + \dot{m}_{W,uL} \tag{3.46}$$

Der klimatechnisch korrekte Zuluftzustand „*Z*" ergibt sich nunmehr unter Beachtung der beiden Kriterien:

$$\dot{Q}_{La} = \dot{m}_{L,Z} \cdot (h_i - h_Z) \tag{3.47}$$

$$\dot{m}_{W,La} = \dot{m}_{L,Z} \cdot (x_i - x_a) \tag{3.48}$$

Ein sehr eleganter Weg zur Ermittlung des Zuluftzustandes bietet sich mit der Berechnung des Quotienten

$$\frac{\dot{Q}_{La}}{\dot{m}_{W,La}} = \frac{h_i - h_Z}{x_i - x_Z} = \left(\frac{\Delta h}{\Delta x}\right)_{La}, \tag{3.49}$$

der mit Hilfe des Randmaßstabs $\Delta h/\Delta x$ im *h.x-Diagramm* als Gerade („Zuluftgerade") interpretiert wird, auf welcher der klimatechnisch exakte Zuluftzustand liegen muss (Abb. 3.117).

Zur genauen Festlegung des Zustandes der Zuluft wird ein weiteres Kriterium benötigt. Oft ist dies z. B. durch eine begrenzte Zulufttemperatur $t_{Z,max}$ bzw. $t_{Z,min}$ vorgegeben. Alternativ kann die fehlende Information indirekt aus der Vorgabe des Zuluftvolumenstromes $\dot{V}_Z$ über Nutzung der Gln. (3.47) und (3.48) und der Luftdichte nach Abschn. 3.4.5.1 ermittelt werden. Der Zuluftvolumenstrom kann beispielsweise durch die empfehlenswerte Begrenzung der Raumluftgeschwindigkeit auf höchstens (0,2 … 0,5) m/s festgelegt sein, was jedoch bei PKW und auch anderen Fahrzeugarten oft zu unzulässigen Zuluftparametern führen kann. Ohnehin muss zur Erhaltung der Raumluftqualität stets ein bestimmter Mindest-Außenluftstrom $\dot{V}_{a,\min}$ eingeblasen werden. $\dot{V}_{a,\min}$ kann nach verschiedenen Methoden bestimmt werden. Wird der langjährig akzeptierte Grenzwert der CO_2-Konzentration in der Raumluft von $r_{co2,i}$ = 1500 ppm („Pettenkofer-Maßstab" [3.43]) und der typische CO_2-Gehalt der Außenluft $r_{co2,a}$ = (350 … 400) ppm angesetzt, so folgt ein personenbezogener Mindestwert von

$$\dot{V}_{a,P,\min} \approx (16...18)\frac{m^3}{h \cdot Person} \tag{3.50}$$

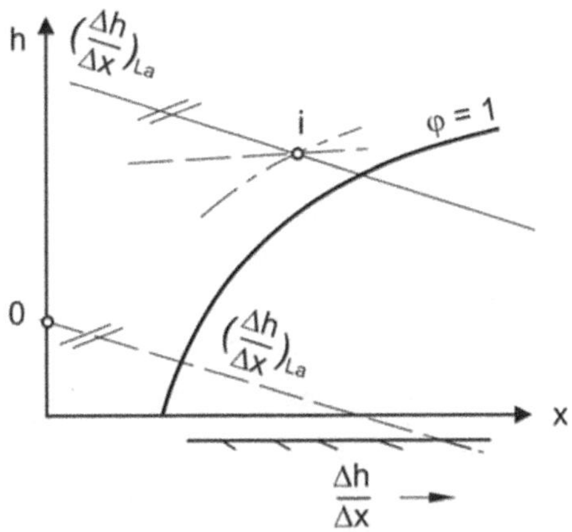

Abb. 3.117 Zur Bestimmung des Zuluftzustandes mit dem Randmaßstab Δh/Δx im Mollier-h,x-Diagramm

Als langjährig bewährter Erfahrungswert wird häufig ein Außenluftvolumenstrom von

$$\dot{V}_{a,P} = 20 \frac{m^3}{h \cdot Person} \tag{3.51}$$

als ausreichend erachtet. Hiermit nähert man sich auch dem oft angestrebten, niedrigeren Grenzwert von $r_{co2,i}$ = 1000 ppm an. Genauere Bedarfsberechnungen sind z. B. nach Fanger (zit. in [3.58]) möglich. Aus Gründen der Energieeinsparung sowie der Praktikabilität werden in Fahrzeugen auch ungünstigere Werte toleriert (siehe auch [3.64–3.67]). Mit Hilfe dieser Angaben und der Zuluftgeraden im h,x-Diagramm lassen sich der erforderliche Zuluftzustand „*Z*“ und die Zuluftmenge $\dot{m}_Z$ bzw. $\dot{V}_Z$ festlegen, welche mindestens der geforderten Außenluftmenge $\dot{V}_{a,\min}$ entsprechen muss. Alternativ wird in vielen Quellen die Last nach „*trockenem*“ und „*feuchtem*“ bzw. nach „*sensiblem*“ und „*latentem*“ Anteil unterschieden [3.43], was letztlich zu den gleichen Resultaten führt wie die Anwendung der Zuluftgeraden.

Für die Bemessung der Anlagentechnik ausschlaggebend sind die benötigten Kühl- und Heizleistungen. Hierzu muss das Anlagenkonzept feststehen, insbesondere die Aufbereitung mit oder ohne Umluftzumischung. Die in Abb. 3.118 dargestellten Prozessverläufe gelten für eine relativ aufwändige Anlage mit zentraler Umluftbeimischung und Luftaufbereitung sowie dezentraler Umluftnachmischung (Abb. 3.100c). Bei z. B. in PKW typischen Außenluftanlagen und generell bei Anlagen mit ausschließlich zentraler Luftaufbereitung reduziert sich der Berechnungsaufwand erheblich [3.43, 3.44]. Die von der Klimaanlage zu erbringenden Kühl- und Heizleistungen ergeben sich nach Gl. (3.25) und (3.26), indem diese für die in Abb. 3.118 dargestellten Heiz- bzw. Kühlvorgänge angewendet werden.

Zu beachten ist, dass selbst im Kühlbetrieb häufig ein Nachheizen zum Erreichen gewünschter Zuluftzustände notwendig ist.

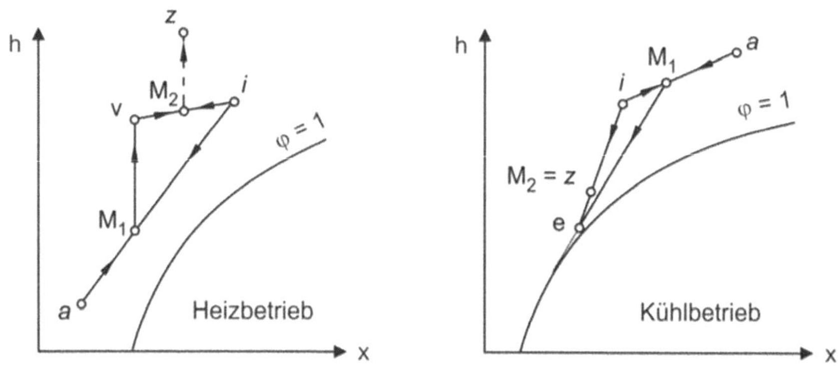

Abb. 3.118 Luftseitiger Prozessverlauf einer Klimaanlage mit zentraler und dezentraler Mischung und Aufbereitung *(i-a-M_1: zentrale Vormischung, M_1-v bzw. M_1 - e: zentrales Vorheizen bzw. Kühlen und Trocknen, v-i-M_2 bzw. e-i-M_2: dezentrales Nachmischen, M_2-z: optionales Nachheizen)*

Auf die Bemessung der einzelnen Komponenten soll hier nicht näher eingegangen werden, da diese anhand der erläuterten Leistungswerte zumeist ohnehin mit Hilfe von Datenblättern und Herstellerangaben erfolgt. Exemplarisch sei auf den Zusammenhang zwischen erforderlichem Zuluftvolumenstrom $\dot{V}_Z$, verfügbarer Querschnittsfläche der Luftauslässe A_a und zulässiger Strömungsgeschwindigkeit $c_{L,max}$ hingewiesen.

$$\dot{V}_{Z,\max} = A_a \cdot c_{L,\max} \tag{3.52}$$

Infolge hoher thermischer Lasten können hier oftmals rein rechnerisch keine zumutbaren Luftgeschwindigkeiten eingehalten werden, wenn die erforderliche Luftmenge eingeblasen wird.

Diese Auslegung bezieht sich auf einen stationären, eingeschwungenen Betrieb. Da jedoch auch das Aufheiz- bzw. Abkühlverhalten eines klimatisierten Fahrzeugs von großer praktischer Bedeutung ist, wird nachfolgend eine Gleichung zur vereinfachten Abschätzung der Übertemperatur δ_i zum Zeitpunkt τ wiedergegeben. Hieraus kann ohne Weiteres auch die erforderliche Aufheiz- bzw. Abkühlzeit ermittelt werden.

$$\delta_i(\tau) = \frac{\dot{Q}_{Zu}}{k \cdot A} - \left(\frac{\dot{Q}_{Zu}}{k \cdot A} - \delta_{i,0} \right) \cdot e^{-\frac{kA\tau}{C}} \tag{3.53}$$

mit:

$$\delta_i = t_i - t_a \tag{3.54}$$

Unter $\dot{Q}_{Zu}$ wird der dem Fahrzeuginnenraum zugeführte Wärmestrom verstanden, der aus allen zu- und abgeführten Teilwärmeströmen resultiert. Angenommen wird, dass zum Startzeitpunkt $\tau=0$ die Übertemperatur $\delta_{i,o}$ herrscht. Wärmedurchgangskoeffizient k und Wandfläche A entsprechen den Werten in Gleichungen (3.39) und (3.40). Problematisch ist die Einschätzung der wirksamen Wärmespeicherkapazität C, die in der Regel deutlich kleiner ist als die rechnerische Wärmespeicherkapazität der gesamten Hüllflächen und Einbauten [3.44]. Hinreichend genau lässt sich das instationäre Verhalten letztlich nur experimentell bestimmen.

3.4.7 Beispiele

Aus der Vielfalt denkbarer und ausgeführter Konfigurationen sollen im Folgenden einige typische Beispiele genannt werden. In Abb. 3.105 wurde die grundsätzliche Anordnung einer PKW-Klimaanlage im Fahrzeug mit dem charakteristischen Luftaufbereitungsgerät dargestellt. Dieser Grundaufbau lässt sich in Abb. 3.119 anhand des Versuchsaufbaus einer ausgeführten Klimaanlage nachvollziehen. Gut erkennbar ist die Anordnung der kältetechnischen Komponenten. Die erforderliche Kälteleistung liegt üblicherweise im Bereich von ca. 4 bis 7 kW. Anzahl und Ausführung der Luftkanäle hängen stark von Fahrzeugklasse und -typ ab. Die Ansteuerung der einzelnen Luftkanäle ist grundsätzlich einzeln über Klappen möglich. Dies kann sowohl manuell als auch motorisch mittels moderner Regelungstechnik erfolgen.

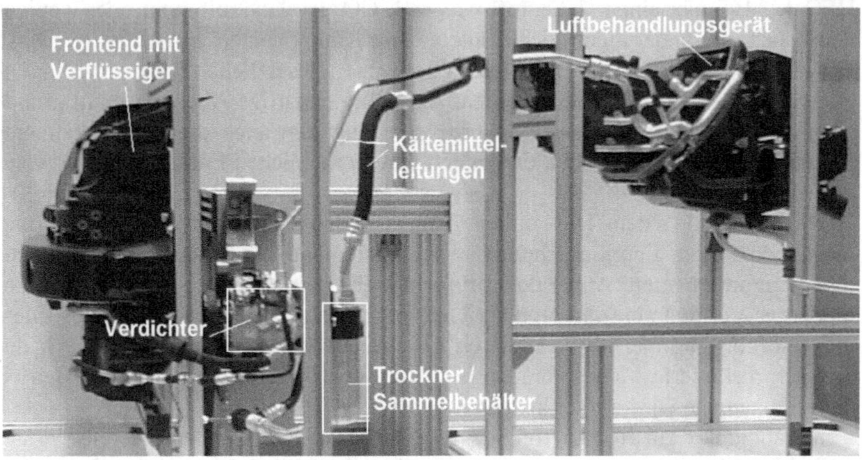

Abb. 3.119 Ausgeführte PKW-Klimaanlage, Versuchsstandsaufbau mit realer Einbaugeometrie

Mögliche Anordnungen in LKW-Fahrerkabinen zeigte bereits Abb. 3.105. Bekannt sind viele Varianten einschließlich (nachrüstbarer) Standklimaanlagen in

Dach- oder Splitbauweise. Ähnlich stellt sich die Situation in Land- und Baumaschinen dar, wobei hier zumeist auf ungehinderte Sicht zu achten ist.

In Omnibussen kommt eine sehr breite Vielfalt klimatechnischer Einrichtungen zum Einsatz. Das Spektrum reicht von einfachen Untersitz-Heizgeräten in ÖPNV-Bussen bis hin zu oft sehr aufwändigen Klimatisierungslösungen in Fernreisebussen (siehe auch Abb. 3.106). Technische Herausforderung ist vor allem die gleichmäßige Verteilung der Luft vom zumeist am Heck angebrachten Klimagerät über den gesamten Fahrgastraum. Bedingt durch große Fensterflächen sind Kälteleistungen von 60 bis 80 kW keine Seltenheit. Der Fahrerarbeitsplatz wird oft separat und ähnlich wie in LKW klimatisiert.

3.4.8 Ausblick

Neben allgemeinen Zielstellungen wie Masse- und Bauraumreduzierung, Kostensenkung sowie Komfortverbesserung werden sich zukünftige Entwicklungen vordergründig den folgenden inhaltlichen Herausforderungen stellen müssen:

- Umstellung auf umweltfreundlichere Kältemittel,
- Reduzierung des Energieverbrauchs,
- Anpassung an Fahrzeuge mit geringem bzw. nicht vorhandenem Abwärmeangebot (hocheffiziente Verbrennungsmotoren, Elektrofahrzeuge!).

Die Kältemittelproblematik wurde bereits unter Abschn. 2.2.7 angesprochen. Je nach Ausgang der Entscheidung für ein neuartiges synthetisches Kältemittel wie HFO-1234yf oder einen Naturstoff wie z. B. CO_2 ist dann mit mehr oder weniger deutlichen Veränderungen der Kältetechnik-Komponenten zu rechnen. Diese Entwicklung wird aufgrund der bereits genannten gesetzlichen Rahmenbedingungen von der PKW-Industrie ausgehen. Als völlig neuartige Alternative mit grundsätzlich anderer Funktionsweise wurde seit längerem auch die Kaltluftkältemaschine ins Gespräch gebracht, die jedoch einen erheblichen Entwicklungsaufwand erfordert [3.49, 3.71].

Die bei gestiegenem Umweltbewusstsein ohnehin allgegenwärtige Forderung nach reduziertem Energieverbrauch wird zunehmend durch technische Notwendigkeiten untermauert. Außer dem oft nicht mehr ausreichenden Abwärmeangebot moderner Verbrennungsmotoren spricht hierfür ein generell zu erwartendes Energieversorgungsproblem bei elektrisch angetriebenen Fahrzeugen. Aber auch der vielfach diskutierte Mehrverbrauch herkömmlicher Fahrzeuge durch den Betrieb der Klimaanlage wird immer kritischer gesehen.

Ansatzpunkte zur Reduzierung des Energieverbrauchs existieren bereits bei der Gestaltung des Fahrzeuges, speziell über Anteil und Ausrichtung der Fensterflächen, Wandaufbau und Materialauswahl [3.72]. Nicht zuletzt aus gestalterischen Gründen lassen sich diese Empfehlungen nur eingeschränkt umsetzen. Anlagenseitig kann z. B. über die Gestaltung der Strömungskanäle sowie Auswahl wirkungsgradstarker Lüfter eine Reduzierung des Energiebedarfs zur Luftförderung realisiert werden. Erhebliches Energiesparpotenzial besteht in der Kälteerzeugung.

Der Einfluss der in Frage kommenden Kältemittel auf die Leistungszahl ist im praktischen Einsatz offensichtlich gering [3.73, 3.74]. Verbesserungen sind durch anlagentechnische Maßnahmen wie z. B. innere Wärmeübertrager (Abschn. 3.5.5.2.) oder neuartige Expansionsorgane möglich [3.53]. Innerhalb der durch die Einsatzbedingungen vorgegebenen Grenzen kann über die Dimensionierung von Verdampfer und Verflüssiger sowie die Regelung der jeweiligen Lüfter Einfluss auf die Energieeffizienz genommen werden (Abb. 3.120).

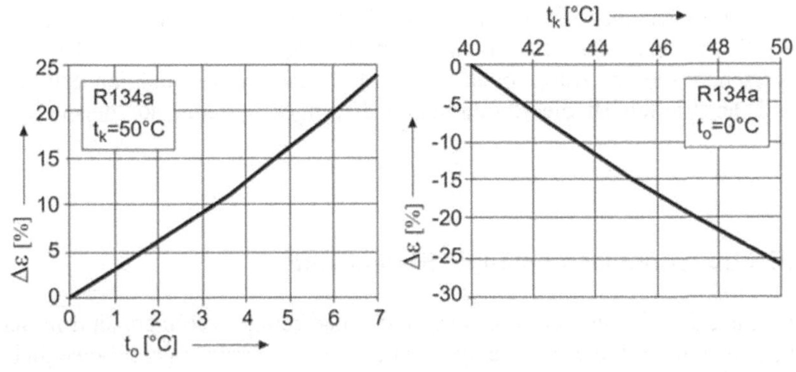

Abb. 3.120 Theoretische prozentuale Veränderung $\Delta\varepsilon$ der Leistungszahl ε einer Kältemaschine in Abhängigkeit von der Verdampfungstemperatur t_o (links) bzw. von der Verflüssigungstemperatur t_k (rechts)

Generell bieten geeignete Regelungsstrategien ein interessantes Optimierungspotenzial. Dies betrifft einerseits die bedarfsangepasste Kälteerzeugung über entsprechend geregelte Kältemittelverdichter. Vor allem in größeren Fahrzeugen mit wechselndem Besetzungsgrad kann andererseits auch über die Anpassung an den tatsächlichen Außenluftbedarf ein erhebliches Energiesparpotenzial nutzbar gemacht werden [3.75, 3.76]. Als Regelgröße dient zumeist der CO_2-Gehalt der Raumluft, mit zunehmender Verfügbarkeit geeigneter Mischgassensoren könnte die Luftqualität noch exakter eingehalten werden.

Bei allen technischen Maßnahmen zur Energieeinsparung muss speziell im Fahrzeug der zusätzliche technische Aufwand berücksichtigt werden. Dieser schlägt sich nicht nur kostenseitig nieder, sondern führt regelmäßig zu höheren Anlagenmassen. Hier sollte im Hinblick auf den resultierenden höheren Traktionsenergiebedarf eine exakte Wichtung erfolgen [3.75–3.77]. Dies gilt auch für häufig diskutierte thermische Energiespeicher.

3.5 Komforthydraulik

Unter dem Begriff der Komforthydraulik sollen im Folgenden nur elektrohydraulische Öffnungs- und Schließmechanismen vornehmlich im Pkw-Sektor betrachtet werden. Lenk-, Brems- und Fahrstabilitätssysteme, die gleichermaßen den Komfort im Fahrzeug erhöhen, sind ausführlich in den Abschn. 3.1, 3.2 und 3.3 beschrieben.

Mit den mitunter auch als Minihydraulik bezeichneten Systemen werden bewegliche Fahrzeugverdecke (Hard- und Softtops), Kofferraumdeckel oder auch Türen versehen, die per Knopfdruck seitens des Fahrers ihre Funktion erfüllen. Aufgrund der Vielfalt ist die Beschreibung derartiger Systeme nur beispielhaft möglich.

3.5.1 Elektrohydraulisch betätigte Klappdächer

Mit dem Ziel, die Vorzüge eines Coupés und Roadsters zu vereinen, sind in den vergangenen Jahren viele Fahrzeughersteller dazu übergegangen, bewegliche Stahlblechdächer (Variodächer) zu entwickeln (Abb. 3.121). Der komplizierte Bewegungsablauf des Öffnens und Schließens setzt eine bis ins Detail durchkonstruierte Kinematik voraus. Für die Betätigung dieser Dachkinematik sind meist elektrohydraulische Antriebe vorgesehen, die an dieser Stelle die Vorzüge der Hydraulik in Bezug auf einfache Realisierbarkeit translatorischer Bewegungen umsetzen können. Es gibt allerdings auch Systeme mit rein elektrischen Antrieben, die derzeit jedoch eher die Ausnahme bilden.

Sämtliche Öffnungs-, Schließ- und Verriegelungsvorgänge werden mit Hydraulikzylindern, die über Ventile angesteuert und von einer zentralen Antriebseinheit (auch „Power Pack“ genannt) versorgt werden, realisiert. Die Basis der Antriebseinheit bildet ein kompakter Pumpenträger, an dem ein Gleichstrom-Elektromotor und die Hydraulikpumpe angeflanscht sind. Die Pumpen sind oft Radialkolbenverdränger mit drei oder fünf Kolben. Zudem finden alle Ventile als auch der als Ausgleichsbehälter notwendige Tank Platz. Zwecks Geräuschminimierung wird ggf. die gesamte Einheit in Schaumstoff gekapselt. Da von diesem „Power Pack“ allein nur die Leitungen zu den Zylindern abgehen, ist man bezüglich Einbauort im Fahrzeug relativ flexibel. Die Kompaktheit des gesamten hydraulischen Systems wird auch durch unlösbare Verbindungen der Zylinder mit den Hydraulikleitungen in Form von Einpresshülsen deutlich. Somit erfolgt nach Befüllung und Entlüftung der Anlage der Einbau in das Fahrzeug. Eine hydraulische Fehlmontage zu einem späteren Zeitpunkt (z.B. Endmontage des kompletten Dachs) ist demzufolge ausgeschlossen.

Abb. 3.121 Klappdach des Mercedes SLK [3.78]

Die Radialkolbenpumpe fördert druckabhängig einen Volumenstrom von ca. 0,3 l/min, der in dieser Höhe ausreichend ist, um das Dach in einer angemessenen Zeit ein- bzw. auszuklappen. Weit wichtiger ist der maximale Druck von etwa 200 bar, da die Kräfte zur Bewegung des gesamten Daches bei bestimmten Kinematikstellungen sehr hoch sein können. Höhere Werte sind hauptsächlich aufgrund der maximal zur Verfügung stehenden elektrischen Leistung nicht möglich. Der zulässige Druck ist an einem in der Antriebseinheit befindlichen Druckbegrenzungsventil fest eingestellt.

Für die Ansteuerung der Zylinder sind oft einfache elektromagnetische 3/2-Wegesitzventile vorgesehen, die über entsprechende Schaltkombinationen die gewünschte Dachbewegung möglich machen. In Abb. 3.122 ist ersichtlich, dass für den kompletten Funktionsablauf nur zwei 3/2-Wege-Magnetventile nötig sind. Im Ventil V1 sind z.B. die Funktionen „Heckdeckelzylinder ausfahren", „Verschlusszylinder ausfahren" und „Dachzylinder einfahren" intergriert. Die Wegeventile werden in Abhängigkeit der Zylinderstellungen von einem Micro-Controler angesteuert.

Zusätzliche Düsen und Rückschlagventile sind für kontrollierte harmonische Bewegungsabläufe bzw. sicheren Halt bei Notfallsituationen (z.B. Ausfall des Bordnetzes) verantwortlich. Ein „Voreilen" (ziehende Last) muss z. B. durch Aufbau eines Gegendruckes vermieden werden. Im dargestellten Schaltplan sind demzufolge zwei Drosselventile eingebaut, die am jeweiligen Ablaufanschluss der Dachzylinder diesen Druck aufbauen und einer unkontrollierten Dachbewegung entgegenwirken.

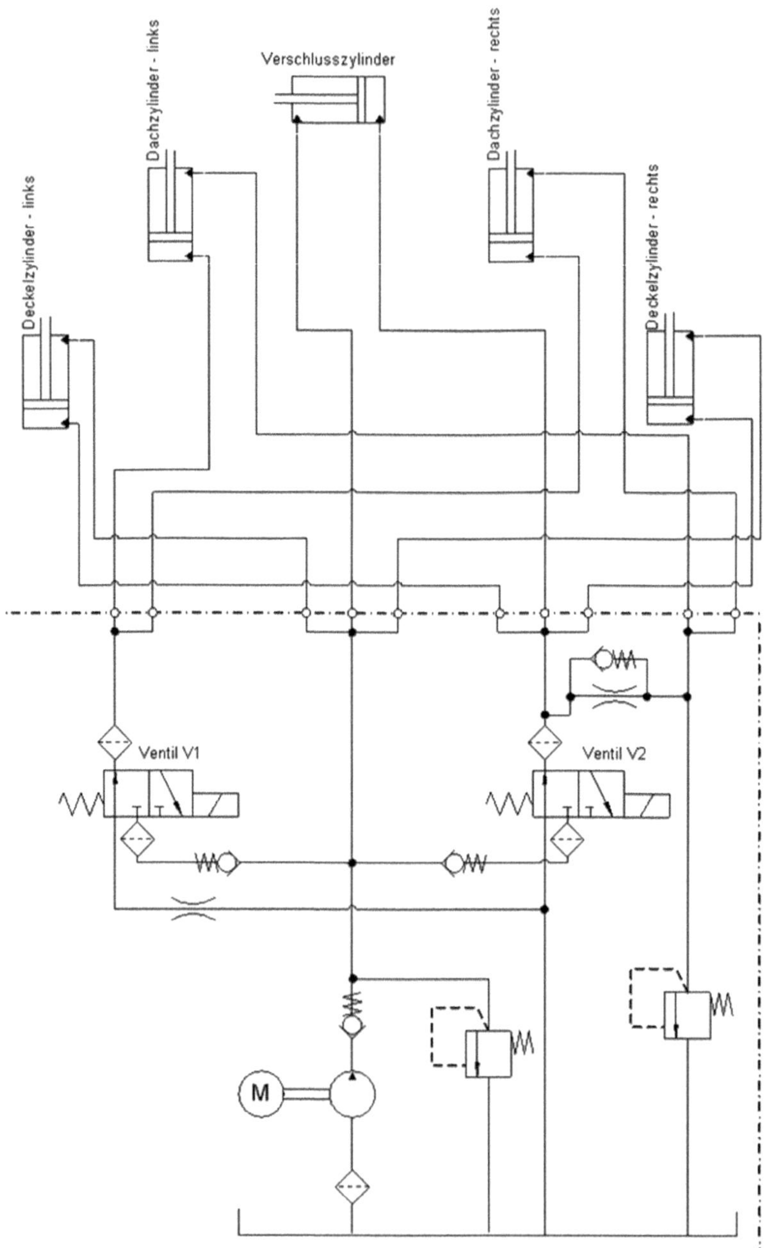

Abb. 3.122 Schaltplan für die Klappdachbetätigung des Mercedes SLK

Die translatorischen Bewegungen realisieren doppeltwirkende Hydraulikzylinder, die je nach Schaltstellung der Wegeventile auch boden- und stangenseitig hydraulisch verbunden sind. Die maximale Ausfahrkraft ist so durch die entstehende Kolbenflächendifferenz vorgegeben. Eine damit einhergehende Einspannung des Zylinders kommt einer ruckfreien Bewegung bei geringer Geschwindigkeit zugute. Mitunter werden auch Zylinder mit integrierter Klemmung (gewollte Reibungserhöhung) eingesetzt. Diese Maßnahme findet vor allem bei den Heckdeckelzylindern Anwendung, da dadurch auf den Einsatz von Gasdruckdämpfern, die den Deckel z.B. bei Ausfall der Elektrik in geöffneter Stellung fixieren müssen, verzichtet werden kann. Die Klemmung wird durch zusätzliche Ringe im Zylinderkolben erreicht. Es tritt damit eine erhöhte Reibung zwischen Kolben und Zylinderwandung auf. Folglich erfolgt erst eine Zylinderbewegung, wenn ein gewisser der Reibkraft entsprechender Mindestdruck (ca. 20 bar) aufgebaut wird. Sollte es bei nicht geschlossenem Deckel zum Pumpenstillstand kommen, bleibt der Zylinder in der jeweiligen Position fixiert stehen. Ein Zufallen durch die Eigenmasse der Heckklappe ist so ausgeschlossen.

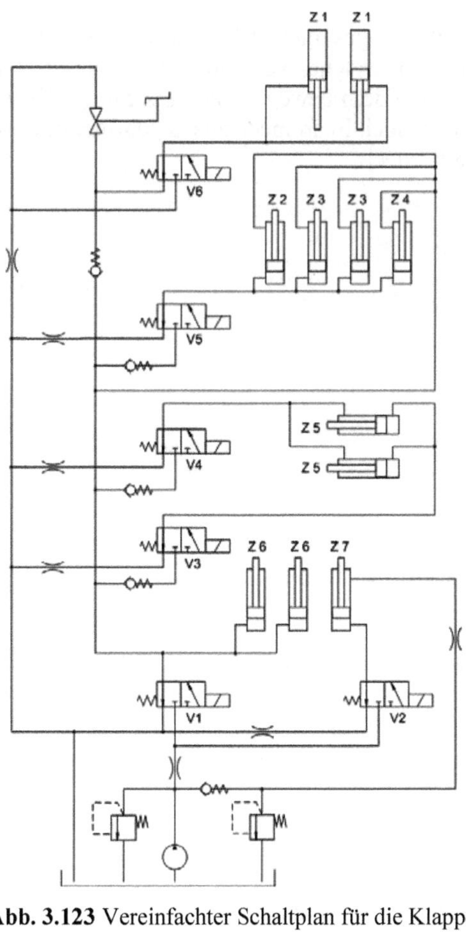

Abb. 3.123 Vereinfachter Schaltplan für die Klappdachbetätigung des Mercedes SL

Bevor es überhaupt zu einer von einem Micro-Controller gesteuerten Bewegung des Klappdaches kommen kann, werden unterschiedliche Sicherheitsabfragen, wie z.B. die Fahrzeuggeschwindigkeit, die Kofferraumtrennung oder auch die Temperatur des Elekromotors getätigt. Kleine Microtaster informieren über die aktuelle Stellung des Dachs und sind für die korrekte Ansteuerung der Wegeventile verantwortlich.

Entwicklungstrends führen zu immer komplexeren Bewegungsabläufen, die zwangsläufig eine Erhöhung der Anzahl von Hydraulikzylindern und Magnetventilen fordern. In Abb. 3.123 ist ein derartiger, aus schutztechnischen Gründen etwas vereinfachter, Schaltplan dargestellt. Auch hier ist ein ähnlicher Schaltungsaufbau wie in Abb. 3.122 mit Hilfe von 3/2-Wege-Magnetventilen und diversen Drosselventilen erkennbar.

3.5.2 Elektrohydraulisch betätigte Faltdächer

Hydrauliksysteme der Falt- oder Stoffdächer gestalten sich etwas einfacher als die der Stahlklappdächer. Das Verdeckgestell, welches vom Stoff bespannt ist, wird von zwei doppeltwirkenden Hydraulikzylindern bewegt. Eine Persenning, die von Hand bzw. bei komfortableren Systemen auch hydromechanisch geöffnet oder geschlossen wird, schützt das abgelegte Verdeck.

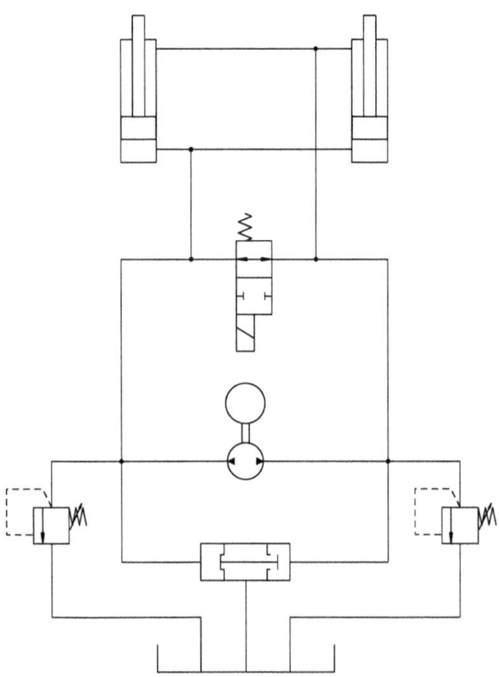

Abb. 3.124 Hydraulikschaltplan zum Betätigen eines Softtops

Die hydraulische Anlage (Abb. 3.124) besteht aus einer kompakten Hydraulikpumpeneinheit mit Elektromotor, Ventilen und Tank. Die beiden Hydraulikzylinder sind über Spezialschläuche mit dieser Antriebseinheit verbunden. Die Pumpe kann in beide Drehrichtungen betrieben werden. Somit erfolgt die Ein- und Ausfahrt der Zylinder nicht über das Schalten von Magnetventilen, sondern über den Drehrichtungswechsel des Elektromotors. Ein Wechselventil auf der Saugseite der Pumpe ist nötig. Bei der Zylinderausfahrt saugt die Pumpe sowohl die aus den Stangenseiten der Zylinder verdrängte Flüssigkeit als auch aus dem Tank an. Beim Einfahren wird die bodenseitig verdrängte Flüssigkeit angesaugt. Die Flüssigkeitsdifferenz gelangt über das Wechselventil zum Tank zurück. Zwei Druckbegrenzungsventile begrenzen sowohl für den Ein- als auch Ausfahrvorgang den maximalen Druck, welcher i. d. R. mit maximal 100 bar vorgegeben ist. Das federbelastete 2/2-Wegemagnetventil ist nur für den Notfall vorgesehen. Bei Normalbetrieb ist es geschlossen, trennt also die Boden- und Stangenseite der Zylinder. Sollte es zum Ausfall des Bordnetzes kommen, verbindet das Ventil beide Zylinderkammern. Das Dach kann somit manuell ohne großen Kraftaufwand betätigt werden. Auch hier kommt die im Abschn. 3.5.1 beschriebene Klemmung der Hydraulikzylinder aus sicherheitstechnischen Gründen zur Anwendung.

3.5.3 Elektrohydraulische Sonderfunktionen

Einen ähnlich einfachen Aufbau des Hydraulikkreises weisen zum Beispiel Betätigungshilfen von Kofferraumdeckeln auf. Ein oder zwei Zylinder, angetrieben durch eine drehrichtungswechselnde Pumpe, öffnen und schließen den Kofferraumdeckel. Diverse Funktionen, wie z. B. eine Hinternisabfrage (Dachbox), können problemlos in die Steuerung einbezogen werden.

Bei gepanzerten schweren Limousinen werden z.B. die Türen betätigt. Auch Schwing-Hubtüren können mit diesen Systemen geöffnet und geschlossen werden.

3.6 Hydraulische Systeme im Nutzfahrzeugsektor

Die Vielfalt an Nutzfahrzeugaufbauten ist sehr groß. Die Fahrzeuge werden so ausgerüstet, dass sie eigenständig in der Lage sind, notwendige Funktionen ohne fremde Hilfe auszuführen. Die Produktpalette reicht von einfachen Hinter- und Absetzkippern, über Silo-, Müll- und Winterdienstfahrzeuge bis hin zu Betonpumpen- und Feuerwehrfahrzeugen sowie Fahrzeugen mit Anbauladekranen. Das sind nur einige Beispiele, die jedoch alle den hydraulischen Antrieb gemeinsam haben.

In der Regel sind ein oder mehrere Konstant- oder Verstellpumpen am Nebenabtrieb des Verbrennungsmotors angeflanscht. Da es sich oftmals um rein translatorische oder Kombinationen von rotatorischen und translatorischen Bewegungsabläufen handelt, findet der offene Hydraulikkreislauf in vielen Fällen Anwendung. Aufgrund beschränkter Platzverhältnisse bietet sich der Einsatz von Axialkolbenpumpen in Schrägachsenbauart an. Deren kompakte Bauweise äußert sich zwecks Realisierung großer Hubvolumina in einem breiten Schwenkwinkelbereich (Verstelleinheiten bis zu 25°, Konstanteinheiten bis zu 45°).

Abb. 3.125 Anbauladekran [3.79]

Nur noch sehr selten wird die reine Drosselsteuerung eingesetzt. Vereinzelt findet man derartige Anwendungen mit ein- oder zwei Hydraulikzylindern, welche über Schaltventile betätigt werden. Mittlerweile haben sich vor allem bei Ladekranen und Betonpumpenfahrzeugen Load-Sensing-Systeme mit Verstellpumpen etabliert. Ein- oder zwei Load-Sensing-Steuerblöcke versorgen energieeffizient die unterschiedlichen Verbraucher. Bei einem komfortablen Ladekran können schnell zehn oder mehr Funktionen zusammen kommen. Da oftmals mehrere Verbraucher gleichzeitig benötigt werden, kommt es vor, dass die Hydraulikpumpe den maximalen Volumenstrom bereitstellen muss, also vollständig ausgeschwenkt ist. Hier haben sich die sog. LUDV-Steuerung (**L**astdruck**u**nabhängige **D**urchfluss**v**erteilung) Bosch Rexroth bzw. das LSC-System (**L**inde **S**ynchron **C**ontrol-System) Linde durchgesetzt. Der Vorteil liegt darin begründet, dass bei einer Volumenstromanforderung, die höher als der maximal von der Pumpe zur Verfügung gestellte Förderstrom ist, nicht der am höchsten belastete Verbraucher stehen bleibt sondern dass alle Verbraucher entsprechend der am Ventilblock eingestellten Öffnungsquerschnitte anteilmäßig versorgt werden. Unkontrollierte Bewegungen aufgrund von Mangelversorgung sind ausgeschlossen.

Tendenziell geht die Entwicklung unter Nutzung von CAN-Bus-Systemen und Funkfernsteuerungen zu elektrohydraulischen Load-Sensing-Systemen. Hierbei werden die Leistungsverluste weiter gesenkt. Allerdings werden erhöhte Anforderungen an die eingesetzten elektronischen Bauelemente gestellt, was im harten

Praxiseinsatz eines Baustellenfahrzeuges beispielsweise nicht so einfach lösbar ist. Auch unter Berücksichtigung von Kompaktheit und Bauraumbedarf werden in Zukunft derartige Systeme mit hohen Drücken (teilweise bis 420 bar) zu betreiben sein. Geräuschminimierung, hohe Umschlagleistung und gute Feinfühligkeit der Steuerung setzen eine ständige Optimierung voraus.

Im Folgenden sollen einige Aufbauten- und Antriebssysteme von Nutzfahrzeugen in ihrer Funktionalität betrachtet werden.

3.6.1 Ladekrane für Stück- und Schüttgut

Bei derartigen Anwendungen (Abb. 3.126) kommt es vor allem auf gute Beweglichkeit und Belastbarkeit des angebauten Kranes mit einer Vielzahl von Funktionen an. Einsatz finden die bereits erwähnten Load-Sensing-Steuerblöcke.

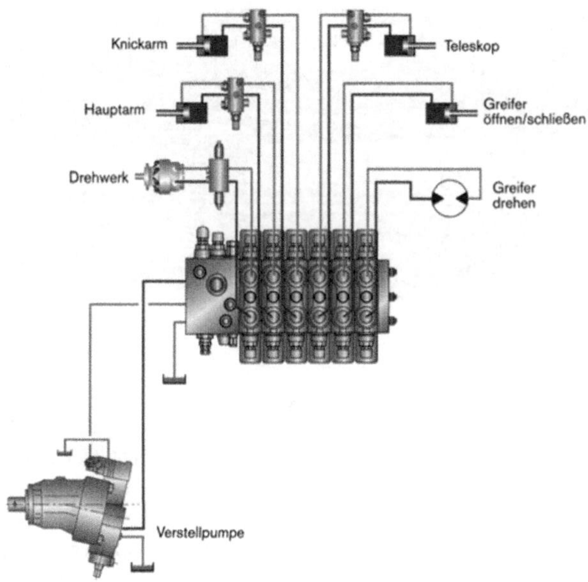

Abb. 3.126 Ladekransteuerung nach dem LUDV-Prinzip [3.80]

Da die Verstellpumpe nur soviel Volumenstrom bereitstellt wie gefordert wird, ist es möglich, mehrere Kranfunktionen energieeffizient gleichzeitig auszuführen. Werden keine Verbraucher benötigt, schwenkt die Pumpe in den sog. Standby-Status, d. h. sie fördert nur einen minimalen Volumenstrom, der die Leckagen ausgleicht und den Load-Sensing-Einstelldruck (ca. 20 bar) aufrecht erhält.

Komfortable Steuerblöcke bieten zudem die Möglichkeit, die Verbraucher in zwei Volumenstrombereichen zu versorgen. Diese sind in der Lage, zum einen eine feinfühlige Steuerung (z. B. Aufnehmen und Positionieren von Elementen) als auch ein aggressives Be-und Entladen zu realisieren. Als Pumpen bieten sich auf Null schwenkbare Axialkolbenmaschinen in Schrägachsenbauart an, die mitunter sogar in Leichtbauweise (Aluminiumgehäuse) angeboten werden. Wichtig für den Einbau an die unterschiedlichen Nutzfahrzeuggetriebe sind genormte Antriebswellen und Anbauflansche sowie die Möglichkeit, die Drehrichtung der Pumpe mit wenigen Handgriffen zu ändern. Auch findet man zunehmend Pumpen ohne externe Leckölleitung, da der Leckölstrom intern zur Saugseite zurückgefördert wird.

3.6.2 Betonpumpenfahrzeuge

Betonpumpen mit Verteilermastsystemen sind weltweiter Standard für eine wirtschaftliche Einbringung des Betons im Hoch- und Tiefbau.

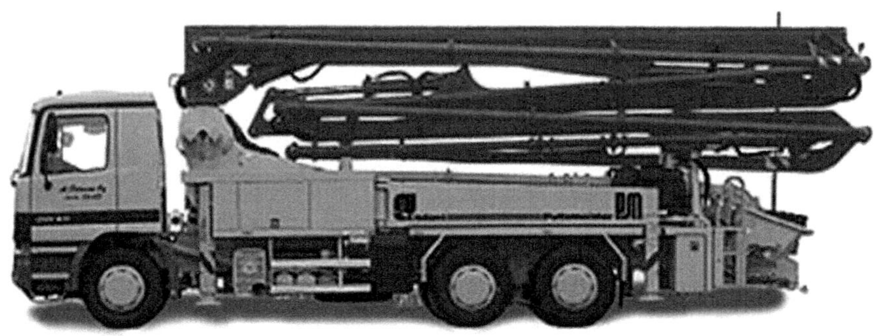

Abb. 3.127 Betonpumpenfahrzeug Putzmeister

Eine 2-Zylinder-Kolbenpumpe fördert den sich in einem Aufnahmetrichter befindlichen Beton über den Verteilermast zum Endschlauch. Die den Beton fördernden beiden Zylinder werden hydraulisch durch eine über Null schwenkbare Axialkolbenpumpe in Schrägscheibenbauart angetrieben. Man arbeitet trotz translatorischer Bewegung in einem geschlossenen Kreislauf. Der aus einem Zylinder zurückfließende Volumenstrom wird durch die Pumpe wieder angesaugt. Hinzu kommt nur ein Leckölausgleich. Druckseitig wird der andere Zylinder mit Öl versorgt, so dass dieser den Beton in den Verteilermast drückt. Erreicht dieser Zylinder die Endlage, erfolgt ein Umsteuern sowohl auf der „Betonseite" mit einer Rohrweiche als auch auf der „Hydraulikseite" über das Schwenken der Pumpe (Abb. 3.128).

Der Bediener steuert über eine Funkfernsteuerung die gesamte Maschine. Hierzu gehören die Steuerung der beschriebenen Betonförderungsmenge als auch die Bewegung des Vielgelenk-Verteilermastes. Letzteres ist dabei die primäre Aufgabe. Die Steuerung der Bewegungsabläufe muss gewährleisten, dass ein möglichst ruhiges Einbringen des Betons sichergestellt ist. Das gestaltet sich vor allem deshalb schwierig, da der Mast zumeist aus vier bis fünf Armen besteht und Schwenkbereiche der Gelenkkinematik von bis zu 270° aufweist.

Für die Maststeuerung werden genau wie bei Ladekranen Load-Sensing-Systeme, bestehend aus Verstellpumpe und Steuerblock, eingesetzt. In der Regel steuert der Maschinist jeden Mastzylinder sowie das Drehwerk einzeln an (sog. Einzelachs-Ansteuerung). Erschwerend wirkt sich dabei die aufgeprägte Schwingung der 2-Zylinder-Kolbenpumpe aus, die den Beton zum Endschlauch fördert und diesen in Vertikalschwingung versetzt. Eine Gefährdung des Betonarbeiters am Schlauch ist nicht auszuschließen.

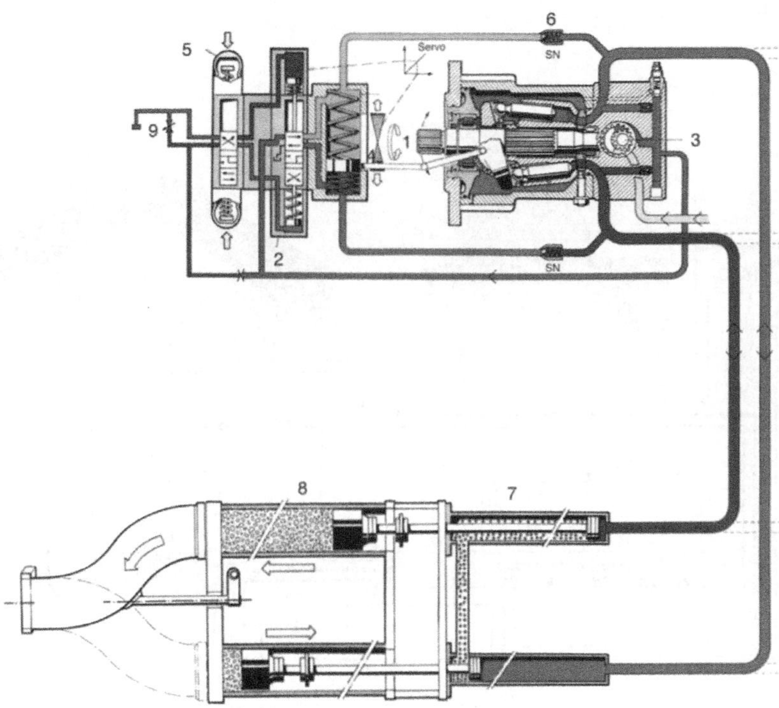

Abb. 3.128 Hydraulischer Kreislauf zum Ansteuern der 2-Zylinder-Kolbenpumpe [3.81]. 1 Reversierbare Schrägscheibenpumpe 2 Proportional-Umsteuerventil 3 Leckölpumpe 4 Schwenkzylinder 5 Abschaltventil 6 Rückschlagventil 7 Hydraulischer Antriebszylinder 8 Betonförderzylinder 9 Fördermengenversteller

Mittlerweile werden bereits rechnergestützte Verteilermaststeuerungen eingesetzt. Diese ermöglichen es, den Verteilermast mit nur einem Joystick der Funkfernsteuerung zu bewegen (Ein-Hand-Steuerung). Es wird also nur noch die Bewegung des Endschlauches seitens des Bedieners vorgegeben. Das Verfahren der einzelnen Maste erfolgt völlig selbstständig. An jedem Mastzylinder sind dazu boden-

und stangenseitig Drucksensoren angebracht. Außerdem wird an jedem Gelenk mit einem Raumwinkelsensor die Absolutlage der Maste im Raum gemessen. Gleichermaßen sind am Drehwerk derartige Winkel- und Druckgeber installiert. Die Kommunikation der Sensorik mit der Rechnereinheit erfolgt CAN-Bus-gesteuert. Eine Notbedienung muss allerdings gewährleistet sein. Einen weiteren Vorteil dieses Systems stellt der Teleservice dar. Relevante Daten können so von der Maschine für Service- und Diagnosezwecke an eine Zentrale gesendet werden. In der Entwicklung sind auch sog. „Follow-Me-Systeme", bei denen der Bediener die Bewegung des Endschlauches an der Einbaustelle einmalig vorgibt, um bei wiederkehrenden Tätigkeiten (z.B. Hochhausschalungen) effizienter zu arbeiten. Das ist allerdings nur mit der beschriebenen rechnergesteuerten Maststeuerung möglich.

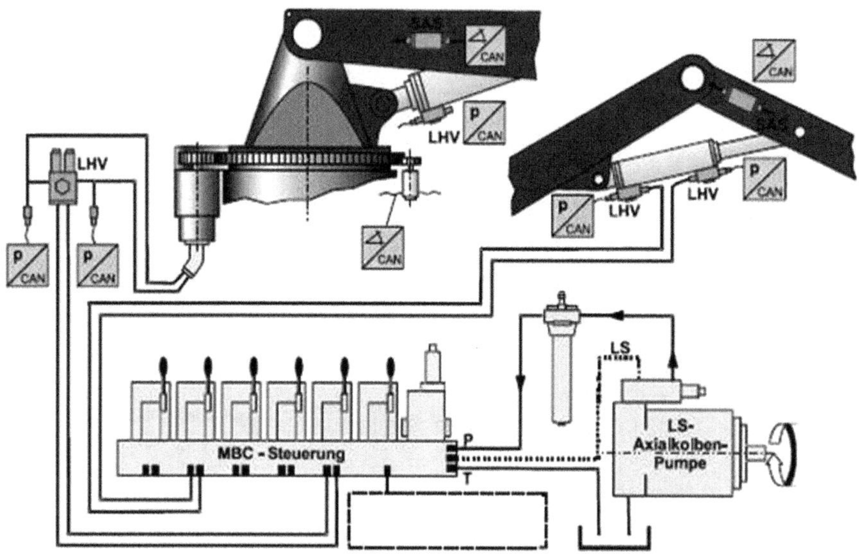

Abb. 3.129 Hydrauliksystem der Maststeuerung (Putzmeister GmbH)

3.6.3 Abfallsammelfahrzeuge

Abfallsammelfahrzeuge werden nach Lage bzw. Funktion der Ladevorrichtung unterschieden, so dass sich eine Unterteilung in Heck-, Seiten- und Front- bzw. Überkopflader ergibt. Diese Fahrzeuge sind Kommunalfahrzeuge zum Einsammeln von haus- und gewerbeähnlichen Abfällen, die daher meist umgeladen und mit speziellen Fahrzeugen zu entsprechenden Entsorgungsanlagen transportiert werden müssen.

Alle Sammelfahrzeuge haben prinzipiell ähnliche funktionelle Arbeitsabläufe zu realisieren. Diverse Sammelbehälter müssen aufgenommen, in das Fahrzeug entleert und wieder abgesetzt werden. Zusätzlich erfolgt noch eine Verdichtung des Abfalls. Zur Erfüllung dieser Funktionen bieten sich hydraulische Antriebe an. Die Pumpen, i. d. R. im Nebenabtrieb des Nutzfahrzeuggetriebes befindliche Konstantpumpen in Tandemausführung, versorgen über entsprechende Wegeventile, die in einem Steuerblock zusammengefasst sind, die Hydraulikzylinder. Eingesetzte Systeme reichen von einfachen Drosselsteuerungen mit Schaltventilen bis hin zu komfortablen Load-Sensing-Steuerungen.

Hecklader bilden dabei die konventionelle Form, d.h. die Sammelbehälter müssen manuell dem Fahrzeug zugeführt werden. Der Bediener betätigt einen Startknopf, so dass ein wiederkehrender Funktionsablauf selbstständig abläuft, der allerdings bei Bedarf unterbrochen werden kann. In Gebieten mit geringer Bevölkerungsdichte kommen oftmals Seiten- und Frontlader zum Einsatz, bei denen der Bediener im Fahrzeug verbleibt und mittels Joystick die Behälteraufnahme und -entleerung steuert.

Das Verdichten und Ausschieben des Abfalls kann grundlegend nach zwei Prinzipien erfolgen (Abb. 3.130). Im sog. Drehtrommelprinzip (Rotopress), welches bei Heckladern zum Einsatz kommt, wird die durch einen Konstanthydraulikmotor (Axialkolbenverdränger mit Untersetzungsgetriebe) angetriebene Behältertrommel einer Drehbewegung ausgesetzt.

a b

Abb. 3.130 Sammelfahrzeuge mit unterschiedlichen Ausschubprinzipien **a** Drehtrommelprinzip **b** Pressprinzip [3.82]

Dieses System arbeitet im geschlossenen Kreislauf mit einer über Null schwenkbaren Axialkolbenpumpe in Schrägscheibenbauart, da ein Durchtrieb für weitere die Hydraulikzylinder versorgende Konstantpumpen gewährleistet sein muss. Über die Verstellung des Schwenkwinkels kann Einfluss auf die Trommeldrehzahl und somit auf die Verdichtung des Abfalls genommen werden. Ein Ausschub des Abfalls erfolgt durch Drehrichtungswechsel des Hydraulikmotors (Pumpe schwenkt über Null) sowie das Heben des zuvor entriegelten Behälteraufbaus.

Beim Pressprinzip kommen nur Hydraulikzylinder zum Einsatz. Der eingesammelte Abfall wird mit Hilfe doppeltwirkender Presszylinder, die die Pressplatte betätigen, gegen eine Ausschubplatte verdichtet. Ein ebenfalls doppeltwirkender

Teleskopzylinder betätigt diese Ausschubplatte. Dabei kann über den Druck im Teleskopzylinder Einfluss auf die Verdichtung des Abfalls genommen werden. Mit zunehmendem Füllzustand weicht das Ausschubschild somit immer weiter zurück. Teleskopzylinder können hierbei ihre Vorzüge in Form von Kompaktheit bei großen Zylinderwegen zu Geltung bringen.

Da vor allem im innerstädtischen Bereich die Abfallsammelfahrzeuge einem ständigen Start- und Stopp-Zyklus unterliegen, sind in den vergangenen Jahren Entwicklungen zu sog. **H**ydraulisch **R**egenerativen **B**remssystemen (HRB) vorangetrieben worden [3.83].

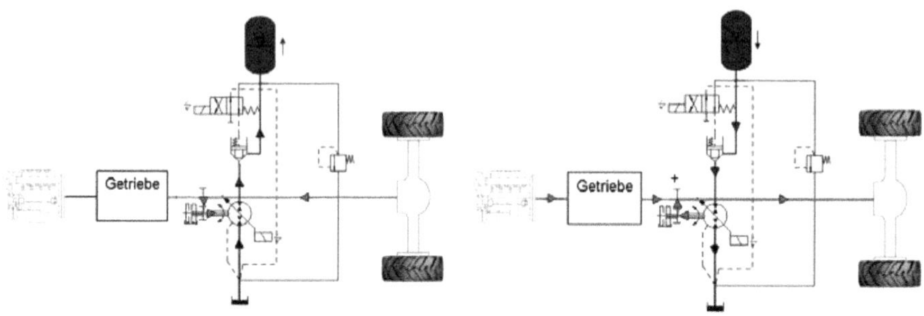

a b

Abb. 3.131 Hydraulisch Regeneratives Bremssystem (HRB) **a** Bremsvorgang **b** Anfahrvorgang [3.83]

Ziel dieses „Parallel-Hybrids" ist es, die beim Bremsen entstehende Energie zu speichern und beim Anfahren wieder zu nutzen. Derartige Systeme arbeiten mit einer Verdrängereinheit, die beim Bremsen als Pumpe betrieben wird und dabei einen Hydraulikspeicher füllt. Beim Anfahrvorgang wird der Speicher entleert und treibt die nunmehr als Motor arbeitende Verdrängereinheit an, so dass in diesem Zustand der Verbrennungsmotor entlastet werden kann.

3.6.4 Das MAN HydroDrive

Eine gänzlich andere Anwendung der Hydraulik im Nutzfahrzeugsektor stellt der zuschaltbare Vorderradantrieb von MAN, genannt MAN HydroDrive, dar [3.84]. Im Gegensatz zu herkömmlichen mechanischen Allradantrieben wird dieser hydrostatische Vorderradantrieb in traktionskritischen Situationen im unteren Fahrgeschwindigkeitsbereich zugeschaltet. Primär findet er demnach Anwendung bei Straßenfahrzeugen, die oftmals auf unbefestigten Straßen bzw. stark bergigem Gelände unterwegs sind.

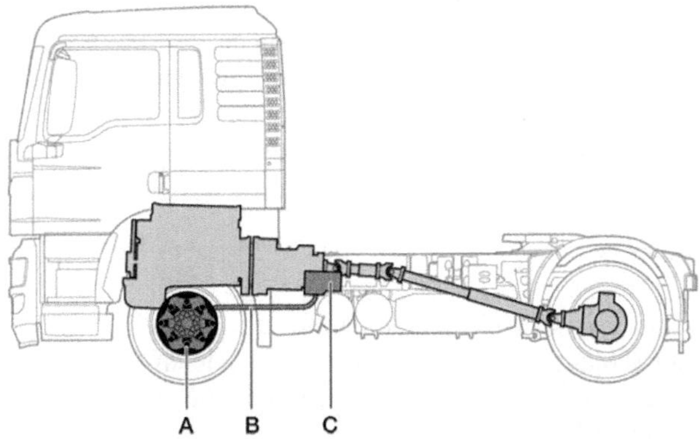

Abb. 3.132 MAN HydroDrive [3.84]. A Radnabenmotor, B Hydraulikleitung, C Hydraulikpumpe

Als Antrieb finden hydrostatische Radnabenmotoren, die in der Vorderachse integriert sind, Anwendung. Diese Radnabenmotoren werden durch eine am Getriebeausgang angeflanschte Hydraulikpumpe, die einen Druck bis ca. 420 bar aufbauen kann, angetrieben.

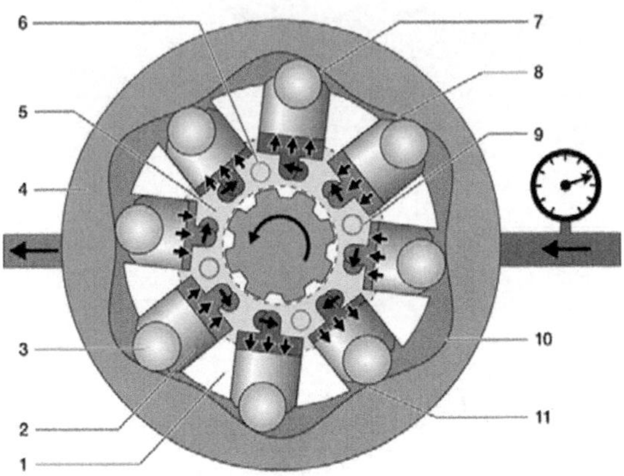

Abb. 3.133 Funktionsschema des hydrostatischen Radnabenmotors [3.84]. 1 Zylinderblock 2 Kolben 3 Rollen 4 Nockenring 5 Verteilerscheibe 6 Ablaufbohrung 7 Abfallende Nockenflanke 8 Ansteigende Nockenflanke 9 Zulaufbohrung 10 Unterer Totpunkt 11 Oberer Totpunkt

Ein mit der Radnabe verbundener rotierender Zylinderblock mit acht Kolben bildet das Herzstück. An diesen Kolben sind drehbare Rollen angebracht, die auf einem mit dem Gehäuse verbundenen und feststehenden Nockenring umlaufen. Eine ebenfalls feststehende Verteilerscheibe steuert den Zu- und Ablauf der Hydraulikflüssigkeit an jedem Kolben. Es dürfen immer nur die Kolben mit Druck beaufschlagt werden, die sich im Bereich abfallender Nockenflanken befinden. Die Flüssigkeit der sich im Bereich der ansteigenden Flanken befindlichen Kolben wird zur gleichen Zeit durch geöffnete Ablaufbohrungen abgeleitet. In den unteren und oberen Totpunkten sind sowohl Zu- als auch Ablauf verschlossen. Somit ergibt sich eine kontinuierliche Drehbewegung bei gleichzeitig hohem Drehmoment.

3.6.5 Winterdiensttechnik

Speziele Winterdiensttechnik ist in vielen Regionen für die Aufrechterhaltung von Verkehrsströmen von ausschlaggebender Bedeutung. Auf vielen Straßen werden Schneepflüge unterschiedlichster Konfiguration benötigt, die grundsätzlich mit Hydraulikanlagen betätigt werden.

a

b

Abb. 3.134 Schneeräumfahrzeuge [3.89]. **a** Räum-Kehr-Blas-Fahrzeug **b** Taxiway

So sind auf Straßen mit höheren Geschwindigkeiten, wie z. B. auf Autobahnen, breite untergliederte einstellbare Schneepflüge im Einsatz. Ein weiteres spezielles Einsatzgebiet sind Schneeräumfahrzeuge für Flugbetriebsflächen. Hier ist es die Zeit, die die Kosten für Start und Landung der Flugzeuge maßgeblich beeinflusst. Für eine schnelle und sichere Räumung der Flughafenflächen werden Verbände von Winterdienstfahrzeugen beschäftigt. In Abb. 3.134 sind ein „Räum-Kehr-Blas-Fahrzeug“ und ein Taxiway dargestellt.
Das Winterdienstfahrzeug in Abb. 3.135 hat folgende Aufgaben zu erfüllen:

- Räumen des Schnees mittels Schneepflug (Kunstoff-Räumleiste),
- Nachräumen mit Zusatzräumleiste des Schneepfluges,
- Restschnee mittels Walzenkehrbesen entfernen,
- seitliche Verfrachtung des gekehrten Schnees durch Vorblasdüse und
- Restfeuchtigkeit mittels Luftstrom aus den Poren des Rollbahnbelags blasen.

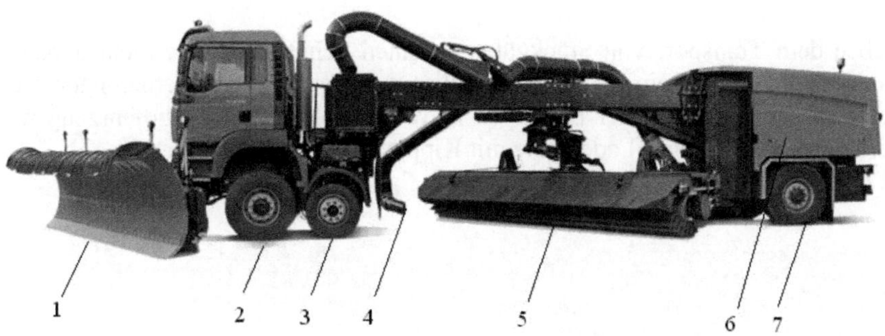

Abb. 3.135 Spezialwinterdienstfahrzeug [3.89]. *1* Schneepflug mit Räum- und Feinräumleiste klappbar für Parkstellung, *2* hydrostatischer Fahrantrieb, *3* zwangsgelenkte Nachlaufachse, *4* Blasluft für Kehrwalze, *5* Kehrwalze mit automatischer Kehrspiegeleinstellung, *6* Hinterachszusatzlenkung, *7* Aufbaumotor und Hauptgebläse

Der in Abb. 3.136 dargestellte Fahrantrieb ist ebenso wie der Hydraulikkreis für die Arbeitshydraulik scheinbar einfach aufgebaut. Der effektive Einsatz der Winterdienstfahrzeuge erfordert aber eine umfassende Steuerungstechnik, die die Arbeitsgeschwindigkeit, die Schneeverhältnisse und die Umgebungstemperatur so berücksichtigt, dass eine akzeptable Beräumung des Schnees erfolgen kann. Die dazu erforderlichen Proportionalventile, die Sensoren und die Schnittstellen für die Software sind nicht dargestellt.

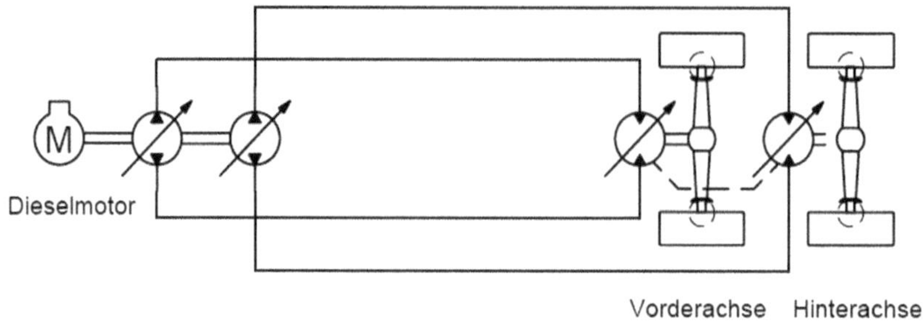

Abb. 3.136 Schema eines hydrostatischen Fahrantriebs

3.6.6 Kipphydraulik

Neben dem Transport von Stückgütern nehmen Schüttgüter eine nicht unbedeutende Rolle ein. Für ein optimales Handling von Schüttgütern werden hauptsächlich Kippfahrzeuge auf der Basis von LkW eingesetzt. Das Grundfahrzeug wird durch eine Kippanlage (Ladefläche mit Kippzylinder und Zubehör). In Abb. 3.137 ist ein derartiges Fahrzeug dargestellt.

Abb. 3.137 Kippsattelauflieger (Foto: Firma Langendorf GmbH)

Dem Anliegen des Buches entsprechend wird die Kipphydraulik näher vorgestellt. Je nach Anwendungsfall gilt, dass innovative Fahrzeugkonzepte sich nicht nur durch bahnbrechende Entwicklungen auszeichnen, sondern auch durch eine Vielzahl praxisorientierter und funktionaler Fahrzeugdetails. Neben den intelligenten Fahrzeugkonstruktionen zur Verbesserung von Nutzlast, Ladevolumen, Fahreigenschaft und Standsicherheit sind es die vielen „kleinen" Detaillösungen.

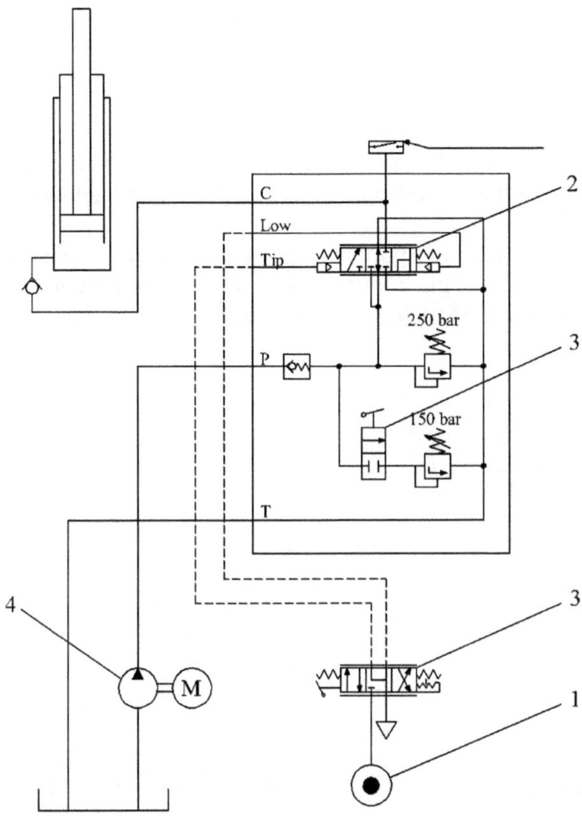

Abb. 3.138 Schaltplan einer Kipphydraulik [3.88]. *1* Anschluss für Luftversorgung, *2* 5/3-Wegeventil, *3* 2/2-Wegeventil, *4* Hydraulikpumpe

Die für die Realisierung einer Kipphydraulik erforderlichen Komponenten sind in Abb. 3.138 enthalten. Das Hydrauliksystem ist sehr einfach gestaltet. Die Hydraulikpumpe *1* wird von einem Nebenantrieb des Nutzfahrzeuges bei Bedarf aktiv geschalten. Das pneumatisch betätigte Proportionalventil *2* ermöglicht eine variable Beeinflussung des Volumenstromes, der zum Teleskopzylinder fließt. Mit dem 2/2-Wegeventil *3* kann der Maximaldruck wahlweise auf hier 250 *bar* bzw. 150 *bar* begrenzt werden. Der Einsatz eines mechanisch angesteuerten Pneumatikventils ist bei Nutzfahrzeugen sinnvoll, da ein Luftversorgungssystem vorhanden ist und so die Betätigung der Kippanlage vom Fahrerhaus aus einfach möglich ist. Als Hydraulikpumpe werden bei geringerem Leistungsbedarf Zahnradpumpen und bei größeren Kippern Axialkolbenpumpen verwendet. Die von der Firma Langendorf eingesetzte Hydraulikpumpe in Kippsattelauflegern erreicht bei einer Antriebsdrehzahl von 1000 1/min einen Volumenstrom von 80 l/min. Der Ölbehälter wird in diesem Fall für einen Vorratsvolumen von 130 l ausgelegt. Um die erforderliche Hublänge zu erreichen, werden oft Teleskopzylinder verwendet.

3.6.7 Flexiloader

Eine weitere interessante Anwendung hydraulischer Systeme in Nutzfahrzeugen erfolgt in dem von der Firma Ruthmann entwickelten und gelieferten FLEXILOADER® [3.85–3.87].

Für äußerst flexible Einsätze im Transportbereich der 3,5-Tonnen-Fahrzeugklasse ist es mit diesem Fahrzeug möglich, durch einen absenkbaren Hubboden (Ladefläche – Abb. 3.139) schnellstmögliche, zeit- und kostensparende Verladungen vorzunehmen.

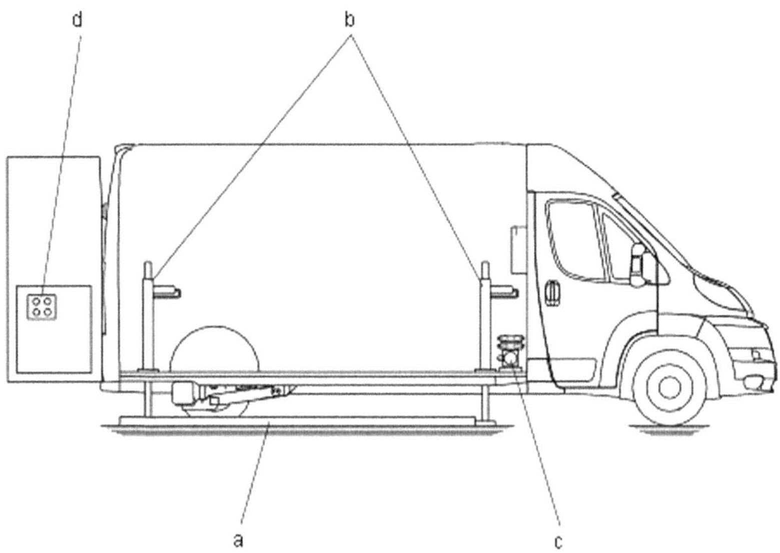

Abb. 3.139 Prinzipdarstellung des FLEXILOADER® von Ruthmann [3.85]. **a** abgesenkter Hubboden (Ladefläche) **b** Hubwerk **c** Hydraulikaggregat **d** Bedienelemente

Eine ausgesprochen einfache Bedienung durch die Betätigung von nur zwei Drucktastern ermöglicht das Heben und Senken der Ladefläche bei gleichzeitiger Einhaltung aller sicherheitstechnischen Vorschriften.

Nach dem Be- oder Entladevorgang wird der Hubboden durch vier Hydraulikzylinder in Fahrstellung gebracht und mechanisch verriegelt. Die formschlüssige Verriegelung ist im Hydraulikzylinder integriert und wird ebenfalls hydraulisch betätigt. Für den Bediener entfällt dadurch das zeitaufwändige manuelle Einlegen von Sicherungselementen sowie deren Entfernung vor dem Absenken des Hubbodens.

Der gesamte Ablauf des Entriegelungs- und Senkvorgangs sowie des Hub- und Verriegelungsvorgangs wird von einer Controllersteuerung übernommen. Damit wird die zeitliche Abfolge exakt eingehalten. Das Verlassen der oberen Zylinderendposition (Fahrstellung) wird dem Fahrer an der Bedienstelle und im Fahrerhaus über eine Kontroll-Leuchte angezeigt. Das Prinzip der Hydraulikschaltung ist in Abb. 3.140 dargestellt.

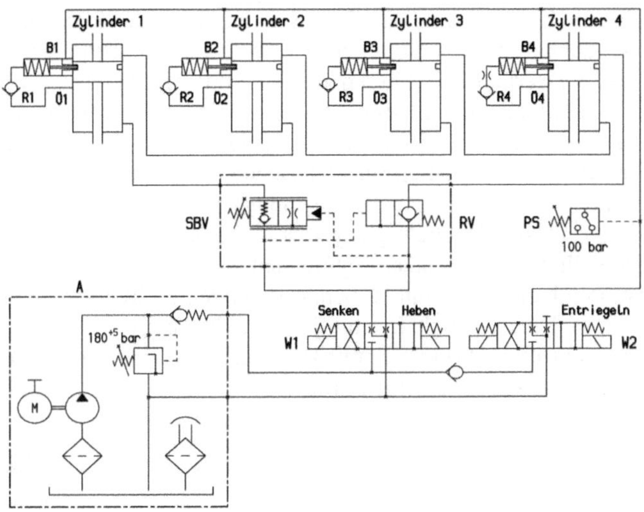

Abb. 3.140 Prinzipdarstellung des Hydraulikschaltplans für den Hubboden (Ladefläche) des FLEXILOADER®

Beim Heben aus der unteren Stellung (Bodenniveau) des Hubbodens gelangt das Fluid vom Aggregat *A* über das Wegeventil *W1* „Heben" weiter über das Senkbremsventil (SBV) in die untere Kammer von Zylinder *1*. Das Fluid aus der oberen Kammer von Zylinder *1* wird in die untere Kammer von Zylinder *2* gefördert usw. (Master-Slave Prinzip). Schließlich wird das Öl aus der oberen Kammer von Zylinder *4* über Rückschlagventil *RV* und Wegeventil zurück zum Tank geführt. Unmittelbar vor Erreichen der oberen Endstellung der Zylinder werden die jeweiligen Überströmbohrungen (Ü1–Ü4) freigegeben. Diese Bohrungen dienen dazu, Leckagen und Geometriefehler auszugleichen und dadurch sich fortpflanzende Synchronlauffehler zu vermeiden. Damit können alle Zylinder ihre Endlage erreichen. Die jeweiligen Rückschlagventile (R1–R 4) verschließen die Überströmbohrungen in umgekehrter Richtung. Ebenso werden kurz vor dem Erreichen der mechanischen Zylinderanschläge die Verriegelungsbolzen (B1–B4) über die Steuerung hydraulisch betätigt und zurückgezogen. Sind die oberen Zylinderanschläge erreicht und ist die Funktion „Heben“ beendet, werden die Verriegelungsbolzen federkraftunterstützt in die verriegelte Stellung zurückgeführt. Dies ist möglich, da aufgrund einer speziellen Anschlagkonstruktion in den Hydraulikzylindern die Verriegelungsbolzen in dieser Position kraftfrei sind. Bei nachlassendem Druck in den unteren Zylinderkammern kann sich die Last auf den Bolzen ablegen.

Beim Senkvorgang wird die Last automatisch leicht angehoben, um den Verriegelungsbolzen mechanisch zu entlasten. Danach erfolgt hydraulisch das Zurückziehen (Entriegeln) des Bolzens über das Wegeventil (W2), wobei der Entriegelungsdruck mindestens 100 bar betragen muss. Das entsprechende Drucksignal wird vom Schalter (PS) an die Controllersteuerung gemeldet. Die Steuerung leitet dann automatisch den Senkvorgang ein. Das Senkbremsventil (SBV) lässt das kontrollierte schwingungsfreie Absenken der hier negativ wirkenden Last zu. Das Rückschlagventil (RV) verhindert während des Be- oder Entladevorgangs eine Lageveränderung des Hubbodens auf Bodenniveau. Beim Absenken des Hubbodens wird über die Steuerung die Luftfederung auf unteres Niveau abgesenkt.

Um den Anforderungen an das Senken und Heben der Ladefläche gerecht zu werden, wurden spezielle Gleichgang-/Verriegelungszylinder entwickelt. Damit ist es möglich, die synchrone Hubbewegung aller Zylinder sowie eine integrierte mechanische Verriegelung vorzunehmen. Interessant ist, dass das kompakte Hydraulikaggregat während eines gesamten Senk- und/oder Hubvorgangs nur ca. 0,75 l Öl fördern muss. Die maximale Leistung von 1,5 kW bei voller Fahrzeugbeladung wird dabei nicht überschritten. Somit kann das Aggregat problemlos von der Serienbatterie des Fahrzeugs versorgt werden.

a b

Abb. 3.141 Beispiele für Einsatzmöglichkeiten des FLEXILOADER®. **a** Verladen eines Rasenmähers **b** Anwendungen im Gesundheitswesen (Krankenhausbereich)

Bei dieser Fahrzeuglösung werden durch gezielten Einsatz der Hydraulik erhebliche wirtschaftliche Vorteile erzielt. Die Anwendung ist in unterschiedlichen Bereichen der Industrie und im Dienstleistungssektor möglich und sinnvoll. Zwei Beispiele sind in Abb. 3.141 gezeigt.

4 Selbstfahrende Arbeitsmaschinen

Im Sinne der Straßenverkehrs-Zulassungs-Ordnung [4.1] sind selbstfahrende Arbeitsmaschinen „*Fahrzeuge*, die nach ihrer Bauart und ihren besonderen mit dem Fahrzeug fest verbundenen Einrichtungen zur Leistung von Arbeit ... bestimmt und geeignet sind". Unter diesen Voraussetzungen wären selbstfahrende Arbeitsmaschinen *Fahrzeuge* und es scheint damit gerechtfertigt, in einem Fachbuch über Fluidtechnik in Kraftfahrzeugen auch etwas über die Fluidtechnik in selbstfahrenden Arbeitsmaschinen zu sagen. Dies gilt auch dann, wenn im Bereich der Arbeitsmaschinen heute noch mehr von Hydraulik, statt Fluidtechnik – durchaus im Hinblick auf die Vielfalt der Anforderungen an Fluide (vgl. Abschn. 2.2) im Selbstverständnis dieses Buches – gesprochen wird.

Um selbstfahrende Arbeitsmaschinen als Fahrzeuge bezeichnen zu können, würde folgende Rechtfertigung genügen: In der Schweiz heißen selbstfahrende Arbeitsmaschinen nämlich Arbeits*fahrzeuge* [4.2].

Tatsächlich ist es nicht möglich, die Definition eines technischen Gegenstandes auf Basis von Vorschriften und Gesetzen z. B. zur Typeneinordnung, bestimmten Zulassungsregeln, durchaus gerechtfertigten Sicherheitsfragen, fiskalen Steuerüberlegungen u. ä. vorzunehmen. Auch wenn sich eine solche Vorgehensweise heutzutage immer mehr durchzusetzen scheint, können technische Definitionen nicht vom Gesetzgeber, sondern ausschließlich nur von den Fachwissenschaften vorgenommen werden. Insofern wäre es an der Reihe der (zuständigen) Ingenieure, genauer zu definieren, was unter einer mobilen oder selbstfahrenden Arbeitsmaschine zu verstehen ist und diese Definition in die einschlägigen Normen einfließen zu lassen.

Wir wollen uns bei der Definition einer selbstfahrenden Arbeitsmaschine damit „begnügen", dass es sich um *Fahrzeuge* (mit eigenem Antrieb) handelt, deren (mit dem Fahrzeug) fest verbundene Einrichtungen zur Leistung von Arbeit bestimmt sind. Insofern wird eine etwas nähere Beleuchtung der fluidtechnischen bzw. hydraulischen Funktionen selbstfahrender Arbeitsmaschinen im Rahmen dieses Fachbuches als gerechtfertigt angesehen; dies auch vor dem Hintergrund, dass bei selbstfahrenden Arbeitsmaschinen zwischenzeitlich wichtige regelungstechnische Funktionen denen der Kraftfahrzeuge „entlehnt" sind oder der Wunsch besteht, sich diesen anzunähern. Allein die im Bereich der Arbeitsmaschinen bestehenden Forderungen nach einem „automotiven Fahren" sind einzig und allein dem Anliegen der Fahrer und Bediener selbstfahrender Arbeitsmaschinen geschuldet, eine Arbeitsmaschine so fahren (und bedienen) zu können, wie ein Kraftfahrzeug. Objektiv kamen hier natürlich auch die Forderungen der Industrie bzw. der Betreiber hinzu, unterschiedliche Arbeitsmaschinen zunehmend straßentauglich zu machen;

nicht zuletzt vor dem Hintergrund, die Umsetz- und Transportgeschwindigkeiten zu erhöhen und den Einsatz der Maschine flexibler und damit wirtschaftlicher zu gestalten.

Allerdings konnte eine Funktion, wie „automotives Fahren" bei Arbeitsmaschinen in den letzten Jahrzehnten durch die ständigen Verbesserungen und Weiterentwicklungen programmierbarer mikroelektronischer Steuerungen unterstützt und eigentlich erst umfassend ermöglicht werden. Aber auch die Realisierung wichtiger und umfangreicher „Diagnosefunktionen" oder solche Steuerungs- und Regelungskonzepte, wie „Kennlinienverarbeitung" (wählbare Kennlinien), „Constant Speed Drive", „Überdrehzahlabsicherung", „Dieselmotor-Grenzzahlregelung" und „Zugkraftbegrenzung" konnten erst durch die Möglichkeiten der Elektronik praxiswirksam umgesetzt werden und waren in der Vergangenheit mit herkömmlichen, rein hydromechanischen Mitteln und Möglichkeiten nicht oder nur bedingt lösbar.

Aufgrund dieser Entwicklung war bei selbstfahrenden Arbeitsmaschinen ein ganzheitliches Fahrzeugmanagement möglich und denkbar, d. h. unter Einbeziehung des Verhaltens des gesamten Antriebsstrangs (Motor, Getriebe, Bremsen – Antriebs*management*), des Fahrverhaltens (Fahrdynamik), des „Wohlfühlens" des Fahrers in der Kabine, also auch unter ergonomischen Gesichtspunkten, bis hin zur Gewährleistung klimatischer Bedingungen.

Da im Rahmen dieses Buches fluidtechnische bzw. hydraulische Funktionen selbstfahrender Arbeitsmaschinen nur ergänzend behandelt werden können, ist es nicht möglich, alle Hydraulikschaltungen und -funktionen, die die oben erwähnten Regelungs- und Fahrmanagementstrategien erklären und beschreiben würden, zu behandeln. Wie beschränken uns hier auf die Beschreibung einiger wichtiger Regelungs- und Hydraulikfunktionen. Vor dem Hintergrund der Betrachtung der selbstfahrenden Arbeitsmaschinen als Fahrzeug handelt es sich vorrangig um Funktionen, die die Fahr- und Lenkhydraulik dieser Maschinen betreffen. Da bei Arbeitsmaschinen aber das Zusammenspiel von Fahr-, Lenk- *und* Arbeitshydraulik eine wesentliche Rolle spielt – auch unter dem Aspekt von Prioritätsfragen –, wird auf damit zusammenhängenden regelungstechnischen Aspekten ebenfalls näher eingegangen. Dabei hat – gemäß des erklärten Anliegens – die Beschreibung der hydraulischen, weniger der elektronischen Funktionszusammenhänge Vorrang.

Es werden deshalb einige Aspekte, die mit Nullhub- und Druckregelungen, Förderstrom- und allgemein Leistungsregelungen, Grenzlastregelung, Load Sensing sowie Funktionen, wie **L**astdruck-**U**nabhängige-**D**ruckfluss-**V**erteilung (LUVD), Flow Matching oder auch das für Arbeitsmaschinen wichtige Inchen näher betrachtet und partiell anhand konkreter, in selbstfahrenden Arbeitsmaschinen installierter Hydraulikschaltungen aufgezeigt.

Bei der „Auswahl" der zu beschreibenden selbstfahrenden Arbeitsmaschinen bzw. Fahrzeuge ist noch ein strukturell-konstruktiver Aspekt zu berücksichtigen, der bei Kraftfahrzeugen an sich keine oder nur eine untergeordnete Rolle spielt: dies ist die konstruktive Ausführung der Fahrwerkes. Selbstfahrende Arbeitsmaschinen stehen nämlich als Radfahrzeuge (Radfahrwerk) oder als Raupenfahrzeuge (Raupen-/Kettenfahrwerk) zur Verfügung. Oft werden von den Herstellern Maschinen des gleichen Typs sowohl als Rad- als auch als Raupenfahrzeug geliefert. Als Beispiel seien die Lader erwähnt, die es sowohl als Radlader als auch als Laderaupen gibt. Gleiches gilt für Bagger und andere Maschinen. Aus diesem Grund sollen im Folgenden nicht nur Radfahrzeuge, sondern zugleich auch Raupenfahrzeuge in die Betrachtung einbezogen werden. Da Raupenfahrzeuge aber nicht nur als selbstfahrende Arbeitsmaschinen existieren, sondern auch als „Fahrzeuge" an sich, d. h. ohne eigenständiges Arbeitsequipment, werden diese Fahrzeuge im Rahmen dieses Kapitels etwas ausführlicher behandelt. Dies ist gerechtfertigt, da sich das Fahr- und Lenkverhalten von Raupenfahrzeugen doch erheblich von dem normaler Kraftfahrzeuge unterscheidet und insbesondere hydraulische Fahr- und Lenkfunktionen eine vorrangige Bedeutung haben (z. B. Gleichlauf). Allerdings wurde auf eine zusätzliche Einteilung in „selbstfahrende Arbeitsmaschinen auf Raupen" und „reine Raupenfahrzeuge" verzichtet.

4.1 Allgemeiner Aufbau

Hinsichtlich des allgemeinen Aufbaus des Antriebsstrangs sowie fluidtechnischer bzw. hydraulischer Strukturen und Funktionen von selbstfahrenden Arbeitsmaschinen sollen im Folgenden einige grundsätzliche Zusammenhänge aufgezeigt werden.

Rotatorische Antriebe von selbstfahrenden Arbeitsmaschinen können grundlegend auf der Basis von:

- Verbrennungsmotoren mit mechanischem Durchtrieb (Gelenkwellen, Getriebe, Kupplungen, …),
- Elektromotoren in Verbindung mit mechanischen Getrieben und ggf. Verbindungselemten oder
- hydrostatischen Fahrantrieben mit flexibler Verlegungsmöglichkeit der hydraulischen Leitungen

realisiert werden.

In der Praxis gibt es immer auch Abweichungen von diesen Prinzipien. So kommen heute Hydrostaten z. B. mit Schaltgetrieben (Mehrmotorenkonzepte) ohne Zugkraftunterbrechung oder leistungsverzweigte hydraulisch-mechanische Getriebe mit allen ihren weiteren Modifikationen zum Einsatz [4.3]. Kriterien für die Entscheidung zu verschiedenen Antriebskonzepten sind u. a. hohe Zugkräfte und/oder große Geschwindigkeitsspreizungen von 0 bis 50 km/h. Eine vergleichende Systematik zu Antriebskonzepten mobiler Maschinen wird derzeit im Rahmen von Forschungsprojekten [4.4] erarbeitet. Bei Raupenfahrzeugen gibt es einige Besonderheiten zu beachten, worauf in Abschn. 4.3 eingegangen wird.

Es muss an dieser Stelle auch darauf hingewiesen werden, dass bei selbstfahrenden Arbeitsmaschinen (z. B. Radlader (Großlader), Planier- und Laderaupen) in der Vergangenheit die hydrodynamische Wandlung eine große Rolle gespielt hat.

Dies ist darin begründet, dass durch Drehmomentwandler und Lastschaltgetriebe die Fahrgeschwindigkeit relativ exakt dem Belastungszustand angepasst werden kann, wodurch die Motorleistung optimal (aus)genutzt wird. Durch diese Antriebsstruktur besteht ein Vorzug der hydrodynamischen Wandlung, indem teilweise bis zum Fünffachen höhere Abtriebs- als Antriebsmomente aufgebracht werden können.

Obwohl – wie noch gezeigt wird – die Vorteile des hydrostatischen Antriebs dazu beigetragen haben, auch bei diesen Arbeitsmaschinen den hydrodynamischen Antrieb zunehmend abzulösen, bleibt die Erwähnung dieses Vorzuges einer objektiven Darstellung der hydrodynamischen Wandlung geschuldet. Das ist durchaus ein Grund, warum bedeutende Baumaschinenhersteller auch weiterhin z. B. Raupen mit hydrodynamischer Wandlung am Markt anbieten. Trotzdem scheint der Siegeszug des Hydrostaten gesichert. Die Forderungen nach einem geringen Masse-Leistungsverhältnis (Leistungsdichte) und einer stufenlosen Steuerung bzw. Regelung in Verbindung mit großen Antriebsmomenten erfüllen am besten hydrostatische Fahrantriebe. Wegen des ausgesprochen geringen Schlupfes des Hydrostaten (kein Wandlerschlupf) ist ein verschleißfreies Anfahren möglich, und es können direkt aus dem Stand die erforderlichen Schub- und Zugkräfte realisiert werden. Auch bei Beschleunigungsvorgängen steht sofort die volle Zugkraft des Getriebes (max. Arbeitsdruck) zur Verfügung und es erfolgt keine Unterbrechung des Kraftflusses, da z. B. mit der Nutzung verstellbarer Hydromotore die hydrostatische Wandlung über den gesamten Fahrbereich möglich ist (vgl. z. B. Abschn. 4.3.9.1).

Weitere Vorteile, wie z. B. die hohe Flexibilität bzgl. der Auslegung und Installation sowie der Unterbringung der Baugruppen in der Maschine, haben dazu geführt, dass sich der Hydrostat als Fahrantrieb in selbstfahrenden Arbeitsmaschinen heute weitestgehend durchgesetzt hat. Für Raupenfahrzeuge ergeben sich weitere Vorteile, die in Abschn. 4.3.1 genannt werden.

Der Hydrostat selbst ist charakterisiert durch das (direkte) Zusammenwirken von Hydropumpen und Hydromotoren im offenen oder geschlossenen Kreislauf. Der offene Kreislauf ist in einfachster Form in Abb. 4.1 dargestellt.

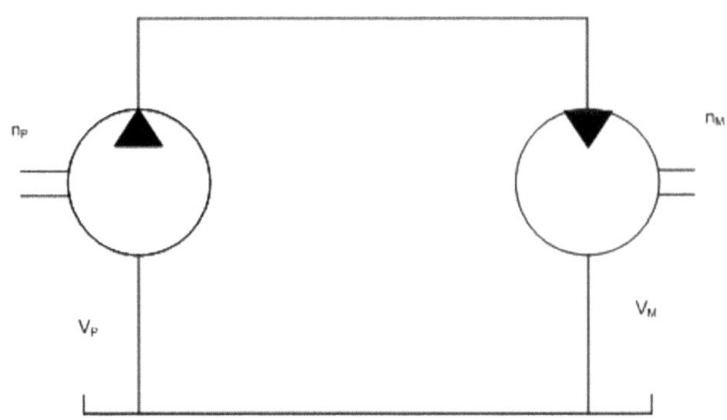

Abb. 4.1 Schema eines rotatorischen Antriebs im offenen Kreislauf

Sowohl die Hydraulikpumpe als auch der Hydraulikmotor sind mit dem Tank (Ölbehälter) verbunden. Der Tank ist bedingt durch den von der Hydraulikpumpe geförderten Volumenstrom relativ groß ausgelegt. Eine Änderung der Drehrichtung des Hydraulikmotors ist nur unter Verwendung von Wegeventilen möglich. Eine Veränderung der Drehzahl des Hydraulikmotors kann gemäß Gl. (4.1) bei Konstantpumpen nur durch Veränderung der Pumpenantriebsdrehzahl oder durchdrosselnder Ventile erreicht werden. Der Einsatz derartiger Schaltungen führt immer zu Verlustleistungen.

Eine wesentlich effektivere Variante für hydrostatische Antriebe stellt der geschlossene Kreislauf (Abb. 4.2) dar. Dabei werden verstellbare Komponenten eingesetzt, so dass sich die Drehzahl des Hydraulikmotors nachfolgend ergibt

$$n_M = \frac{V_P \cdot n_P}{V_M} . \tag{4.1}$$

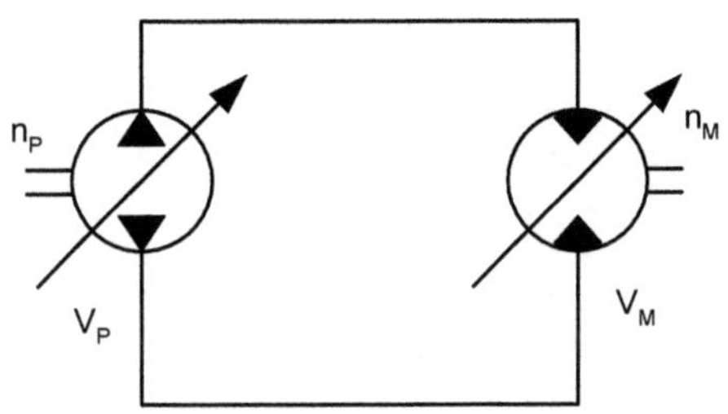

Abb. 4.2 Schema eines rotatorischen Antriebs im geschlossenen Kreislauf

Das veränderliche Verdrängungsvolumen wird bei Radialkolben- und Flügelzellenmaschinen durch die Exzentrizität e und bei Axialkolbenmaschinen durch den Schwenkwinkel α eingestellt. Es gibt Hydropumpen, die von null ausgehend in einer Richtung oder beidseitig von null ausgeschwenkt werden können, so dass

$$-e_{max} \leq e \leq +e_{max} \text{ bzw. } -\alpha_{max} \leq \alpha \leq +\alpha_{max}$$

gilt.

Für Pumpen bedeutet ein Vorzeichenwechsel eine Richtungsumkehr des Förderstromes, was nur in geschlossenen Kreisläufen technisch sinnvoll ist. Hydromotoren werden nur in einer Richtung ausgeschwenkt.

Im geschlossenen Kreislauf (Abb. 4.2) ist eine begrenzte geringere Ölmenge im Umlauf. Der ebenfalls erforderliche Ölbehälter ist wesentlich kleiner und dient als Reservebehälter und Sammelbehälter für das Lecköl. Die in Abb. 4.2 dargestellte Schaltung ist die Grundlage für Fahrantriebe. Bei Einsatz in Fahrantrieben als Antrieb für die Räder bzw. Ketten kann auch eine Bremsung erfolgen. Die Betätigung des Fahrhebels beeinflusst die Steuerung der Schwenkwinkel von Hydraulikpumpe und/oder Hydraulikmotor. Die Ansteuerung erfolgt heute hauptsächlich elektrisch, so dass nahezu beliebige Regelstrategien umsetzbar sind. Die hydraulische Bremsung des Fahrantriebes wird möglich, da bei Schubbewegungen der Arbeitsmaschine der Hydraulikmotor als Pumpe arbeitet. Die nunmehr als Hydraulikmotor arbeitende Hydraulikpumpe stützt sich auf dem Verbrennungsmotor ab und realisiert so ein Bremsmoment.

Der praktische Einsatz z. B. der Schaltung gemäß Abb. 4.3 erfordert zumindest die dargestellten Komponenten. Die Leckölpumpe *2* gleicht die volumetrischen Verluste und den Spülölstrom wieder aus und fördert die fehlende Fluidmenge in den geschlossenen Kreislauf zurück. Durch die Wirkung der Rückschlagventile *3* und des Speisedruckventils *4* fließt der Volumenstrom immer auf der Niederdruckseite in das System zurück. Das Speisedruckventil muss ca. 4–5 bar höher als das Spüldruckventil eingestellt sein. Das Spülventil *6* ist ein vorgesteuertes Ventil, das durch den Druck von der Hochdruckseite her ständig in einer Richtung geöffnet ist. Dadurch fließt ein vom Spülventil beeinflusster Spülvolumenstrom, der bedarfsweise über einen Kühler geleitet werden kann.

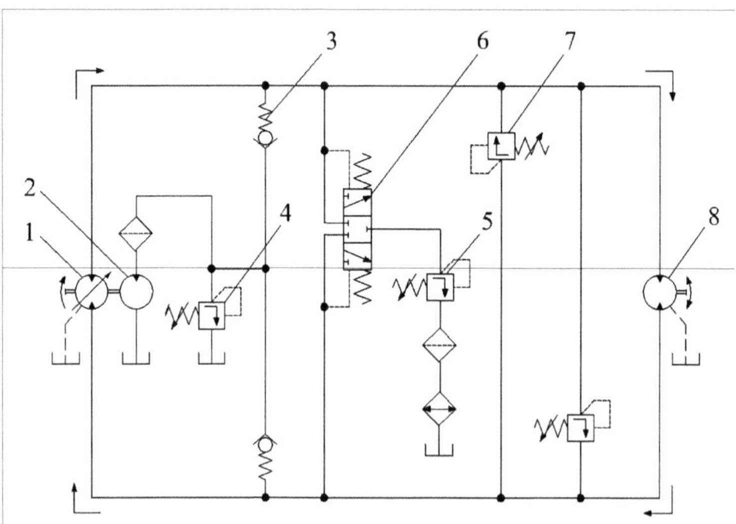

Abb. 4.3 Schaltplan des rotatorischen Antriebs im geschlossenen Kreislauf. *1* Hydraulikpumpe, *2* Leckölpumpe, *3* Rückschlagventil, *4* Speisedruckventil, *5* Druckbegrenzungsventil, *6* Spülventil, *7* Druckbegrenzungsventil

Wie wichtig derartige Überlegungen bzgl. des Betreibens selbstfahrender Arbeitsmaschinen im offenen oder geschlossenen Kreislauf für die Praxis sind, zeigen strategische Überlegungen von Rückgauer aus dem Jahre 1993 [4.23], die weitgehend heute noch ihre Gültigkeit besitzen. Der offene Kreisläufe findet in Arbeitsmaschinen bei nahezu allen Zylinderantrieben und bei Rotationsantrieben, deren Drehrichtungsumkehr oder Arbeitsaufgaben von untergeordneter Bedeutung ist, Verwendung. Geschlossene Kreisläufe werden vorwiegend bei rotierenden Verbrauchern eingesetzt, was u. a. mit der einfachen Reversierbarkeit des Antriebs, der Möglichkeit, sich bei Bremsvorgängen auf die Antriebsmaschine abzustützen begründet wird. Außerdem kann beim Einsatz mehrerer Pumpen die rückfließende Energie auf andere Antriebe weitergeleitet werden, da die erforderlichen Ölvolumina in Relation zur übertragbaren Leistung wesentlich geringer als in offenen Kreisläufen sind. Die notwendigen Zusatzkomponenten (Druckbegrenzungsventile, Speise- und Steuerpumpe, Filter) befinden sich in der Pumpe, so dass der Antrieb im Wesentlichen nur aus Pumpe und Motor besteht [4.23]. Auch wenn sich im Lauf der Zeit gewisse Verschiebungen ergeben, ist das von Rückgauer kreierte Beispielschema (Abb. 4.4) zur Ausrüstung selbstfahrender Arbeitsmaschinen mit offenen bzw. geschlossenen Kreisläufen durchaus als Anhaltspunkt für die Bedeutung beider Kreisläufe für selbstfahrende Arbeitsmaschinen anzusehen.

Abb. 4.4 Beispiele selbstfahrender Arbeitsmaschinen hinsichtlich der Nutzung offener bzw. geschlossener Kreisläufe im Antrieb [4.23]

Hinsichtlich der nutzbaren Leistung sind weitere Überlegungen notwendig. Eine Hydraulikanlage kann nach der sog. *Eckleistung* (Abb. 4.5) ausgelegt werden. Dabei wird bei maximalem Druck auch der maximale Volumenstrom von der Hydraulikpumpe bereitgestellt. Derartige Systeme könnten als Fahrantriebe auch mit maximaler Geschwindigkeit eine Steigung befahren. Die Auslegung stellt eine Überdimensionierung dar, da selbstfahrende Arbeitsmaschinen oft im Teillastbereich arbeiten und so kostengünstigere kleinere Komponenten in Verbindung mit geringen Ölmengen einsetzbar sind.

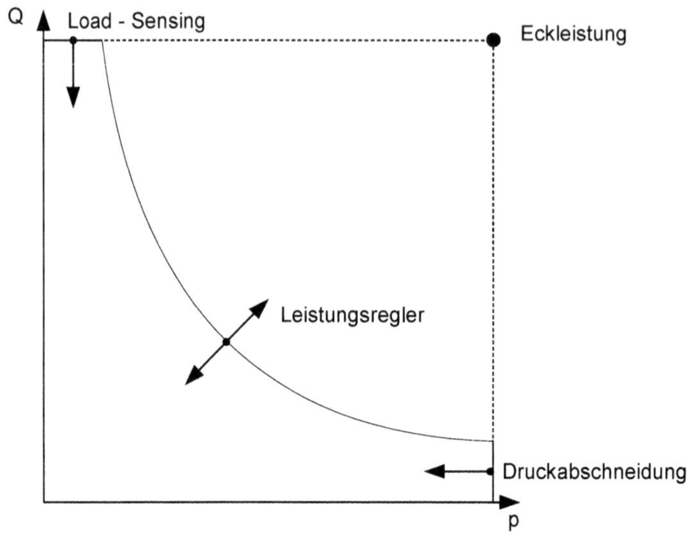

Abb. 4.5 Leistungshyperbel mit Variation der Regelstrategien

Eine weitere Variante stellen *Leistungsregler* dar, die seit vielen Jahrzehnten auch in Arbeitsmaschinen verwendet werden. Sie werden als mechanische Systeme mit Federn bzw. als elektronische Systeme unter Verwendung von elektrisch angesteuerten Proportionalventilen so ausgelegt, dass die maximale hydraulische Leistung der Pumpe konstant bleibt. Aus Gl. (4.2) ergibt sich bei konstanter Antriebsdrehzahl der Hydropumpe n_l eine konstante Leistung, wenn die Gl. (4.3) eingehalten wird.

$$P = p \cdot Q = p \cdot n_1 \cdot V_P = konst. \tag{4.2}$$

$$Q = \frac{1}{p}. \tag{4.3}$$

Das Schema eines mechanisch-hydraulischen Leistungsreglers ist in Abb. 4.6 dargestellt. Der Systemdruck wirkt mit der Kolbenfläche der Kraft der Feder *1* entgegen und bewirkt so die Gerade *3* im Kennfeld. Die gleichzeitige Wirkung der Federn *1* und *2* ergeben die Gerade *4*. In Näherung wird damit die eingezeichnete Leistungshyperbel erreicht. Der Leistungsregler, der eine konstante hydraulische Leistung durch Veränderung des Verdrängungsvolumens in Abhängigkeit vom Druck realisiert, arbeitet immer entlang einer Hyperbel [4.5].

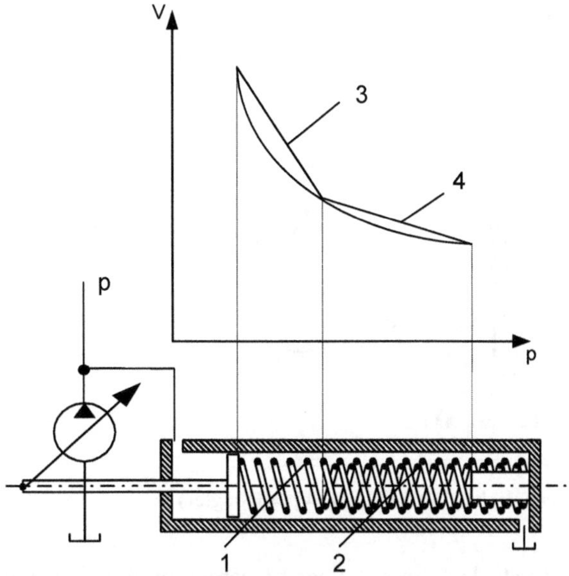

Abb. 4.6 Mechanischer Leistungsregler einer Hydropumpe. *1, 2* Federn, *3, 4* lineare Funktion

Eine Möglichkeit zur Beeinflussung der Leistungshyperbel ergibt sich durch Veränderung der Federn, was im begrenzten Umfang durch den dargestellten mechanischen Anschlag möglich ist. Die Umsetzung eines mechanischen Hyperbelreglers ist in Abb. 4.7 dargestellt. Er hat die Aufgabe, die hydraulische Abtriebsleistung der Hydraulikpumpe der nutzbaren Leistung des Verbrennungsmotors (Dieselmotor) als Antriebsmotor der Arbeitsmaschine anzupassen. Die Leistung des Dieselmotors ist das Produkt aus Drehmoment und Winkelgeschwindigkeit. Sie entspricht der hydraulischen Abgabeleistung der Hydraulikpumpe ($P = Q \cdot \Delta p$). Die Veränderung des Schwenkwinkels der Hydraulikpumpe übernimmt der Hyperbelregler. Ähnlich einem Digitalrechner multipliziert der Regler ständig Druck und Volumenstrom und vergleicht das Ergebnis mit dem eingestellten Wert. Der eingestellte Wert der Motorleistung entspricht dem Moment an der Wippe ($M_{VM} = F_{Fey} \cdot a$). Dem gegenüber steht die hydraulische Leistung, die sich aus dem Moment ($M_{Hy,Pu} = F_{Hy} \cdot b$) ergibt. Steigt die äußere Last, steigt der Betriebsdruck, so wird der Messkolben in Abb. 4.7 nach oben gedrückt und das Steuerventil durch die Wippe verstellt. Damit liegt der Betriebsdruck auch an der Bodenseite des Stellzylinders an und verschiebt selbigen in Richtung Nullförderung. Ein Betriebsdruckabfall hat zur Folge, dass der Messkolben durch die entgegenwirkende Federkraft nach unten gedrückt wird. Durch die Wippe wird das Steuerventil in umgekehrter Richtung verschoben, so dass der Druck auf der Kolbenbodenseite des Stellzylinders vermindert wird und sich der Schwenkwinkel vergrößert sowie in Folge die Fördermenge der Hydraulikpumpe ansteigt.

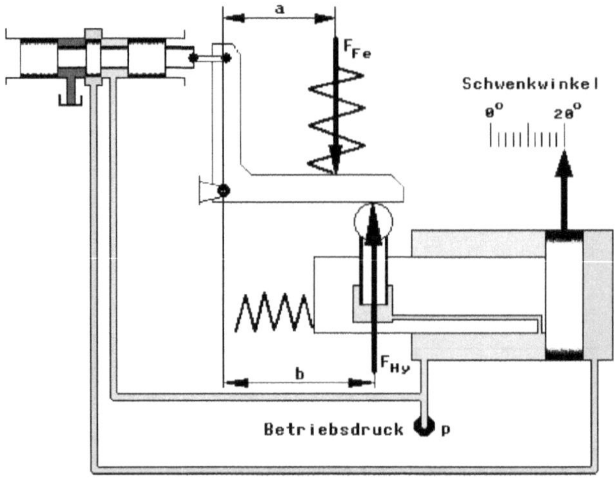

Abb. 4.7 Leistungsregler mit mechanischer Verstellung (Hyperbelregler)

Eine weitere Alternative ist durch den Einsatz einer Steuerpumpe mit variabler Druckbegrenzung gegeben. Anstelle der beiden Federn an der Bodenseite des Stellzylinders greift eine sich aus dem Volumenstrom und dem eingestellten Druck der Steuerpumpe ergebende Kraft an. Zur Einstellung des Steuerdruckes werden elektrisch angesteuerte Proportionalventile verwendet. In Abb. 4.8 ist ein derartiges System dargestellt. Vor allem für mobile hydraulische Antriebe mit großer Leistung haben sich elektronische Regelsysteme durchgesetzt.

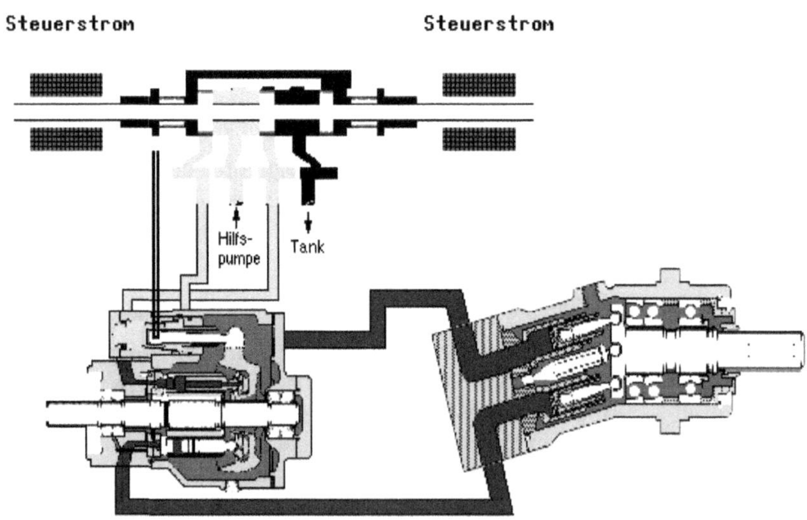

Abb. 4.8 Leistungsregler mit elektrischer Verstellung

Werden zwei gleich große Hydraulikpumpen eingesetzt, was oft bei Baggern der Fall ist, kann eine *Einzelleistungsregelung* oder eine *Summenleistungsregelung* verwendet werden.

Einzelleistungsregeler

Werden zwei Hydraulikpumpen von einem Antrieb nach der in Abb. 4.9 dargestellten Art gleichzeitig angetrieben, so gilt Gl. (4.4)

$$P_{ges} = p_1 \cdot Q_1 + p_2 \cdot Q_2$$

$$\text{mit } P_{1\max} = p_1 \cdot Q_1 = \frac{P_{ges}}{2} \text{ und} \tag{4.4}$$

$$P_{2\max} = p_2 \cdot Q_2 = \frac{P_{ges}}{2}.$$

Da beide Hydropumpen unabhängig voneinander arbeiten, kann jeder Leistungsregler nur auf die halbe Gesamtleistung ausgelegt werden, ansonsten würde der Antriebsmotor bis zum Stillstand gedrosselt. Bei nicht gleichzeitigem Leistungsbedarf kann je Pumpe nur die halbe Gesamtleistung genutzt werden, allerdings arbeiten beide Pumpen innerhalb ihrer Leistungsgrenzen unabhängig voneinander, d. h., es können für beide Kreisläufe unterschiedliche Volumenströme bereitgestellt werden.

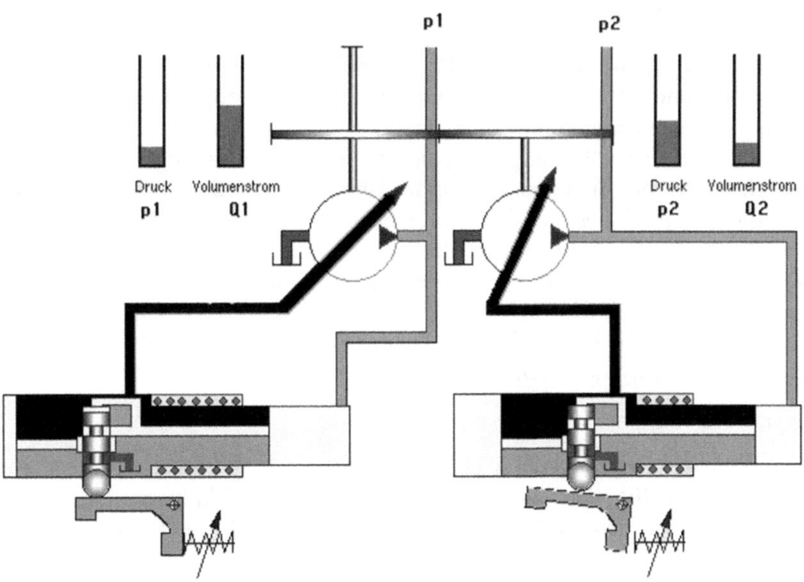

Abb. 4.9 Schema eines Einzelleistungsgsreglers

Summenleistungsregler

Die *Summenleistungsregelung* ist gemäß Abb. 4.10 ausgelegt und nutzt einen gemeinsamen Leistungsregler für beide Pumpen. Damit ist von Gl. (4.5) für den vorliegenden Fall auszugehen

$$P_{ges} = p_1 \cdot Q_1 + p_2 \cdot Q_2 \,. \tag{4.5}$$

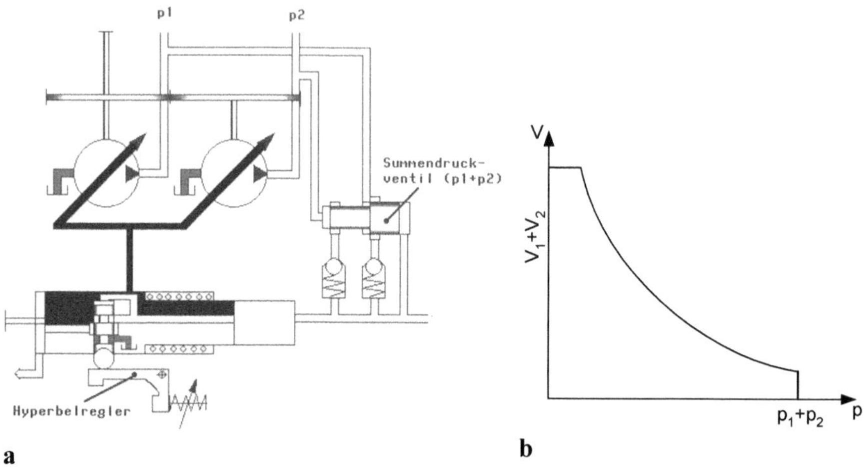

Abb. 4.10 Summenleistungsregler. **a** Schema **b** Leistungskennlinie

Im Gegensatz zum Einzelleistungsregler sind beide Pumpen für die gesamte Leistung ausgelegt und Gl. (4.5) gilt ohne Einschränkungen. Jede der beiden Pumpen kann den von der anderen Pumpe nicht genutzten Leistungsanteil mit übernehmen. Im Gegensatz zur Einzelleistungsregelung ergibt sich hier das Signal für den Hyperbelregler durch das Summendruckventil. Übersteigt nun die Summe der beiden Systemdrücke multipliziert mit dem Volumenstrom die vorgegebene Antriebsleistung des Verbrennungsmotors, regelt der Hyperbelregler den Schwenkwinkel beider Hydraulikpumpen zurück. Der Regler realisiert die in Abb. 4.10 dargestellte Leistungshyperbel. Durch den Einsatz eines Reglers sind die Volumenströme beider Pumpen immer gleich bzw. in einem festen Verhältnis zueinander konstruktiv vorgegeben. Damit werden auch die Grenzen dieser Reglerart sichtbar.

Load-Sensing-Regler

Der Load-Sensing-Regler (Abb. 4.11) besteht aus einem Wegeventil, einem Verstellmechanismus für den Schwenkwinkel der Hydraulikpumpe und einem Verbraucher. Durch den Regler wird über dem Wegeventil eine Druckdifferenz von ca. 16 bar eingehalten. Ist das Wegeventil in der geschlossenen Stellung, überwiegt der Druck auf der Pumpenseite und der Verstellzylinder der Hydraulikpumpe wird in Richtung Nullförderung gedrückt. Bei Veränderung der Position des Steuerkolbens im Wegeventil ändert sich die Differenz zwischen den beiden

Drücken auf der Verbraucherseite und auf der Pumpenseite. Verringert sich diese Druckdifferenz, überwiegt die Wirkung auf der Federseite des Verstellzylinders und die Hydraulikpumpe wird in Richtung größeren Winkel verstellt. Die Hydraulikpumpe fördert nur soviel Öl, wie die Verbraucher für die gewählte Arbeitsgeschwindigkeit benötigen. Werden an den Load-Sensing-Regler weitere Verbraucher (z. B. Zylinder) angeschlossen, dann fährt immer der Zylinder aus, der dem System den geringsten Widerstand entgegensetzt. Um das zu verhindern, müssen Druckwaagen eingesetzt werden.

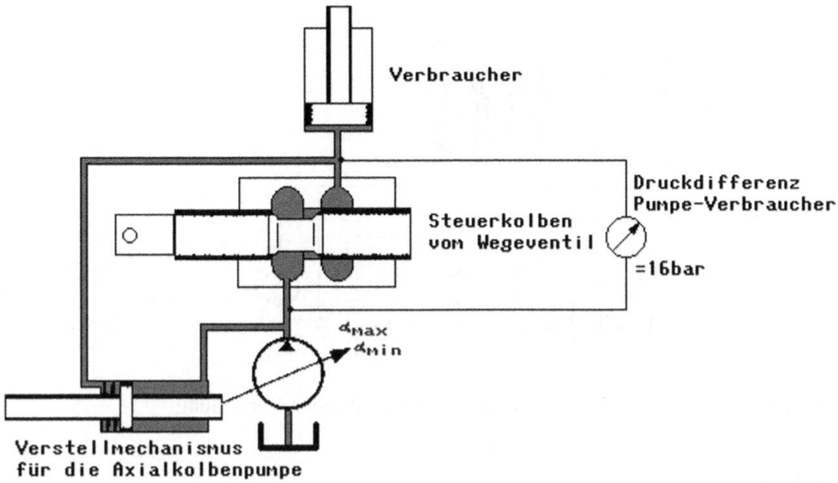

Abb. 4.11 Load-Sensing-Regelung

Drehzahlabhängige Verstellung

Die drehzahlabhängige hydraulische Verstellung ist eine stufenlos arbeitende Verstellung, die speziell für Fahrantriebe immer dann vorgesehen wird, wenn nur durch die Fahrpedalbetätigung des Dieselmotors gefahren werden soll. Der in Abb. 4.12 dargestellte Aufbau besteht aus einem Dieselmotor, der den Antrieb für das hydrostatische Getriebe bildet, einem Fahrpedal zur Drehzahlvorgabe des Dieselmotors, einer Zahnradpumpe, die entsprechend der Drehzahl einen Volumenstrom bereitstellt, und den weiteren dargestellten hydraulischen Komponenten. Der Volumenstrom der Zahnradpumpe bewirkt eine Verschiebung des Kolbens des Regelzylinders, so dass die Verbindung zur Steuerleitung freigegeben wird. Gleichzeitig erhöht sich der Druck im geschlossenen Kreislauf, was mit einer Drehmomentvergrößerung des Hydraulikmotors verbunden ist. Der Steuerdruck wirkt ebenfalls auf den Regelkolben, so dass dieser eine Position einnimmt, die der Gleichgewichtsbedingung entspricht. Wird durch eine zu große Belastung des Hydraulikmotors die Leistung, die dem Dieselmotor abgefordert wird, zu groß, dann vermindert sich die Drehzahl des Dieselmotors und der Volumenstrom der Zahnradpumpe verringert sich. Somit verschiebt sich der Regelkolben, die Steuerdruckleitung wird geschlossen und die Hydraulikpumpe zurückgeschwenkt. Die Leistungsanforderung an den Dieselmotor vermindert sich und er erreicht so wieder die vorgegebene Drehzahl. Das System kann durch *eine Incheinrichtung* erweitert werden. Dabei kann die Geschwindigkeit des Fahrzeuges trotz hoher Dieselmotordrehzahl bis zum Stillstand reduziert werden. Der Inchhebel drückt mittels einer Feder gegen die Steuerhülse des Regelventils und beeinflusst so den Steuerdruck.

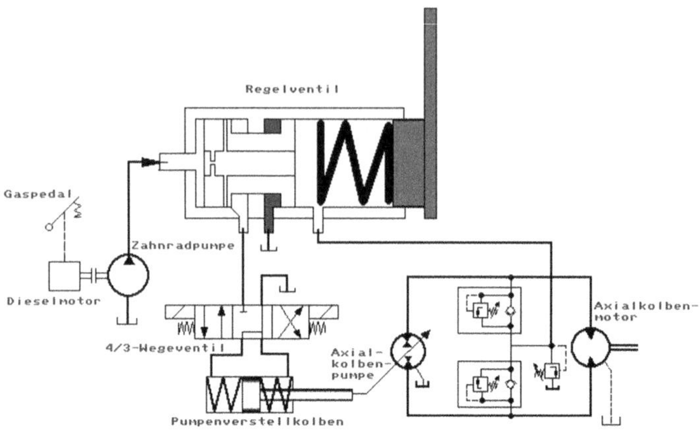

Abb. 4.12 Schema einer drehzahlabhängigen hydraulischne Verstellung

Nullhubregler

Nullhubregler sind einfache hydraulische Regler für Pumpen zur effektiven Energienutzung, die gemäß Abb. 4.13 arbeiten. Der vom Systemdruck beaufschlagte Stellzylinder arbeitet gegen die Stellfeder und schwenkt die Pumpe auf ein kleineres Verdrängungsvolumen bis zu einem Minimalwert ein, der als „Nullhub" gerade den entstehenden Leckvolumenstrom bereitstellt. Bedingt durch die im Zylinder und in der Pumpe auftretende Reibung ist die eingezeichnete Hysterese im Regelbereich nicht auszuschließen. Der Nullhubregler wird mit abnehmendem Druck durch die Stellfeder in die Ausgangslage (maximales Verdrängungsvolumen) gestellt.

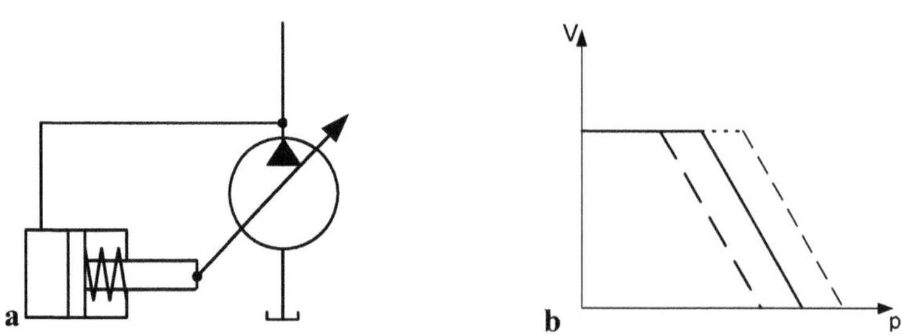

Abb. 4.13 Nullhubregler. **a** Schema **b** Kennlinie

Druckregler

Druckregler für Pumpen gemäß Abb. 4.14 werden zur Aufrechterhaltung eines konstanten Systemdruckes unabhängig vom Verdrängungsvolumen verwendet. Der Druck der Druckquelle wird am Ventil VD eingestellt und kann bei deren Variation auch in unterschiedlichen Stufen bereitgestellt werden. Eine Fernverstellung ist möglich.

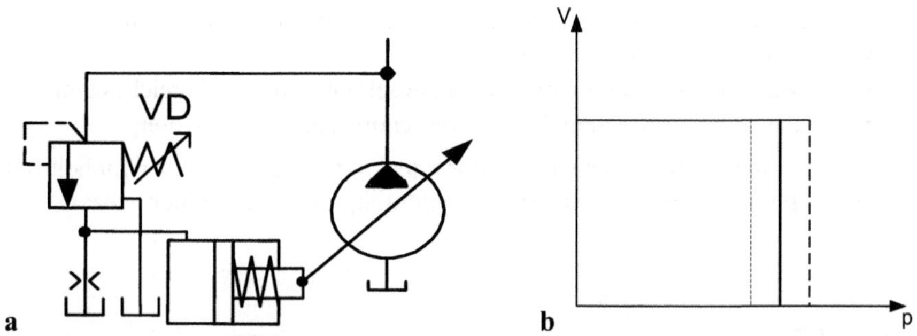

Abb. 4.14 Druckregler. **a** Schema **b** Kennlinie

Förderstromregler

Förderstromregler sind hydraulische Regler zur Aufrechterhaltung eines konstanten Förderstromes bei veränderlicher Antriebsdrehzahl der Pumpe. Der benötigte Volumenstrom wird am in Abb. 4.15 eingezeichneten Ventil eingestellt.

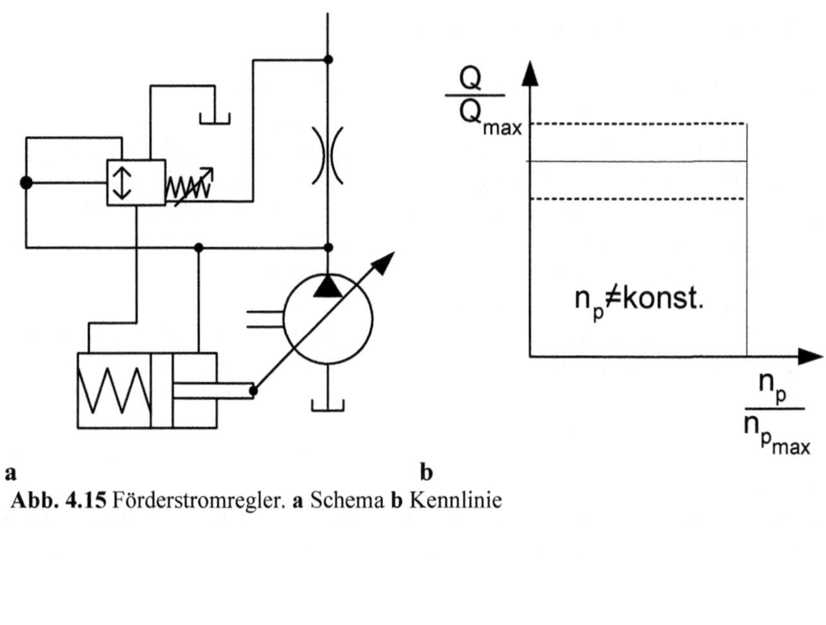

Abb. 4.15 Förderstromregler. **a** Schema **b** Kennlinie

Sonderanwendungen

In leistungsstarken Traktoren haben sich *Leistungsverzweigungsgetriebe* durchgesetzt. Der Wunsch nach einem stufenlos verstellbaren Getriebe wird oft durch eine Kombination von mechanischen und hydraulischen Antrieb erreicht. Die in Abb. 4.16 dargestellte Bauart ist auch für andere Fahrzeugarten einsetzbar. Die wesentlichen Vorteile sind [4.6]:

- stufenlose Anpassung der Geschwindigkeit an den Einsatzzweck,
- Halten des Fahrzeuges an einer Steigung ohne Bremsbetätigung,
- komfortables Reversieren,
- Nutzung eines energieoptimalen Dieselmotordrehzahlbereiches und
- unabhängige Nutzung der Zapfwellendrehzahl bei Traktoren.

Die dargestellten hydrostatischen Komponenten werden auch in einer Einheit mit direkter Kopplung in einem Gehäuse als Hydraulikpumpe und -motor gebaut.

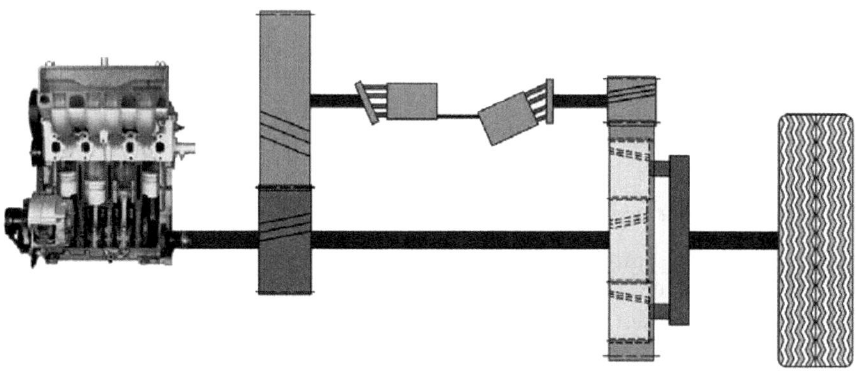

Abb. 4.16 Schema eines Antriebes mit CVT-Getriebe

Ein weiteres Problem ist die lastdruckunabhängige Betätigung von mehreren Hydraulikzylindern, wie es z. B. in Baggern und Ladern der Fall ist.

Eine Möglichkeit stellt die in Abb. 4.17 dargestellte ***Lastdruck-Unabhängige-Durchfluss-Verteilung*** (LUDV) dar (s. Abschn. 3.6.1). Dabei wird die Hydraulikpumpe in einem hydraulisch mechanischen Druckregelkreis betrieben. Der Versorgungsdruck für das System wird dem höchsten Lastdruck angepasst. Das System wurde durch den Einsatz elektrisch angesteuerter Komponenten zu dem in Abb. 4.18 enthaltenen *Flow-Matching* erweitert [4.7, 4.8].

Beim Flow-Matching wird die beim LUDV druckgeregelte Hydraulikpumpe durch eine rein schwenkwinkelverstellbare Hydraulikpumpe ersetzt. Die elektrische Ansteuerung erfolgt so, dass zeitgleich der über die Soll-Vorgabe der Ventile angeforderte Volumenstrom zur Verfügung gestellt werden kann. Die Druckverluste zwischen Hydraulikpumpe und Ventil stellen sich betriebspunktabhängig ein und sind oft geringer als bei fest eingestellten Druckdifferenzen. Die Hydraulikpumpe wird in einer offenen Steuerkette als elektro-proportionale Verstellpumpe betrieben. Sie arbeitet unabhängig von den Lastdruckschwankungen und ist regelungstechnisch robuster. Das in Abb. 4.18 dargestellte **E**lektrohydraulische **F**low **M**atching (EMF) bietet durch zielgerichtete Anpassung der Software an die jeweiligen Einsatzbedingungen zahlreiche energetische und bedienungstechnische Verbesserungen gegenüber dem LUDV.

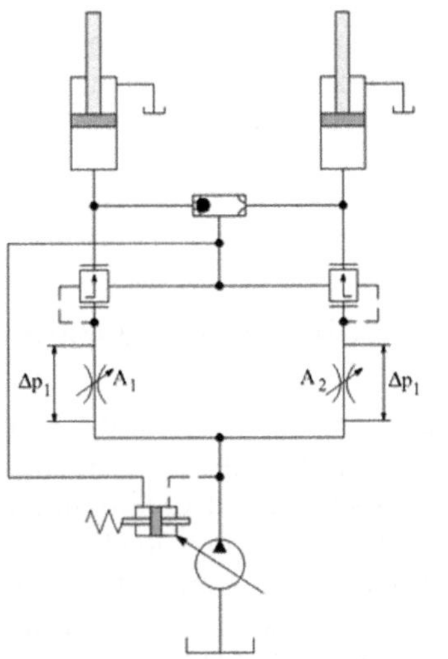

Abb. 4.17 Schema einer hydraulischen LUDV

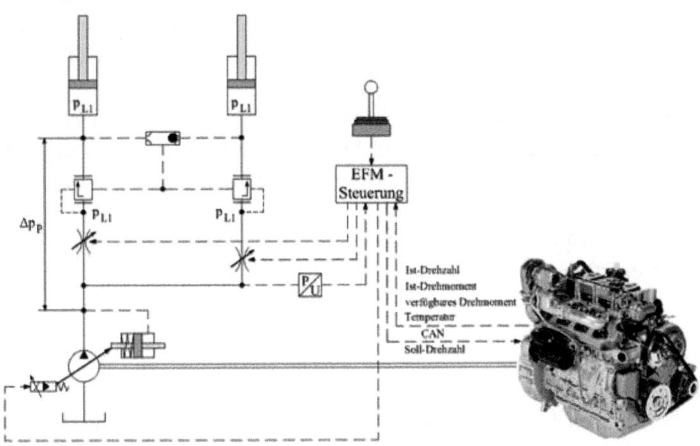

Abb. 4.18 Schema eines Elektrohydraulischen Flow Matching

Die hier auszugsweise vorgestellten regelungstechnischen Funktionen zeigen, wie heute an selbstfahrenden Maschinen mit vorrangig hydraulischen Mitteln eine bessere bzw. optimierte Ausnutzung der installierten Leistung ermöglicht werden kann. Einige dieser Funktionen werden in den Folgeabschnitten an konkreten hydraulischen Beispielen mit Schaltplänen hinterlegt und im Detail näher beschrieben. Dabei geht es stets um eine sinnvolle Beschreibung ausgewählter Funktionen. Eine vollständige Erklärung der Maschinenpläne in ihrer Gesamtheit ist im Rahmen dieses Fachbuches nicht möglich.

Hinsichtlich der hydraulischen Projektierung und Auslegung von Fahrantriebs- und Arbeitssystemen wirft die optimale Nutzung der installierten Leistung heute nicht nur technische, sondern vor allem auch als wirtschaftliche Fragen auf. Aus diesem Grund wird auf die damit im Zusammenhang stehenden Auslegungsaspekte bei der Beschreibung der Hydraulikfunktionen eines Teleskopladers nochmals näher eingegangen.

4.2 Selbstfahrende Arbeitsmaschinen mit Radfahrwerken

Die Komplexität der Hydraulik- und Regelungsfunktionen im Rahmen des Fahr- und Lenkverhaltens selbstfahrender Arbeitsmaschinen mit Radfahrwerken sowie des Zusammenwirkens zwischen Fahr-, Lenk- und Arbeitshydraulik, wird im Folgenden anhand der Hydraulikschaltungen eines Teleskopladers verdeutlicht.

Der Teleskoplader verkörpert sozusagen „in sich" ein Fahrzeug mit Arbeitsfunktionen, die nicht nur Radladerqualität besitzen, sondern zugleich auch Staplerfunktionen beinhalten, so dass die erwähnte Komplexität der dafür notwendigen Hydraulik- und Regelungsfunktionen bereits im Konzept eines solches Laders enthalten ist.

Gleichzeitig wird versucht, auch die Funktionsweise eines hydraulischen Nebenkreislaufes – in diesem Falle des Ölkühlkreislaufes – in die Beschreibung mit einzubinden, um auch von dieser Seite her die Komplexität der Hydraulikfunktionen einer solchen Arbeitsmaschine aufzuzeigen.

In einem weiteren Beispiel wird die Besonderheit des Fahrverhaltens knickgelenkter Fahrzeuge aufgegriffen, die vor allem bei höheren Geschwindigkeiten zu Schlingerbewegungen neigen. Es wird gezeigt, wie mit hydraulischen Mitteln die Fahrtrichtungsstabilität derartiger Fahrzeuge gewährleistet werden kann. Zudem werden einige Grundsatzaspekte zur Projektierung und hydraulischen Auslegung derartiger Lösungen erörtert.

4.2.1 Teleskoplader

Teleskoplader haben in den letzten Jahren aufgrund der Komplexität und Vielfalt der von ihnen zu erfüllenden Funktionen eine zunehmende Bedeutung erlangt. Wegen ihres modernen Designs ist es heute zum Beispiel bei Ladern schon von der äußeren Ansicht her oft schwierig zu entscheiden, ob es sich noch um eine „klassische Arbeitsmaschine" handelt oder wir es bereits mit einem „komplexen Fahrzeug" zu tun haben; einem Fahrzeug, das sozusagen Maschinenfunktionen erfüllt. Zunehmend erlangen gerade bei diesen Maschinen Forderungen an die Straßentauglichkeit, wie z. B. Fahrverhalten (automotives Fahren) oder höhere Geschwindigkeiten an Bedeutung, so dass auch von dieser Seite her, vor allem bei Ladern, durchaus von einem „Fahrzeug" gesprochen werden kann.

Die eingangs geführte Diskussion bzgl. fehlender Definitionen zu selbstfahrenden Arbeitsmaschinen gilt auch für Teleskoplader. Werden nämlich die Normen betrachtet, so ergibt sich auch hier kein einheitliches Bild. Nach EN 1459 [4.9] bzw. DIN EN ISO 3691 [4.10] ist der Teleskoplader ein geländegängiger Stapler, nach Straßenverkehrszulassungsordnung [4.1] eine selbstfahrende Arbeitsmaschine und nach der EG-Richtlinie 2003/37 [4.11] kann es sogar ein Traktor sein.

Von Sonderlösungen abgesehen, ist die in einer selbstfahrenden Arbeitsmaschine (insbesondere im Baumaschinenbereich [4.39]) üblicherweise applizierte Hydraulik beispielhaft auch in einem Lader vorhanden. Die Hydraulikanlage gliedert sich in Hydraulikbaugruppen, die anhand funktionaler Zusammenhänge definiert und zu Funktionsbaugruppen zusammengefasst werden:

- Arbeitshydraulik,
- Antriebshydraulik (Fahrantrieb),
- Lenkhydraulik (Lenkung) und
- Kühlhydraulik (Kühlsystem).

Am Beispiel eines Teleskopladers der Firma Wacker Neuson SE (Abb. 4.19) sollen die Hydraulikpläne (Abb. 4.20–Abb. 4.22) dieser einzelnen Funktionsbaugruppen vorgestellt werden [4.12].

Abb. 4.19 Teleskoplader (Marke KramerAllrad) der Wacker Neuson SE München **a** Fahrbetrieb **b** Arbeitsbetrieb **c** Staplerbetrieb

Im Unterschied zu konventionellen Radladern, die ihrerseits bereits ein weites Einsatzspektrum im Bereich verschiedener Baumaschinenanwendungen abdecken, zeichnen sich Teleskoplader durch eine noch höhere Flexibilität aus. Dies ist vor allem darin begründet, dass durch die Teleskopierbarkeit des Auslegers größere Arbeitshöhen und Reichweiten realisiert werden als bei klassischen Ladern. Aus diesem Grund können Teleskoplader nicht nur im normalen Baumaschinenbetrieb (Abb. 4.19 b) genutzt werden. Sie finden ihren Einsatz im Bereich der Fördertechnik (Staplerfunktion) – Abb. 4.19 c – sowie zunehmend in der Landwirtschaft und in landwirtschaftlichen Betrieben. Die Bewegungs- und Reichweitenvorteile werden zudem durch eine große Vielfalt von Anbaugeräten unterstützt. Bei einer Höchstgeschwindigkeit von 40 km/h spielt bei diesen Ladern die Fahrzeugfunktion eine wichtige Rolle und der Lader eignet sich damit sehr gut für Fahrten zwischen weiter entfernt liegenden Einsatzstellen bzw. für den Transport von Gütern (Abb. 4.19 a). Trotz der zunehmenden Bedeutung der Fahranteile bzw. Fahrbewegungen ist bei einem Lader im Hinblick auf die Erfüllung seiner Gesamtaufgaben der Arbeitshydraulik eine Priorität zuzuordnen. Aus diesem Grund soll im Folgenden zunächst die Arbeitshydraulik näher betrachtet werden.

Arbeitshydraulik

Da das Verrichten von Arbeitsfunktionen als wesentlicher Aufgabenbereich eines Teleskopladers anzusehen ist, wird ein solches „Fahrzeug“ auch als mobile bzw. selbstfahrende Arbeitsmaschine bezeichnet.

In Abb. 4.21 ist der Schaltplan der Arbeitshydraulik eines Teleskopladers dargestellt. Auch wenn diese in Form von einzelnen Funktionsbaugruppen beschrieben wird, zeigt sich, dass sie nicht unabhängig von der Fahr- und Lenkhydraulik dimensioniert werden kann.

Bei der Auslegung unterschiedlicher Hydraulikfunktionen bzw. der entsprechenden Funktionsbaugruppen kommt es gerade auf das Zusammenspiel dieser Funktionen beim Einsatz der Maschine an. So ist bereits bei der Projektierung zu beachten, welche Arbeitsfunktionen beim Fahren (mit welcher Geschwindigkeit) verrichtet werden müssen und/oder welche Arbeitsfunktionen beim Fahren nicht erforderlich sind. Demzufolge ist z. B. festzulegen, welche Arbeitsfunktionen nur im Stand ausgeführt werden. In der Praxis gibt es oft fließende Übergänge. Eine solche Vorgehensweise bzgl. der Hydraulikauslegung ist deshalb erforderlich, da – bezogen auf die Gesamtmaschine – stets das Verhältnis der installierten verbrennungsmotorischen zur hydraulischen Leistung stimmen muss. Dies trifft auch für Einschaltdauern der einzelnen Hydraulikfunktionen zu. Selbst die Kombination unterschiedlicher Hydraulikfunktionen darf keine größere Leistung benötigen, als der Verbrennungsmotor erbringen kann.

Nicht zuletzt aus diesem Grund sind Regelungsfunktionen notwendig, die es ermöglichen, einen Abgleich des benötigten Leistungsbedarfs für die einzelnen Hydraulikfunktionen vorzunehmen.

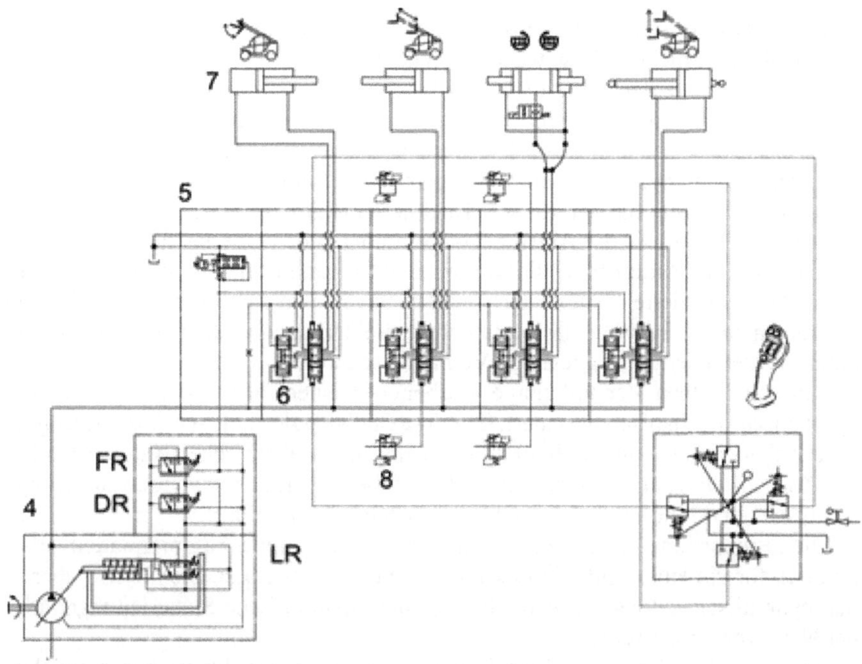

Abb. 4.20 Auszug aus dem Hydraulikschaltplan zur Arbeitshydraulik des Teleskopladers der Wacker Neuson SE. *4* Axialkolben-Verstellpumpe, *5* Unterplattenverkettung, *6* LUDV-Ventil, *7* Hub- und Kippsektionen, *8* elektrisch ansteuerbare Proportionalventile für Teleskopier- und Sonderfunktionen, *FR* Druck-Förderstrom-Regler, *DR* Druckregler (Nullhubregler), *LR* Leistungsregler)

Beim Teleskoplader besteht die Arbeitshydraulik u. a. aus einer Axialkolben-Verstellpumpe *4* mit integriertem Druck-Förderstrom-Regler *FR*, Leistungsregler *LR* und Druckregler (Nullhubregler) *DR*.

Der Druck-Förderstrom-Regler wird auch als Load-Sensing-Regler (LS-Regler) bezeichnet, da er in dem widerstandsgesteuerten Antrieb die Druckdifferenz über dem Stromventil (in der Baugruppe *5*) mittels dem variablen Volumenstrom der Pumpe konstant hält und damit den Antrieb zum einen lastunabhängig und zum andern energetisch günstig gestaltet. Der LS-Regler ist hier im Besonderen durch die spezielle Schaltung der Individual-Druckwaagen nach den Stromventilen (in Ölflussrichtung zu den Hydrozylindern gesehen), als LUDV-System *6* ausgeführt. Das LUDV-System ist ein weiterentwickeltes LS-System. Es verhindert bei Volumenstromunterversorgung eines Verbrauchers, dass dieser unerwünschte Bewegungen ausführt, sondern alle Verbraucher gleichmäßig proportional im Volumenstrom und damit der Geschwindigkeit reduziert. Somit müssen der verbrennungsmotorische und hydraulische Antrieb nicht auf die Eckleistung der Arbeitsgeräte und des Fahrantriebes ausgelegt werden, was enorme Wirkungsgradvorteile mit sich bringt. Im konkreten Fall des Teleskopauslegers wird durch eine proportionale Durchflussverteilung des Ölvolumenstromes ein optimaler

Steuerungskomfort des Teleskops erreicht; eben auch dann, wenn die Pumpe den vollen Ölbedarf nicht mehr gewährleisten kann.

Der Leistungsregler hält die von der Pumpe aufgenommene Leistung konstant, indem er das Produkt aus Pumpenvolumenstrom und Pumpendruck konstant hält. Der Vorteil besteht darin, dass der Dieselmotor nicht „abgewürgt" werden kann. Der Druckregler *DR* besitzt hier im eigentlichen Sinne die Funktion eines Nullhubreglers. Genauer handelt es sich dabei um eine Druck- bzw. Volumenstromabschneidung. Wird z.B. der Abtrieb (Hydromotor) in den Überlastfall gefahren und kämen somit der Motor bzw. die Motore zum Stillstand, so dass das von der Pumpe zu viel geförderte Öl über das Sicherheitsventil mit enormer Verlustleistung abströmen muss, bewirkt der Nullhubregler ein Einschwenken der Pumpe. Dadurch werden energetisch günstige Verhältnisse erreicht.

Die Axialkolben-Verstellpumpe *4* arbeitet in einem offenen Kreislauf und ist hydraulisch-mechanisch gesteuert, d. h. ihre Stellsignale sind, zur Absicherung der beschriebenen Regelungen, hydraulischer und nicht elektrischer Natur. Damit ist der Antrieb sehr robust und störunanfällig. Arbeitshydrauliken werden steuerungstechnisch noch sehr häufig hydraulisch-mechanisch ausgeführt.

Die „Proportional-Wegeventile" sind in der Baugruppe *5* (Unterplattenverkettungen), für die Hub- und Kippsektionen *7* zusammengefasst. Sie werden über einen hydraulischen Joystick manuell stetig über hydraulische Steuerleitungen kleiner Nennweite angesteuert.

Als vorteilhaft bzgl. der Ausführung der Arbeitshydraulik ist hervorzuheben, dass sie energetisch günstig und lastunabhängig arbeitet sowie mit stetigen mechanisch-hydraulischen Signalen beaufschlagt wird. Regelungstechnisch betrachtet, muss bei einer solchen Ausführung stets der Bediener den Kreis schließen (Regelung), was für viele Einsatzfälle des Teleskopladers besonders wichtig ist.

Die Funktionen „Ein- und Ausschub des Teleskoparmes" sowie „Zusatzsteuerkreis" (Sonderfunktionen) werden aus der aktiven Bewegung des hydraulischen Joysticks herausgenommen und über elektrische Potentiometer, fest im Steuerhebel integriert (Multifunktionsjoystick), mittels elektrisch ansteuerbarer Proportionalventile *8*, realisiert. Hier ist interessant, dass eine mechanische Anlenkung der Steuerhebel bauraumseitig nicht unterzubringen wäre. Eine elektrohydraulische Schwarz-Weiß-Schaltung ermöglicht nur eine eingeschränkte Funktionalität. Mit den in den Joystick eingebauten Potentiometern (elektrohydraulisch proportionale Ansteuerung) ist ein präzises und komfortables Arbeiten möglich.

Antriebshydraulik (Fahrantrieb)

Im vorgestellten Teleskoplader wird als Fahrantrieb ein stufenloser hydrostatischer Fahrantrieb im geschlossenen Kreislauf verwendet (Abb. 4.21). Pumpe und Hydromotor werden mit elektrischen Signalen angesteuert. Durch ein Schwenken der Pumpe und des Motors wird der Geschwindigkeitsbereich bis 40 km/h stufenlos ohne Zugkraftunterbrechung durchfahren. Mit „Über-Null-Schwenken" der Pumpe wird die Fahrtrichtungsumkehr des Antriebes im gleichen Geschwindigkeitsbereich realisiert. Als Besonderheit kommt hier ein 45°-Großwinkel-Fahrmotor *1* mit 233 cm^3 Verdrängungsvolumen/Schluckvolumen zur Anwendung (Axialkolben-Schrägachse). Mit derartigen Großwinkel-Fahrmotoren wird ein großer Wandlungsbereich überdeckt, d. h., der gesamte Geschwindigkeitsbereich kann bei relativ großen Leistungen ohne Mehrmotorenkonzepte (zur Pumpe parallel geschaltete Motore) und ohne schaltende Kupplungen (keine Zugkraftunterbrechung) durchfahren werden. Dies bringt Bauraum- und Kostenvorteile mit sich.

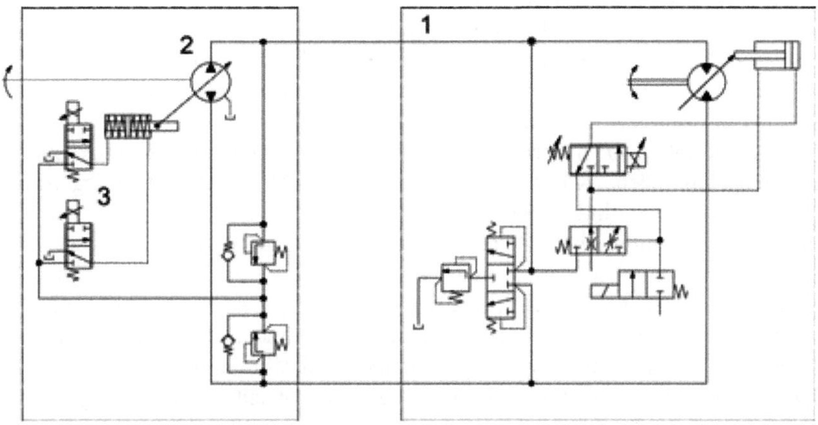

Abb. 4.21 Auszug aus dem Hydraulikschaltplan der Antriebshydraulik des Teleskopladers der Wacker Neuson SE. *1* Großwinkel-Fahrmotor mit Ansteuerung, *2* Axialkolbenpumpe, *3* elektrisch-proportionale Ansteuerung der Pumpe

Die Versorgung des Fahrmotors erfolgt über eine verstellbare Axialkolbenpumpe in Schrägscheibenbauart *2* mit elektrisch-proportionaler Ansteuerung *3*. Während des Ausschwenkens der Pumpe, bei maximalem Schluckvolumen des Hydromotors, wird das maximale Drehmoment am Abtrieb erzeugt, d.h. das Fahrzeug arbeitet mit maximaler Zugkraft. Soll hingegen noch schneller gefahren werden und der Motor wird zurückgeschwenkt, muss die Zugkraft des Fahrzeuges – aufgrund der über den gesamten Arbeitbereich des Motors wirkenden Leistungskonstanz – sinken.

Eine weitere Funktion der Verstellpumpe ist das sog. „Inchen“, das notwendig wird, wenn z. B. die Fahrgeschwindigkeit kleiner sein soll, als es der entsprechenden Motordrehzahl entsprechen würde. Da zur Ausführung von anderen Bewegungen am Fahrzeug (z. B. der Arbeitsorgane) häufig eine höhere oder zumindest andere Verbrennungsmotordrehzahl benötigt wird als zum Fahren, erfolgt über die Betätigung eines kombinierten Inch-Bremspedals ein Zurückschwenken der Fahrantriebspumpe, so dass die Geschwindigkeit bei gleicher Motordrehzahl bis zum Stillstand vermindert werden kann. Zunächst wird die Fahrantriebspumpe zurückgeschwenkt, bei weiterem Durchdrücken wird die Betriebsbremse (hydraulische Lamellenbremse) betätigt.

Vorteilhaft ist eine solche Funktion, wenn z. B. bei Anbaugeräten große Ölvolumenströme (bei kleinen Fahrgeschwindigkeiten) benötigt werden. Im Fahrbetrieb entstehen somit keine Verluste. Nahezu die gesamte Dieselmotorleistung steht für das Arbeitsgerät zur Verfügung.

Lenkhydraulik (Lenkung)

Im Rahmen der komplexen Beschreibung des Hydrauliksystems des Teleskopladers soll an dieser Stelle die Hydraulikschaltung der Lenkung eines solchen Fahrzeuges aufgezeigt und kurz beschrieben werden, Abb. 4.22.

Basis ist die Verstellpumpe mit Regelungsfunktion (Load-Sensing-Pumpe) *9* der Arbeitshydraulik. Sie versorgt über das Prioritätsventil *10* mit Vorrangschaltung die hydrostatische Lenkung. Diese besteht im Wesentlichen aus der hydrostatischen Lenkeinheit *11* mit proportionalem, mechanischem Drehschieberventil und Dosiermaschine, dem Allrad-/Vorderachs-Lenkventil *12,* dem Hundegangventil *13* sowie den Lenkzylindern *14.*

Aufgrund der möglichen Hinterachslenkung kommt als Lenkventil/Drehschieberventil eine Nicht-Reaktionsausführung zum Einsatz, d. h. wenn keine Lenkbewegung ausgeführt wird, sind die Ölanschlüsse im Lenkventil vom Lenkzylinder zur Dosiermaschine und damit zum Lenkrad geschlossen, so dass der Fahrer keine Rückkopplung der momentanen Lastkräfte an den gelenkten Rädern erhält. Außerdem ist das Lenkventil eine Closed-Center-Ausführung, was ein Konstantdrucksystem am Lenkventileingang-Pumpenausgang bewirkt, da parallel die Arbeitshydraulik mit versorgt werden muss. Die Dosiermaschine in der hydrostatischen Lenkeinheit *11* kann im Vier-Quadrantenbetrieb arbeiten und dient damit bei Versorgungs- bzw. Dielmotorenausfall als Notlenkpumpe, womit die Lenkung (sicherheitsrelevantes System) über eine Rückfallebene verfügt. In Abhängigkeit von der jeweils vorgewählten Fahrgeschwindigkeit erfolgen die Wahl der Lenkungsarten sowie die elektronische Synchronisierung der Lenkungszylinder automatisch. Die Mittelstellung der Lenkzylinder wird über Sensoren *15* angezeigt.

Bis zu einer Geschwindigkeit von 20 km/h wird in Allradlenkung gefahren, bei höheren Geschwindigkeiten (bis 40 km/h) (Straßenfahrt) ausschließlich mit Vorderachslenkung.

Optional kann auch noch eine dritte Lenkungsart, die Diagonallenkung (für den Arbeitseinsatz), gewählt werden. Die zwei einzeln gelenkten Achsen können in unterschiedliche Richtungen oder die gleiche Richtung verdreht werden. Dies ermöglicht z. B. eine Versetzung beider Achsen (Versatz von Vorder- zu Hinterachse), was bei verschiedenen Arbeitseinsätzen vorteilhaft sein kann. Dabei fährt jedes Rad im Geradeauslauf, auf einer eigenen Spur. Hierdurch wird gleichzeitig eine geringe Bodenverdichtung bewirkt. Die Lenkungsart ermöglicht auch das schräge Abfahren des Teleskopladers von dicht an der Fahrzeugseite stehenden Hindernissen.

Die Wahl der drei Lenkungsarten kann jederzeit manuell erfolgen werden. Allerdings wird dann die Geschwindigkeit automatisch auf max. 20 km/h begrenzt.

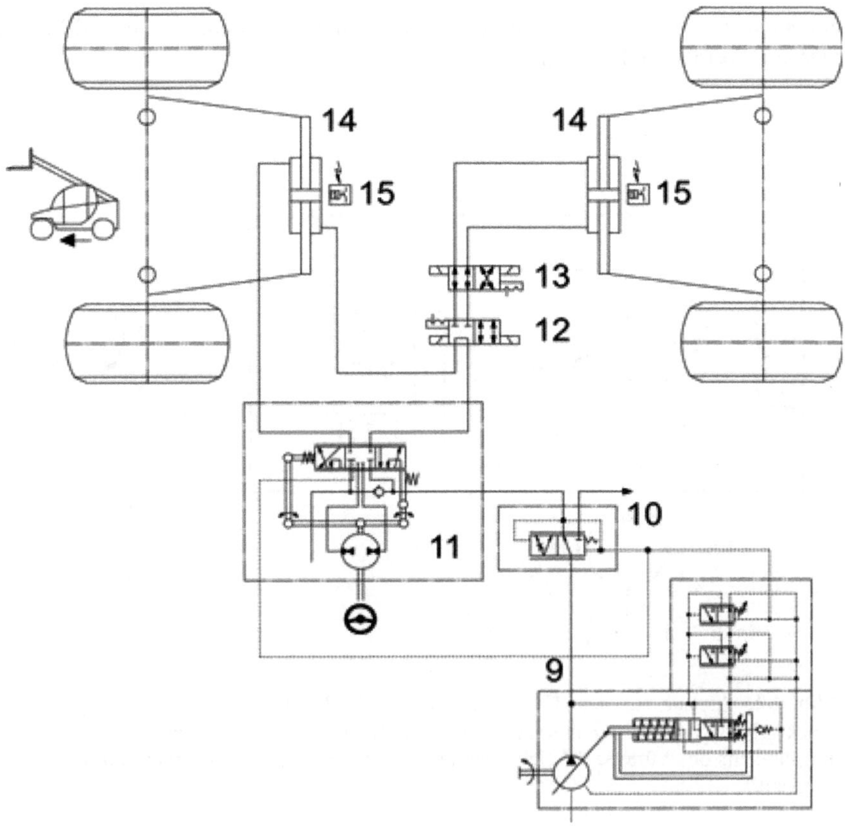

Abb. 4.22 Hydraulikschaltplan des Lenksystems des Teleskopladers der Wacker Neuson SE. *9* Verstellpumpe mit Regelungsfunktionen (Load-Sensing-Pumpe), *10* Wegeventil („Prioritäts“-Ventil) zur vorrangigen Versorgung der Lenkung, *11* hydrostatische Lenkeinheit, *12* Allrad-/Vorderachs-Lenkventil, *13* Hundegangventil, *14* Lenkzylinder, *15* Sensoren zur Anzeige der Mittelstellung der Zylinder

Hydrostatischer Ölkühlkreislauf

Das Kühlsystem ist ein Nebenkreislauf und wird durch eine relativ einfache Hydraulikschaltung realisiert (Abb. 4.23). Diese Hydraulikfunktion soll jedoch der Vollständigkeit halber mit aufgezeigt werden.

Für die Kühlung des Ölhaushalts wird ein hydrostatischer Lüfterantrieb mit Zahnradpumpe *16* und Zahnradmotor *17* verwendet; beide sind Konstantmaschinen. Die Steuerung der Kühlleistung erfolgt über ein elektrisch-proportionales Druckbegrenzungsventil *19*, womit die Höhe des Volumenstromes zum Motor und damit die Drehzahl des Zahnradmotors *17* stufenlos eingestellt werden kann. Das Rückschlagventil *20* fungiert als Nachsaugventil, mit dessen Hilfe ein harmonischer Auslauf des Lüfters, bei Abstellen des Dieselmotors, gewährleistet werden kann. Mit Hilfe des 4/2 Wegeventil *89* ist es möglich, die Lüfterdrehrichtung umzukehren. Dadurch können eventuelle Verschmutzungen am Kühlergrill beseitigt werden (Freiblasen des Kühlers).

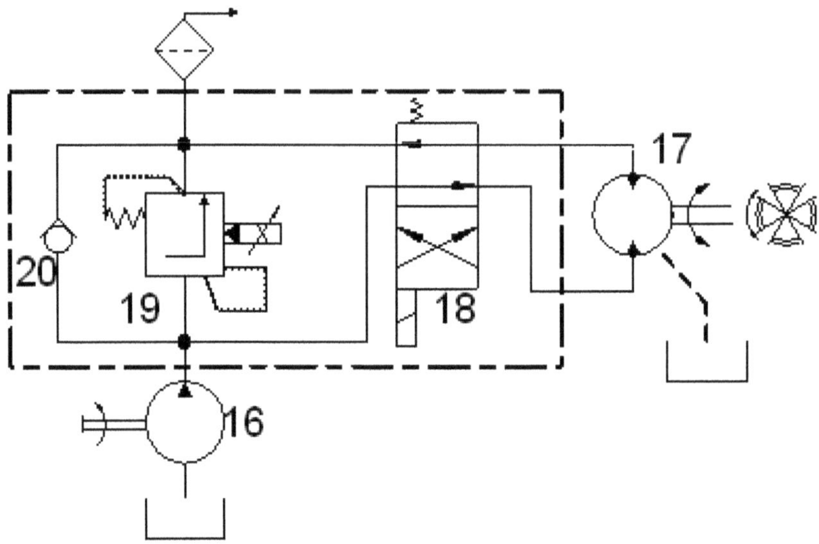

Abb. 4.23 Auszug aus dem Hydraulikschalplan für Kühlsystems des Teleskopladers der Wacker Neuson SE. *16* Zahnradpumpe, *17* Zahnradmotor, *18* Wegeventil zur Drehrichtungsumkehr des Lüfters, *19* elektrisch-proportionales Druckbegrenzungsventil, *20* Nachsaugventil

Aus der Beschreibung zeigt sich die Vielfalt der realisierten Hydraulikfunktionen bei einem Teleskoplader, aber auch ihre gegenseitigen Abhängigkeiten. Es sollte deutlich werden, dass bei selbstfahrenden Arbeitsmaschinen – gegenüber Fahrzeugen, in denen oft nur der „reine“ Fahrantrieb zu realisieren ist – umfangreiche Regelungsfunktionen erforderlich werden, die auf die Leistung des Verbrennungsmotors abgestimmte kombinierte Hydraulikfunktionen (z. B. Arbeiten, Fahren und Lenken) ermöglichen.

4.2.2 Knickgelenkte Fahrzeuge

Die Knicklenkung ist das einzige Lenksystem, das im Stand eine Änderung der Arbeitsrichtung der Arbeitsmaschine ermöglicht. Dieser Vorteil wird bewusst bei Knickladern und ähnlichen Arbeitsmaschinen (z. B. Muldenkipper, Radlader, Tandemwalzen) genutzt. Die Lenkung arbeitet ähnlich zu den in Abschn. 3.1.2 vorgestellten Systemen. Die Lenkzylinder werden von einer separaten Hydraulikanlage versorgt. Die Ansteuerung erfolgt ebenfalls von einem mit dem Lenkrad verbundenen Lenkventil. Die Besonderheiten ergeben sich aus der räumlichen Anordnung der Lenkzylinder. Für das Lenkverhalten knickgelenkter Fahrzeuge kommt es auf eine optimale Struktur und Geometrie des Lenkgetriebes bzw. eine entsprechende Anordnung der Lenkzylinder an. Ausführliche Untersuchungen hierzu sind von Dudzinski [4.13] durchgeführt worden.

Die Hauptunterschiede in der Lenkung zwischen „normal-“ und knickgelenkten Fahrzeugen bestehen vor allem in der konstruktiven Ausführung der Lenkanlage und der Charakteristik zwischen Reifen und Boden. Außer der Lenkbewegung ist bei knickgelenkten Fahrzeugen über die Lenkung zugleich die Fahrstabilität zu garantieren. Somit kommt der Lenkung bei Fahrzeugen mit Knicklenkung eine Doppelfunktion zu.

Die Lenkung von knickgelenkten Fahrzeugen erfolgt heute i. d. R. mit einem oder zwei Hydraulikzylindern. Die Fahrt eines Fahrzeuges mit Knicklenkung findet stets unter zusammengesetzten Bewegungen und Belastungen statt. Die mechanischen und kinematischen Grundlagen hierzu werden ebenfalls in [4.13] erörtert.

Einige Faktoren sind mit konstruktiven Maschineparametern verbunden, wie z.B. Massenverteilung der Maschine, Achsabstand, Spurbreite, Lage des Knick- und Pendelgelenkes, Steifigkeits- und Dämpfungsparameter der Lenkgetriebe oder auch die Steifigkeits- und Dämpfungsparameter von großvolumigen, sog. „inertialen“ Reifen.

Andere Parameter, wie Fahrgeschwindigkeit, Antriebs- und Bremsverhalten oder die zu wählende Antriebsart (z. B. Einachs- oder Zweiachsantrieb) sind – was oft unterschätzt wird – in bestimmten Grenzen von sog. psychophysischen Prädispositionen abhängig, also subjektiven Bedingungen, wie Können, Ausbildung und Willen des Fahrers.

Darüber hinaus gibt es relativ „unabhängige“ Faktoren, wie z. B. Roll- und Windwiderstände, oder dynamische Belastungen, die aus der Fahrt auf unebenem Gelände resultieren. Diese Einflussgrößen haben weitestgehend stochastischen Charakter.

Aus all diesen Einflussgrößen folgt eine Diskrepanz zwischen den gewählten und den tatsächlichen Bewegungsparametern. Damit verbundene Momentenwirkungen von außen (M_w) bewirken ein zusätzliches „Knicken“ des Fahrzeuges. Hierdurch erfolgt eine Kursänderung Ψ (Abb. 4.24). In deren Ergebnis bewegt sich das Fahrzeug auf einer Trajektorie T (ausgehend z. B. von der Mitte der Vorderachse als repräsentativem Punkt P) mit schwankender Amplitude A_w und Frequenz $1/T_w$. Diese Erscheinung wird in der Technik als das Schlingern des Fahrzeuges definiert.

Derartige Schlingerbewegungen von Radfahrzeugen mit Knicklenkung können durch eine Erhöhung der Drehsteifigkeit der Lenkgetriebe wesentlich verbessert werden. Die Drehsteifigkeit wiederum ist abhängig von der Stabilität der hydraulischen Lenkzylinder.

Da knickgelenkte Muldenkipper z. B. in abfallendem Gelände heute bereits Geschwindigkeiten von mehr als 60 km/h erreichen können, sind Untersuchungen zu einer Optimierung der Drehsteifigkeit und damit zur Stabilität des Fahrverhaltens von großer Bedeutung.

Drehsteifigkeit und Lenkmoment

Neben der Einbaulage (Abstände a, b, c, d in Abb. 4.24) und der Geometrie der Lenkzylinder haben hinsichtlich der Hydraulik vor allem

- die Art bzw. Ausführungsform, die Geometrie und das Kompressionsverhalten der Hydraulikleitungen,
- der Kompressionsmodul des Öls,
- (unlösliche) Luft im Öl sowie
- der Druck in der Lenkanlage

einen wichtigen Einfluss auf die Drehsteifigkeit des Gesamtsystems. Dies wird deutlich, indem die Gleichung für das Lenkmoment eines knickgelenkten Fahrzeuges betrachtet wird.

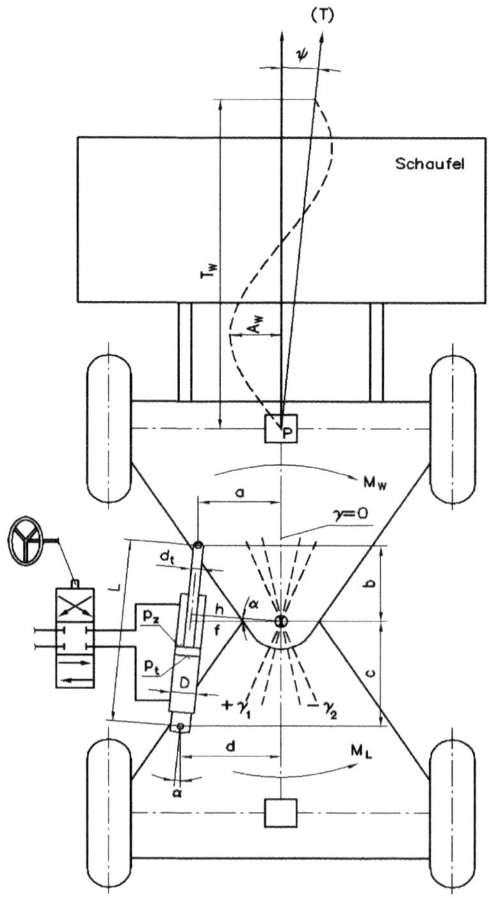

Abb. 4.24 Schematische Darstellung der Lenkung eines knickgelenkten Fahrzeuges (einschließlich Anordnung des Hydraulikzylinders)

Dudzinski hat für den allgemeinen Fall der Lenkung mit zwei schräg angeordneten Zylindern die Lenkparameter unter Berücksichtigung der Kinematik des Lenkvorgangs sowie die Kraftwirkungen bzw. den Momenteneinfluss auf die Lenkzylinder bestimmt [4.14].

Um diese Betrachtung zu vereinfachen [4.15], wird von nur *einem* Lenkzylinder (Zylinderdurchmesser D und Kolbenstangendurchmesser d_t) ausgegangen. Direkt im Zylinder ist der Betriebsdruck p_t (t – Zufluss) sowie der Abflussdruck der Hydraulikflüssigkeit p_z (z – Abfluss) zu berücksichtigen.

Für die jeweiligen Kräfte bei ausfahrenden Kolben gilt:

$$F_t = p_t \cdot \frac{\pi D^2}{4} \quad \text{und} \quad F_z = p_z \cdot \frac{\pi (D^2 - d_t^2)}{4} \tag{4.6}$$

und bei einfahrendem Kolben

$$F_t = p_t \cdot \frac{\pi (D^2 - d_t^2)}{4} \quad \text{bzw.} \quad F_z = p_z \cdot \frac{\pi D^2}{4}\,. \tag{4.7}$$

Die Kraftwirkung an einem Zylinder ist durch die Differenz beider Kräfte charakterisiert, d.h. $\Delta F = F_t - F_z$.

Hieraus ergibt sich bei ausfahrendem Kolben

$$\Delta F = \frac{\pi D^2}{4}\left(p_t - p_z \frac{(D^2 - d_t^2)}{D^2} \right) \tag{4.8}$$

und bei einfahrendem Kolben

$$\Delta F = \frac{\pi D^2}{4}\left(p_t \frac{(D^2 - d_t^2)}{D^2} - p_z \right) \tag{4.9}$$

Unter Berücksichtigung des Wirkungsgrades η_L, kann das aufgebrachte Lenkmoment M_L nach folgender Formel berechnet werden:

$$M_L = \eta_L \cdot \frac{\pi D^2}{4}\left(p_t - p_z \frac{(D^2 - d_t^2)}{D^2} \right) \cdot h \tag{4.10}$$

bzw.

$$M_L = \eta_L \cdot \frac{\pi D^2}{4}\left(p_t \frac{(D^2 - dt_S^2)}{D^2} - p_z \right) \cdot h \tag{4.11}$$

Der Hebelarm h berechnet sich aus den Abständen a, b, c, d und ist vom Knickwinkel der Maschine abhängig.

Zur weiteren Vereinfachung soll davon ausgegangen werden, dass im Ausgangszustand keine Knickung vorliegt, also $\gamma = 0$ ist. Somit ergibt sich für

$$h(0) = f \cos\alpha = f \frac{b+c}{L} \tag{4.12}$$

mit

$$f = a + b \tan \alpha = a + \frac{b(d-a)}{b+c} \tag{4.13}$$

das heißt

$$h(0) = \left[a + \frac{b(d-a)}{b+c} \right] \cdot \frac{b+c}{L} = \frac{1}{L} \left[(b+c)a + (d-a)b \right] \tag{4.14}$$

$$h(0) = \frac{ac+bd}{L} \, . \tag{4.15}$$

Wird zudem davon ausgegangen, dass eine zur Symmetrieachse des Fahrzeuges parallele Anordnung der Zylinder erfolgt (also $\alpha = 0$), ist $a = d$ und $b + c = L$.

Damit gilt für den Hebelarm

$$h(0) = \frac{ac+ba}{b+c} = \frac{a \cdot L}{L} = a \cdot \tag{4.16}$$

In der Praxis ist zu beachten, dass – neben den oben erwähnten Einflussparametern – die Lenkgetriebe selbst eine bestimmte Elastizität besitzen. In Bezug auf die Hydraulik resultiert dies vor allem aus dem elastischen Verhalten der Hydraulikschläuche. Untersuchungen haben gezeigt, dass – in Abhängigkeit von der Maschinenkonstruktion – allein im Rahmen der Lenkgetriebeelastizität eine Maschine um 2-3 Grad geknickt werden kann [4.14]. Ein solches Verhalten verstärkt das oben erwähnte Schlingern in erheblichem Maße. Um diesen Nachteil zu beseitigen bzw. zu minimieren, wurde von Dudzinski [4.16] vorgeschlagen, eine Stabilisierung des Lenkverhaltens mit Hilfe eines zusätzlichen Kompensationslenkzylinders (Stabilisierungszylinder) zu erreichen. Eine solche Lösung ist – für den Fall der zur Fahrzeuglängsachse nichtsymmetrischen Anordnung der Zylinder – in Abb. 4.25 gezeigt. Hierzu sind umfangreiche Versuche und Simulationen durchgeführt worden [4.14, 4.17].

Wie erwähnt, rufen während der Fahrt eines knickgelenkten Fahrzeuges vornehmlich die von außen wirkenden Momente M_w ein „Knicken“ der Maschine hervor. Vornehmlich infolge der Schlauchdehnung und der Ölkompression in den Hydraulikleitungen verschiebt sich der Kolben im Lenkzylinder. Dies entspricht einer bestimmten Volumenaufnahme durch die Hydraulikschläuche. Aus der Hydraulikschaltung in Abb. 4.25 wird deutlich, dass bei Realisierung der Dudzinski-Stabilisierung der zusätzliche Hydraulikzylinder den Lenkzylinder mit einem Teil des „verlorenen“ Ölvolumen versorgt. Im Ergebnis wird das Knicken des Fahrzeuges kompensiert und die Schlingerbewegungen während der Fahrt werden minimiert.

Da – wie oben verdeutlicht – der Hebelarm und damit das Lenkmoment u. a. von der Einbaugeometrie des Lenkzylinders und den Parametern a, b, c, d, h und γ beeinflusst wird, ist der Einbau des Stabilisierungs- bzw. Kompensationslenkzylinders für die Druckseite im allgemeinen Fall nach folgender Abhängigkeit zu betrachten:

$$\frac{A_K}{A} = \frac{h(a,b,c,d,\gamma)}{h_K(a_K, b_K, c_K, d_K, \gamma)} \tag{4.17}$$

mit

A, A_k [m²] – effektive Fläche des Lenk- und Kompensationslenkzylinders,
h, h_k [m] – Abstände der Kraftwirkungslinien von Lenk- und Kompensationslenkzylinder von der Knickgelenkachse.

Dies resultiert prinzipiell aus der Gleichsetzung der Momente (z. B. auf der Druckseite)

$$M_L: \ \eta_L \cdot p_t \cdot A \cdot h = \eta_{L_k} \cdot p_{t_K} \cdot A_K \cdot h_K \,, \tag{4.18}$$

unter den Annahmen,

- dass der durch das Lenkmoment im Lenkzylinder entstehende Druck p_t sozusagen direkt auf den Stabilisierungszylinder wirkt und
- eine Identität des Wirkungsgrades beider Zylinder zugrunde liegt (Bedingung für Gl. 4.18!).

Genau hieraus wird deutlich, dass die Dimensionierung des Stabilisierungs- bzw. Kompensationszylinders tatsächlich nur noch von den Flächenverhältnissen bzw. den entsprechenden geometrischen Größen abhängig ist.

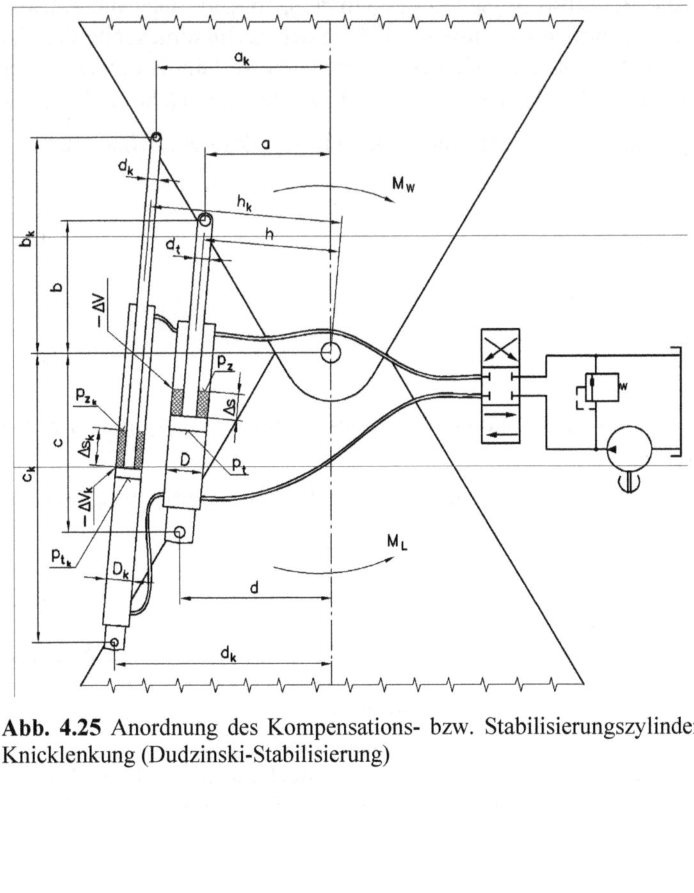

Abb. 4.25 Anordnung des Kompensations- bzw. Stabilisierungszylinders im Bereich der Knicklenkung (Dudzinski-Stabilisierung)

Geht man davon aus, dass „vor“ und „nach“ den Zylindern die gleichen Elastizitäten im Hydrauliksystem existieren, und – wie oben bereits angenommen – zur Vereinfachung der Darstellung sowohl $\alpha = 0$ als auch $\gamma = 0$ sind sowie mit Gl. (4.16) $h = a$ und $h_K = a_K$ werden, ergeben sich die hier nachfolgenden Zusammenhänge für die Dimensionierung des Stabilisierungszylinders. Das heißt, ausgehend von Gl. (4.17) wird die Kolbenfläche des Stabilisierungszylinders im Verhältnis der Hebelarme kleiner:

$$A_K = A\,\frac{h}{h_K} = A\,\frac{a}{a_K} \tag{4.19}$$

mit

$A = \frac{\pi}{4} D^2$, als Kolbenfläche des Lenkzylinders.

Unter Berücksichtigung von $A_K = \frac{\pi}{4} D_K{}^2$ folgt für den Kolbendurchmesser des Stabilisierungszylinders

$$D_K = \sqrt{\frac{4}{\pi} A_K}\,. \tag{4.20}$$

Da nicht nur die Betriebsdruckseite des Zylinders, sondern auch die Abflussdruckseite zu berücksichtigen ist, muss die Fläche der Abflussdruckseite des Stabilisierungs- bzw. Kompensationszylinders im gleichen Verhältnis reduziert werden. Somit ergeben sich die Ring- (A_{R_K}) bzw. Stangenfläche (A_{St_K}) des Stabilisierungszylinders aus den entsprechenden Flächen des Lenkzylinders.

Es gilt:

$$A_{R_K} = A_R\,\frac{a}{a_K},\ mit\ A_R = A - \frac{\pi}{4} d_t^2 \tag{4.21}$$

mit

$$A_{St_K} = A_{St}\,\frac{a}{a_K} \tag{4.22}$$

mit $A_{St} = A_K - A_{R_K}$ und A_K der Kolbenfläche des Stabilisierungszylinders gemäß Gleichung (4.22).

Schließlich ergibt sich der Stangendurchmesser für den Stabilisierungszylinder zu

$$d_{t_K} = \sqrt{\frac{4}{\pi} A_{St_K}}\,. \tag{4.23}$$

Somit liegen alle Größen zur Auslegung des Stabilisierungs- bzw. Kompensationszylinders vor.

Geht man von einer gängigen Zylindergröße des Lenkzylinders aus und setzt die konkreten Zahlenwerte in die entsprechenden Gleichungen ein, so wird bereits unter Beachtung der hier vorgenommenen Vereinfachungen deutlich, dass die Auslegungswerte für den Stabilisierungszylinder von üblichen Standardwerten abweichen können. Bei Berücksichtigung des allgemeinen Falls (keine parallele Anordnung der Zylinder zur Symmetrieachse (d. h. $\alpha \neq 0$), kein Lenkwinkel im Ausgangszustand d. h. $\gamma \neq 0$) sowie Anordnung von zwei Lenk- und Stabilisierungszylindern zur Symmetrieachse des Fahrzeuges wird diese Tendenz noch verstärkt. Unter realen Geometriebedingungen der Praxis kann damit nur über eine geschickte Variation der geometrischen Größen a, b, c, d bzw. des Hebelarms h eine sinnvolle Auswahl des Stabilisierungszylinders erfolgen. Gelingt dies nicht, ist davon auszugehen, dass der Stabilisierungszylinder als eine „Sonderanfertigung" gesehen werden muss. Den dadurch entstehenden zusätzlichen Aufwendungen steht eine wesentlich höhere Qualität des Fahrverhaltens gegenüber.

Die Auslegung und Dimensionierung des Stabilisierungszylinders wird wesentlich vereinfacht, wenn der Stabilisierungszylinder in horizontaler Ebene parallel, d. h. „über" oder „unter" dem Lenkzylinder angeordnet wird, da sich hier die geometrischen Abhängigkeiten aufheben und der Stabilisierungszylinder mit dem Lenkzylinder identisch ausgelegt werden kann. Voraussetzung hierfür ist allerdings, dass die Platzverhältnisse im Raum des Knickgelenkes ausreichend sind. Bei Nachrüstungen des Stabilisierungszylinders ist dies in der Praxis meist nicht oder nur bedingt der Fall. Jedoch kann die Möglichkeit des horizontal parallelen Einbaus der Hydraulikzylinder bei der Neuentwicklung von knickgelenkten Fahrzeugen bereits in der Projektierungsphase berücksichtigt werden.

4.3 Raupenfahrzeuge

Hydraulisch angetriebene Raupenfahrzeuge kommen in unterschiedlichen Anwendungen zum Einsatz. Beispiele hierzu zeigt Abb. 4.26, wobei deutlich wird, dass Raupenfahrzeuge nicht zwangsläufig Arbeitsmaschinen gemäß oben vereinbarter Definition sein müssen, sondern wie aus Abb. 4.15 d ersichtlich, auch sozusagen „reine" Raupenfahrzeuge darstellen können. Eine ähnliche Situation gibt es auch bei Radfahrzeugen. Radfahrzeuge, die keine fest installierte Arbeitsausrüstung besitzen, werden aber meist den Nutzfahrzeugen zugeordnet, was bei Raupenfahrzeugen nicht der Fall ist. Auch aus diesem Grund werden im Folgenden die Raupenfahrzeuge „an sich" in die Betrachtung mit einbezogen. Ein weiterer Grund ist, dass es bei Raupenfahrzeugen im Vergleich zu Kraftfahrzeugen und selbstfahrenden Arbeitsmaschinen mit Radfahrwerken bestimmte Besonderheiten beim Fahr- und Lenkverhalten gibt, die regelungstechnisch und hydraulisch auf „anderem Wege" zu beherrschen sind als bei Radfahrzeugen.
Als die allgemein wohl bekanntesten Raupenfahrzeuge können Panzer (früher auch als Panzer*kraftwagen* bezeichnet) angesehen werden. Allerdings sind sie im Hinblick auf die Hydraulik nur insoweit interessant, als dass die Lenkfunktionen sowie – bei bestimmten Fahrzeugtypen – auch Arbeitsfunktionen hydraulisch ausgeführt werden. Vornehmlich aufgrund des abzudeckenden hohen Geschwindigkeitsbereiches sind Panzer nach wie vor mit Schaltgetrieben ausgerüstet, d. h. der Antrieb erfolgt über hydromechanische Schalt-, Wende- und Lenkgetriebe, die die Kraft auf Seitenvorgelege verteilen.

Abb. 4.26 Beispiele für Raupenfahrzeuge für unterschiedliche Anwendungen und Einsatzgebiete. **a** Mähdrescher mit Raupenfahrwerk (Gummifahrwerk) der Firma Claas, Harsewinkel (Deutschland) **b** Planierraupe PR 754 der Firma Liebherr Werk Telfs (Österreich) **c** sog. Überzeiler für den Einsatz in Sonderkulturen im Gartenbau und Weihnachtsbaumplantagen der Niko Maschinen- und Fahrzeugbau Bühl **d** Unitrack für geländegängigen Einsatz der Intertractor AG Gevelsberg

Es gab in der Geschichte zwar Versuche, Panzerfahrzeuge mit hydrostatischen Antrieben auszurüsten [4.18], diese haben sich in der Praxis jedoch nicht durchsetzen können, so dass hierauf nicht näher eingegangen wird.

Da landwirtschaftliche Raupenschlepper über ähnliche Antriebssysteme wie auch Panzerfahrzeuge verfügen, soll hier auf eine nähere Beschreibung der Hydraulikfunktionen in Panzern verzichtet werden.

Die meisten der anderen im Zivilbereich, z. B. in der Land- und Forstwirtschaft, im Straßenbau, der Baumaschinentechnik, der Pistenräumung in Skigebieten, eingesetzten Raupenfahrzeuge sind heute nicht mehr mit Schaltgetrieben ausgerüstet, sondern werden „komplett" hydraulisch angetrieben, und zwar vornehmlich auf Basis hydrostatischer Wandlung, wie dies auch in Abschn. 4.1 dargestellt worden ist. Dies ist der eindeutige Trend. Wie schon verdeutlicht, sind die noch vor einigen Jahren umfassend zur Anwendung gekommenen hydrodynamischen Wandler, die im Wesentlichen nur die Kupplung ersetzen und somit selbst ein geschlossenes Getriebe benötigen, in diesen Bereichen – vor allem bei Neuentwicklungen – kaum mehr üblich.

4.3.1 Antriebs- und Lenkstrategie

Generell haben Raupenfahrzeuge aufgrund der relativ großen Auflagefläche zwischen den Ketten (z.B. Bodenplatten und der Fahrbahn (Boden) – vgl. Abb. 4.37), im Unterschied zu selbstfahrenden Arbeitsmaschinen mit Radfahrwerken und teilweise auch Kraftfahrzeugen, bei Geradeausfahrt eine hohe Richtungsstabilität. Schlingerbewegungen und Spurtreue während der Fahrt, wie sie z.B. bei Radladern auftreten können und meist einen relativ hohen Aufwand bzgl. ihrer Stabilisierung erfordern (vgl. Abschn. 4.2.2), sind bei Raupenfahrzeugen nicht von vorrangiger Bedeutung [4.19].

Da aber Raupenfahrzeuge gelenkt werden müssen, die entsprechenden Fahrwerke jedoch i. d. R. starre Achsen besitzen, erfolgt dies im einfachsten Fall durch das Abbremsen des jeweils kurveninneren Raupenfahrwerkes.

Die Lenkbewegung aus einer Drehzahldifferenz zwischen beiden Raupen erfordert aufgrund des bereits angesprochenen, relativ hohen Reibmomentes zwischen Bodenplatten und Boden hohe Drehmomente bzw. erhebliche Lenkenergien (vor allem bei weichen Böden und dem damit verbundenen tiefen Eindringen der Fahrwerke). Klassisch wurden hierzu mechanische Differentialgetriebe (Abb. 4.27 a) genutzt, wobei hinter dem Differential gebremst wurde. Verbesserungen gegenüber den so erzeugten, meist sehr ruckartigen Lenkbewegungen konnten durch hydraulisch, pneumatisch oder elektrisch vorgenommenes „Kuppeln“ bzw. “Lenken“ der „Raupenfahrschiffe“ erreicht werden.

Wie einleitend erwähnt, sind direkt mechanisch gekoppelte Antriebe (Antriebsmotor, Schaltgetriebe (Wende- und Lenkgetriebe, Betriebsbremse), Seitenvorgelege) im Wesentlichen bei Raupenfahrzeugen üblich, die einen relativ großen Geschwindigkeitsbereich abdecken müssen. Diese Aussage ist jedoch nicht ganz eindeutig, so dass sie weiter unten noch präzisiert wird.

Im Rahmen eines Hydraulikfachbuches sollen die mechanischen Antriebe selbst nicht näher beleuchtet werden. Diese sind heute kaum noch üblich. In den erwähnten militärischen oder landwirtschaftlichen Fahrzeugen kommt die Hydraulik aber – sozusagen gleich „hinter“ oder „neben“ dem Antriebsstrang – zur Lenkung der Fahrzeuge (mechanisch-hydrostatische Kopplung) sowie der Realisierung weiterer Hydraulikfunktionen zum Einsatz. Im Hinblick auf die Nutzung der Hydraulik zur Lenkung derartiger Fahrzeuge ergibt sich als Blockschaltbild das in Abb. 4.27 b gezeigte Schema. Allerdings übernimmt bei den meisten Raupenfahrzeugen heute ebenfalls der Hydrostat die wichtigsten Funktinen bzgl. der Fahrhydraulik. Er wird den Anforderungen – letztendlich Dank der elektronischen und rechnergesteuerten Regelungsmöglichkeiten – in weiten Bereichen sogar besser gerecht, als Strömungsgetriebe bzw. Antriebe mit hydrodynamischer Wandlung. Die Vorteile hydrostatischer Antriebe sind in Abschn. 4.1 genannt. Weitere Vorteile, die besonders bei Raupenfahrzeugen interessieren, sind:

- verlust- und verschleißarme Lenkung (leichte Lenkbarkeit),
- problemloses Reversieren sowie
- Wenden auf der Stelle (Drehen um die Hochachse).

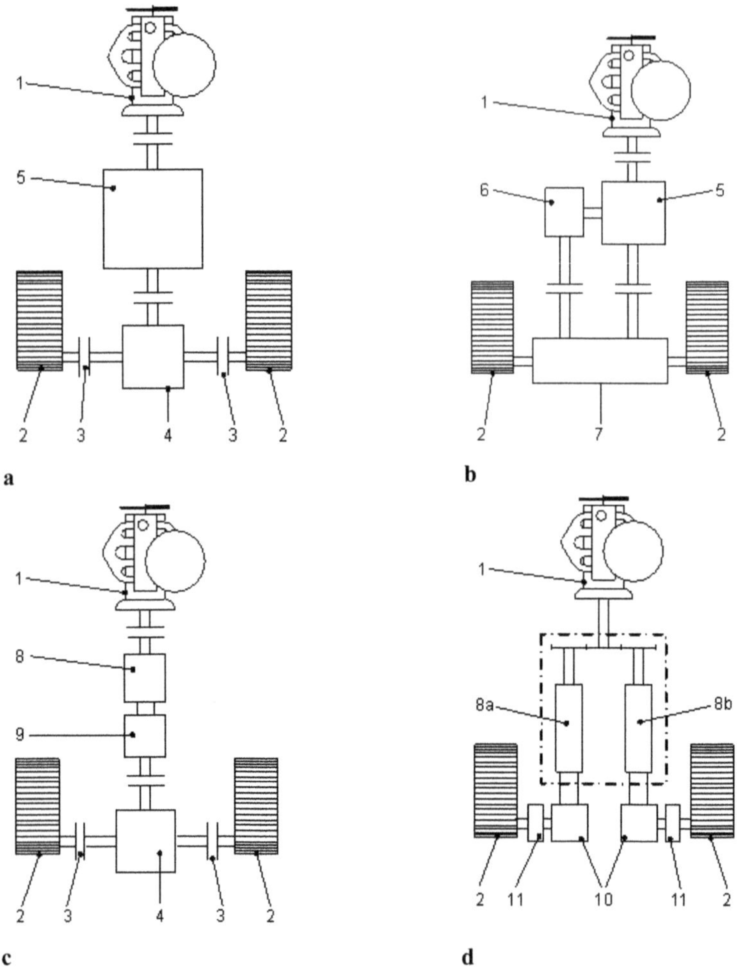

Abb. 4.27 Schematische Darstellung von Fahrantriebskonzepten (Auswahl) für Raupenfahrzeuge. **a** mechanischer Antrieb **b** mechanischer Antrieb mit hydraulischer Lenkung **c** ein hydrostatischer Fahrantrieb **d** zwei hydrostatische Fahrantriebe (Zweikreisantrieb); *1* Dieselmotor, *2* Fahrwerk (Raupe links, Raupe rechts), *3* Lenkkupplung bzw. -bremse, *4* Differential, *5* mechanisches Getriebe, (z. B. Lastschaltgetriebe), *6* Lenkantrieb (mechanisch, elektrisch, hydrostatisch), *7* lenkantriebbeinflusstes Getriebe, z.B. Überlagerungsgetriebe mit Endplantetengetriebe, Lenkdifferential o. ä., *8* Verstellhydropumpe, *9* Hydromotor, *10* Getriebe (z.B. Planetengetriebe) (*9* und *10* (mit Lamellenbremse) steht in einer Baugruppe häufig auch als „Kompaktantrieb" zur Verfügung)

Bei Verwendung nur eines hydrostatischen Antriebs (Abb. 4.27 c) wird bzgl. des Lenkverhaltens jedoch keine prinzipielle Verbesserung erreicht, da auch in diesem Fall ein Bremsen der Raupenfahrwerke hinter dem mechanischen Getriebe bzw. dem Differential notwendig ist.

Erst mit einem hydrostatisischen Antriebsaggregat je Raupenfahrwerk (Abb. 4.27 d) wird ein grundsätzlich verbessertes Lenkverhalten erzielt. Hier wird das Lenken des Fahrzeuges durch eine ungleiche Änderung der beiden Drehzahlen für den Raupenantrieb (bzw. die Geschwindigkeit durch gleiche Änderung der Drehzahlen) geregelt. Ein feinfühliges Lenkverhalten ist die Folge. Durch eine gegenläufige Steuerung der Raupenfahrwerke wird zudem ein Wenden auf der Stelle ermöglicht.

Der Abtrieb (Abtriebsdrehzahl) hydrostatischer Antriebe ist zwar bei konstanter Antriebsdrehzahl und konstanter Pumpenförderung grundsätzlich laststabil (Verdrängersteuerung), werden aber beide Abtriebe mit unterschiedlicher Last beaufschlagt, ändert sich deren Druckniveau, woraus folgt, dass der hydrostatische Getriebestrang mit der höheren Last etwas langsamer läuft. Das ist letztendlich den höheren inneren Leckagen der Pumpe, des Motors und des Kompressionsvolumenstromes dieses höher belasteten Getriebestranges geschuldet.

Dies wiederum hat Gleichlaufprobleme zur Folge. Somit wird deutlich, dass der beschriebene Lenkungsvorteil bei Anwendung von je einem hydrostatischen Antrieb für jede Raupenseite durch das Erzielen von Gleichlaufproblemen erkauft wird. Der Gleichlauf wird weiterhin durch Fertigungstoleranzen der Antriebe und vor allem der Fahrwerkskomponenten (Ketten, Lauf- und Tragrollen, Antriebs- und Leiträder, Spannsysteme, Stahlbau) erschwert [4.20].

4.3.2 Hydraulik für Lenkung und Gleichlauf

Eine Synchronisation der Raupenfahrwerke kann durch Hydraulikschaltungen erreicht werden, mit denen es gelingt, die Antriebshydraulik (Hochdruckseite) mit einer Steuerhydraulik (Steuerseite) zu koppeln. Derartige Schaltungen wurden zu einer Zeit entwickelt, als die Möglichkeiten der elektronischen, vor allem der mikrorechnergesteuerten Regelung der Fahrantriebe noch nicht bekannt waren bzw. aus wirtschaftlichen Gründen noch nicht im Vordergrund standen. Trotz weitreichender Entwicklung auf diesem Gebiet, finden diese Hydraulikschaltungen bei der Realisierung von Fahrantrieben für Raupenfahrzeuge (vor allem auch bei mobilen Sondermaschinen) auch heute noch Anwendung.

Da es im Rahmen dieses Kapitels vornehmlich um das Verständnis der *hydraulischen* Funktion der Fahrantriebe von Raupenfahrwerken geht, soll das Lenken der Raupen sowie das Erreichen des Gleichlaufes anhand einer derartigen und dafür geeigneten Hydraulikschaltung gezeigt werden.

Die hierzu entwickelten Schaltungen werden z.B. von Nikolaus [4.21] detailliert beschrieben. Die Rückstellkräfte einer Axialkolbenpumpe (Hochdruckseite) werden zum Gleichlauf der Antriebe der einzelnen Raupen genutzt. Gleichzeitig benötigt man zum aktiven Verstellen der Axialkolbenpumpe die erwähnte hydraulische Steuerschaltung (Steuerseite). Im Folgenden soll ihre Wirkungsweise am Beispiel der in Abb. 4.28 gezeigten Schaltung erläutert werden.

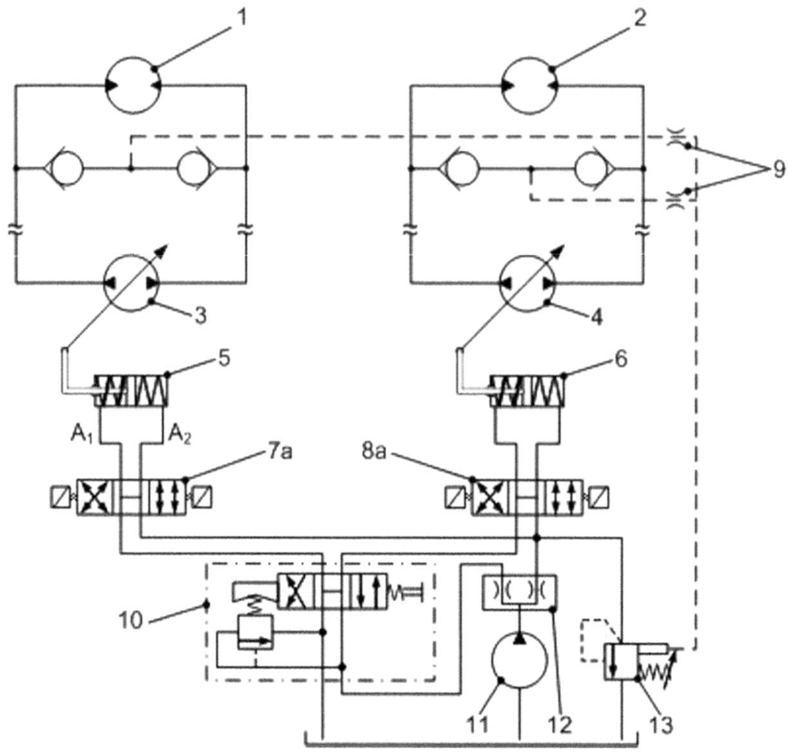

Abb. 4.28 Hydraulikschaltplan eines hydrostatischen Fahrantriebes zur Lenkung und Gleichlaufregelung von Fahrantrieben für Raupenfahrzeuge [4.21]. *1* Konstanthydromotor (links), *2* Konstanthydromotor (rechts), *3* Verstellhydropumpe (links), *4* Verstellhydropumpe (rechts), *5* Stelleinrichtung für Pumpe 3, *6* Stelleinrichtung für Pumpe 4, *7* Wegeventil (Fahrtrichtung linke Raupe) mit Elektromagnet, *8* Wegeventil (Fahrtrichtung rechte Raupe) mit Elektromagnet, *9* Drosseln, *10* Lenkventil, *11* Pumpe der Steuerhydraulik, *12* Stromteiler, *13* Fahrgeschwindigkeitsventil

Es werden mechanische Stelleinrichtungen (mit Rückstellfedern) verwendet, die (servo)hydraulisch angesteuert werden. Die Stelleinrichtung *5* bzw. *6* wirkt direkt auf die Axialkolbenpumpe *3* oder *4*. Die eigentliche Stelleinrichtung besteht aus den Stellzylindern *5* und *6*. Sie sind in Abb. 4.28 schematisch dargestellt. Es wird deutlich, dass bei einer Beaufschlagung (linker Antrieb betrachtet) der beiden Anschlüsse (*A1* oder *A2*) der Stelleinrichtung *5* über das Wegeventil *7* mit einem Steuerdruck p_{St} der Schwenkwinkel der Axialkolbenpumpe in die entsprechende Richtung verändert werden kann. Ist der Steuerdruck p_{St} für die Stelleinrichtung aber konstant, verändert der Arbeitsdruck p_{A1} (auf der Hochdruckseite) durch die Wirkung der Pumpenrückstellkräfte den Schwenkwinkel der Pumpe *3*. Die Ausschwenkrichtung der Verstellpumpe wird durch die Vorwahl der Position des Magnetventils *7* definiert (Vor- und Rückwärtsfahrt), so dass hierdurch zugleich eine Art „Vorsteuerung" realisiert wird.Mit wachsendem Arbeitsdruck p_{A1} am

Hydromotor *1* ergibt sich bei konstanter Drehzahl n_3 der Pumpe *3* eine fallende Abtriebsdrehzahl n_1 am Hydromotor *1*. Dieser Drehzahlabfall ist von der Größe der Rückstellkräfte abhängig. Gleiches gilt bei konstanter Drehzahl n_4 der Pumpe *4* abhängig vom Arbeitsdruck p_{A2} am Hydromotor *2* für die entsprechende Abtriebsdrehzahl n_2 am Hydromotor *2*.

Werden zwei Systeme, wie in Abb. 4.28 dargestellt, parallel geschaltet, so ist es möglich – unter Berücksichtigung der aufgezeigten Zusammenhänge –, durch Ausnutzung der Rückstellkräfte der Axialkolbenpumpen eine Synchronisation der Hydromotoren *1* und *2* zu erreichen. Voraussetzung hierfür ist, dass eine gewisse Unsymmetrie der Arbeitsdrücke p_{A1} und p_{A2} in beiden Systemen zulässig ist (Abb. 4.29). Das Fahrzeug fährt – trotz der vorhandenen Systemtoleranzen – genau dann gerade aus, wenn der Differenzdruck aus beiden Arbeitsdrücken Δp_A kleiner ist als die zur Einleitung des Lenkvorganges benötigte Druckdifferenz sein müsste. Die beiden Hydromotoren *1* und *2* werden „über" die Rückstellkräfte der Pumpern *3* und *4* synchronisiert.

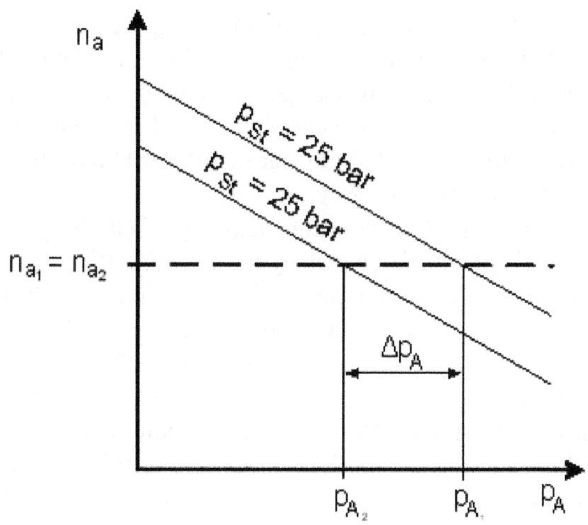

Abb. 4.29 Kennlinien der Abhängigkeit der Abtriebsdrehzahl $n_{a\,(1/2)}$ der Hydromotore vom Arbeitsdruck $p_{A(1/2)}$ (Schaltcharakteristik der synchronisierten Antriebe)

Die Fahrgeschwindigkeit des Fahrzeuges wird über die Reglung des Steuerdruckes p_{St} eingestellt. Diese Regelung erfolgt durch eine Ansteuerung des Druckbegrenzungsventils (Fahrgeschwindigkeitsventils) *13*. Dies versorgt wiederum über die Steuerpumpe *11* und den Stromteiler *12* beide Stelleinrichtungen *5* und *6* synchron mit dem Steuerdruck p_{St}, was zu einer synchronen Schwenkung der Pumpen *3* und *4* führt. Die Wegeventile *7* und *8* dienen zur Einstellung der Fahrtrichtung.

Auf diese Weise wird allerdings der Einfluss der Pumpenrückstellkräfte auf die Laststabilität der Fahrgeschwindigkeit nicht ausgeschlossen, d. h. dass z. B. mit wachsendem Fahrwiderstand und konstanter „Einstellung" der Geschwindigkeit die tatsächliche Geschwindigkeit des Fahrzeuges (beide Antriebe werden in gleichem Maß langsamer) abnimmt. Um dies zu vermeiden, besteht die Möglichkeit, das Druckbegrenzungsventil (Fahrgeschwindigkeitsventils) *13* mit einem Signal, welches aus beiden Arbeitsdrücken p_{A1} und p_{A2} abgeleitet wird und an den Drosseln *9* ansteht, zu beaufschlagen. Somit wird der Steuerdruck p_{St} lastabhängig so erhöht, dass die Abtriebsdrehzahlen n_1 und n_2 der Hydromotore *1* und *2* unabhängig vom Fahrwiderstand konstant bleiben. Damit kann die notwendige Laststabilität der Fahrgeschwindigkeit gewährleistet werden.

Das Lenken erfolgt über das Wegeventil mit Druckfunktion *10*. Aus Abb. 4.28 wird deutlich, dass über dieses Ventil jeweils die unbelastete Seite der Stellzylinder *5* oder *6* beaufschlagt werden kann. Somit wird das steuerdruckbezogene Geschwindigkeitssignal p_{St} vom Druckbegrenzungsventil („Geschwindigkeitsventil“ *13*) durch ein Gegendrucksignal aus dem Druckbegrenzungsventil („Lenkventil“ *10*) an der Stelleinrichtung *5* oder *6* teilweise oder ganz aufgehoben. Ist der Gegendruck größer als der Steuerdruck, kommt es zu einer entgegen gesetzten Fahrbewegung der Raupenfahrwerke (Wenden auf der Stelle).

Auf der Grundlage der hier beschriebenen Verstellung der Hydraulikpumpen mit Hilfe einer hydraulischen Steuerschaltung zur Optimierung des Fahr- und Lenkverhaltens von Raupenfahrzeugen wird in Abschn. 4.3.3 die vollständige Beschreibung eines Fahrantriebes mit zwei geschlossenen Kreisen für jede Raupenseite gegeben. Damit werden zugleich die hier beschriebenen Abhängigkeiten zur hydraulischen Beeinflussung (Steuerung) des Fahrantriebes auf der Hochdruckseite für eine in der Praxis übliche Schaltung aufgezeigt.

Zu erwähnen sei noch, dass mit der Modifizierung derartiger Schaltungen die Möglichkeit besteht, Lenk- und Fahrfunktionen auf hydraulischem Wege zu begrenzen bzw. zu erweitern. So gibt es Anwendungen, bei denen ein gegenläufiges Bewegen der Raupenketten nicht erwünscht oder vorteilhaft ist. Hierzu ist es notwendig, dass die Gegendruckbeaufschlagung über das Lenkventil *10* nicht größer ist als der vom Geschwindigkeitsventil *13* erzeugte Steuerdruck p_{St}. Dadurch wird eine Reversiersperre im Lenkbetrieb erreicht. Durch weitere Schaltungsmotivationen sind auf hydraulischem Wege z. B. auch solche Funktionen, wie „Inchen“ oder Grenzlastregelung zu erzielen. Die Funktion der Grenzlastregelung, worauf in Abschn. 4.1 bereits aus allgemeinen Gesichtspunkten eingegangen wurde, wird im Rahmen eines Fahrantriebes für Raupenfahrzeuge ausführlich beschrieben. Ansonsten sind weiterführende hydraulische Schaltungsdetails [4.21] zu entnehmen.

4.3.3 Komplette Fahrschaltung

Unter Berücksichtigung der Beschreibung der Stelleinrichtung zur Lenkung und Gleichlaufregelung erfolgt im Folgenden (Abb. 4.30) eine Darstellung der Schaltung des kompletten Fahrantriebes [4.22]. Es kommen zwei Fahrmotore als Verstellmotore *13*, *14* zum Einsatz. Die Verstellpumpen *2* und *3* werden auch hier über ein Verteilergetriebe angetrieben und sind über die servohydraulisch-mechanische Stelleinrichtung *4* vorgesteuert. Die Funktionsweise der Stelleinrichtung *4* wurde bereits ausführlich beschrieben. Die Verstellpumpen *2* und *3* versorgen die Verstellmotoren *13* und *14*, denen ebenfalls hydraulisch bzw. servohydraulisch vorgesteuerte Stelleinrichtungen *15* vorgeschaltet sind. Jede Antriebsseite hat somit ihren eigenen Steuerkreis, der die jeweilige Pumpe bzw. den Motor beeinflusst.

Werden durch den Steuerhebel im Steuergeber *12* die beiden linken Ventile *12 a* und *12 b* betätigt, wird Druck in den Steuerleitungen für Vorwärtsfahrt aufgebaut. Beide Verstellpumpen beginnen zu fördern. Wichtig ist zu erwähnen, dass das Drucköl zur Pumpenverstellung an den Steuergeber *12* von der Zahnradpumpe *5* zugeführt wird.

Haben die Verstellpumpen *2, 3* ihr maximales Hubvolumen erreicht, verringert sich mit weiter ansteigendem Steuerdruck das Schluckvolumen beider Verstellmotoren *13, 14*. Somit nimmt die Abtriebsdrehzahl des Getriebes weiter zu. Die Endgeschwindigkeit des Fahrzeuges wird – bei in Endstellung befindlichem Steuerhebel – dann erzielt, wenn die Verstellpumpen *2, 3* ihr größtes und die Verstellmotoren *13, 14* ihr kleinstes Verdrängungsvolumen erreicht haben.

Für Kurvenfahrten muss der Steuerhebel seitlich bewegt werden. Damit können die jeweils gegenüberliegenden Ventile – z. B. *12 a* und *12 c* bzw. *12 b* und *12 d* – betätigt werden, wodurch die Verstellpumpen *1* und *2* asynchron bzw. gegensinnig ausschwenken. Dies führt zu einem ungleichen Lauf (Kurvenfahrt, Schwenken) bzw. Gegenlauf (Wenden) der Raupenketten. Bei Rückwärtsfahrt werden entsprechend nur die Ventile *12 c* und *12 d* betätigt

Die hier umgesetzte, an die Steuerkreise angeschlossene Grenzlastregelung *6* wird – auf hydraulischem Wege – durch die Zusammenschaltung der Drossel *7*, der Membran *8*, der Blende *9* und dem Ventil *10* realisiert. Der von der Drehzahl des Antriebsmotors *1* (Dieselmotor) abhängige Förderstrom der Zahnradpumpe *5* fließt in den Grenzlastregler (Baugruppe *6*) und staut sich an der verstellbaren Drossel *7* auf. Durch die Verbindung des Stellhebels der Drossel *7* mit dem Gashebel des Antriebsmotors kann eine Synchronisation der Drosselverstellung mit der Drehzahländerung des Antriebsmotors erreicht werden, d. h. der Querschnitt von *7* wird mit zunehmendem „Gas" des Antriebsmotors weiter geöffnet. Die Einstellung erfolgt so, dass mit sich erhöhender Motordrehzahl und zunehmendem Förderstrom der Zahnradpumpe *5* eine konstante Druckdifferenz an der Verstelldrossel *7* vorhanden ist. Auf diesem Wege erfolgt eine Ermittlung der Ist-Drehzahl des Motors (Messwert) anhand der Kenntnis des Druckgefälles des von der Zahnradpumpe *5* kommenden Stromes und des entstehenden Staudruckes vor der Drossel *7*. Dieser Staudruck liegt zugleich an der Membran *8* an, die über die Blende *9* und das Druckbegrenzungsventil *10* durchströmt wird. Das heißt die Grenzlastregelung wird dann wirksam, wenn das an der Membran *8* vorhandene Gleichgewicht gestört wird. Es kommt zu einer Drehzahlunterdrückung, und die Grenzlastregelung ermöglicht eine Zurücknahme des Steuerdruckes und damit ein Zurückschwenken der Verstellpumpe. Die Steuerdruckminderung erfolgt über das Öffnen des Ventils *11* (Logikventil), das als eine Art Bypassventil wirkt, und es erfolgt zeitweise die Freigabe zum Tank. Sie korrigiert zugleich die Pumpen- und Motorpositionen (direkte Verbindung des Ventils *11* mit den Geberventilen *12*) bis ein erneutes Gleichgewicht hergestellt ist.

Die hier beschriebene Fahrschaltung ist für nahezu alle Raupenfahrzeuge mit hydrostatischem Antrieb identisch oder zumindest sehr ähnlich.

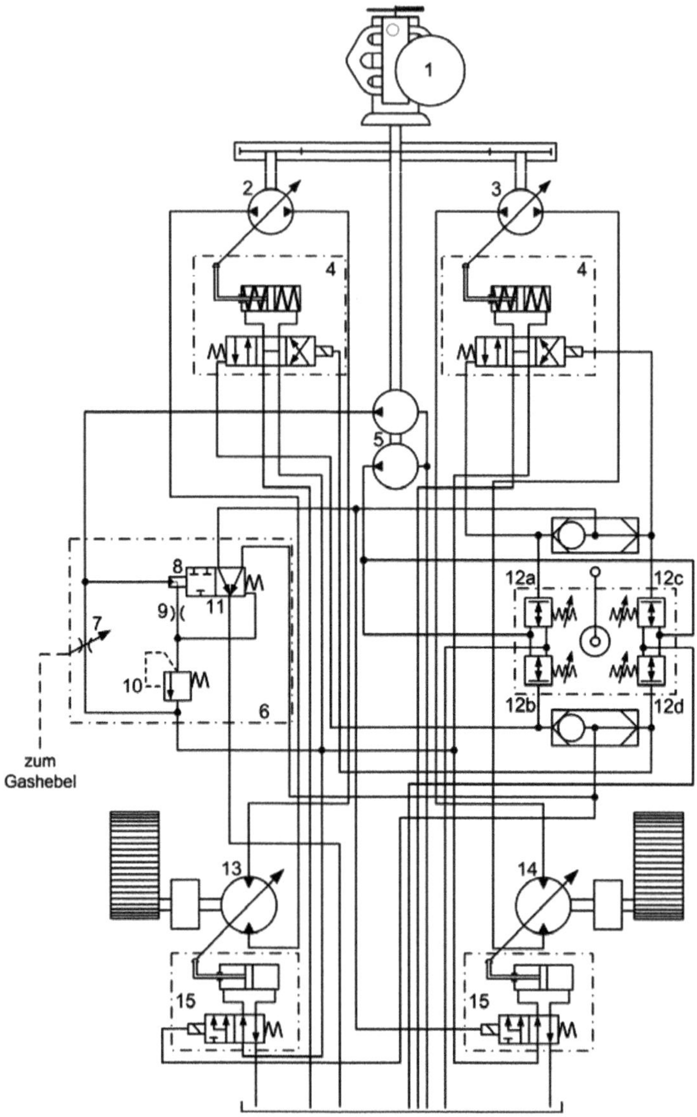

Abb. 4.30 Hydraulikschaltung (vereinfacht) eines Fahrantriebes (Zweikreisantrieb mit Vorsteuerung) für selbstfahrende Raupenfahrzeuges. *1* Dieselmotor, *2* und *3* Verstellpumpen, *4* Stelleinrichtung, *5* Zahnradpumpen, *6* Grenzlastregelungsbaugruppe (*7* Drosselventil), *8* Membran, *9* Blende, *10* Druckbegrenzungsventil, *11* Bypassventil), *12* Steuergeber (*12a* bis *12d* Geberventile), *13* und *14* Verstellmotore, *15* Stelleinrichtung

4.3.4 Elektronisch gesteuerte Fahrschaltung

Wie in Abschn. 4.1 erklärt, sind bestimmte Regelungsfunktionen mit rein hydraulischen und/oder hydromechanischen Mitteln nur bedingt und häufig nicht so wirkungsvoll umzusetzen wie auf elektronischer Basis.

So werden heute Probleme des Gleichlaufs sowie der Lenkung von Raupenfahrzeugen („weiche“ Lenkfunktionen) immer mehr auf der Basis elektronischer Steuerungen bzw. Regelungen – z. B. Soll-Istwert-Vergleich der Drehzahlen usw. – gelöst. Auch in Raupenfahrzeugen sind programmierbare Mikroprozessorsteuerungen vorhanden. Die Regelung der Antriebe sowie anderer Hydraulikfunktionen wird auf diese Weise koordiniert und abgestimmt, d. h. es erfolgt eine Antriebssteuerung (Hydrauliksteuerung) in komplexer Wechselwirkung zwischen Motor, Getrieben, Bremsen sowie den Bedienelementen. Wir finden das „Antriebsmanagement“ wider, mit dem eine komplexe elektronische Abhängigkeit zwischen Antriebs- und Bedienfunktionen in ihrer Gesamtheit ermöglicht wird. Letztendlich geht es auch hier um das bereits mehrfach angesprochene Problem der optimalen Ausnutzung der installierten (verbrennungsmotorischen) Leistung für das Betreiben der Hydraulikantriebe.

Die Möglichkeiten, die sich aus der Kombination von Hydraulik und Elektronik beim Fahrantrieb von Raupenfahrzeugen ergeben, sind z. B aus Abb. 4.31 ableitbar. Es wird das Beispiel einer komplexen Schaltung der *elektronischen* Fahrsteuerung für ein Raupenfahrzeug gezeigt [4.23, 4.24] und im Folgenden zusammenfassend beschrieben.

Im Fall der gezeigten Schaltung treibt der Dieselmotor *1* über ein Pumpenverteilergetriebe *4* zwei Verstellpumpen *5*. Beide sind über elektrisch proportionale Regler *7* verstellbar und speisen zwei ebenso stufenlos verstellbare Hydromotoren *6*. Jedes Raupenfahrwerk *3* hat ein „unabhängig arbeitendes“ hydrostatisches Getriebe (kompakte Fahrantriebe: Verstellpumpe *5*, Verstellhydromotor, Getriebe, Haltebremse *6*). Anhand der dargestellten Verbindungen zum Mikrorechner wird deutlich, dass die Pumpen- bzw. Motorverstellung direkt über die Ausgangssignale der mikroelektronischen Steuerung vorgenommen wird, d. h. die Funktion bzw. die „Zusammenarbeit“ beider Fahrantriebe wird nicht vorrangig – wie gemäß Schaltung nach Abb. 4.30 beschrieben – auf hydraulischem bzw. hydromechanischem Weg erreicht, sondern direkt über die elektronische Steuerung bzw. Regelung. Damit werden alle Steuerungs- und Regelungsfunktionen über den „im“ mikroelektronischen Rechner integrierten „Regler“ (meist PID-Regler) generiert.

Als Eingangssignale für die Steuerung stehen z. B. die Drehzahlen der beiden Fahrwerke zur Verfügung. Dadurch ist es möglich, durch eine Regelung der Drehzahlen Geradeaus- und Kurvenfahrt sowie die Geschwindigkeit elektronisch problemlos zu steuern. Zur Erreichung der Stabilität des Fahr- und Lenkverhaltens werden z. B. im Einrichtbetrieb die P-, I- oder D-Anteile entsprechend angepasst, was im späteren Fahr- bzw. Arbeitsmodus vom Rechner automatisch übernommen wird. Da die Signale für die Soll- und Istwerte permanent abgenommen werden, ist es somit möglich, die erwähnten Funktionen, wie z. B. automotives Fahren, Geradeausfahrt, weiche Lenkfunktionen, Inchen, Grenzlastregelungen, einschließlich aller Stabilitätsüberwachungen, elektronisch zu realisieren.

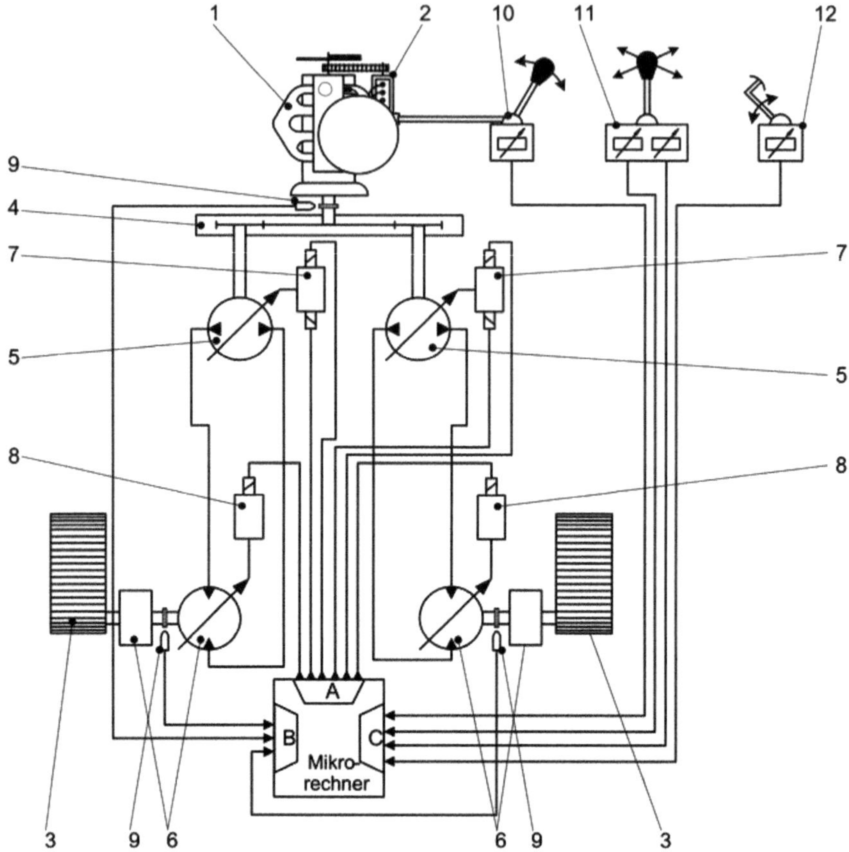

Abb. 4.31 Prinzipschaltung des hydraulischen Fahrantriebs (Zweikreisantrieb) eines Raupenfahrzeuges mit mikroelektronischer Steuerung [4.23, 4.24]. *1* Dieselmotor, *2* Einspritzpumpe, *3* Raupenfahrwerk (links, rechts) *4* Pumpenverteilergetriebe, *5* Verstellpumpen, *6* kompakte Fahrantriebe (Verstellhydromotor, Getriebe, Haltebremse), *7* und *8* elektronische P-Regler, *9* Drehzahlerfassung, *10* Gashebel, *11* Joystick oder Zweihebelsteuerung (Potentiometer) für Geschwindigkeit, Lenkung und Fahrtrichtung, *12* Pedal (Potentiometer) für Bremsen (Inchen), Mikrorechner: *A* Ausgangssignale (Ansteuerung der Proportionalmagnete), *B* Drehzahlerfassung, *C* Bediensignale

4.3.5 „Vereinfachungen" der Fahrschaltung

Wie gezeigt, erfolgt die Ansteuerung der Fahrantriebe heute – vor allem bei Neuentwicklungen – fast ausschließlich auf der Grundlage mikroelektronischer Regelungen (Mikrorechnersteuerung). Aus diesem Grund „vereinfachen" sich die hydraulischen Schaltungen in gewissen Grenzen. Allerdings bleiben die Schaltungen zur Realisierung der hydraulischen Grundfunktionen im Wesentlichen erhalten. So kommen zur Gewährleistung einer gleichmäßigen Ansteuerung der Pumpen, wie im Beispiel nach Abb. 4.31, zwar nach wie vor Pumpenverteilergetriebe zum Einsatz, im Sinne der geschilderten Entwicklung kristallisieren sich für bestimmte Anwendungen (Vorrang der Fahrfunktion) aber immer mehr Schaltungen für Fahrantriebe heraus, bei denen „direkt“ gekoppelte bzw. abhängig arbeitende Verstellpumpen (Tandempumpen) Konstant- bzw. Verstellmotoren mehr oder weniger direkt ansteuern (Abb. 4.32). Es sei jedoch darauf hingewiesen, dass in vielen Fällen auf Pumpenverteilergetriebe nicht verzichtet werden kann, da die Arbeitshydraulikpumpen ebenfalls einen Antrieb erfahren müssen. Gegebenenfalls können auch diese im Durchtrieb zu den Fahrantriebspumpen installiert werden, was aber mit zunehmender Leistungsübertragung problematisch wird.

Gleichwohl kann eine derartige Schaltung möglicherweise als die (künftige) hydraulische Grundschaltung für den Fahrantrieb von Raupenfahrzeugen betrachtet werden. Der Schaltungsaufbau selbst ist relativ einfach, da spezielle Stelleinrichtungen, Wegeventile, Druckbegrenzungsventile usw. wegfallen bzw. reduziert werden.

Vor diesem Hintergrund bestehen Hydraulikschaltungen für die Antriebe von Raupenfahrzeugen in einigen Anwendungen heute oft aus Tandempumpen (z. B. Konstant-, häufig aber Verstellpumpen), Konstantmotoren *oder* Verstellmotoren, die das hydrostatische Getriebe charakterisieren. (Abb. 4.32).

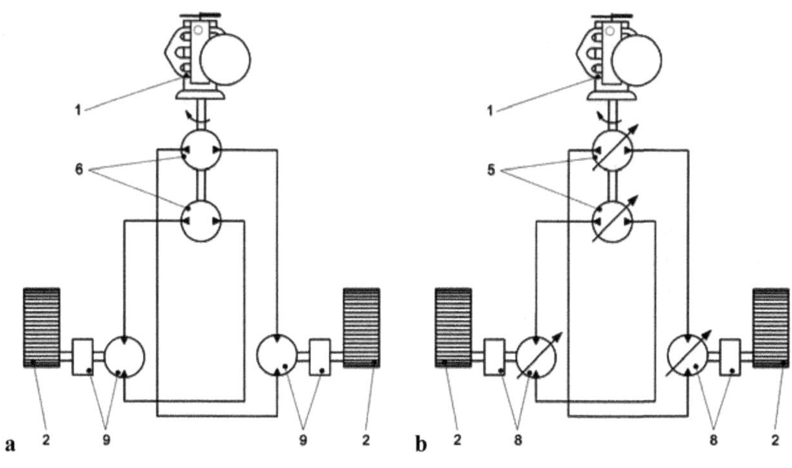

Abb. 4.32 Prinzipdarstellung hydrostatischer Fahrantriebskonzepte für (selbstfahrende) Raupenfahrzeuge (mit zwei Antrieben). **a** mit zwei hydrostatischen Getrieben, Tandempumpen und Konstantmotor (Kombinationen mit Verstellpumpen und Verstellmotoren sind üblich) **b** mit zwei hydrostatischen Getrieben, Tandempumpen (Verstellpumpen) und Verstellmotor. *1* Dieselmotor, *2* Raupenfahrwerk, *5* Verstellhydropumpe, *6* Konstant- oder Verstellhydropumpe, *8* kompakter Fahrantrieb (Verstellhydromotor, Getriebe, Haltebremse), *9* kompakter Fahrantrieb (Konstanthydromotor, Getriebe, Haltebremse)

4.3.6 Priorität des Arbeitsantriebs

Oft sind bei Raupenfahrzeugen, in denen die Fahrfunktion als Hauptfunktion angesehen wird, die Fahrantriebe mit weiteren Hydraulikfunktionen (z.B. für Drehwerke, bestimmte Hub- oder auch Arretierfunktionen u. ä.) „gekoppelt“. Hier erfolgt die Versorgung der hydraulischen Zusatzfunktionen meist auf relativ „einfachem“ Wege, indem eine Anbindung der für die Zusatzfunktionen verantwortlichen Pumpen an das Pumpenverteilergetriebe vorgenommen wird oder die Pumpen direkt an die Abtriebswelle des Verbrennungsmotors geflanscht werden. In beiden Fällen werden Drehwerk, Hebemittel usw. von einer „eigenen“ Hydraulikschaltung versorgt.

Bei anderen Raupenfahrzeugen, wie z. B. Raupenbaggern (Hydraulikbaggern), dominieren die Arbeits- und Zusatzfunktionen gegenüber dem Fahren. Hierbei sind die unterschiedlichen Verbraucher, so z. B. Fahrmotoren und Drehkranzmotor oder Fahrmotor und Hubzylinder parallel geschaltet und befinden sich in einer direkten Abhängigkeit. Um dies zu verdeutlichen, wird beispielhaft die Hydraulikschaltung eines Baggers gezeigt Abb. 4.33 [4.25].

Tatsächlich ist der Hydraulikbagger als *klassisches* Beispiel eines Raupenfahrzeuges, in dem eine solche „hydraulische Funktionskopplung“ realisiert wird, anzusehen. Obwohl beim Bagger die hier bereits diskutierte Frage nach dem Primat „Fahrzeug“ und/oder „Arbeitsmaschine“ besonders zu Tage tritt, zeigt sich an dem Hydraulikschaltplan, die sozusagen „in“ der Hydraulik verwirklichte Kombination von Fahr- und Arbeitsantrieb.

In der Praxis finden z.B. Ausleger-, Löffel- und Drehbewegungen (des Oberwagens) in einem Arbeitsgang statt. Manchmal fährt der Bagger während dieser Bewegungen sogar noch einige Meter vor- oder rückwärts. Zur Versorgung dieser Verbraucher mit Druckflüssigkeit kommen Ein-, Zwei- oder Mehrfachpumpen zur Anwendung. Aufgrund der Parallelschaltung einiger Verbraucher ist es notwendig, Prioritäten festzulegen, so dass bzgl. des obigen Beispiels im Rahmen des umfassenden Bewegungsverhaltens das Fahren z. B. erst nach Abschluss der Arbeitsbewegungen ermöglicht wird oder Fahren und Arbeiten durch geschickte steuerungstechnische Hinzuschaltung meist einfacher Sperr- und Druckventile gemeinsam erfolgen können.

Bei dieser Komplexität der Bewegungen sind umfassende Grenzlast- bzw. Leistungsregelungen notwendig, die wiederum hydraulisch oder heute vornehmlich elektronisch realisiert werden.

Es sei darauf hingewiesen, dass genau das Zusammenspiel dieser Bewegungen den Bagger – schon von seinem Aufgabenspektrum her – für die Anwendung des Hydrostaten geradezu prädestinieren.

Im Folgenden sollen am Beispiel der Hydraulikschaltung nach Abb. 4.33 diese Zusammenhänge kurz angerissen werden. Eine ausführliche Beschreibung ist z. B. [4.25] zu entnehmen.

Es ist ersichtlich, dass die Fahrantriebe für die Raupenfahrwerke mit weiteren Hydraulikfunktionen bzgl. der Arbeitsausrüstung (z.B. Bewegung des Baggerlöffels) sowie des Drehwerkes verknüpft sind.

Die Hydraulikschaltung zeigt die Gesamtanlage mit zwei offenen Kreisen. Dabei handelt es sich um ein Open-Center-Prinzip, in dem alle Wegeventile in der Ausgangsstellung geöffnet sind. Durch Pumpe *1* erfolgt die Versorgung der in Reihe geschalteten Ventilblöcke *A* und *C*. Pumpe *2* versorgt die Blöcke B und C. Die jeweils beiden Verbraucher jedes Ventilblocks (z. B. Fahrmotor rechts und Drehwerk (Drehkranzmotor)) sind parallel geschaltet, wodurch die oben erwähnte „hydraulische Funktionskopplung“ in derartigen Fahrzeugen bzw. Maschinen deutlich wird. Dies bedeutet, dass es bei solchen Schaltungen, z. B. durch einfache und kostengünstige Kombination von Rückschlagventilen und definiert eingestellten Druckventilen möglich ist, verdrängergesteuert und parallel geschaltet, mehrere Verbraucher zur gleichen Zeit definiert zu betreiben, ohne aufwändige elektrische Regelungstechnik. Der Nachteil ist in diesem Fall der erhöhte Energieverbrauch bei bestimmten gemeinsamen Fahr- und Arbeitsmanövern.

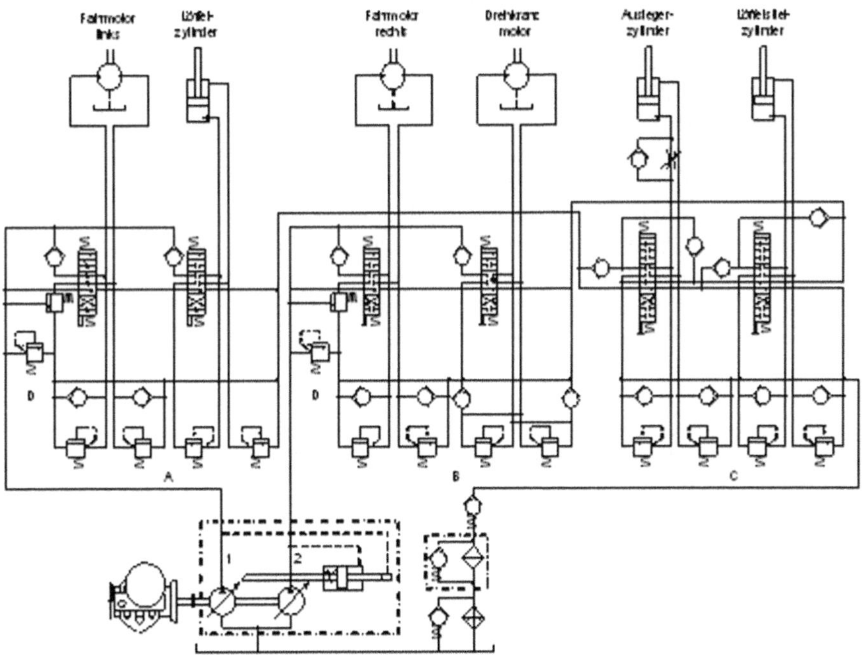

Abb. 4.33 Prinzipdarstellung der Hydraulikschaltung eines Raupenbaggers nach [4.25] (mit zwei offenen Kreisen – open center) und Summenleistungsregelung. *1, 2* Hydraulikpumpen (Verstellpumpen), *A, B, C* Ventilblöcke für die unterschiedlichen Verbraucher, *D* Druckbegrenzungsventile

Bei der hier gezeigten Hydraulikschaltung eines Raupenbaggers ist (hydraulisch) eine Summenleistungsregelung integriert. Wie in Abschn. 4.1 näher erläutert, wird eine solche Regelung sehr häufig in der Mobilhydraulik und speziell zum Antrieb der Raupen eines Baggers genutzt. Kennzeichen der Summenleistungsregelung ist dabei, dass es sich um Doppelpumpen mit gleich großem Verdrängungsvolumen handelt, die Verstellelemente der Pumpen fest miteinander gekoppelt sind und die Pumpen in zwei unterschiedliche Kreise mit unterschiedlichen Drücken einspeisen. Aufgabe der Summenleistungsregelung ist es, den Schwenkwinkel der Pumpen abhängig vom Summendruck beider Pumpen so zu steuern, dass die maximale Leistung nicht überschritten wird. Damit werden zwar die Förderströme beider Pumpen um das gleiche Maß verringert (Drehzahl und/oder Geschwindigkeit sinken), aber die Drücke (Lasten) können bis zur Leistungsgrenze ansteigen. Eine Alternative zur Summenleistungsregelung stellen Grenzlastregelungen dar. Beide werden heute fast ausschließlich auf elektronischem Wege umgesetzt, in dem z. B. als Regelgröße für die Leistungsaufnahme einer Pumpe die lastabhängige Verbrennungsmotordrehzahl ausgewertet wird. Hierauf soll im Zusammenhang mit der gezeigten Schaltung nicht näher eingegangen werden.

Aus Abb. 4.33 wird zudem deutlich, dass das vom Zulaufdruck gesteuerte Druckbegrenzungsventil *D* im Rücklauf der Fahrmotoren das Erreichen einer zu hohen Geschwindigkeit bei Hangabfahrt (Wirkung negativer Lasten) verhindert. Es „drosselt“ (Gegenhaltung) den Volumenstrom bei zu kleinem Zulaufdruck. Die Lenkung des Raupenbaggers erfolgt durch jeweils unterschiedliche Ansteuerung der Fahrmotore mittels der Wegeventile.

Mit diesem Beispiel sollte gezeigt werden, dass es auch bei Raupenfahrzeugen nicht in jedem Fall um die vorrangige Realisierung von Fahrantrieben geht, sondern oft verschiedene Arbeitsfunktionen hydraulisch gleichzeitig zu bewerkstelligen sind oder – wie bei Raupenbaggern (Hydraulikbaggern) – den Arbeitsfunktionen sogar eine höhere Priorität eingeräumt wird. Allerdings geht es auch hier um die Frage nach der Effektivität bzw. Nutzung der installierten (verbrennungsmotorischen) Leistung zu der benötigten Leistung der Hydraulikverbraucher. Und genau hierfür sind wiederum die entsprechenden Regelungsfunktionen zu realisieren.

Obwohl ein „Antriebsmanagement“ mit mikrorechnergesteuerten Antrieben besser zu beherrschen ist, finden in Raupenfahrwerken auch heute noch entsprechende Hydrauliklösungen Anwendung.

4.3.7 Besonderheiten

Es sei noch einmal hervorgehoben, dass hydraulischen Fahrzeugantrieben, die durch Verstellpumpe und Verstellmotor charakterisiert werden, technische Grenzen bzgl. des abzudeckenden Geschwindigkeitsbereiches gesetzt sind. Aus diesem Grund wird bei Fahrzeugen, bei denen höhere Geschwindigkeiten benötigt werden, z. B. der zur Verfügung stehende Gesamtbereich der Wandlung durch nach geordnete Schaltgetriebe erhöht. Der vorhandene hydraulische Regelbereich wird bei solchen Lösungen mehrfach durchfahren.

Zudem gibt es verschiedene Mehrmotorenkonzepte mit Summiergetrieben und Schaltkupplung oder lastschaltbaren Summiergetrieben. Bei diesen Lösungen wird der an der Kraftübertragung nicht beteiligte Motor vom Triebstrang durch eine Schaltkupplung getrennt oder die Stufung der mechanischen Gänge erfolgt nach

Lastkollektiv, so dass der Hydrostat nur in den Bereichen mit günstigen Wirkungsgraden arbeitet [4.26, 4.27].

Bei den Mehrmotorenkonzepten gibt es auch Alternativen bzgl. der Schaltvorgänge, sozusagen als hydraulische Alternative. Hier kann das sekundärseitig zur Verfügung stehende Schluckvolumen in mehrere Einzelvolumina „aufgeteilt" und mehrere Motoren (Konstant- und/oder Verstellmotoren) werden durch diese Einzelvolumina angesteuert.

Schließlich spielen im Fahrzeugbereich – vor dem Hintergrund der Energieeinsparung und der Realisierung verlustarmer Antriebskonzepte [4.28, 4.29] – zunehmend hydromechanische Hybridantriebe [4.30] eine Rolle, die teilweise auch in Raupenfahrzeugen eingesetzt werden. Explizit wird auf diese Lösungen jedoch nicht näher eingegangen.

Auf einen Aspekt soll in diesem Zusammenhang jedoch aufmerksam gemacht werden. In der Literatur wird immer wieder darauf hingewiesen, dass eine Wandlung durch nach geschaltete mechanische Getriebe meist bei *höheren* Arbeitsleistungen erforderlich ist, also nicht nur für die Erhöhung der Geschwindigkeit benötigt wird. Derartige Aussagen sind zwar im Wesentlichen korrekt, jedoch nicht eindeutig. Beachtet werden muss, dass im Bereich der Raupenfahrzeuge, z.B. bei Großhydraulikbaggern, die Arbeitsleistungen > 100 kW haben, für den Fahrantrieb ausschließlich Hydrostaten zum Einsatz kommen, da hier wiederum nur geringe Geschwindigkeiten (< 2 km/h) benötigt werden.

Load Sensing

Alle im Fahrzeugbereich angewendeten Steuerungs- und Regelungssysteme im Sinne der Steuerung mit Verstellpumpen und -motoren bzw. der Druck-, Volumenstrom- und Leistungsregelungen sowie auch kombinierte Regelungen kommen in unterschiedlichen Ausprägungen auch bei Raupenfahrzeugen zum Einsatz. Im Fahrantrieb selbst wird häufig die hier bereits beschriebene Grenzlastregelung genutzt.

Das heute viel eingesetzte Load-Sensing kommt bei Raupenfahrzeugen vor allem dann zum Einsatz, wenn zugleich auch Arbeitsfunktionen zu verrichten sind, d. h. Load-Sensing wird nur in Arbeitssystemen genutzt. Da diese wiederum häufig mit Zylindern für den Fahrantrieb oft nicht von vorrangiger Bedeutung, welche Arbeit die Zylinder verrichten. Die antriebstechnische Strategie bleibt i. d. R. die gleiche. Load-Sensing wird bei Raupenfahrzeugen meist für die Bedarfssteuerung der Arbeitswerkzeuge genutzt.

Fahrmotore für Raupenfahrwerke

Wie aus den Abb. 4.27 und Abb. 4.32 ersichtlich, kommen in Raupenfahrzeugen unterschiedliche Kombinationen von Konstant- und Verstellpumpen mit Konstant- und Verstellmotoren zur Anwendung. Darüber hinaus werden sowohl für Pumpen und Motore ganz unterschiedliche Ausführungsformen eingesetzt.

So werden z. B. bei Planier- und Laderaupen häufig Axialkolbensysteme für Pumpen und Motore verwendet. Die Funktionsweise und das „Zusammenspiel" zwischen derartigen Axialkolbenpumpen und den entsprechenden Verstellmotoren werden am praktischen Beispiel im Abschn. 4.1.3.1 näher erläutert.

Speziell für Raupenfahrwerke sind jedoch kompakte Hydrogetriebemotoren mit Planetengetriebe und integriertem oder teilintegriertem Axialkolbenmotor entwickelt worden. Der Axialkolbenmotor kann dabei mit fester (Abb. 4.34) oder verstellbarer Schrägachse ausgeführt sein.

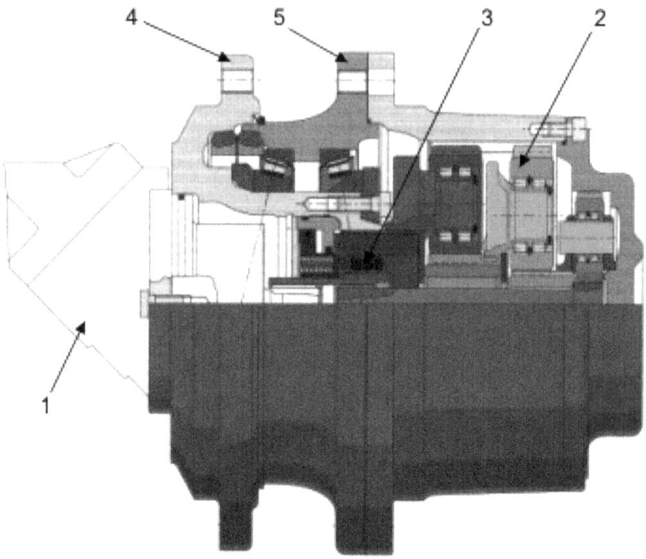

Abb. 4.34 Schematische Darstellung eines kompakten Fahrantriebes für Raupenfahrwerke mit integriertem Hydraulikmotor, Getriebe (Planetengetriebe) und Lamellen-Haltebremse) der Firma O&K Antriebstechnik Hattingen. *1* Hydraulikmotor, *2* Planetengetriebe, *3* Lammellen-Haltebremse, *4* Rahmen, *5* Antriebsbeefestigung

Die Entwicklung und der Einsatz solcher *kompakten* Fahrmotoren resultiert u. a. aus der Forderung – innerhalb des bei Raupenfahrwerken meist sehr begrenzten Bauraumes –, eine höchstmögliche Abtriebsleistung zu erzielen. Aufgrund der *kompakten* Bauart liegt der Bauraum einer solchen Antriebseinheit weitgehend innerhalb der Raupenkettenbreite (Abb. 4.35).

Die auch als *kompakte* Getriebeeinheiten oder *kompakte* Fahrantriebe bezeichneten Antriebssysteme besitzen, neben Hydraulikmotor und Getriebe, wahlweise Lamellen-Bremsen. Diese sind als Haltbremse ausgeführt und wirken nicht dynamisch. Die Motoren selbst werden stets zu höheren Antriebsmomenten weiterentwickelt. Heute kann bereits ein Drehmomentenbereich (Getriebeausgangsmoment) von etwa 1,0 bis 220 kNm abgedeckt werden. Dies bedeutet im oberen Bereich, z. B. bei einer Anwendung in Baumaschinen, einen Einsatz bis zur Maschinenklasse von 180 t [4.31].

a

b

Abb. 4.35 Antrieb eines Raupenfahrwerkes. **a** mit Konstantmotor ***b*** mit Verstellmotor

Prinzipiell kann davon ausgegangen werden, dass Konstantmotoren eine konstante Geschwindigkeit und ein konstantes Abtriebsmoment liefern. Verstellmotoren hingegen bieten die Möglichkeit, bei vorgegebener hydraulischer Leistung, je nach eingestelltem Schluckvolumen, zwischen Geschwindigkeit und Drehmoment zu variieren. Die Auswahl beider Varianten orientiert sich am jeweiligen Anwendungsfall. Ein wesentliches Kriterium kann z. B. der teilweise erhebliche Unterschied zwischen der Arbeitsgeschwindigkeit der Fahrzeuge und der sog. Umsetzgeschwindigkeit oder Leerfahrt sein. In diesem Zusammenhang spielen Fragen bzgl. der Realisierung von Straßenfahrt und „Arbeits“-Fahrt eine wichtige Rolle. Bei größeren Geschwindigkeitsunterschieden ist der Einsatz von Verstellmotoren erforderlich (auch Großwinkelfahrmotoren), wobei die kompakten Antriebe in zwei- und dreistufigen Formen (Planetengetriebestufen) ausgeführt sein können.

In der Praxis wird eine Zweipunktverstellung oder eine Proportionalverstellung gewählt. Bei Fahrzeugen mit niedrigen Geschwindigkeiten kommt oft die Zweipunktverstellung zur Anwendung. Sie lässt eine maximale Geschwindigkeit bei minimalem Abtriebsmoment und eine minimale Geschwindigkeit bei maximalem Abtriebsmoment zu. Die Verstellung kann hydraulisch (Steuerdruck/Hochdruck) (Abb. 4.28) oder elektrisch (Abb. 4.31) erfolgen.

Werden dem Planetengetriebe ein- oder zweistufige Stirnradgetriebe vorgelagert, ist es möglich, den Bereich des Abtriebsmomentes von Fahrantrieben für Kettenfahrwerke bis über 300 kNm zu steigern. Für Großbagger (Seilbagger, Hydraulikbagger), Raupenkrane u. ä. wird auch oft ein Einzelturasantrieb gewählt. In diesem Fall werden z. B. die „Radlasten“ direkt über den Turas, der im Fahrwerksrahmen separat gelagert ist, eingeleitet. In diesen Fällen können Antriebsmomente bis über 3000 kNm erreicht werden. [4.32]

Überlagerungsgetriebe

Die Lenkung von Raupenfahrzeugen betreffend ist bereits darauf hingewiesen worden, dass z.B. bei Panzern sowie teilweise auch bei landwirtschaftlichen Fahrzeugen eine mechanisch-hydrostatische Lenkunterstützung mit Hilfe von Überlagerungsgetrieben vorgenommen wird.

Auf diese Zusammenhänge wird in Abschn. 4.3.9.3 näher eingegangen. Dabei geht es nicht um eine Erläuterung der Funktionsweise des Überlagerungsgetriebes an sich, sondern um die Betrachtung und Beschreibung der Schnittstellen zur Hydraulik.

Eine sehr ausführliche und umfassende Darstellung der Funktionsweise von Überlagerungsgetrieben kann z. B. [4.33] entnommen werden.

4.3.8 Sonderfahrzeuge mit Raupenfahrwerken

Bei den bisher beschriebenen Raupenfahrzeugen handelt es sich um Fahrzeuge, die in größeren und mittleren Serien für konkrete, immer wiederkehrende Anwendungen konzipiert werden. Die Auslegung dieser Fahrzeuge basiert im Wesentlichen auf den für diese Anwendungen bekannten und vom Hersteller von vornherein festgelegten Leistungsparametern. Die Kunden haben konkrete Vorstellungen von diesen Leistungsparametern und wählen die Fahrzeuge aus dem Katalog der Herstellerfirmen aus. Diese Zusammenhänge gelten prinzipiell für in Serien produzierte Fahrzeuge und Maschinen. Folglich gehorcht die Konzipierung, Projektierung und Konstruktion derartiger Fahrzeuge mehr oder weniger allgemeingültigen Regeln, nachdem die mechanische, hydraulische und elektrische Auslegung auf die zu erwartenden Endparameter ausgerichtet ist. Im Bereich der Raupenfahrzeuge gibt es aber besonders häufig Sonderanwendungen, für die Serienmaschinen nicht oder nur bedingt geeignet sind, und für die entsprechende Sonderfahrzeuge entwickelt werden müssen. Bei diesen Sonderfahrzeugen spielen zwar auch die letztendlich zu erreichenden Leistungsparameter eine wesentliche Rolle, die Kundenwünsche und -vorstellungen beschränken sich hier aber i. d. R. nicht auf die Auswahl des fertigen Fahrzeuges, sondern bilden den eigentlichen „Ausgangspunkt“ der Projektierung. Dies gilt nicht zuletzt für die Auslegung der Hydraulik und vor allem der hydraulischen Antriebe derartiger Fahrzeuge. Vor diesem Hintergrund müssen in Sonderfahrzeugen die hydraulischen Systeme und Antriebe den besonderen Bedingungen des jeweiligen Einsatzfalles (spezifischen Kundenwunsches) gerecht werden. Häufig handelt es sich dabei um selbstfahrende, mobile Arbeitsmaschinen, die in Einzelfertigung oder in kleineren Serien hergestellt werden. Stodt weist berechtigt darauf hin, dass sich die „Nachfrage und damit das Angebot der selbstfahrenden Maschinen … beispielsweise immer stärker weg vom Standardbagger hin zu stetig weiter spezialisierten Maschinen … für Sonderaufgaben“ entwickelt [4.31]. In Abb. 4.36 ist eine kleine Auswahl derartiger Sonder- oder in kleinen Serien hergestellter Fahrzeuge zu finden.

Der entscheidende Unterschied hinsichtlich der Hydraulikauslegung zwischen Sonder- und Serienfahrzeugen ist also mehr methodischer Art und liegt vor allem in der ingenieurtechnischen Herangehensweise bei der Projektierung. Aus diesem Grund werden im Folgenden – am Beispiel der Konzipierung eines Fahrantriebes – einige Hinweise zur Vorgehensweise bzgl. Auslegung und Projektierung von Antrieben an Sonderfahrzeugen mit Raupenfahrwerken gegeben.

a

b

c

d

Abb. 4.36 Sonderfahrzeuge mit Raupenfahrwerken. **a** Muldenkipper für Einsätze im Watt und sandigen Böden **b** Spezial-Container-Absetzkipper mit Gummifahrwerk (*a* und *b* sind Raupenfahrzeuge, die von der ehemaligen Intertractor AG Gevelsberg bzw. deren rechtlichen Vorgängerfirmen hergestellt worden sind) **c** Aufsitzraupe in kompakter Bauweise für Spezialeinsätze (z. B. in Weinbergen) der Niko GmbH Maschinen- und Fahrzeugbau Bühl **d** Schürfkübelraupe zum großflächigen Abtragen von Erdmassen der Frutiger Company AG Winterthur/Schweiz

Fahrhydraulik

Die Schaltung zur Fahrhydraulik unterscheidet sich im Bereich der Sondermaschinen grundsätzlich nicht von anderen Fahrantriebsschaltungen, wie sie in den vorangegangenen Abschnitten behandelt worden sind; es sei auf die dortige Bearbeitung verwiesen.

Hydraulikauslegung bei Sondermaschinen

Die Auslegung der Hydraulik erfolgt unter dem Aspekt der Projektierung des gesamten Fahrzeuges. Dies bietet sich vor allem bei Sondermaschinen an, da hier – im Unterschied zu Serienmaschinen – die Projektierung mit den einzelnen Anforderungsparametern beginnt. Es wurde bereits hingewiesen, dass sich bei Serienmaschinen die Auslegung der Hydraulik im Wesentlichen nach den meist von vornherein festgelegten Leistungsparametern der Fahrzeuge richtet. Dies trifft in gleichem Maße für serienmäßig hergestellte Personen- und Nutzkraftfahrzeuge zu. Die Kunden haben konkrete Vorstellungen von den Leistungsparametern und entscheiden sich für den Kauf eines Fahrzeuges, das diese Parameter erfüllt. Bei der Projektierung von Sonderfahrzeugen hingegen sind zuerst ganz spezielle Funktionen und Eigenschaften gefordert, die durch Serienmaschinen nicht oder zumindest nicht optimal abgedeckt werden, z. B. der umbaute Raum der Maschine, die Temperaturstabilität bei extremen Bedingungen, der maximale Bodendruck, das Schwenk- bzw. Wendevermögen des Fahrzeuges oder das Fahren gegen eine Steigung bei „schlechten" Bodenverhältnissen. Erst hieraus sind die Leistungsparameter, wie z. B. Zugkräfte, Geschwindigkeiten, Transportlasten abzuleiten.

Wegen dieser Besonderheiten ist den Einzelschritten bzgl. der Projektierung bei einem Sonderfahrzeug sowie der damit verbundenen Hydraulikauslegung besondere Aufmerksamkeit zu schenken. Aus diesem Grund werden die Projektierungsschritte, die zur Hydraulikauslegung erforderlich sind, im Folgenden auch am Bespiel eines Sonderfahrzeuges mit Raupenfahrwerken dargestellt. In gewissem Sinne sind diese Schritte verallgemeinerungsfähig und bieten eine Art (generelles) Schema zur Vorgehensweise bei der Auslegung derartiger Systeme. Zugleich wird mit diesem Weg, anders als in vielen Lehrbüchern, die komplette Auslegung eines Fahrantriebes in geschlossener Form, d.h. von den geometrischen und mechanischen Anforderungen bis hin zur Hydraulik, aufgezeigt. Zudem ist es das Ziel, mit dieser Vorgehensweise das ingenieurtechnische „Gefühl" für das Detail der Auslegung und das Gesamtverständnis eines Fahrzeuges und dessen Hydraulik zu vermitteln.

Die klassischen Grundlagen zur Auslegung hydrostatischer Antriebssysteme werden in [4.34] dargestellt. Ausführliche und zusammenhängende Anleitungen und Regeln zur mechanischen und hydraulischen Projektierung von Kettenfahrwerken sind in [4.35] entwickelt worden.

Darauf aufbauend erfolgt hier die Auslegung der Fahrhydraulik am Beispiel einer mobilen Sondermaschine zum Abtransport von Ablagerungsmaterialien (Holz, Steine u. ä.) in weichen Tonböden.

Neben der Bodenbeschaffenheit sind weitere Eigenschaften spezifiziert:

- maximale Geschwindigkeit ca. 5 km/h,
- Wenden auf der Stelle in der Ebene,
- Fahren bis zu einer Steigung von 15%,
- Einhaltung der Abmessungen und -gewichte für Transport ohne Begleitfahrzeug.

Auf der Basis dieses Anforderungsprofils ist das Fahrzeug zu konzipieren und die Hydraulik auszulegen. Zu einer besseren Anschaulichkeit wird die folgende Auslegungsrechnung mit konkreten Zahlen hinterlegt.

Ausgehend von dem vorgesehenen Einsatz des Fahrzeuges in *weichen* Tonböden ist zuerst die Tragfähigkeit des Bodens (zulässiger Bodendruck) zu ermitteln. Aus entsprechenden Tabellen werden 100 kN/m² = 0,1 MPa herausgelesen.

Der Bodendruck p_{Bo} ergibt sich aus der Gewichtskraft des Fahrzeuges und der auf das Fahrwerk bezogenen Kontaktfläche zum Boden, wobei hier von 2 Raupenfahrwerken ausgegangen wird:

$$p_{Bo} = \frac{F_F}{2(a \cdot b)} \tag{4.24}$$

mit

F_F – Fahrzeuggewicht (Gewichtskraft) [kN]
a – Achsabstand [m] und
b – Breite der Bodenplatten der Raupe [m].

Aus Gl. (4.24) wird deutlich, dass für die Kontaktfläche der Achsabstand zwischen Umlenkrad und Antriebsrad verwendet wird (vgl. Abb. 4.37). Der technisch erforderliche Anstieg zwischen erster Rolle und Leitrad bzw. letzter Rolle und Antriebsrad wird in weichen Böden vernachlässigt. Sinkt die Maschine tiefer ein, vergrößert sich die Kontaktfläche weiter.

Aus den Transportanforderungen ergibt sich bei der projektierten Maschinenmasse von 15 t (15.000 kg) keine Einschränkung. Die maximale Transportbreite von 2,5 m wird für die Standsicherheit voll ausgenutzt. Die Bodenplatten sollten in unebenem Gelände mit Baumstümpfen nicht breiter als 300 mm sein, um Schäden beim Überfahren von Hindernissen zu vermeiden. Damit ergibt sich eine Spurweite e = 2,2 m.

Der Achsabstand errechnet sich zu

$$a = \frac{F_F}{2 \cdot p_{Bo} \cdot b}. \tag{4.25}$$

Um den zulässigen Bodenruck einzuhalten, ist ein Achsabstand von 2,5 m erforderlich.

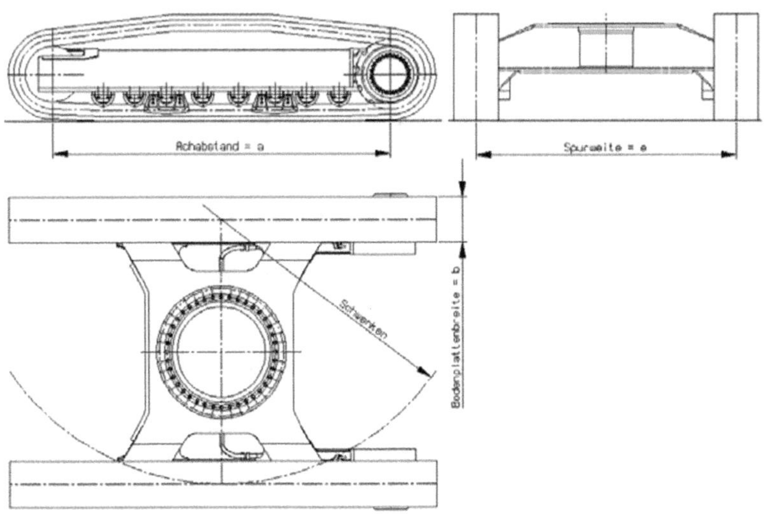

Abb. 4.37 Prinzipieller Aufbau eines Raupenfahrwerkes, einschließlich wichtiger Projektierungsparameter, wie Achsabstand, Spurbreite und Bodenplattenbreite

Damit ergibt sich ein sinnvolles Verhältnis zwischen Achsabstand und Spurweite. Zu große Achsabstände beeinträchtigen das Fahrverhalten beim Kurvenfahren, Schwenken sowie beim Wenden auf der Stelle.

Als nächste Kenngröße wird die Zugkraft des Raupenfahrzeuges ermittelt. Obwohl im Rahmen der Kundenvorgaben nur das Schwenken in der Ebene sowie die Hangfahrt spezifiziert sind, wird nach [4.35] zunächst die Zugkraft für das Fahren in der Ebene (F_{ZE}) ermittelt.

$$F_{Z_E} = \frac{1}{2} f \cdot F_F \qquad (4.26)$$

Durch den Faktor ½ wird wiederum berücksichtigt, dass am Fahrzeug zwei Raupenfahrwerke existieren. Dieser Faktor sollte bei der Berechnung stets berücksichtigt werden, da es bei Sondermaschinen mit Raupenfahrzeugen auch 3, 4 oder mehr Fahrwerke geben kann.

Der Fahrwiderstandsbeiwert f ergibt sich hauptsächlich aus den inneren Verlusten z. B. in Ketten, Rollen, Leit- und Antriebsrädern sowie der Interaktion mit dem Boden. Hierzu gibt es bei den Herstellern Versuchs- und Erfahrungswerte, wobei f i. Allg. zwischen 0,08 und 0,1 liegt. Für Standardfahrwerke mit Stahlketten wird im Normalfall 0,09 angesetzt. Bei Raupenfahrzeugen mit geringeren Geschwindigkeiten kann der Luftwiderstand vernachlässigt werden.

Für die Zugkraft in der Ebene gilt demnach Fz_E = 6,75 kN.

Beim Schwenken des Fahrzeuges ist der Reibbeiwert zwischen Bodenplatten und Boden sowie die Spurweite zu berücksichtigen. Ebenfalls nach [4.35] ergibt sich die erforderliche Schwenkkraft des Fahrzeuges (F_S) zu

$$F_S = \mu_{Bpl} \cdot F_F \cdot \frac{a}{4e} \qquad (4.27)$$

mit zusätzlich

μ_{Bpl} – Reibbeiwert zwischen Bodenplatten und Boden und

e – Spurweite.

Da beim Schwenken *ein* Raupenfahrwerk steht, sind die Reibungskräfte höher als beim Wenden auf der Stelle. Im letzteren Fall sind die Zugkräfte in beiden Raupenfahrwerken entgegengesetzt gerichtet, woraus sich insgesamt eine Reduzierung der Reibungskräfte ergibt.

Vereinfachend wird zur Ermittlung des Schwenkwiderstandes meist trotzdem von einer gleichmäßigen Bodendruckverteilung ausgegangen. Je nach Traktionsanforderungen existieren 1-Steg-, 2-Steg- und 3-Steg-Bodenplatten oder Spezialausführungen, die unterschiedlich tief in den Boden eindringen und entsprechend unterschiedliche Reibbeiwerte aufweisen. Bei Fahrwerken mit Elastomerraupen (meist als Gummifahrwerke bezeichnet) gibt es spezifische Profile, die ebenfalls unterschiedliche Reibbeiwerte aufweisen [4.36]. Bei unserem Beispiel wird von 1-Steg-Bodenplatten für maximale Traktion ausgegangen, bei denen in Tonböden auf der Basis von Herstellerversuchen ein Reibbeiwert von 1,0 angenommen werden kann. Damit ergibt sich eine im Fahrzeug zu installierende Kraft für das Schwenken von 42,6 kN. Bezogen auf die geforderten Eigenschaften ist nunmehr die Zugkraft für die Überwindung des Steigungswiderstandes am Hang mit einer Steigung von 15% zu errechnen.

Mit dem Steigungswinkel (α_F)

$$\alpha_F = \arctan\frac{Steigung\ in\ \%}{100} = \arctan\frac{15}{100} \approx 8{,}53° \tag{4.28}$$

wird die Zugkraft je Raupenfahrwerk ermittelt aus

$$F_{Z_H} = \frac{1}{2} F_F \cdot \sin\alpha_F \tag{4.29}$$

Mit den errechneten Werten ergibt sich die von einem Raupenfahrwerk zu erbringende Zugkraft von $Fz_H = 11{,}1$ kN.

Für die Auslegung der Hydraulik sind die berechneten Einzelkräfte gemäß der Kundenforderung zu „überlagern". Bei dem gewählten Beispiel ist die Zugkraft in der Ebene in Verbindung mit dem Schwenken maßgebend. Wäre z. B. ein Schwenken auch am Hang gefordert, so käme die Kombination aus Fahren, Steigen und Schwenken in Frage.

Für die erforderliche Gesamtzugkraft je Raupenfahrwerk (F_{ZG}) gilt somit

$$F_{Z_G} = F_{Z_E} + F_S = 6{,}75\,kN + 42{,}6\,kN = 49{,}4\,kN \tag{4.30}$$

Die hier dargestellte Methodik der Schrittweisen und unabhängigen Berechnung der erforderlichen Zugkräfte ist aus pragmatisch-systematischer Sicht durchaus zu empfehlen. Der Ingenieur behält stets den Überblick bzgl. der während der Projektierung zu berücksichtigenden Kenngrößen und kennt den Einfluss der einzelnen (Kunden-)Forderungen auf die Auswahl des Antriebes. In Grenzfällen der Auslegung ist es möglich, „leichte" Einschränkungen zu definieren, um z. B. das nächst kleinere Getriebe auswählen zu können.

Im Rahmen der Projektierung ist nunmehr zu beachten, dass eine optimale Auslegung der Hydraulik nur auf der Basis einer sinnvollen Abstimmung geometrischer, antriebstechnischer und hydraulischer Kenngrößen erzielt werden kann, welches das nachfolgende Schema verdeutlichen soll:

1. Variation des Antriebsraddurchmessers *D0*:

→ vorgegebene Zugkraft F_{ZG}

→ großer Durchmesser *D0*	→ hohes Abtriebsmoment M_{Gab}	→ geringe Drehzahl *n*	→ niedriger Volumenstrom *Q*
→ kleiner Durchmesser *D0*	→ niedriges Abtriebsmoment M_{Gab}	→ hohe Drehzahl *n*	→ hoher Volumenstrom *Q*

2. Variation der Getriebeübersetzung:

→ vorgegebene Leistung $F_{ZG} \cdot v$

→ große Übersetzung	→ hoher Volumenstrom *Q*	→ niedriges Antriebsmoment M_{Gan}	→ niedriger Hydraulikdruck *p*
→ kleine Übersetzung	→ niedriger Volumenstrom *Q*	→ hohes Antriebsmoment M_{Gan}	→ hoher Hydraulikdruck *p*

3. Motorvolumen:

→ vorgegebene Leistung $F_{ZG} \cdot v$

→ großes Motorvolumen	→ hoher Volumenstrom *Q*	→ niedriger Hydraulikdruck *p*
→ kleines Motorvolumen	→ niedriger Volumenstrom *Q*	→ hoher Hydraulikdruck *p*

Vorrangig ist das erforderliche Getriebeabtriebsmoment M_{Gab} zu ermitteln. Erst danach sind die maximalen Hydraulikdrücke p und die zulässige Motorhöchstdrehzahl zu berücksichtigen.

Das Abtriebsmoment für das Getriebe (M_{Gab}) ergibt sich zu

$$M_{Gab} = F_{ZG} \cdot \frac{D_A}{2\,k_V} \cdot \tag{4.31}$$

Der Teilkreisdurchmesser des Antriebsrades D_A muss an die Kettenteilung angepasst werden, wobei ungerade Zähnezahlen bei halber Kettenteilung üblich sind. Bei der hier vorliegenden Maschinengröße ergibt sich ein Teilkreisdurchmesser D_A von 0,475 m. Zusätzlich ist bei Raupenfahrwerken der Beiwert k_V zu berücksichtigen. Dieser erfasst den Verschmutzungsgrad und beträgt für starke Verschmutzung 0,8 und für geringe Verschmutzungen 0,9. Bei weichen Tonböden wird mit 0,8 gerechnet.

Das Abtriebsmoment für das Getriebe ergibt sich somit nach Gl. (4.31) zu M_{Gab} = 14670 Nm.

Die Abtriebsdrehzahl des Getriebes bestimmt sich unter Berücksichtigung der geforderten Maximalgeschwindigkeit des Fahrzeuges

$$n_{abG} = \frac{\mathrm{v}}{D_A \cdot \pi} \tag{4.32}$$

und beträgt 55,87 min^{-1}.

Neben dem Maximalmoment ist bei der Getriebeauswahl zu beachten, dass bei gängigen Motorbaugrößen die Drehzahl auf etwa 5000 Umdrehungen begrenzt ist. Demnach ergibt sich die maximale Getriebeübersetzung (i_{max}) zu

$$i_{\max} = \frac{n_{an_G\_grenz}}{n_{ab_G}} = \frac{5000\,\text{min}^{-1}}{55{,}87\,\text{min}^{-1}} = 89{,}5 \cdot \tag{4.33}$$

Konkrete Werte für die Übersetzung i sind den Tabellen der jeweiligen Getriebehersteller zu entnehmen. Mit i = 81 wird eine große Übersetzung gewählt, um das Motorabtriebsmoment zu minimieren. Bei der Berechnung ist der Wirkungsgrad zu berücksichtigen

$$M_{Mo} = \frac{M_G}{i \cdot \eta_{hm}} \cdot \tag{4.34}$$

Der mechanisch-hydraulische Wirkungsgrad des mechanischen Getriebes wird im Wesentlichen aus dem mechanischen und dem Druckwirkungsgrad gebildet. Bei dem hier zu konzipierenden Raupenfahrwerk wird mit η_{hm} = 0,98 gerechnet. Das Abtriebsmoment des Hydraulikmotors ergibt sich so zu M_{Mo} = 185 Nm.

Die zugehörige erforderliche Hydraulikdruckdifferenz über dem Hydraulikmotor Δp ergibt sich unter Berücksichtigung des geometrischen Verdrängungsvolumen V_g des Hydraulikmotors (auch als Schluckvolumen pro Umdrehung bezeichnet und des hydraulisch-mechanischen Wirkungsgrades des Hydromotors $\eta_{\text{hm(Mo)}}$ gemäß Gl. (4.24)

$$\Delta p = M_{Mo} \frac{2\pi}{V_g \cdot \eta_{\text{hm(Mo)}}} \cdot \tag{4.35}$$

Das Schluckvolumen $V_g = 35\ \text{cm}^3$ und der Wirkungsgrad $\eta_{hm(Mo)} = 0{,}97$ für den ausgewählten Motor werden Herstellertabellen entnommen. Die Druckdifferenz Δp über dem Hydromotor ergibt sich zu 349 bar. Hier ist es erforderlich, darauf hinzuweisen, dass höhere Druckdifferenzen über dem Motor als 400 bar nicht zulässig sind, wobei die Motorausgangsdrücke meist bei 20 bar liegen, also die Eingänge dann bei 420 bar. Außerdem wird bei der Verwendung kompakter Fahrantriebe häufig nur *ein* hydraulisch-volumetrischer Wirkungsgrad angegeben. Dies ist bei der Berechung entsprechend zu berücksichtigen.

Die erforderliche Antriebsleistung (P_{Mo}) des Hydraulikmotors ergibt sich zu

$$P_{Mo} = M_{Mo}\,\frac{2\pi \cdot n_{an_{Mo}}}{\eta_g}\,. \tag{4.36}$$

Der Gesamtwirkungsgrad des Hydromotors η_g, setzt sich zusammen aus dem Produkt des hydraulisch-mechanischen Wirkungsgrades des Hydromotors $\eta_{hm(Mo)}$ und dem volumetrischem Wirkungsgrad η_v.

$$\eta_g = \eta_{hm(Mo)} \cdot \eta_v = 0{,}95 \cdot 0{,}96 = 0{,}91 \tag{4.37}$$

Somit muss die Antriebsleistung des Hydraulikmotors 94,11 kW betragen.

Für die Auslegung der Hydraulikpumpe benötigt man nunmehr noch den für den Motor erforderlichen Volumenstrom Q_{Mo}, um das Raupenfahrzeug – mit den hier gestellten Anforderungen (Bodendruck, Schwenken, Steigungsfahrt usw.) – bewegen zu können. Dieser ergibt sich zu

$$Q_{Mo} = \frac{P_{Mo}}{\Delta p}\,. \tag{4.38}$$

Der von der Pumpe für den Motor zu erzeugende Volumenstrom beträgt 165 l/min. Da die hydraulische Antriebsleistung von Motoren der Abgabeleistung der Pumpen äquivalent ist, entspricht dies der durch die Pumpe zu erbringenden Leistung. Zu beachten ist allerdings, dass zur abzugebenden Leistung der Pumpe die Leistungsverluste im Energieübertragungsstrang zwischen Pumpe und Motor addiert werden müssen. Außerdem zieht die Pumpe selbst wiederum die um ihre eigenen Wirkungsgrade höhere Leistung vom Verteilergetriebe. Da vor allem die Leistungsverluste bei Sondermaschinen, u. a. abhängig von konstruktiven Bedingungen, von Fahrzeug zu Fahrzeug unterschiedlich sind, wird hier verallgemeinernd nicht weiter darauf eingegangen. Die grundlegenden Zusammenhänge der Auslegung von Pumpen unter Berücksichtung von Leistungsverlusten sowie der Wirkungsgrade können [4.5] entnommen werden.

Mit dem gezeigten Algorithmus wird am Beispiel der Projektierung der Antriebshydraulik von Sonderfahrzeugen mit Raupenfahrwerken verdeutlicht, dass die Auslegung und Berechnung der Hydraulik stets vor dem Hintergrund konkreter kinematischer und mechanischer Forderung vorzunehmen ist. Die häufig von einschlägigen Fachbüchern auf die „reine“ Anwendung hydraulischer Formeln „eingegrenzte“ Auslegung von Hydrauliksystemen wird der Praxis meist nur unzureichend gerecht. Prinzipiell ist der hier beschriebene Weg somit zugleich für die Auslegung und Konzipierung der Antriebshydraulik anderer hydraulischer Fahrzeugantriebe von Bedeutung. Dies trifft, um nur ein Beispiel zu nennen, vor allem auch für die derzeit immer mehr an Bedeutung gewinnenden Sonderfahrzeuge mit sog. Gummiraupen (Gummifahrwerken) zu.

4.3.9 Antriebe bei unterschiedlichen Raupenfahrzeugen

Im Folgenden werden einige Beispiele der Realisierung von Hydraulikschaltungen an Raupenfahrzeugen aus unterschiedlichen Anwendungs- und Einsatzgebieten dargestellt. Die Beispiele kommen aus der Baumaschinentechnik (Planierraupe) und der Landmaschinentechnik (Mähdrescher und Raupenschlepper). Wie oben erörtert, geht es dabei nicht um die wiederholte Darstellung der sich in einzelnen Fahrzeugen ähnelnden Fahrantriebe, sondern um das Aufzeigen einiger hydraulischer Zusammenhänge und Abhängigkeiten am Beispiel unterschiedlicher Fahrzeugtypen.

4.3.9.1 Planier- und Laderraupen

Als zwischenzeitlich klassische Raupenfahrzeuge aus dem Baumaschinenbereich, die mit einem hydrostatischen Antrieb ausgerüstet sind, müssen die Planier- und Laderraupen angesehen werden.

Bei der Durchführung von Planierarbeiten (Einstechen und Arbeiten mit dem Planierschild), vor allem in unwegigem Gelände, sind hohe Schubkräfte bei kleinen Geschwindigkeiten gefordert. Dies gilt auch für die Realisierung von Zugkräften bei Arbeiten mit dem Heckaufreißer. Hierzu benötigt man eine stufenlose Geschwindigkeitsregelung bei maximaler (optimaler) Ausnutzung der installierten Leistung. Wie in Abschn. 4.1 herausgearbeitet, ist für derartige Aufgaben der hydrostatische Antrieb genau richtig.

Wegen des ausgesprochen geringen Schlupfes des Hydrostaten (kein Wandlerschlupf) ist ein verschleißfreies Anfahren möglich, und es können direkt aus dem Stand die erforderlichen Schub- und Zugkräfte realisiert werden. Mit der Nutzung verstellbarer Hydromotore ist die hydrostatische Wandlung über den gesamten Fahrbereich möglich. Gleichzeitig werden bei niedrigen Geschwindigkeiten (geringer Förderstrom) hohe Schub- und Zugkräfte (hoher Arbeitsdruck) umgesetzt. Außerdem ist ein verschleißfreies Reversieren und Lenken möglich.

Auch hier ist es notwendig, mit den bereits mehrfach erwähnten Möglichkeiten der Grenzlast- und/oder Leistungsregelung eine Abstimmung zwischen Fahr- und Arbeitshydraulik bzgl. der Priorität der durch den Antriebsmotor zur Verfügung gestellten Leistung vorzunehmen.

Abb. 4.38 Raupenfahrzeuge von Liebherr Werk Telfs, im Einsatz. **a** Planierraupen PR 734 und PR 744 bei der Erdebewegung am Hang **b** Planierraupe PR 764 im schweren Einsatz im Reißbetrieb (Heckaufreißer) **c** Laderaupe LR 624 bei der Verladung von Böden **d** Rohrleger RL 64 beim Pipelinebau

Fahrhydraulik

Die Fahrhydraulik von Planierraupen ähnelt im Wesentlichen der in den Abb. 4.30 und Abb. 4.31 gezeigten und beschriebenen Schaltungen, so dass Einzelheiten der Hydraulikschaltung an dieser Stelle nicht noch einmal diskutiert werden. Vielmehr soll im Folgenden auf einige mehr praktische Aspekte, z. B. die Anordnung der Hydraulikbaugruppen im Fahrzeug, sowie das Aufzeigen der Funktionsweise des Hydrostaten anhand der Leistungsverteilung eingegangen werden.

Baugruppenanordnung

Aufgrund der relativ übersichtlichen Struktur der Fahrhydraulik einer Planierraupe lässt sich an diesem Fahrzeug die körperliche Anordnung der Hydraulikbaugruppen sehr gut darstellen. Aus diesem Grund soll im Rahmen dieses Abschnittes ein Überblick über die baugruppenseitige Anordnung einer solchen Fahrschaltung anhand des hydraulischen Grundaufbaues von Planier- und Laderaupen sowie von Rohrlegern (Abb. 4.38 d) der Fa. Liebherr [4.37], die alle eine identische Struktur des Hydrauliksystems aufweisen, gegeben werden.

Auch bei diesen Maschinen verfügt jede Antriebsseite über einen eigenen geschlossenen Kreis. Aus der Baugruppenanordnung nach Abb. 4.39 wird deutlich, dass über je zwei Hochdruck-Hydraulikschläuche/Rohrleitungen eine direkte Verbindung von den Verstellpumpen *1* (Schrägscheiben-Verstellpumpe) zu den an die Fahrgetriebe angeflanschten Verstellmotoren *2* (Schrägachsen-Verstellmotore) besteht. Diese bilden körperlich die beiden geschlossenen hydrostatischen Kreisläufe.

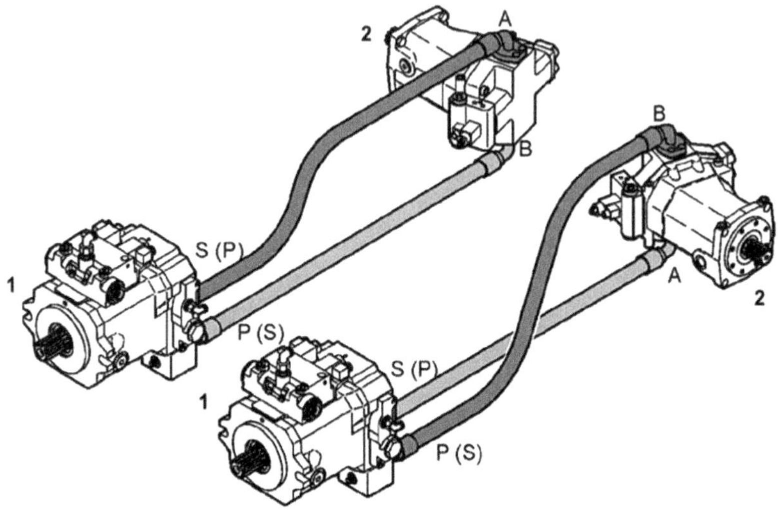

Abb. 4.39 Anordnung der Hauptbaugruppen (Explosionsdarstellung) der beiden geschlossenen Hydraulikkreise des Fahrantriebes von Planierraupen der Fa. Liebherr. *1* Verstellpumpen, *2* Verstellmotore, *P* und *S* Druck- und Saugseite der Verstellpumpen, *A*/*B* Ein- und Ausgang Hydraulikmotor [4.37]

Die Verstellpumpen werden über zwei Proportionalmagnetventile (vgl. auch Abb. 4.31), über die die Förderstromrichtung und die Größe des Volumenstromes in den Pumpen als Sollwerte vorgegeben werden (Fahrtrichtung, Geschwindigkeit), gesteuert. Die Verstellmotore werden über A/B durch den von den Verstellpumpen erzeugten Hydraulikstrom von *P* beaufschlagt. Aufgrund des geschlossenen Kreislaufes kommt der Rücklaufstrom über B/A direkt zur Saugseite der Pumpen *S*. Die Drehrichtung entspricht der jeweils am Fahrgeber vorgewählten Förderrichtung. Bei Änderung ändern sich Druck- und Saugseite bzw. Ein- und Ausgang.

Wie bereits gezeigt, wird so das Schluckvolumen der Verstellmotore über je ein Proportionalwegeventil pro Verstellmotor aktiv beeinflusst. Der Übergang vom Pumpen- zum Motorstellbereich erfolgt stufenlos.

Bei der größten hydrostatisch angetriebenen Planierraupe der Welt, der Liebherr PR 764 Litronic, werden interessanterweise *zwei* Schrägscheibenverstellpumpen und *zwei* Schrägachsen-Verstellmotore (parallel geschaltet) in je einem geschlossenen Kreislauf betrieben.

Diese Anordnung der Hauptbaugruppen ist in Abb. 4.40 dargestellt. An den Pfeilen ist der Hydraulikfluss von und zu den Pumpen bzw. Motoren erkennbar.

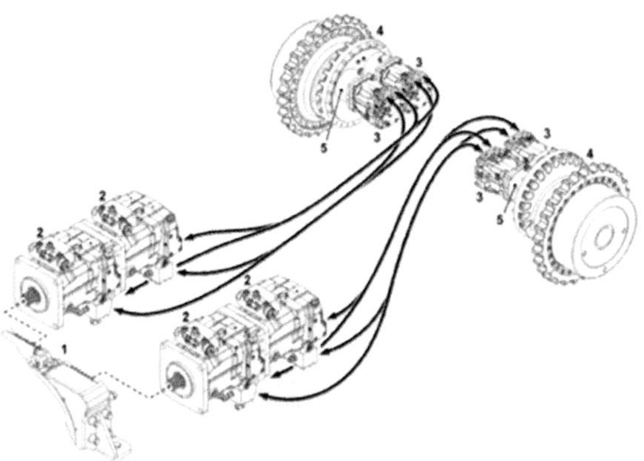

Abb. 4.40 Anordnung der Hauptbaugruppen (Explosionsdarstellung) der Antriebshydraulik für die derzeit größte hydrostatisch angetriebene Planierraupe (PR 764) der Welt der Fa. Liebherr Werk Telfs. *1* Dieselmotor/Pumpenverteilergetriebe, *2* Schrägscheibenverstellpumpen, *3* Verstellmotore, *4* Fahrgetriebe, *5* Lamellenbremse [4.37]

In Abb. 4.41 wird die Anordnung der Baugruppen im Fahrzeug nochmals im Rahmen einer 3D-Computerdarstellung („Röntgenblick") gezeigt. Der Aufbau des Fahrzeuginneren und die Platzierung der Hydraulikbaugruppen zu anderen Baugruppenstrukturen sind gut erkennbar.

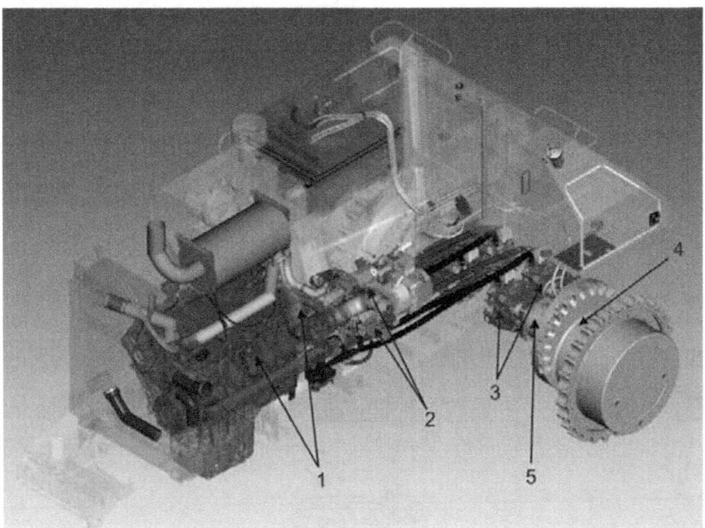

Abb. 4.41 Räumliche Anordnung der Baugruppen im Fahrzeug (PR 764). *1* Dieselmotor/Pumpenverteilergetriebe, *2* Schrägscheibenverstellpumpen, *3* Verstellmotore, *4* Fahrgetriebe, *5* Lamellenbremse [4.37]

Praktische Funktionsweise des hydrostatischen Fahrantriebs

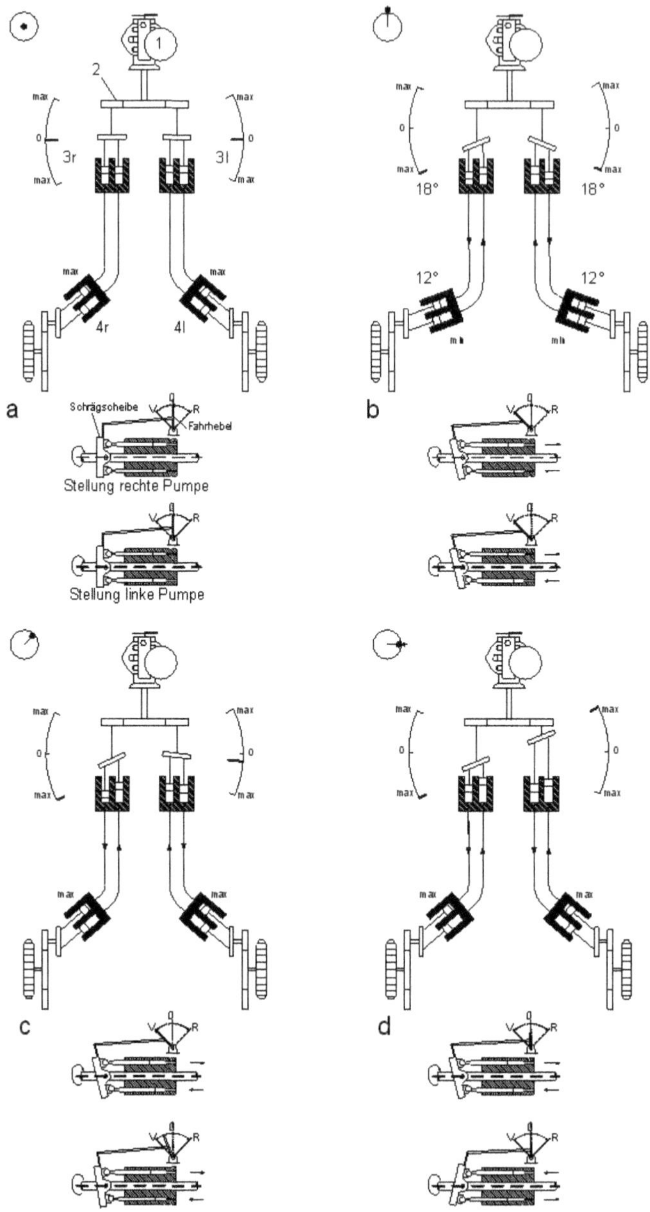

Abb. 4.42 Leistungsverteilung in Abhängigkeit von der Fahrhebelstellung. **a** Fahrzeug steht **b** Vorwärtsfahrt **c** Kurvenfahrt **d** Wenden auf der Stelle

Gerade am Beispiel des Fahrantriebes einer Planierraupe lässt sich die Funktionsweise des Hydrostaten anschaulich verdeutlichen. Dabei lassen sich auch die Abhängigkeiten beim Einsatz von Konstant- und Verstellmotoren zeigen.

Wie aus den Beschreibungen der Hydraulikschaltungen zu Abb. 4.42 hervorgeht, wird für alle Fahrbewegungen nur ein Fahrhebel benötigt. Die Leistungsverteilung bzgl. Fahrtrichtung, Kurvenfahrt usw. erfolgt somit direkt über die Stellung des Fahrhebels (Abb. 4.42), wobei in dieser Darstellung z. B. mit Konstantmotoren gearbeitet wird. In der Neutralstellung des Fahrhebels (Abb. 4.42 a) sind auch die Schrägscheiben der Verstellpumpen in Nullstellung. Somit wird kein Hydrauliköl gefördert. Das Fahrzeug steht.

Werden rechts und links gleich kleine oder große Winkel gestellt, so befindet sich das Fahrzeug in langsamer oder schneller Vorwärtsfahrt (Abb. 4.42 b).

Bei rechts und links unterschiedlichen Winkeln (Abb. 4.42 c), erzeugt der Fahrer Kurvenfahrt, d.h. die linke Antriebsseite fährt z. B. mit 2 km/h, die rechte mit 1 km/h. Im Fall (Abb. 4.42 d) rechts und links entgegengesetzt gleicher Winkelstellung wendet das Fahrzeug auf der Stelle.

Bei einer Betrachtung mit zusätzlicher Nutzung von Verstellmotoren ergibt sich eine Darstellung nach Abb. 4.43.

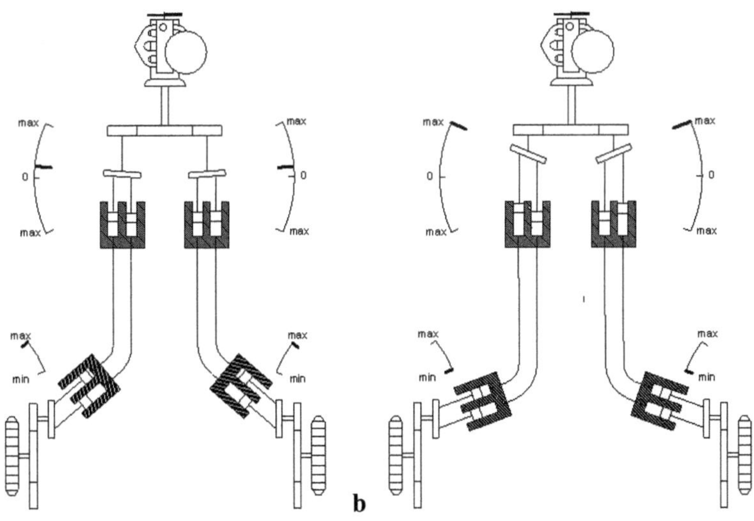

a b

Abb. 4.43 Leistungsverteilung im Antriebsstrang bei gleicher Dieselmotorenleistung [4.37]. **a** niedriger Vorsteuerdruck **b** hoher Vorsteuerdruck (Die jeweiligen Skalen an den Pumpen weisen auf die Stellung des Fahrgebers (Fahrhebel) hin.)

Verallgemeinernd kann z.B. aus den Abb. 4.43 a und b die Leistungsverteilung auf die Antriebsstränge bei gleicher Leistung des Antriebsmotors erklärt werden. Bei niedrigem Vorsteuerdruck und konstanter Dieselmotordrehzahl (Abb. 4.43 a) ergibt sich folgender Zusammenhang:

- geringe Geschwindigkeit = große Kraft:
  an Verstellpumpen: kleiner Schwenkwinkel = geringer Fördervolumenstrom
  an Verstellmotoren: großer Schwenkwinkel = großes Schluckvolumen = geringe Geschwindigkeit

Bei hohem Vorsteuerdruck und konstanter Dieselmotordrehzahl (Abb. 4.43 b):

- maximale Geschwindigkeit = geringe Kraft:
  an Verstellpumpen: großer Schwenkwinkel = großer Fördervolumen strom
  an Verstellmotoren: kleiner Schwenkwinkel = kleines Schluckvolumen = große Geschwindigkeit

Diese Zusammenhänge gelten prinzipiell für derartige Antriebskonzepte bzw. in verdrängergesteuerten (stromgekoppelten) Systemen, was in Abb. 4.44 nochmals verdeutlicht wird.

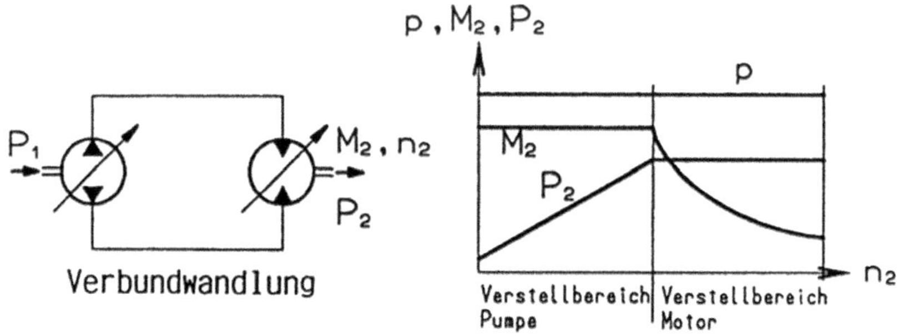

Abb. 4.44 Getriebewandlung von verdrängergesteuerten (stromgekoppelten) Systemen – Verbundwandlung in Einzelverstellung [4.38] (alle Indizes (2) beziehen sich auf den Abtrieb (Motor))

Auf dieser Basis kann stufenlos jede Fahrgeschwindigkeit (von Null bis zur Höchstgeschwindigkeit) in jede Fahrtrichtung eingestellt werden.

Im Falle steigender Zugkräfte des Fahrantriebes (Bergfahrt oder Einstechen des Schildes bzw. Heckaufreißers usw.) – wobei der Fahrantrieb bereits im Stellbereich des Motors „fährt" und an der Leistungs- und Momentengrenze betrieben wird – regelt zuerst der Motor auf größeren Schwenkwinkel auf. Auf diese Weise kann die höhere Last/Zugkraft bei geringerer Fahrgeschwindigkeit, d. h. bei konstant bleibender maximaler Leistung, vom Fahrantrieb erbracht werden. Wenn zusätzlich nun noch die Arbeitshydrauliken höhere Leistung ziehen und damit ggf. der Verbrennungsmotor über seine Eckleistung hinaus belastet wird und somit aus seinem zulässigen Drehzahldrückungsfenster gelangt, werden die Fahrantriebspumpen auf kleinere Schwenkwinkel gefahren. Dies führt dazu, dass die aktuelle Fahrgeschwindigkeit weiter sinkt, die maximale Last/Zugkraft „gehalten" werden kann, aber die aufgenommene Pumpenleistung stetig soweit sinkt, bis der

Dieselmotor aus der Überlastung (unzulässig hohe Drehzahldrückung) befreit wird und nun mit der Eckleistung weiter arbeiten kann. Diese Gedanken führen zu der bereits beschriebenen Grenzlastregelung des Dieselmotors und der damit verbundenen Überlastung durch die Hydrosysteme (Arbeits- und Fahrhydraulik).

4.3.9.2 Mähdrescher

Mährdrescher können nicht gerade als klassische Raupenfahrzeuge betrachtet werden, sind aber die wohl bekanntesten und am weitesten verbreiteten selbstfahrenden Erntemaschinen. Dies liegt nicht zuletzt darin begründet, dass Cerealien einen Grundpfeiler menschlicher Ernährung bilden. Die Maschinen übernehmen sozusagen vor Ort, d. h. während des Fahrens auf dem Feld, die erste Stufe der Nahrungsmittelaufbereitung. Abstrakt beschrieben sind selbstfahrende Mähdrescher kleine „verfahrenstechnische Fabriken“. Bereits in dem Wort an sich ist die Kombination der Verfahren Mähen und Dreschen enthalten.

Aufgrund der kompakten verfahrenstechnischen Funktionen erreichen moderne Mähdrescher, wie z.B. der Lexion 600 TerraTrac der Firma Claas, im Feld Einsatzgewichte von ca. 40.000 kg. Sie sind in der Lage, Steigungen und Gefälle bis 45% zu bewältigen. Ihre Höchstgeschwindigkeit auf der Straße beträgt 30 km/h, bei einem Einsatzgewicht von bis zu 22.000 kg [4.49].

Um mit diesen Lasten boden- und straßenverträglich unterwegs zu sein, kommen als vordere Fahrantriebe zunehmend Raupenfahrwerke zum Einsatz (Abb. 4.45), so dass der Anteil mit Raupenfahrwerken ausgerüsteten Maschinen stetig zunimmt.

Abb. 4.45 Mähdrescher mit Raupenfahrwerk von Typ Lexion 600 TerraTrac der Firma Claas

Interessant bei dieser Lösung ist, dass gegenüber anderen Raupenfahrzeugen (von Spezialfahrzeugen – auch aus dem Militärbereich – abgesehen) die Hinterachse nach wie vor mit gummibereiften Rädern ausgerüstet ist, die die Lenkfunktion übernehmen (Hinterachslenkung). Allerdings lassen sich über die Raupenfahrwerke Zusatzlenkbewegungen ausführen, in dem diese unabhängig voneinander durch je ein Bremspedal aktiv in ihrer Drehzahl stellbar sind.

Aus dem Zusammenspiel der verschiedenen Funktionen, wie Fahren, Mähen, Dreschen, ergeben sich Anforderungen an die Antriebstechnik, die es konkret in dieser Form für andere Raupenfahrzeuge nicht gibt:

- Die Anpassung an die unterschiedlichen Erntesituationen und -bedingungen erfordern eine stufenlose Verstellbarkeit der Fahrgeschwindigkeit innerhalb einer abgeschlossenen Erntefläche.
- Die komplexe Verfahrenstechnik macht weit verzweigte Nebenantriebe erforderlich, die über die ganze Maschine verteilt sind und zusätzlich über Drehzahlverstellung an die Erntebedingungen angepasst werden müssen.
- Mehrere verfahrenstechnische Funktionen sind gleichzeitig auszuführen, was im Komplex nur maschinell möglich ist.

Vor diesem Hintergrund hat sich Hydraulik von Anbeginn in diesen Maschinen etabliert und immer weiter entwickelt. Einige Marktteilnehmer, wie z. B. die Firma Claas, haben dafür sogar eigene Hydraulikaktivitäten und eine eigene Hydrauliksystematik entwickelt.

Bei heutigen Maschinen teilt sich die hydraulische Anlage in folgende Hauptbaugruppen:

- Fahrhydraulik,
- Arbeitshydraulik,
- Lenkhydraulik und
- Bremshydraulik.

Aufgrund der Gesamtkomplexität des Hydrauliksystems werden nur einige wesentliche Hydraulikfunktionen der Fahr- und Arbeitshydraulik betrachtet.

Fahrhydraulik

Die Fahrhydraulik wird mit elektrisch stetig stellbaren Ventilen im Pumpenkopf und elektrisch angesteuerten Ventilen im Motorkopf ausgeführt.

Bei der Straßenfahrt kommen dabei die elektrischen Stellsignale optimiert (z. B. Nutzung des optimalen Wirkungsgrades bei einer bestimmten Fahrgeschwindigkeit hinsichtlich Pumpe, Hydromotor und Verbrennungsmotor) vom Steuergerät, wobei der Fahrer die Sollwerte stets direkt vorgeben kann.

Im Ernteeinsatz gibt der Fahrer auch die Sollgeschwindigkeit für die entsprechende Feldarbeit vor, jedoch wird diese über komplexe elektrische Regelstrategien, mit zusätzlicher Einbeziehung aller aktiven Arbeitshydrauliken, so beeinflusst, dass eine optimale Maschinenauslastung in jeder Fahr-/Erntesituation gegeben ist.

Dies ist der Tatsache geschuldet, dass die installierte hydraulische Leistung ca. zwei bis dreimal höher der installierten Dieselleistung ist. Damit wird der Dieselmotor stets voll ausgelastet und in einem günstigen Wirkungsgradbereich betrieben.

Der Fahrantrieb selbst besteht aus der folgenden Kraftflusskette:
Dieselmotor → Pumpenverteilergetriebe → Verstellpumpe 160 cm^3 → Schlauchleitungen → Verstellmotor 250 cm^3 → 2-Gang Schaltgetriebe → Gelenkwellen → Raupen mit Endantrieben .

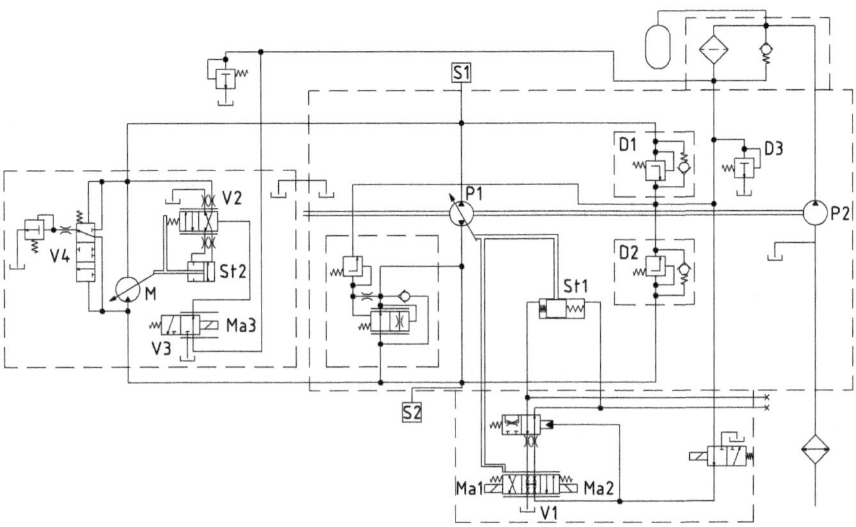

Abb. 4.46 Funktionsschaltplan des hydrostatischen Fahrantriebs

Der Funktionsschaltplan des Fahrantriebes ist in Abb. 4.46 dargestellt. Es zeigt sich der Antrieb beider Raupenfahrwerke, die derart elektrisch angesteuert werden, dass der Ölfluss im Uhrzeigersinn stattfindet. Am Motorausgang *M* findet die Momenten- und Drehzahlaufteilung über ein Differenzialgetriebe und folgend Gelenkwellen auf beide Raupen statt.

An den Signalstellen *S1* und *S2* sind Druckaufnehmer installiert, die den aktuellen Systemdruck im geschlossenen Kreis an das Steuergerät weiterleiten.

Des Weiteren sind – wie bereits anhand ähnlicher Schaltungen in den Vorgängerkapiteln dargestellt – die Pumpe *P1* und der Motor *M* im geschlossenen hydraulischen Kreis (Hydrostat) gekoppelt. Dabei ist das elektrische stetig stellbare Wegeventil *V1* mit den Magneten *Ma1* und *Ma2* für die Ansteuerung der Pumpe *P1* zuständig. Der Stellzylinder *St1* schwenkt die Pumpe mechanisch stetig im positiven oder negativen Winkelbereich (Fahrgeschwindigkeit) und über Null (Fahrtrichtung). Der Schwenkwinkel der Pumpe *P1* wird mechanisch auf das Regelventil *V1* mit *Ma1* und *Ma2* zurückgeführt. -

Der Hydromotor *M* besitzt ebenfalls eine Stelleinrichtung mit dem Stellzylinder *St2*, dem Regelventil *V2* und dem durch die Steuerung elektrisch zuschaltbaren Wegeventil mit dem Magnet *Ma3*. Der Hydromotor M ist nicht über Null stellbar. Im Motorkopf ist das Spülventil *V4* integriert, um die Wärmebilanz im Hydrostat sicher zu stellen.

Die Druckventile *D1* und *D2* sind Sicherheitsventile im geschlossenen Kreislauf.

Die Pumpe *P2* ist die Speisepumpe, die die inneren Leckagen von Pumpe *P1* und Motor *M* ausgleicht, den jeweiligen Rücklaufstrang des Hydrostaten vorspannt, das über das Spülventil *V4* abgeführte Spülöl ergänzt und den Steuerölstrom für die Stelleinrichtung Pumpe *P1* zur Verfügung stellt. Am Druckventil *D3* werden der Speisedruck und damit auch der Vorspanndruck im Rücklaufstrang des Hauptkreises eingestellt.

Die zusätzliche Lenkung des Mähdreschers mittels der Raupen wird durch den aktiven Eingriff der Reibungsbremsen auf die linke oder rechte Raupe vorgenommen, indem durch die mechanische Parallelschaltung der Raupen mittels des Verteilergetriebes im Kraftfluss nach dem Hydrostat, der Energiefluss zu der Raupe gelangt, die den geringeren Fahrwiderstand/Bremsenwiderstand aufweist.

Arbeitshydraulik

Die Arbeitshydraulik der Mähdrescher sorgt für die Umsetzung bzw. Realisierung aller mit dem Mähen und Dreschen zusammenhängenden verfahrens- und arbeitstechnischen Funktionen bis hin zur Höhenverstellung und automatischen Anpassung des Schneidwerkes während des Ernteprozesses. In diesem Sinne dient die Arbeitshydraulik im Wesentlichen der Betätigung der diese Funktionen realisierenden Hydraulikzylinder und der Verstellung der entsprechenden Variatorantriebe. Aus dem Funktionsschaltplan (Abb. 4.47) wird deutlich, dass hierzu unterschiedliche Steuer- bzw. Hydraulikblöcke (I bis V) existieren, mit deren Hilfe die einzelnen Ansteuerfunktionen für Zylinder und Antriebe umgesetzt werden.

Nun ist es im Rahmen eines Fachbuches nicht möglich, *alle* Hydraulikfunktionen einer solchen Maschine im Detail zu beschreiben. Was gezeigt werden kann, ist aber zum einen die Komplexität und die gegenseitigen hydraulischen und steuerungstechnischen Abhängigkeiten eines solchen Funktionsplanes. Dies wird bereits rein formal und visuell aus Abb. 4.47 deutlich. Zum anderen sollen aber anhand der Erklärung wichtiger Grundzusammenhänge zumindest ein, zwei hydraulische Abhängigkeiten beispielhaft aufgezeigt werden, um ein Verständnis für die eigentliche Komplexität zu vermitteln.

Die Versorgung der Zylinder erfolgt über Konstantpumpen (Zahnradpumpen), die einen drucklosen Umlauf beliefern, der im Fall einer Zylinderbetätigung gesperrt wird. Die Ventiltechnik ist in Steuerblöcken zusammengefasst, die optimiert über die Maschine verteilt sind. Die Betätigung der Ventile erfolgt 100%-ig elektrohydraulisch und deren Ansteuerphilosophie ist im Steuergerät abgelegt.
Aus dem Schaltplan nach Abb. 4.47 sind folgende Grundzusammenhänge ableitbar:

- die Pumpen *P1* und *P2* sowie die Motore *M 1* sind robuste und preiswerte Konstantmaschinen,

- die 4/3-Wegeventile im Steuerblock *IV* sind elektrisch stetig ansteuerbar und stellen dabei, wie die übrigen Arbeitskreisläufe auch, Widerstandssteuerungen dar, die sehr feinfühlig und aber auch hochdynamisch stellbar sind,
- die Konstantpumpe *P3* versorgt die parallel geschalteten Steuerblöcke *I*, *II* und *III* mit Drucköl, wobei z. B. bei (elektrischer) Nichtansteuerung des Magneten Ma1 im Block I, die Pumpe – energetisch günstig – drucklos umwälzt,
- es wird häufig mit Hydrospeichern gearbeitet, z. B. im Block *V*, um eine hohe Dynamik der Zylinder zu gewährleisten, ohne die Pumpe *P3* auf die entsprechende Eckleistung auslegen zu müssen. Im drucklosen Umlauffall der Pumpe *P3* sind die Sitzventile im Block I geschlossen, so dass die Speicher *Sp-1* bis *Sp-3* im Block *V* geladen bleiben, um die Zylinder *Z1* zu bewegen. Ein Drucksensor *P* überwacht den Ladezustand der Speicher.

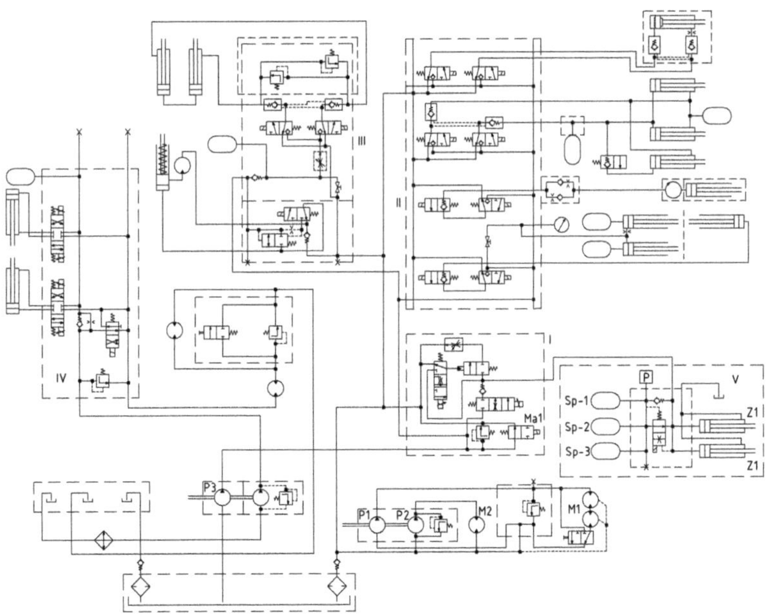

Abb. 4.47 Funktionsschaltplan der Arbeitshydraulik

Als wesentlich zu erwähnen ist, dass die Fahrhydraulik, die Arbeitshydraulik, die Lenkhydraulik und die Bremshydraulik meist über eigene Steuergeräte verfügen, die über ein Busdatensystem miteinander sowie mit dem Steuergerät des Verbrennungsmotors kommunizieren, um das Gesamtantriebssystem im Mähdrescher, mit entsprechend vom Fahrer wählbarer Modi, optimal zu betreiben. Es muss allerdings darauf hingewiesen werden, dass derartige komplexe Steuerungen im Funktionsschaltplan letztendlich nur mit Schaltbelegungstabellen und Funktionsablaufdiagrammen überschaubar zu gestalten sind.

Die folgenden hydraulischen Besonderheiten, die die Arbeitshydraulik der Mähdrescher der Firma Claas charakterisieren, können anhand des Funktionsplanes nach Abb. 4.47 nicht abgeleitet werden. Dies ist vornehmlich dem steuerungstechnischen Umfang und den hier auch nicht dargestellten Verknüpfungsstellen zu den anderen Hydrokreisen geschuldet.

Da diese Besonderheiten vor allem gegenüber anderen Raupenfahrzeugen – z. B. auch Baumaschinen – von Bedeutung sind, sollen sie hier ausdrücklich erwähnt werden:

- Für Funktionen mit kleinen Betätigungskräften gibt es einen eigenen Kreislauf der mit nur 20 bar betrieben wird. Diese 20 bar werden aus dem Spülkreislauf des hydrostatischen Fahrantriebes entnommen und sind damit kostengünstig verfügbar. Zusätzlich ermöglicht das niedrige Druckniveau die Verwendung einer angepassten, preiswerten Ventiltechnik.
- Die Getriebeschaltung im Fahrantrieb (zwei Fahrbereiche) erfordert eine Verknüpfung der Steuergerätesignale der Fahrhydraulik und der Arbeitshydraulik über den Datenbus.
- Die CLAAS Autocontour stellt eine spezielle, hochdynamische Lagerregelung für das Schneidwerk des Mähdreschers dar.

4.3.9.3 Raupenschlepper

Nicht alle Raupenfahrzeuge sind mit einem hydrostatischen Antrieb ausgerüstet; es gibt insgesamt auch hier unterschiedliche Konzepte (s. Abschnitte 4.1 und 4.3.7).

Abb. 4.48 Raupentraktor „Challenger" von Caterpillar

Auf mechanisch-hydrostatischem Wege – worauf hier das Hauptaugenmerk gelegt werden soll – wird z.B. bei Raupenschleppern eine Lenkunterstützung mit Hilfe von Überlagerungsgetrieben vorgenommen. Solche Getriebe z. B. bei dem vornehmlich im landwirtschaftlichen Bereich eingesetzten Raupenschlepper mit Gummifahrwerken vom Typ „Challenger" (Abb. 4.48) der Fa. Caterpillar zum Einsatz.

Aus dem Schaltplan (Abb. 4.49) wird deutlich, dass der Antrieb vom Dieselmotor *1* über ein Lastschaltgetriebe *2* und den Kegelradabtrieb *3* auf die Treibachse erfolgt. Die über das Getriebe ebenfalls angetriebenen Pumpen *4* bis *7* speisen verschiedene Hydrauliksysteme (Arbeitshydraulik, Steuerhydraulik, Speisehydraulik), die Verstellpumpe *5* versorgt den Hydraulikmotor *8*, der über das Holrad des Planetenradsatzes *9* die Lenkung ermöglicht. Durch Stützung des Holrades wird Geradeausfahrt erreicht, durch vor- bzw. rückwärtiges Antreiben Kurvenfahrt. Eine Differentialwirkung ist in diesem Fall nicht gegeben. Die Lenkung wirkt damit unabhängig von den Antriebsmomenten, der die „Raupenfahrschiffe" antreibenden Endplantetengetriebe *10, 11* [4.25].

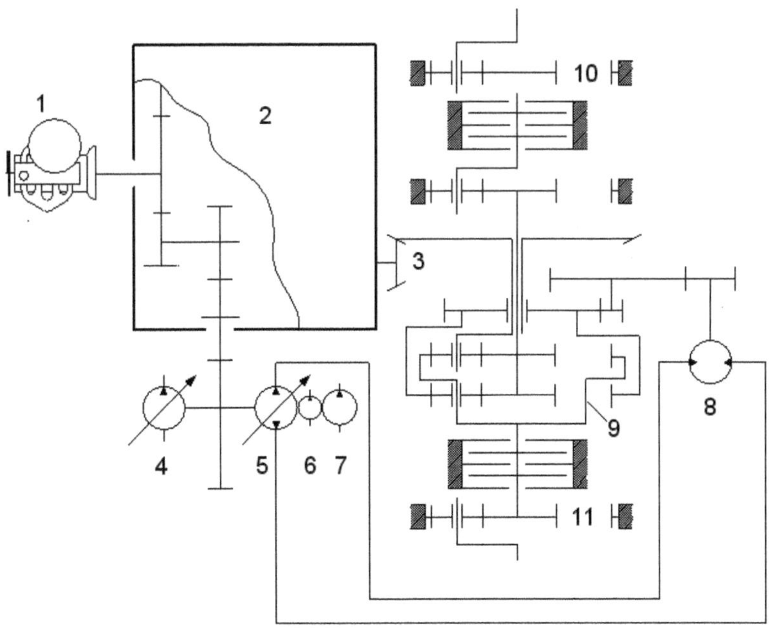

Abb. 4.49 Schematisch Darstellung der Überlagerungslenkung des Raupentraktors „Challenger CH45" von Caterpillar (nach [4.25]) *1* Dieselmotor, *2* Lastschaltgriebe, *3* Kegelradabtrieb, *4* bis *7* Hydraulikpumpen, *8* Hydraulikmotor, *9* Planetenradsatz, *10* und *11* Endplanetengetriebe

5 Zweiradfahrzeuge

Motorräder sind Einspurfahrzeuge, die nicht eigenstabil sind. Eine Ausnahme stellen Beiwagengespanne dar, die hier nicht betrachtet werden. Das Motorrad befindet sich immer im labilen Gleichgewicht und neigt zum Umfallen. Eine Stabilisierung erfolgt durch die bei Rotation der Räder entstehenden Kräfte. Diese dynamische Stabilisierung wird auch beim Lenken ausgenutzt. Motorräder werden durch die zum Einleiten der für die Kurvenfahrt notwendigen Schräglage gelenkt (Ausnahme: sehr geringe Geschwindigkeit). In der Kurve stehen Fliehkraft und Schwerkraft im Gleichgewicht. Damit wird deutlich, dass der Fahrer mit seinen Erfahrungen unmittelbar in den Regelkreis (s. Abschn. 2.1) integriert ist und einen wesentlichen Einfluss auf das gesamte Fahrverhalten hat. Des Weiteren wirken sich Störkräfte insbesondere bei der Kurvenfahrt auf die Fahrstabilität aus. Durch das Motorrad selbst sind die Federung, die Bremsanlage und der kontinuierliche Kraftfluss von entscheidender Bedeutung [5.1]. Auf Besonderheiten, die ebenfalls mit der Fluidtechnik verbunden sind wird nicht eingegangen. Stellvertretend dafür soll z. B. eine neuartige Kettenschmieranlage [5.2] genannt werden.

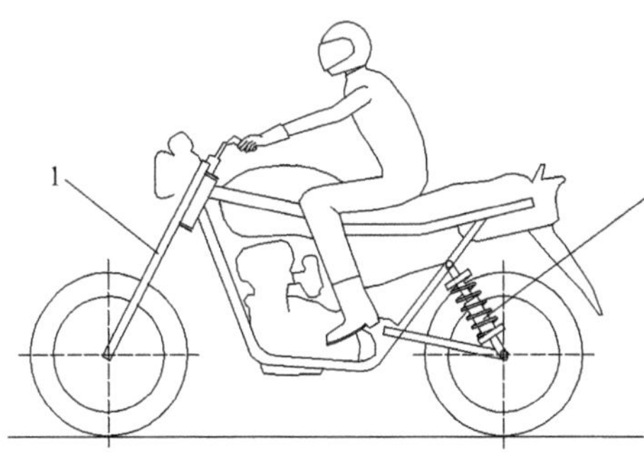

Abb. 5.1 Motorrad. *1* Teleskopgabelgabel, *2* Federschwinge

5.1 Federung und Dämpfung

Eines der komplexesten Bauteile im Motorrad mit immenser Bedeutung ist die sog. Federgabel. Neben der Aufgabe der Dämpfung von Fahrbahnunebenheiten kommen die Führung des Vorderrades und damit die Realisierbarkeit der Lenkung sowie zusätzlich die Übertragung der Bremskräfte hinzu. Aufgrund der fahrphysikalischen Grundlagen des Motorrades sind ein stabiler Lauf und der Bodenkontakt des Vorderrades die Basis für ein sicheres Fahren. Der grundsätzliche Aufbau einer Federgabel, auch Teleskopgabel genannt, besteht aus zwei Standrohren und zwei Tauchrohren, sowie der Gabelbrücke (Abb. 5.2). Die Gabelbrücke fixiert die beiden Standrohre und stellt die Verbindung zum Rahmen über das Lenkkopflager her. Um einen möglichst reibungsfreien Lauf innerhalb der Tauchrohre zu gewährleisten und das Ansprechverhalten der Gabel nicht negativ zu beeinflussen, sind die Standrohre hochglanzpoliert und verchromt. Am unteren Ende der Gabel befindet sich die einzige starre Verbindung zwischen den beiden Gabelholmen – die geklemmte Starrachse. Im Inneren der Standrohre ist jeweils eine Schraubenfeder angebracht, die sich am oberen Verschlussstopfen der Gabel und im unteren Teil des Tauchrohres abstützt. Die Dämpfung realisiert eine hohl gebohrte Dämpferstange, die am unteren Ende des Tauchrohres verschraubt ist und ein Kolben, auf dem die Schraubenfeder läuft. Entsprechende Ventile behindern den Ölfluss bei der Gabelbewegung. Für die Beeinflussung von Federung und Dämpfung gibt es unterschiedliche Möglichkeiten.

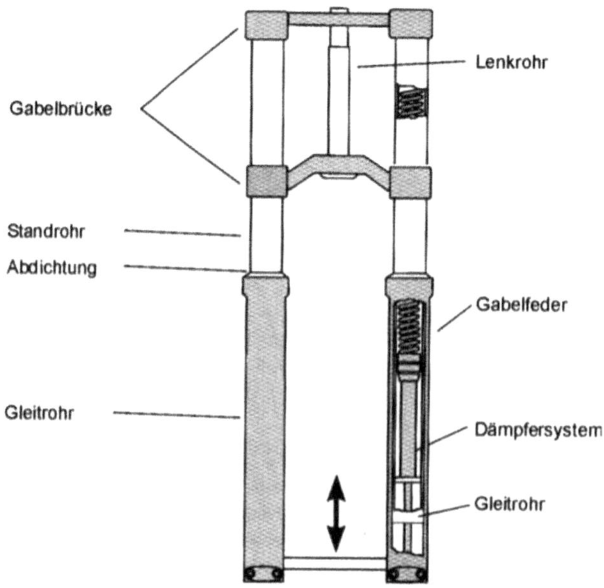

Abb. 5.2 Prinzip der Teleskopgabel

Zusätzlich kann über das in der Gabel vorhandene Luftpolster eine progressive Federwirkung erzeugt werden. Die Dämpfung lässt sich über die Viskosität des verwendeten Öls in modernen Gabeln beeinflussen, sowie durch diverse Einstellmöglichkeiten für die Zug- und Druckstufe. Ebenso ist es möglich, die Federvorspannung bei einigenGabeln an die Wünsche des Fahrers anzupassen und zu beeinflussen. Aufgrund der Konstruktion ist die Teleskopgabel bei Einsatz der

Bremse und zusätzlich bei großen Federwegen, wie es im Motocross der Fall ist, nicht sehr verwindungssteif. Die Folge ist ein Verkanten der Standrohre innerhalb der Tauchrohre, wodurch das Ansprechverhalten der Gabel stark reduziert werden kann. Um diesen Mangel zu beseitigen, wurde die **U**p-**S**ide-**D**own Federgabel (USD-Gabel) entwickelt. Grundlegend unterscheidet sich die USD-Gabel nur durch die um 180° gedrehte Einbaulage von der herkömmlichen Tauchgabel. Das bedeutet: die etwas dickeren Tauchrohre werden in der Gabelbrücke eingespannt und die Standrohre bilden die Verbindung zur Starrachse. Die Vorteile dieser Variante sind eine Reduzierung der ungefederten Massen sowie eine höhere Torsionssteifigkeit, da die Überschneidung von Stand- und Tauchrohr größer ist, was auch ein besseres Ansprechverhalten zur Folge hat. Diese Vorteile werden allerdings mit einem höherem Gewicht und einer Reduzierung des Lenkeinschlags erkauft, weshalb auch einige Hersteller wieder zur konventionellen Tauchgabel zurückkehren und die Standrohre entsprechend größer dimensionieren. Dazu muss auch erwähnt werden, dass durch die Lage der Standrohre im Bereich der Radnabe eine erhöhte Gefahr von Verschmutzung und Beschädigung der Chrom-Oberfläche besteht, was letztendlich die Funktion der Gabel negativ beeinflusst und zu vorzeitigen Undichtigkeiten führen kann.

Das einheitliche Grundprinzip aller Teleskopgabeln besteht in der Realisierung einer Federung und einer Schwingungsdämpfung, die den in Abschn. 3.3.1 vorgestellten Grundlagen entspricht. Das Wirkschema einer Telegabel geht aus Abb. 5.2 hervor. Die Auslegung der Federung erfolgt hier, indem in der Ausgangslage die Federung so weich wie möglich gehalten wird, um ein sensibles Ansprechen auf Fahrbahnunebenheiten zu garantieren. Bei zunehmender Einfederung steigt die Kennlinie progressiv an, um ein Durchschlagen der Federung zu verhindern.

Das Hinterrad wird durch Federschwingen, die konstruktiv unterschiedlich ausgeführt sein können, geführt. An der Federschwinge ist ein mit einer Schraubenfeder verbundener Schwingungsdämpfer angebracht, so dass oft die Bezeichnung „Federbein“ genutzt wird. Die Aufgaben des Federbeins sind die Federung und Dämpfung des Hinterrades, um auch hier Unebenheiten der Fahrbahn möglichst effizient auszugleichen und einen permanenten Bodenkontakt zu gewährleisten. Die Federung wird mit Hilfe von Stahlfedern und die Dämpfung hydraulisch realisiert (s. auch Abschn. 3.3.1). Typisch für Federbeine ist die konzentrische Anordnung von Dämpfer und Feder, wobei der Dämpfer durch die Feder umschlossen wird. Es besteht auch bei den Federbeinen die Möglichkeit, progressive Federn zu verbauen um mit zunehmendem Federweg einen Anstieg der Federrate zu erhalten und damit ggf. ein Durchschlagen des Federbeins zu vermeiden. Bei den heutigen Dämpfern wird das Öl mit Hilfe einer Stickstoff-Füllung unter Druck gesetzt, um ein Aufschäumen zu verhindern. Das hätte ein drastisches Nachlassen der Dämpferwirkung zur Folge. In sog. Emulsionsdämpfern ist das Öl mit Stickstoff gemischt. Andere Bauarten trennen das Öl vom Gas mit Hilfe eines Trennkolbens (De-Carbon-Prinzip). Ein Beispiel für einen Schwingungsdämpfer mit Ausgleichsbehälter ist in Abb. 5.3 dargestellt. Durch die größere Oberfläche und größere Füllmenge der Flüssigkeit wird der Dämpfer wesentlich hitzeunempfindlicher. Die eingezeichneten Drosselventile *1* (Regulierschrauben) gestatten eine Einstellung der Dämpfung in beiden Bewegungsrichtungen und ermöglichen so die individuelle Anpassung an das gewünschte Fahrverhalten. Bei extremen Bewegungen des Federbeines sprechen die Druckbegrenzungsventile an, indem die zu verdrängende Stoßdämpferflüssigkeit dann auch durch die so geöffneten Ventile fließen kann. Des Weiteren ist durch zusätzliche Anbringung eines Füllventils eine Veränderung des Gasdruckes im Ausgleichsraum *3* möglich, was ebenfalls zur Veränderung der Federkennlinie führt. Das Ausgleichsgas wirkt gleichzeitig im Sinne einer Gasfederung.

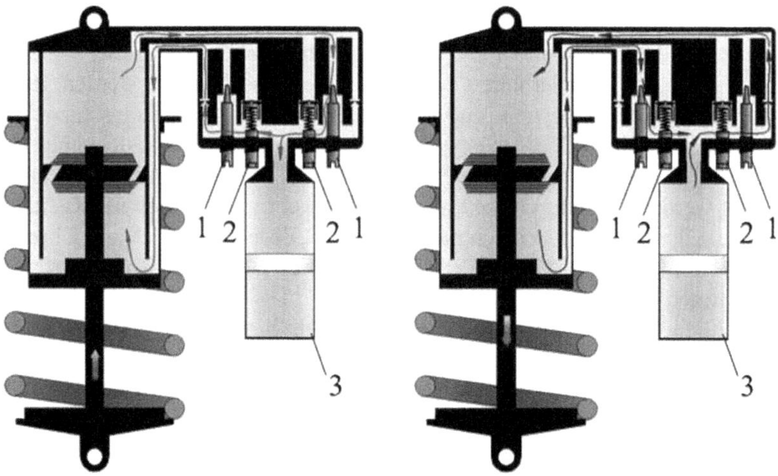

Abb. 5.3 Federbein mit äußerem Ausgleichsbehälter. **a** Einfedern **b** Ausfedern *1* Drosselventil, *2* Druckbegrenzungsventil, *3* Ausgleichsraum

Moderne Federbeine bieten neben der Einstellung von Zug und Druckstufe auch Einstellmöglichkeiten bzgl. der Federbasis. Diese Einstellung erfolgt entweder mechanisch oder auch hydraulisch mittels einer Bedieneinheit, die es dem Fahrer ermöglicht, auch in Anpassung an die örtlichen Gegebenheiten Änderungen recht schnell und ohne größeren Aufwand vorzunehmen. Durch die Einstellung der Federvorspannung wird das Niveau des Motorrades im statischen Zustand eingestellt und damit ebenfalls der Federweg in positiver und negativer Richtung beeinflusst. Diese Änderung des Niveaus hat z. B. Einfluss auf die Höhe des Schwerpunkts und den Radstand des Motorrads. Die BMW AG stellte 2004 ein Federbein vor, das dem Fahrer eine elektronische Verstellung von Zug- und Druckstufe während der Fahrt bzw. der Federbasis im Stand ermöglicht. Schon allein mit den Komponenten Federgabel und Federbein wird deutlich, welche Möglichkeiten die hydraulischen Komponenten bieten, um ein Motorrad kurzfristig an veränderte Fahrbahnbedingungen anzupassen und trotzdem eine ausreichend große Sicherheitsreserve zu gewährleisten.

5.2 Bremsanlage

Der Bremsvorgang ist speziell für Zweiradfahrzeuge von zentraler Bedeutung, da bei stehenden Rädern ein Fahrstabilitätsverlust unvermeidbar ist. Die einzige vom Geschick des Fahrers unabhängige Möglichkeit stellt der Einsatz von ABS-Systemen dar. Das Grundprinzip ist dabei die Realisierung einer betätigungsunabhängigen Bremsdruckbeeinflussung in den Leitungen der Radbremszylinder (s. auch Abschn. 3.2). Ein serienreifer Durchbruch wurde mit elektrisch geregelten Hydrauliksystemen erreicht, wobei es zwei unterschiedliche Arbeitsprinzipien gibt, das *Plungersystem* und das *Ventilsystem*.

Zur ersten Kategorie gehört das von BMW ab 1988 eingesetzte ABS I. Das in Abb. 5.4 vorgestellte System besitzt als Kernelement einen elektro-hydraulischen Druckmodulator *2* mit den Regelkolben (Plungerzylinder) *4*.

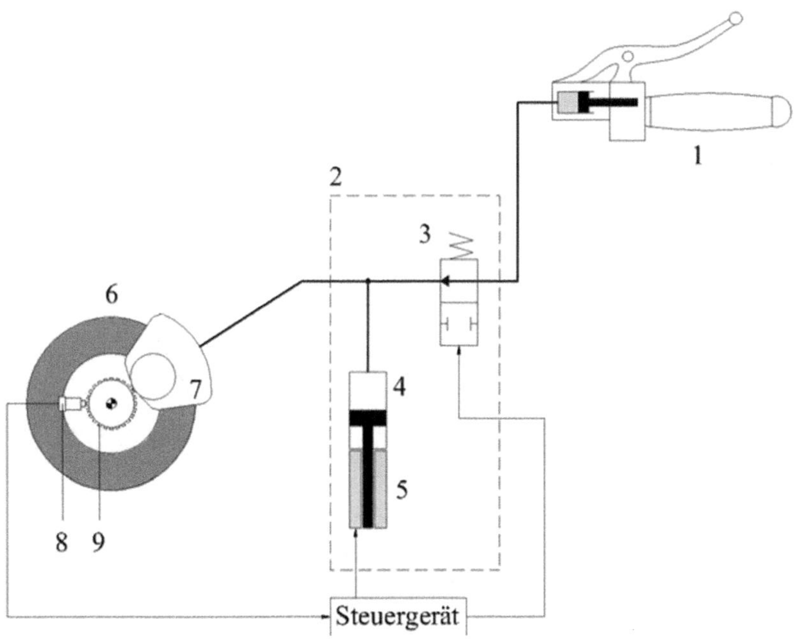

Abb. 5.4 BMW ABS I. *1* Handarmatur, *2* Druckmodulator, *3* 2/2-Wegeventil, *4* Plungerzylinder, *5* Elektromagnet, *6* Bremsscheibe, *7* Bremssattel mit RBZ, *8* Drehzahlsensor, *9* Impulsring

Bei Betätigung des Bremshebels *1* wird die Bremsflüssigkeit vom HBZ über das 2/2-Wegeventil zum RBZ verdrängt und ein Bremsvorgang eingeleitet. Erkennt das Steuergerät eine Blockierneigung, erfolgt die Bestromung des Elektromagneten des Plungerzylinders und der Kolben wird soweit zurückgefahren, bis das Rad wieder frei dreht. Der Regelvorgang erfolgt mit einer Frequenz bis 7 Hz, wobei am Bremshebel keine Pulsationen spürbar sind, da das Ventil in die Sperrstufe geschaltet ist. In dieser Art sind für Vor- und Hinterradbremse zwei getrennte ABS I Systeme vorhanden.

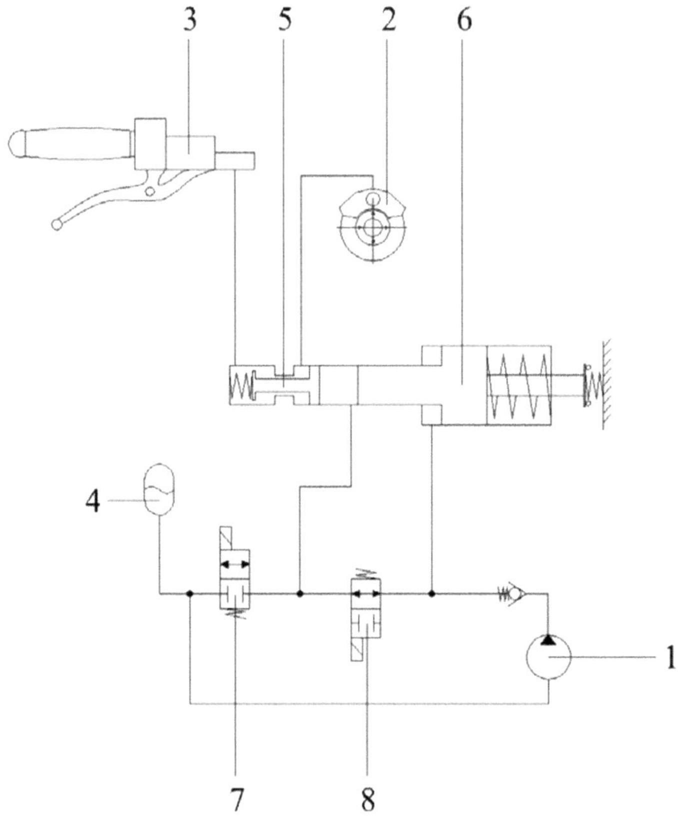

Abb. 5.5 Funktionsschema ABS Honda. *1* Hydraulikpumpe, *2* Bremssattel, *3* Handbremsarmatur, *4* Ausgleichsbehälter, *5*Ausdehnungskolben, *6* Reservekolben, *7* Ventil 1, *8* Ventil 2

Ventilsysteme werden u. a. von Honda eingesetzt. In Abb. 5.5 ist ein derartiges Bremssystem dargestellt. Bei Betätigung des Bremshebels erfolgt ein Verdrängen der Bremsflüssigkeit aus dem HBZ in den jeweiligen RBZ. Mit dem damit verbundenen Druckaufbau erfolgt eine Krafteinleitung auf den Ausdehnungskolben *5* des Regelventils *4*. Das Einsetzten eines Regelvorganges, das vom Steuergerät gemeldet wird, ist mit einer Betätigung des Ventils *7* verbunden. Damit ist ein Absenken des Bremsdruckes verbunden, was wiederum eine Bewegung des Ausdehnungskolbens 6 nach sich zieht. Ist der Vorgang abgeschlossen, wird das Ventil 7 wieder geschlossen, die Hydraulikpumpe *1* eingeschaltet und nach Betätigung des

Ventils *8* Bremsflüssigkeit in das Bremssystem nachgefördert. Für den Fahrer gibt es insofern spürbare Unterschiede, da der Bremshebel nicht vom Hydraulikkreis entkoppelt wird. Es ergibt sich eine erkennbare Pulsation des Bremshebels.

Für beide Systeme gibt es hinsichtlich der Funktionalität keine Unterschiede. Allerdings sind Nickschwingungen und zum Teil sehr hohe Beanspruchungen der Fahrwerkskomponenten unvermeidbar. Eine weitere Verbesserung wird mit dem nachfolgend dargestellten Integral ABS erreicht.

Mit dem System gemäß Abb. 5.6 wurden erstmals die Bremskreisläufe für das Vorderrad und das Hinterrad gemeinsam ausgeregelt und damit eine bessere Anpassung an die Straßenverhältnisse erreicht. Vorraussetzung dafür war die aktive Bremsdruckbereitstellung in Verbindung mit einer Bremskraftverstärkung. Der Einsatz getrennter Kreisläufe für die Ansteuerung (Bremshebel – Regelventil) und den eigentlichen hydraulischen Bremskreis (Regelventil – RBZ) führt zu einer Reduzierung der Massen. Daraus ergeben sich ein schnellerer Druckaufbau und eine bessere Regelgüte.

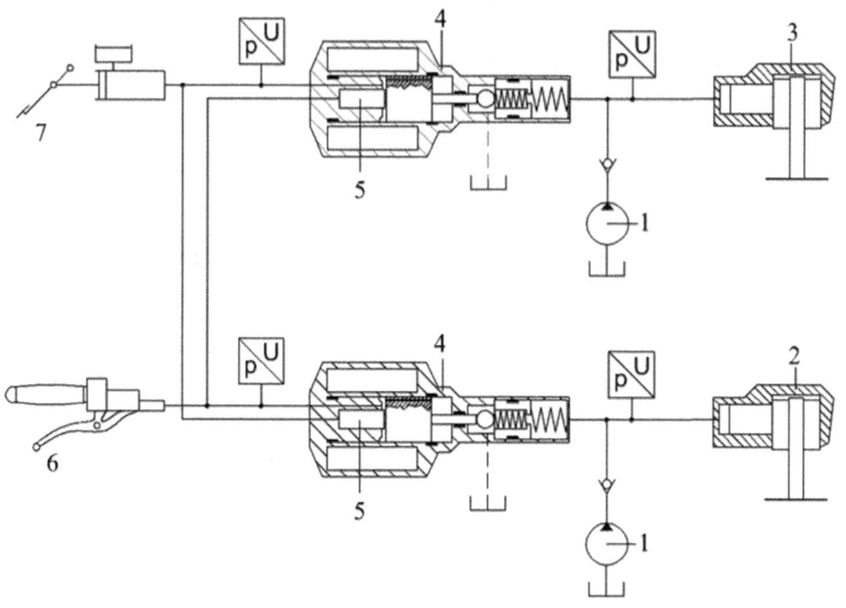

Abb. 5.6 Schema einer aktiven Bremse mit Integral ABS (BMW). *1* Hydraulikpumpe, *2* Bremssattel Hinterrad, *3* Bremssattel Vorderrad, *4* Regelventil, *5* Integralkolben, *6* Handbremsarmatur, *7* Fußbremsarmatur

Das Einleiten einer Bremsung (Betätigung des Hand- und/oder Fußbremshebels) ist verbunden mit einer Druckbeaufschlagung des Integralkolbens. Der Druck ist ein Maß für die vom Fahrer gewünschte Bremswirkung. Die am Kolben angebrachte Kugel verschließt den hydraulischen Bremskreis. Gleichzeit erfolgt die Bestromung der Hydraulikpumpe, das bewirkt eine Förderung von Bremsflüssigkeit und damit einen Druckaufbau im Bremskreis. Der Bremsdruck wirkt gleichzeitig auf die Kugel. Damit wird eine Kraft auf den Steuerkolben ausgeübt, der sich folgend nach rechts verschiebt. Die an beiden Seiten des Steuerkolbens angreifenden Kräfte werden verglichen und als Stellgröße für den Regelkreis genutzt. Die Regelgröße ist die Raddrehzahl. Die ABS-Funktion wird verwirklicht, indem der Steuerkolben im Druckmodulator mit einer Spule umschlossen ist. Wird eine Radblockierung erkannt, wird diese Spule aktiviert, der Steuerkolben verschiebt sich und wirkt gegen den Druck im Steuerkreis. Der Bremsdruck wird reduziert und das Rad blockiert nicht. Insgesamt ist zu beachten, dass die Bremskreise für Hand- und Fußbremse und damit auch das Regelventil verbunden sind und letztlich der Bremskreis der nicht oder auch schwächer betätigten Bremse ebenfalls angesprochen wird. Das Blockierverhalten jedes Rades wird einzeln ausgeregelt. Grundvoraussetzung dafür sind die zwei Hydraulikpumpen. Des Weiteren gewährleistet das System auch eine Bremswirkung bei Ausfall der Elektronik bzw. der Hydraulikpumpen, indem die Kugel des Steuerkolbens auch mechanisch auf den Bremskolben wirkt. Dieser wird verschoben und ein Druck im RBZ-Kreis aufgebaut. In der Folge, sind größere Betätigungskräfte und Wege an den Bremshebeln zu berücksichtigen die konventionellen hydraulischen Bremsfunktionen bleiben erhalten. Das System wurde inzwischen weiterentwickelt und als Ventilsystem von BMW eingesetzt (Abb. 5.7).

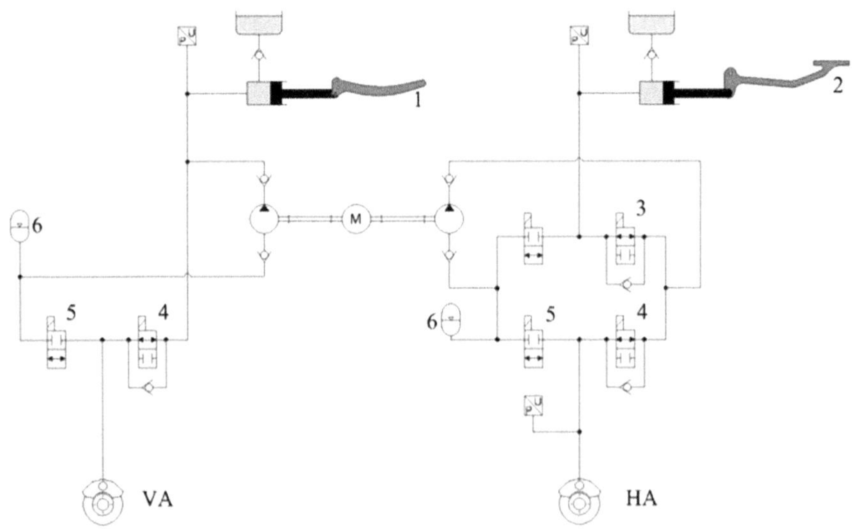

Abb. 5.7 Schema einer aktiven Bremse mit Integral II ABS (BMW). *1* Handbremsarmatur, *2* Fußbremsarmatur, *3* Trennventil, *4* Einlassventil, *5* Auslassventil, *6* Niederdruckspeicher

Bei Betätigung der Bremshebel erfolgt über das geöffnete Trennventil *3* und das Einlassventil *4* ein direkter Druckaufbau im Bremskreislauf. Ergibt sich eine Blockierneigung, so wird das zuständige Einlassventil geschlossen und das Auslassventil *5* kurzzeitig geöffnet. Dadurch fließt Bremsflüssigkeit in den Niederdruckspeicher 6 und der Bremsdruck wird vermindert. Die gleichzeitig bestromte Hydraulikpumpe fördert bei wieder geschlossenem Auslassventil Bremsflüssigkeit aus den Bremskreislauf zurück in den Steuerkreislauf. Bei nun frei drehendem Rad bleibt das Auslassventil geschlossen und das Einlassventil öffnet, damit wirkt die Bremsarmatur wieder direkt auf die RBZ. Durch eine Taktung der Ventile kann der Bremsdruck moduliert werden und real vorliegenden Fahrbahnverhältnissen angepasst werden. Dieses System beinhaltet auch die Teilintegralfunktion, indem bei Betätigung der Vorderradbremse automatisch die Hinterradbremse aktiviert wird. Die Bremsflüssigkeit für den Hinterradbremskreis wird durch die angesteuerte Hydraulikpumpe bereitgestellt. Die Ventile werden so geschaltet, dass ein Druckaufbau im Hinterradbremskreis erfolgt. Die Bremsdruckverteilung zwischen Vorder- und Hinterradbremskreis erfolgt durch eine im Steuergerät vorgegebene Funktion.

Bei Normalbremsungen, die unterhalb der maximal möglichen Bremsverzögerung liegen, wird die volle Bremswirkung der Hinterradbremse genutzt. Außerdem erfasst dieses System eine mögliche Neigung zum Abheben des Hinterrades bei Vollbremsungen. Ein Überschlagen des Motorrades in Fahrtrichtung wird weitestgehend eingedämmt. Generell ist zu berücksichtigen, dass mittlerweile Motorräder mit vergleichsweise sehr hohen Motorleistungen im Einsatz sind, die an das Geschick des Fahrers extrem hohe Anforderungen stellen. In Gefahrensituationen ist der Fahrer oft überfordert und auf die Hilfe sinnvoller Regelkreise angewiesen.

5.3 Kupplung

Beim Anfahrvorgang aus dem Stillstand wird ein Drehmoment am Hinterrad benötigt, um die Massenträgheit und die Widerstände zu überwinden. Das erforderliche Drehmoment kann vom Verbrennungsmotor erst weit oberhalb der Leerlaufdrehzahl bereitgestellt werden. Für die meisten Motorradmotoren liegt diese Drehzahl bei ca. 1500 min^{-1}. Die Aufgabe der Anpassung der Drehzahl übernimmt die Kupplung, die als Drehmomentwandler wirkt. Als Motorradkupplungen werden Einscheiben- oder Mehrscheibenkupplungen verwendet. Die Einscheibenkupplungen sind Trockenkupplungen, die in einem vom Motorenöl abgetrennten Raum arbeiten. Mehrscheibenkupplungen werden sehr häufig als Nasskupplungen ausgeführt, die sich in einem ölgefüllten Teil des Motors befinden.

Die Bestandteile der hydraulischen Kupplung (Abb. 5.8) bilden im Wesentlichen die Hebelarmatur mit dem Geberzylinder, der Nehmerzylinder und die Verbindung zwischen diesen beiden Bauteilen, die Hydraulikleitung. Das in Abschn. 3.2 vorgestellte Grundprinzip wird hier ebenfalls angewendet. Durch den an die Lenkerarmatur angebrachten Vorratsbehälter findet in dem offenen hydraulischen System ein permanenter Spielausgleich statt, d. h. ein Wandern des Kupplungspunkts in Folge von Temperaturschwankungen und Kupplungsverschleiß wird ausgeglichen. Ein weiterer Vorteil besteht darin, dass hydraulische Kupplungssysteme nahezu wartungsfrei sind. Im Vergleich zu einem Bowdenzug bleibt die Betätigungskraft über den Lebenszyklus des Systems gleich. Der Einfluss von Schmutz ist bei ordnungsgemäßer Abdichtung ebenfalls ausgeschlossen.

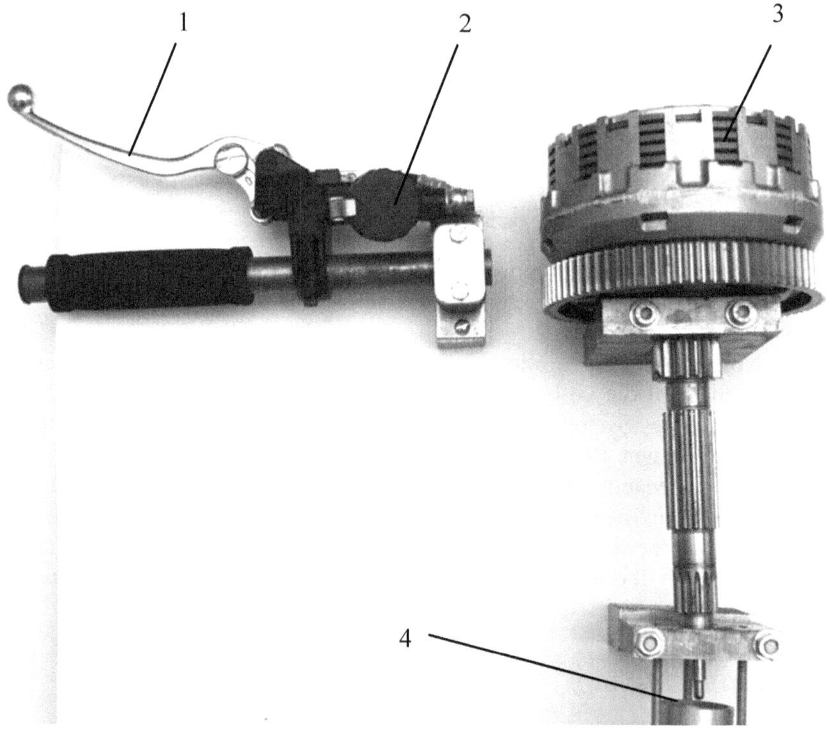

Abb. 5.8 Modell eines hydraulisch betätigten Kupplungssystems. *1* Hebelarmatur, *2* Geberzylinder, *3* Mehrscheibenkupplung, *4* Nehmerzylinder

6 Sportfahrzeuge

Die Konstruktion von Rennwagen wird seit Beginn des Motorsports vorrangig von folgenden Faktoren geprägt [6.1]:

- technische Vorschriften,
- Stand der Technik und
- Erfindergeist der Konstrukteure.

Unter Sportfahrzeugen werden hier nur Pkw bzw. Modifikationen davon bis hin zu Formel-1-Fahrzeugen verstanden. All diesen Sportfahrzeugen ist eigen, dass hauptsächlich hydraulische Systeme eingesetzt werden, die direkt aus der Serienfertigung stammen. Bei extremer Beanspruchung bzw. für zusätzliche Aufgaben wurden separate Systeme entwickelt. Es gibt sehr unterschiedliche Klassen, die nicht unmittelbar miteinander vergleichbar sind. Durch die in diesem Kap. gewählte Gliederung ist zumindest eine gewisse Systematisierung möglich.

Zur FIA (**F**ederation **I**nternationale de'**A**utomobile) gehören seit 2005 neben der WTCC (**W**orld **T**ouring **C**ar **C**hampionship), die Formel-1-Weltmeisterschaft und die World Rally Championship. Bei der Tourenwagen-WM gehen Fahrzeuge an den Start, die auf Serienfahrzeugen basieren, aber auch Elemente haben, die in reinen Rennfahrzeugen unabdingbar sind. In der WTCC wird nach dem Super-2000-Reglement gefahren, so dass ein kostenbewusster Motorsport möglich wird und auch leistungsschwächere Rennfahrzeuge Siegchancen erhalten [6.2].

6.1 Rennfahrzeuge mit abgedeckten Rädern

Die Rennfahrzeuge mit abgedeckten Rädern beinhalten u. a. Sportprototypen, DTM (**D**eutsche **T**ourenwagen **M**asters) und Tourenwagen. An dem in Abb. 6.1 dargestellten Tourenrennwagen von BMW (320si), wird schon vom Bild her die Seriennähe verdeutlicht. Nicht unerwähnt darf dabei bleiben, dass dieses Fahrzeug keine Servolenkung besitzt und auch weiter Modifikationen z. B. an der Federung, an der Bremsanlage und am Antriebstrang vorgenommen werden.

Die wesentlichen hydraulischen Komponenten werden aus der Serienfertigung entnommen bzw. relativ nahe an diesen Vorlagen gefertigt. Die wesentlichen Unterschiede sind die generell genutzten Motorleistungen und die bei Rennfahrzeugen mit der erhöhten Geschwindigkeit verbundenen fahrdynamischen Anforderungen. Ein Kompromiss zwischen Auf- und Abtrieb ist auch unter den stark wechselnden Bedingungen der einzelnen Rennstrecken zu realisieren. Es gilt eine optimale Rennabstimmung zu finden, die selbst unter wechselnden Wetterbedingungen während eines Rennens in kürzester Zeit veränderbar sein sollte. Die Anpassung erfolgt für jedes Rad, um einen optimalen Wert zwischen Rad und Fahrbahn zu erhalten (s. Abschn. 3.2). Neben der Achsgeometrie ist es der Kraftfluss des Motors, der vom Fahrer beherrschbar zu gestalten ist.

Abb. 6.1 Tourenrennwagen BMW 320si (Foto: BMW)

Ein weiteres im Rennsport extrem wichtiges Element ist die Kupplung mit ihrer hydraulischen Betätigung. Die Kupplung wird von vielen Rennfahrern nur zum Anfahren beim Rennstart und zum Herunterschalten betätigt. Sie hat aber oft einen für das Rennen entscheidenden Einfluss. Normalerweise stellt die richtige Betätigung für den Rennfahrer keine Herausforderung dar. So kann z. B. im Rennbetrieb im BMW 320si unter Volllast (bei voll geöffneter Drosselklappe) ohne zu kuppeln in den nächsten Gang gewechselt werden, da der Antriebstrang durch Zündunterbrechung drehmomentfrei und damit „schaltbar" wird. Für einen beinamputierten Fahrer (Alessandro Zanardi) wurde eine technische Möglichkeit (automatisiertes Kupplungssystem) gefunden Bedeutung [6.3].. Er benutzt die Kupplung ausschließlich zum Anfahren und bei Rennstarts. Er schaltet ohne Öffnen der Kupplung zurück. Die Kraft zum Ausrücken der Kupplung wird hydraulisch erzeugt. Hierzu wird der Druckspeicher mit dem Geberzylinder (CMC) verbunden. Durch den sich einstellenden Druck wird der Nehmerzylinder (CSC) und das Ausrücksystem der Kupplung betätigt (Abb. 6.2). Der Druckspeicher wird über eine elektromotorisch betriebene Hydraulikpumpe gefüllt, die den Systemdruck zwischen zwei definierbaren Grenzen hält. Die untere Grenze dieser Druckschwellen ist maßgeblich für die minimale Öffnungsgeschwindigkeit. Um die Kuppelvorgänge des Systems hinreichend komfortabel und konstant gestalten zu können, ist eine Regelung der Kupplungsposition erforderlich. Dies geschieht mit Hilfe eines elektromagnetisch betätigten 3/3-Proportional-Wegeventils, mit dem der Volumenstrom vom Druckspeicher zum Geberzylinder bzw. vom Geberzylinder zum Tank sehr genau dosierbar ist. Die Steuerelektronik erfasst den Kupplungsweg durch einen Sensor am Kolben des Geberzylinders und steuert über den Strom durch den Magneten die Stellung des Proportionalventils. Des Weiteren misst sie den Versorgungsdruck des Systems und aktiviert die Hydraulikpumpe bei Unterschreiten der unteren Druckschwelle (65 bar). Ausgehend vom Fahrerwunsch (Potentiometerstellung) wird der Kolben des Zylinders in die der Kennlinie entsprechende Position gefahren.

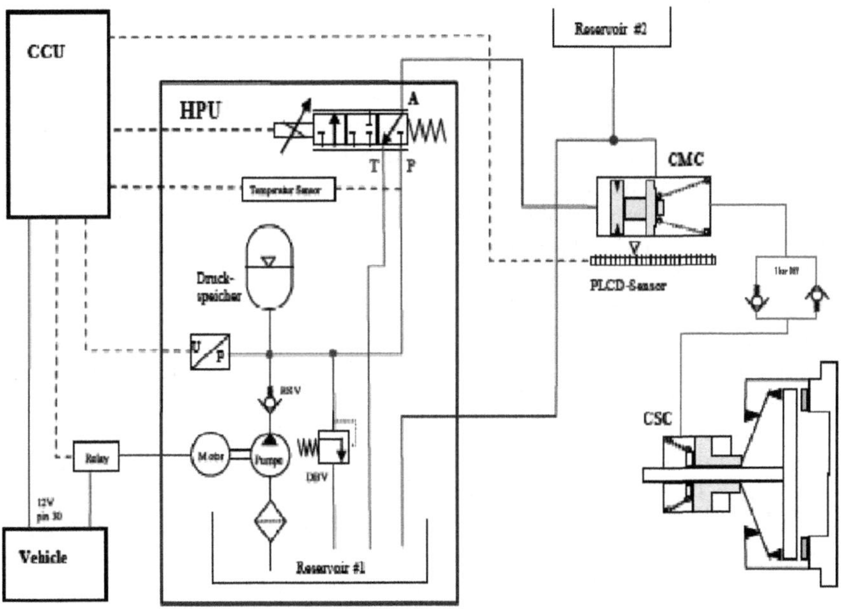

Abb. 6.2 Schematische Darstellung des Hydrauliksystems im BMW 320si WTCC (ZF Sachs Race Engineering)

Das Kupplungssystem des BMW von Alessandro Zanardi besteht aus folgenden Komponenten:

- HPU (**H**ydraulic **P**ressure **U**nit),
- Nehmer-Geberzylinder CMC (**C**lutch **M**aster **C**ylinder) mit einem PLCD Wegsensor,
- Nehmerzylinder (**C**lutch **S**lave **C**ylinder „CSC“ bzw. **C**entral **R**elease **B**earing CRB) für die Kupplungsbetätigung,

- Steuergerät (**C**lutch **C**ontrol **U**nit „CCU"),
- Verkabelung im Fahrzeug mit Sicherungen, einem Halterelais für die CCU und einem Relais für die Hydraulikpumpe und
- Drehpotentiometer, mit dem der Fahrerwunsch erfasst und direkt analog in das Steuergerät geleitet wird.

Nach Inbetriebnahme des Systems und ersten Tests im Fahrzeug wurde festgestellt, dass der Ausrückweg des CSC nicht konstant ist. In bestimmten Situationen war ein sehr großer Wegverlust messbar. Dieser Ausrückwegverlust führte dazu, dass sich der erste Gang bei stehendem Fahrzeug nicht richtig einlegen ließ, da die Kupplung nicht vollständig trennte.

Um dieses inkonsistente Verhalten zu vermeiden, wurde in der Hydraulikleitung zwischen CMC und CRB ein Druckhalteventil (DHV) installiert. Dieses DHV hält einen Mindestdruck von ca. 1,0 bar. Durch diesen Widerstand sollte verhindert werden, dass während des Fahrbetriebs Hydraulikflüssigkeit vom CRB über das Schnüffelloch zurück in den Ausgleichsbehälter strömt.

Auf manchen Rennstrecken sind Hochgeschwindigkeitspassagen und sehr enge, langsame Kurven vorhanden. Diese Kombination macht es erforderlich, in einer Kurve im ersten (!) Gang sogar auszukuppeln, um mit Kupplungsschlupf und im richtigen Drehzahlband beschleunigen zu können. Kuppelt der Fahrer nicht aus, fällt die Motordrehzahl am Kurvenscheitelpunkt auf ca. 3.500 U/min. Für diese Drehzahl ist der P45-B20-Motor nicht ausgelegt, was sich in einem sehr niedrigen Drehmoment niederschlägt.

Um dem Fahrer die Möglichkeit zu geben, ähnlich effektiv beschleunigen zu können wie seine Teamkollegen, wurde ein speziell dafür entwickeltes System installiert. Bei Betätigen eines Schalters öffnet die Kupplung schlagartig und macht den Motor damit frei. Nach einer definierbaren Zeit fängt das System an, die Kupplung mit einem definierbaren Gradienten zu schließen. Dadurch kann der Fahrer sich mit beiden Händen auf Gas und Lenkradstellung konzentrieren und mit besserem Drehmoment beschleunigen. Allerdings ist für diesen Fall eine genaue Adaption an die Kupplung nötig, da die Funktion gesteuert wird und reglementbedingt nicht geregelt werden darf. Des Weiteren erschweren Einflüsse wie Temperatur, Verschleiß und genauer Auslösezeitpunkt bzw. Kurvengeschwindigkeit die Funktion. Vergleiche haben allerdings ergeben, dass bei arbeitendem System Zeitvorteile von 0,4 s realisiert werden können.

6.2 Formelwagen

Die Formelwagen unterteilen sich ebenfalls in zahlreiche unterschiedliche Klassen. Zur Förderung von Nachwuchstalenten und unter maßgeblicher Einschränkung der Kosten entstand z. B. die Formel BMW. Diese Rennwagen haben die wesentlichen Komponenten, die auch in aufwendiger gestalteter Form u. a. in der Formel 3 und Formel 1 eingesetzt werden. Um einheitliche Bedingungen für alle Fahrer zu gewährleisten, wird ein Serienmotor aus einem Motorrad verwendet.

Die in Abb. 6.2 enthaltenen Zylinder dienen zur Stabilisierung der Vorderachse. Die großen erforderlichen Erfahrungen und die möglichen Einstellmöglichkeiten lassen sich hier nur erahnen.

a b

Abb. 6.3 Formel-BMW-Rennfahrzeug. **a** Frontansicht **b** Geberzylinder für Kupplung, Bremse VA, Bremse HA (von rechts nach links) mit integriertem Flüssigkeitsreservoir (Foto: BMW)

In Abb. 6.4 ist ein Formel 1-Rennauto dargestellt, wobei die die hydraulisch betätigten Komponenten dargestellt sind. Für den Tankdeckel ergibt sich z. B. eine Besonderheit dadurch, dass es sowohl Rennstrecken gibt, die im Uhrzeigersinn als auch in entgegensetzter Richtung befahren werden. Der Tankdeckel *11* wird so wie eingezeichnet oder aber auf der anderen Seite eingesetzt. Der Umbau ist durch eine hydraulische Ansteuerung einfacher realisierbar als in mechanischen Systemen.

Nachfolgend werden die in Abb. 6.4 dargestellten Hydrauliksysteme vorgestellt:

- Speichereinheit (Verteiler für Antriebshydraulik, Hochdruckspeicher und Niederdruckspeicher),
- Hydraulikpumpe und Wärmespeicher (Axialkolbenpumpe mit einem Betriebsdruck > 150 bar und einer Öltemperatur von ca. 120°C),
- Chassis-Block (Anbindung zur Antriebhydraulik, Zylinder zur Betätigung der Tankklappe und Versorgung der Servolenkung),
- Lenkung (Zahnstange mit Hydraulikunterstützung und Servoventil s. Abschn. 3.1.1),
- Getriebe-Ventil-Block (Servoventile für Schaltaktuator des Differential und Anbindung an Speichereinheit und Getriebeaktuatoren),
- Differentilaktuator (einfach wirkender Zylinder),

- Schaltaktuatoren (Aktuatoren zur Betätigung der Schaltwalzen (Schnellschaltgetriebe)),
- Kupplungsausrücker (einfach wirkender Zylinder mit Lageregelung),
- Drosselklappenaktuator (Linearaktuator mit Lageregelung),
- Motor-Ventil-Block (Servoventile für Kupplungsausrücker und Drosselklappenaktuator, Anbindung an Speichereinheit und Motoraktuatoren) und
- Tankklappe (Linearaktuator).

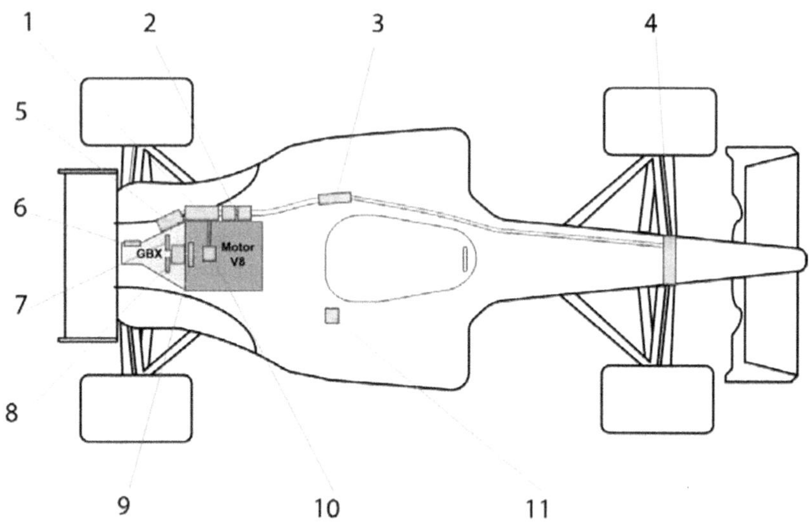

Abb. 6.4 Hydraulische Komponenten in Formel-1-Rennautos [6.4]. *1* Speichereinheit, *2* Hydraulikpumpe und Wärmetauscher, *3* Chassis-Block, *4* Lenkung, *5* Getriebe-Ventil-Block, *6* Differentialaktuator, *7* Schaltaktuator, *8* Kupplungsausrücker, *9* Drosselklappenaktuator, *10* Motor-Ventil-Block, *11* Tankklappe

7 Fahrzeugtechnische Prüfanlagen

Der weltweite Wettbewerb und die verschärften Umweltforderungen in der Automobilindustrie zwingen die Hersteller, ständig technische Verbesserungen und optische Veränderungen vorzunehmen. Kurze Entwicklungszeiten, Leichtbau und Betriebsfestigkeitsprüfungen sind unabdingbar. Die damit verbundenen sehr komplexen Anforderungen lassen sich nur erfüllen, indem Simulationsprogramme für eine optimale Konstruktion und Fertigungsvorbereitung sowie moderne Prüfstände für experimentelle Untersuchungen eingesetzt werden. Ein wesentliches Ziel ist es, Bauteile, Baugruppen aber auch komplette Fahrzeuge auf Betriebsfestigkeit auszulegen und unter möglichst realen Bedingungen zu testen. Bevor es zu Fahrten in einem Testgelände kommt, werden diese Objekte auf Prüfanlagen, die realitätsnahe Bedingungen simulieren (auch klimatisch), untersucht. Damit sind Auswirkungen dynamischer Beanspruchungen auf das Fahrzeug bzw. das Bauteil frühzeitig analysierbar und ggf. folgend konstruktiv änderbar. Da ein Großteil der Versuchsstände und Belastungseinrichtungen einen oder mehrere hydraulische Antriebe haben, sollen einige von ihnen beispielhaft vorgestellt werden. Gleichzeitig sollen dem Ingenieur in der Praxis entsprechende Projektierungshinweise – wie sie systematisch von Riedel und der IAMT Prüfsysteme [7.1–7.4] ausgearbeitet wurden – gegeben werden, die bei der Hydraulikauslegung derartiger komplexer Prüfstände zu berücksichtigen sind.

7.1 Prüfstände für Funktions- und Dauerversuche

Um die Vielfalt an Prüfaufgaben wahrnehmen zu können, wird hauptsächlich mit computergeregelten Pulsationsprüfständen gearbeitet. Diese erlauben die geforderte hohe Dynamik und sind variabel bezüglich Kraft-, Moment- und Wegverläufen. Der Einsatz von Servohydraulik ermöglicht es, diesen komlexen Anforderungen gerecht zu werden.

Hydraulische Servoantriebe zeichnen sich aus durch:

- einen großen Stellbereich,
- eine sehr genaue und enorm verstärkte Abbildung der elektrischen Eingangssignale bzgl. des hydraulischen Ausganges,
- eine hohe Stelldynamik und

eine hohe Laststeifigkeit. Besonders durch direkte Verknüpfung leistungsfähiger mikroelektronischer Steuerungen mit hydraulischer Stetigventiltechnik können die damit verbundenen hochdynamischen Regelungskonzepte umgesetzt werden. Dies führt dazu, dass realitätsnahe Prüfungen von mechanischen Systemen, Baugruppen und Bauteilen, bei denen z. B. große Beschleunigungen, Kräfte und Momente als auch hohe Frequenzen wirken, mit hoher Genauigkeit und Reproduzierbarkeit durchführbar sind.

Die Ermittlung der wirkenden Belastungen erfolgt hauptsächlich durch Fahrversuche auf ausgewählten Strecken. Komplexe Messfühler sind in der Lage, gleichzeitig Daten für verschiedene Fahrzeugbewegungen aufzunehmen. Das können z. B. Kräfte in Längs-, Quer- und Horizontalrichtung, Sturzänderungen oder Lenk-, Antriebs- und Bremsmomente sein. Sonder- und Missbrauchsereignisse sind ebenso einbeziehbar. Sollten für neue Fahrzeuge noch keine Daten vorliegen, können diese von Vorgängermodellen aber auch aus Erfahrungswerten ermittelt werden (z. B. in Teilbereichen von Baumaschinenanwendungen, Off-Road-Fahrzeugen). Mit dieser Datenmenge ist es nun möglich, die Versuchsstände realitätsnah zu betreiben, eine Straßenfahrt z. B. im Zeitraffer nachzubilden

Bei Konzipierung, Entwicklung und Bau der Prüfstände sind komplexe Zusammenhänge bezüglich:

- der physikalischen Eingangsgrößen,
- der konstruktiven Einzelheiten der Prüfteile,
- verfahrenstechnischer Abläufe,
- prüftechnischer Anforderungen,
- der erwünschten Zielgrößen sowie
- physikalischer und technischer Randbedingungen

zu berücksichtigen. Die daraus entstehenden Abhängigkeiten haben zugleich entscheidenden Einfluss auf die Konzipierung und Projektierung der im Prüfstand zu installierenden Servohydraulik. Herzstück bilden hochdynamische lagegeregelte Servoventile mit einer hohen Ansprechempfindlichkeit und geringen Stellzeit (teilweise geringer als 5 ms). Um diese Dynamik auch im System umsetzen zu können, werden die Ventile auf spezielle Prüfzylinder montiert (Abb. 7.1).

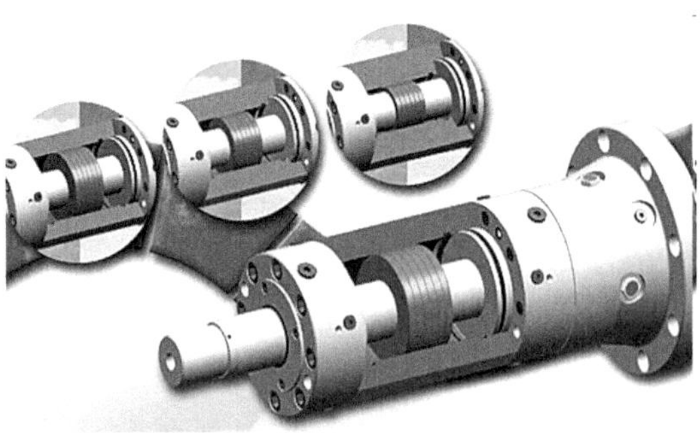

Abb. 7.1 Servohydraulischer Prüfzylinder [7.5]

Hierbei handelt es sich meist um Gleichlaufzylinder mit hoher Positioniergenauigkeit und geringer Stick-Slip-Neigung. Eine präzise Wegmesstechnik als Grundlage für eine feinfühlige Regelung ist integriert. Geschwindigkeiten bis 4 m/s und mehr sowie Frequenzen bis 1000 Hz sind nur mit Hilfe einer hydrodynamischen Kolbenstangenlagerung möglich. Eine derartige Lagerung ist quasi spielfrei, weist aber so gut wie keine Reibung auf und hat folglich ein extrem kleines Losbrechmoment. Auch können für Hydraulikzylinder schädliche Querkräfte gut kompensiert werden (Abb. 7.1).

7.1.1 Einachsprüfstände

Bei diesen hydraulischen Pulsationsprüfständen werden dynamische Belastungen auf verschiedene kleinere Prüfobjekte, so z. B. Schwingungsdämpfer oder Federbeine, ausgeübt.

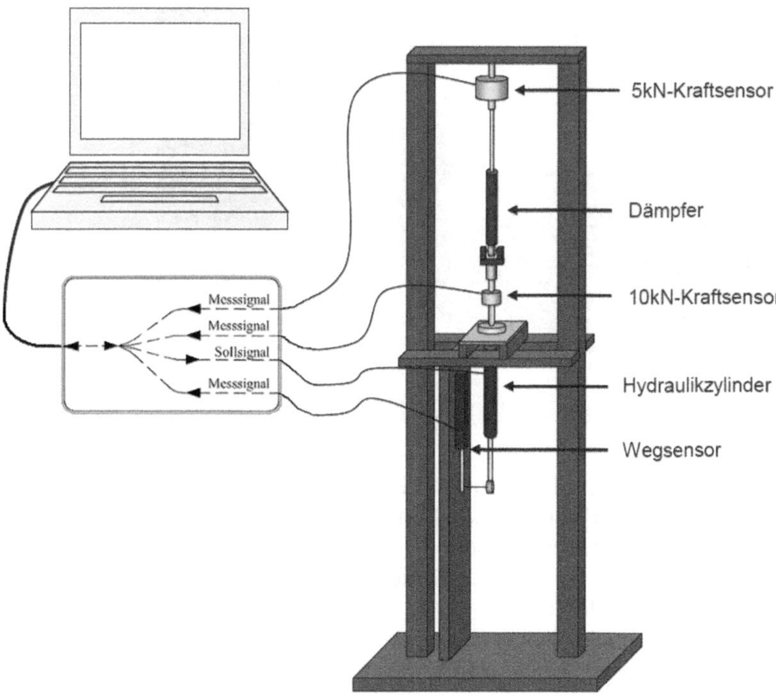

Abb. 7.2 Hydraulischer Pulsationsprüfstand

Dabei wird eine vordefinierte pulsierende Bewegung auf das Prüfobjekt übertragen. Kräfte und Wege werden mittels geeigneter Sensorik erfasst. Es können sowohl Auswirkungen von Schwingungen auf ein Objekt als auch Langzeituntersuchungen durchgeführt werden. Beispielhaft dafür steht der in Abb. 7.2 dargestellte und an der Hochschule für Technik und Wirtschaft Dresden konstruierte Pulsationsprüfstand [7.6–7.7]. Für diesen Prüfstand wird das Programmiertool LabVIEW von National Instruments als Steuerungssoftware als sowie Messdatenerfassung verwendet. Vorteile von LabVIEW liegen in der virtuellen Programmierbarkeit und im flexiblen Einsatz gegenüber herkömmlichen Messgeräten. Die Software steuert eine Schnittstellenkarte an, die sich in einem Computer befindet.

Die industrielle Anwendung derartiger Grundprinzipien erfolgt seit vielen Jahren mit Vier-Stempel-Prüfständen, wobei jedem Rad ein Hydraulikzylinder zur Verfügung steht (s. Abb. 7.3). Diese sog. Hydropulszylinder können hochdynamisch betrieben werden und in vertikaler Richtung das Fahrzeug unterschiedlich belasten.

Abb. 7.3 Vier-Stempel-Prüfstand (Foto: BMW)

Es wird lediglich eine Geradeausfahrt auf einer unebenen Straße simuliert, wobei die Kräfte in den Radaufstandspunkten erfasst werden. Aufgrund der fehlenden seitlichen Führung der Räder sind keine extremen Niveauunterschiede zwischen rechter und linker Spur realisierbar. Diese Prüfstände eignen sich demzufolge hauptsächlich zur schnellen Prüfung eines Komplettfahrzeuges bezüglich Reaktion auf Straßenunebenheiten, Schwingungskomfort und Bauteilfestigkeiten. Eine präzise Nachbildung realer Fahrsituationen ist nicht möglich.

Der prinzipielle Prüfstandsaufbau ist in Abb. 7.4 dargestellt. Eine Hydraulikpumpe stellt den nötigen Volumenstrom bereit und baut einen entsprechenden Systemdruck auf. Servoventile, die als Pilotventile für die Steuerventile dienen, erhalten das Eingangssignal von einer Mess- und Regelelektronik. Damit kann der Hydraulikzylinder, welcher mit der Erregerplatte, die wiederum das Fahrzeugrad aufnimmt, verbunden ist, in Schwingung versetzt werden. Messdaten, wie z. B. Weg und Kraft, können zur Auswertung an einen PC übertragen werden oder aber direkt in eine zentrale Datenbank einfließen, um den Entwicklern kurzfristig zur Verfügung zu stehen.

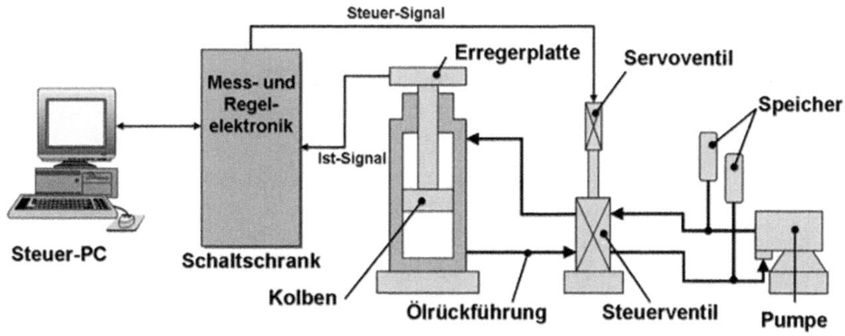

Abb. 7.4 Prinzipskizze eines Vier-Stempel-Prüfstandes [7.9]

7.1.2 Mehrachsprüfstände

Als Weiterentwicklung entstanden 4x6-DOF-Prüfstände (**D**egress **o**f **F**reedom), die Fahrzustände relativ wirklichkeitsnah nachbilden können, um so sehr genaue Aussagen zum Verhalten von Gesamtfahrzeug und Einzelkomponenten bezüglich Betriebsfestigkeit zu treffen.

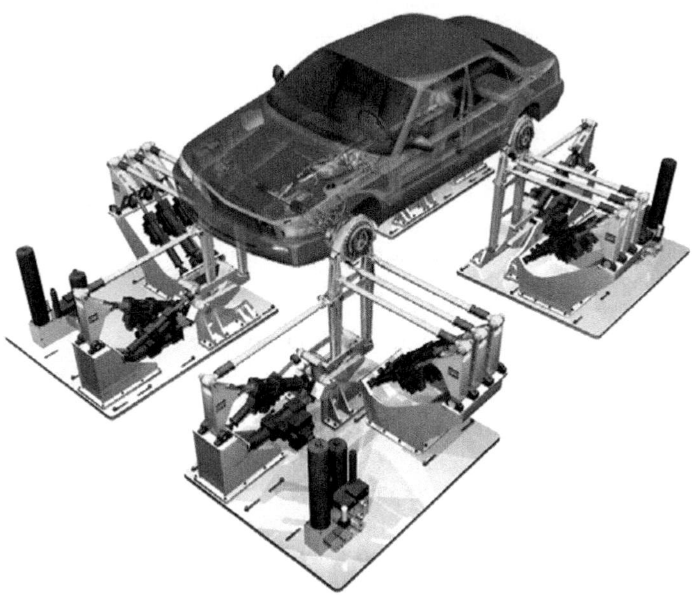

Abb. 7.5 4x6-DOF-Prüfstand der Fa. MTS Systems Corporation [7.10]

Diese Prüfstände haben insgesamt vier Belastungseinheiten (s. Abb. 7.6), die je Rad sechs verschiedene Bewegungen ausüben können. Demnach sind 24 verschiedene Fahrzeugbewegungen realisierbar. Jede Einheit besteht aus einem Power-Pack, in dem Elektromotor, Hydraulikpumpe und Druckspeicher integriert sind. Servozylinder (s. Abb. 7.6) realisieren die unterschiedlichen Bewegungen bis hin zur Simulation von Lenkmomenten und Sturzänderungen.

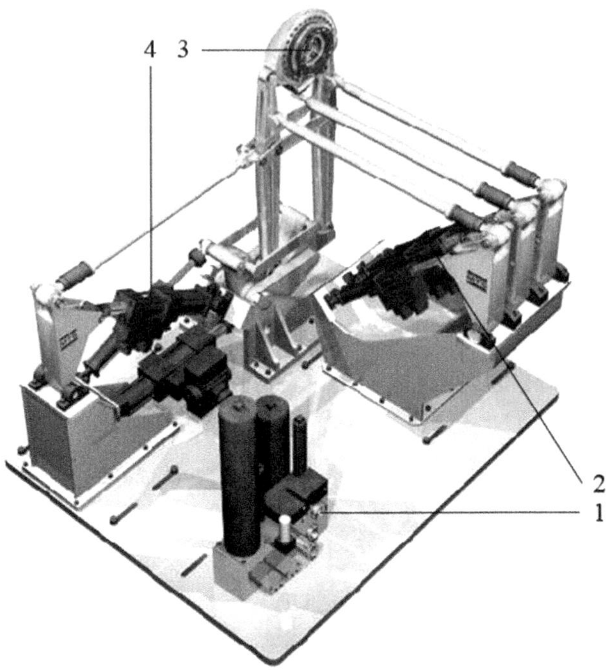

Abb. 7.6 Detaildarstellung einer 6-DOF-Einheit [7.11]. *1* Power-Pack, *2* Aktuatoren für Querbewegungen, Lenkmomente und Sturzänderungen, *3* Radnabenfessel, *4* Aktuatoren für Längs- und Vertikalbewegungen

Brems- und Antriebsmomente können über die Radnabenfessel, die gleichzeitig zur Fixierung des Prüffahrzeuges auf dem Prüfstand dient, aufgebracht werden. Hieran sind auch die Sensoren zur regeltechnischen Überwachung der Prüflasten befestigt. Nachteilig wirkt sich der viel größere Bauraumbedarf im Gegensatz zur recht kompakten Vier-Stempel-Anlage aus. Gestiegene Anforderungen an die Rechentechnik als Folge eines immensen Reglungsaufwandes kommen hinzu. Auch ist zum Aufstellen des Fahrzeuges auf den Prüfstand stets ein Kran nötig. Die Vorteile, hauptsächlich in Form von Kosten- und Entwicklungszeitsenkungen, überwiegen, so dass in diesem Gebiet der Prüfstandstechnik enorme Potenziale stecken, was zwangsläufig zu einer Verschmelzung von Prüf- und Simulationstechnik führt.

7.2 Simulationsprüfstände

Die bereits erwähnte Simulationstechnologie findet derzeit Anwendung in der Nachbildung realitätsnaher Fahrzeugbewegungen. Bekannt sind Fahr- und Flugzeugsimulatoren für Test- und Schulungszwecke. Aber auch im Bereich der Unterhaltungstechnik nutzt man solche Prinzipien. Die rasante Entwicklung auf diesem Gebiet ist erst durch die zunehmend leistungsfähigere Rechentechnik, die den regelungstechnischen Aufwand bewältigen muss, möglich geworden.

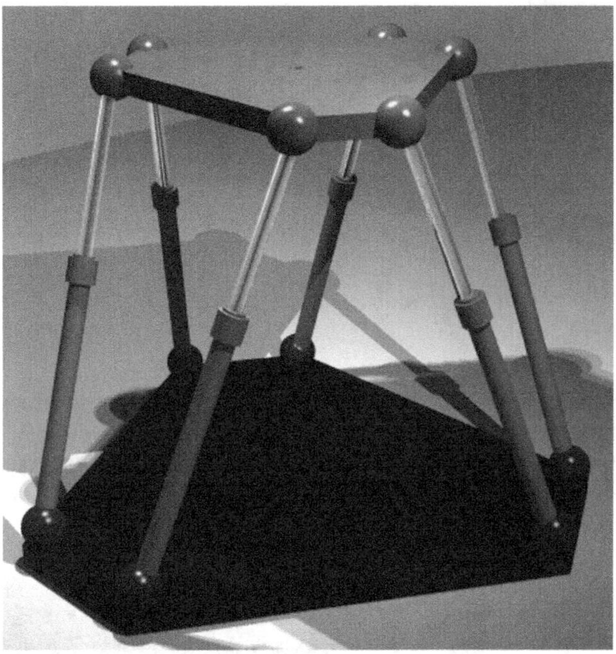

Abb. 7.7 Stewart/Gough-Plattform [7.11]

Bereits 1956 wurden erste derartige Antriebe von E. Gough zur Prüfung von Reifen vorgestellt und 1965 durch D. Stewart für die Anwendung als Flugsimulator weiterentwickelt (s. Abb. 7.7). Da es sich hierbei um eine Parallelkinematik unter Nutzung von sechs Hydraulikzylindern handelt, hat sich die Bezeichnung „Hexapod" bzw. firmenbezogen auch „Hexamove" durchgesetzt. Die bewegliche Plattform (Abb. 7.8) kann aufgrund der sechs Freiheitsgrade in jede Raumrichtung bewegt werden und außerdem noch um alle Hauptachsen rotieren (je drei translatorische und rotatorische Bewegungen). Da bei jeder Bewegung alle Zylinder gleichzeitig betätigt sind, wird der Hexapod auch als synergetisches System bezeichnet. Wichtiger Vorteil ist das günstige Verhältnis von geringer bewegter Eigenmasse zu einer hohen Nutzlast, was eine hohe Dynamik (Frequenzen bis 250 Hz) und Präzision (Positioniergenauigkeiten bis 0,01 mm) ermöglicht.

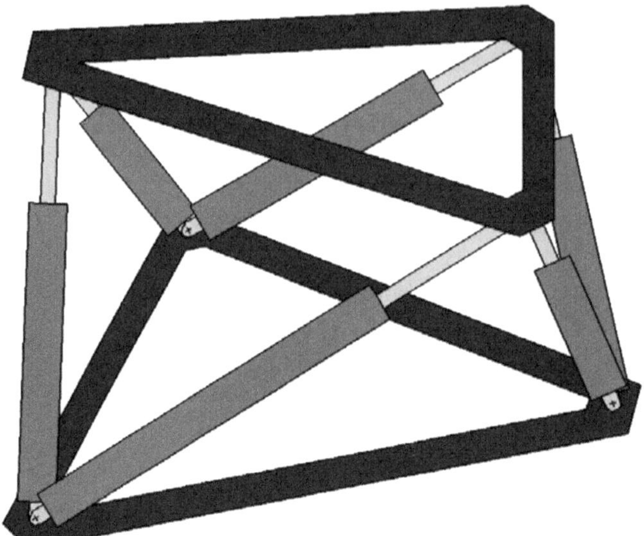

Abb. 7.8 Hexamove-Plattform

Ein großes Hauptanwendungsgebiet sind die sog. Shaker zur Schwingungsprüfung von Fahrzeugkomponenten, wie z. B. Spiegel und Gummidämpfer an Fahrerhäusern von Nutzfahrzeugen. Der Prüfstand nach Abb. 7.9 a dient Qualitätsuntersuchungen an Halterungen und Stellmotoren von LKW-Spiegelsystemen beim Abfahren von sog. Drive-Files oder einfachen Sinus-Bewegungen.

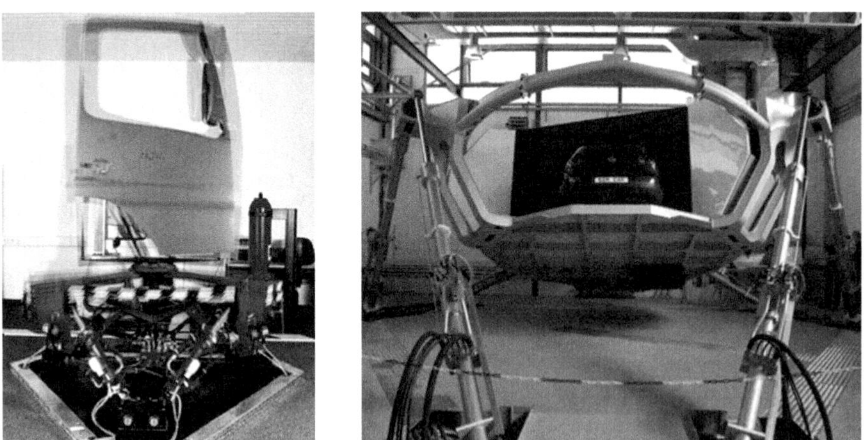

a b

Abb. 7.9 Anwendungen der Hexapoden. **a** Prüfstand für Nfz-Spiegelsysteme [7.12] **b** Fahrsimulator [7.13]

Die Anwendung der Hexapoden in Form von Fahrsimulatoren (s. Abb. 7.9 b) rückt immer weiter in den Vordergrund. Zum einen müssen neue Fahrassistenzsysteme vor einem Praxiseinsatz geprüft werden, was in einer virtuellen Umgebung ohne Gefährdung anderer Verkehrsteilnehmer leicht möglich ist. So können verschiedenste Parameter in Echtzeit schnell geändert und bei unterschiedlichen Licht-, Wetter- und Straßenbedingungen getestet werden. Zum anderen untersucht man die Wirkung derartiger Systeme auf den Fahrer sowie die Beherrschbarkeit durch den Fahrer. Die Fa. MAN entwickelte z.B. einen LKW-Fahrsimulator mit so einem realistischen Fahrerlebnis, dass real auftretende Geräusche und Vibrationen, aber auch künstliche Stresssituationen erzeugt werden, die dem immer größeren Verkehrsaufkommen auf europäischen Straßen sehr nahe kommen.

7.3 Prüfstände für spezielle Anwendungen

7.3.1 Gelenkverschleißprüfstand

Der 5K-Gelenkverschleißprüfstand gemäß Abb. 7.10 wurde von der Firma IAMT Prüfsysteme GmbH Weischlitz in Zusammenarbeit mit der Audi AG entwickelt. Er ermöglicht die funktionelle, d. h. lastenkonforme Verschleiß- und Dauerfestigkeitsprüfung aller Arten von aktuell bekannten Pkw-Fahrwerksgelenken (Einzelgelenke sowie Gelenke in Kombination mit Fahrwerkslenkern) unter weitgehender Berücksichtigung der Einbaulage [7.14, 7.15].

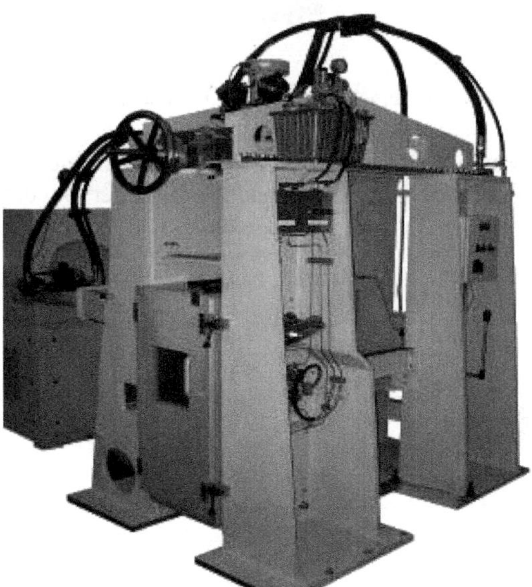

Abb. 7.10 Gesamtansicht des 5-K-Gelenkverschleißprüfstandes der IAMT Prüfsysteme GmbH Weischlitz

Hauptsächlich werden sphärische Gelenklager geprüft, wie sie üblicherweise in einem Pkw-Fahrwerk (s. Abb. 7.11) vorkommen. Ein entscheidender Vorteil des Prüfstandes ist, dass während der Prüfung zugleich die Messung und Bewertung des Verschleißverhaltens der Gelenke erfolgen kann. Außerdem ist eine Simulation von Umwelteinflüssen, wie Feuchtigkeit, Salz- und Schmutzwasserbelastung möglich. Die Prüfungen können unter Temperaturbedingungen zwischen -40°C und 150°C stattfinden.

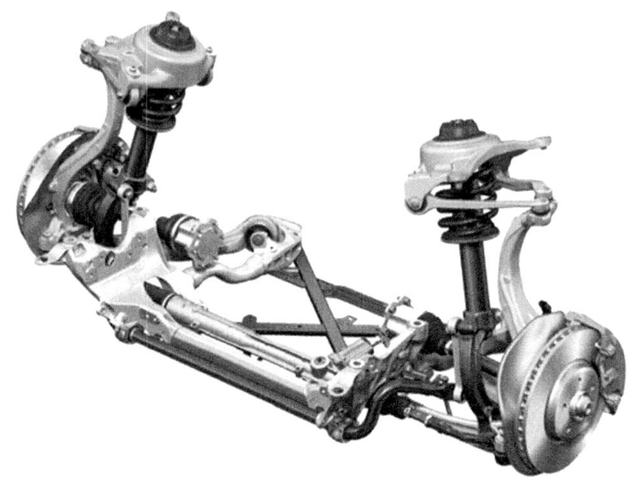

Abb. 7.11 Beispiel eines Pkw-Fahrwerkes (Vorderachse Audi A4) mit Gelenklagern

Auf Basis einer komplexen und den Versuchsbedingungen angepassten mechanischen Prüfstandkonstruktion erfolgt unter dem Einsatz hochwertiger Servohydraulik eine geregelte und hochdynamische Belastung der Gelenke, wie in Abb. 7.12 dargestellt.

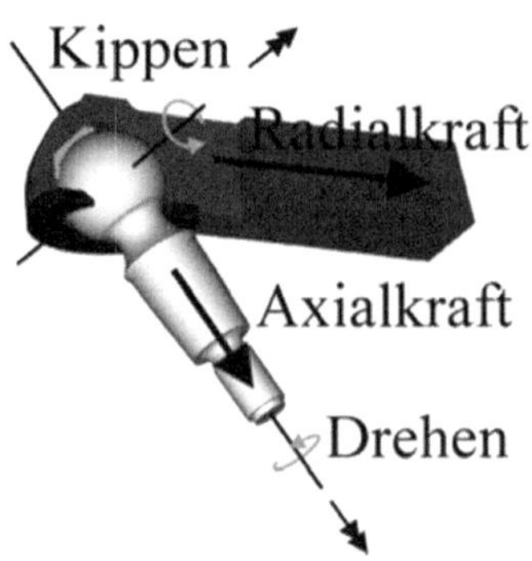

Abb. 7.12 Kräfte und Bewegungen an einem Gelenk (Beispiel)

Mechanische/Kinematische Anforderungen

Im Prüfstand wird die Belastung konkret in zwei rotatorischen (z. B. Lenken und Einfedern) und gleichzeitig drei translatorischen Richtungen (Reaktionskräfte am Gelenk aus den Kräften am Rad – Radaufstandskraft, Längskraft, Seitenkraft) vorgenommen.

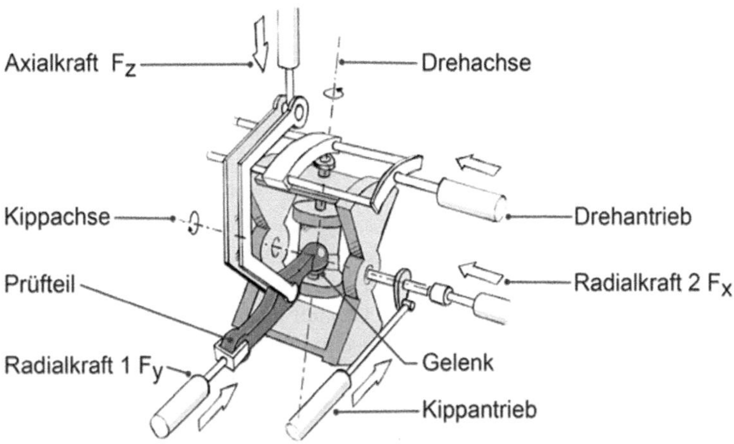

Abb. 7.13 Prinzipskizze der komplexen Kinematik des Gelenkverschleißprüfstandes

Das Bewegungsverhalten kann für jeden Freiheitsgrad einzeln simuliert werden. Durch geeignete (mechanische) Kinematiken sind auch die rotatorischen Freiheitsgrade beliebig und stufenlos miteinander koppelbar. Dies ist eine – zur „Umsetzung" der im realen Verhalten auftretenden (variablen) Lastkollektive – notwendige und unabdingbare Voraussetzung. Allein hieraus wird deutlich, dass die dafür erforderliche Mechanik (Kinematik) konstruktiv sehr anspruchsvoll ist (s. Abb. 7.13).

In der Praxis werden die Kräfte aus dem Fahrwerk häufig nicht direkt in das Kugelgelenk eingeleitet, d.h. die Kräfte auf das Gelenk wirken über die Lenker nur vermittelt. Derartige Bedingungen sind bei der Projektierung von Prüfständen zu beachten. Aus Abb. 7.13 wird z. B. deutlich, dass die Axialkraft im Gelenk nur ein Teil der Dämpferkraft ist. Dies resultiert aus der Aufteilung der Kräfte über die Hebelverhältnisse am Lenker zwischen Gelenkmitte, Anlenkpunkt des Dämpfers am Lenker und dem Lagerpunkt des Lenkers am Grundrahmen.

Die Kopplung des Gelenkes mit einem realen Traglenker im Prüfstand ermöglicht zudem, dass auf die zugehörige Gelenkpfanne – neben den Dreh- und Schwenkbewegungen – definiert Zug- und Druckkräfte, die wiederum separat oder überlagernd wirken, aufgebracht werden können. Durch die damit verbundene Wirkkrafteinleitung ist es zudem möglich, unter definierten Bedingungen, Verschleiß zwischen Gelenk und Pfanne zu erzeugen, zu messen und zu bewerten.

Für die Messung der Gelenkelastizität am eingebauten Prüfteil sowie unter den gegebenen anspruchsvollen Umgebungsbedingungen wurde ein spezielles Messsysteme hoher Genauigkeit entwickelt und in den Prüfstand integriert.

Mit dem Aufbau des Prüfstandes besteht die Möglichkeit, nahezu jede Drehbewegung mit jeder Linearbewegung zu kombinieren. Das Know-how besteht hier in:

- der *Erzeugung* der Bewegungen und der Kräfte sowie
- der mechanischen *Entkopplung* der Einzelbewegungen und -kräfte.

Um die eingangs formulierten Anforderungen problemlos erfüllen zu können, ist es erforderlich, dass die hierfür notwendige Antriebstechnik eine sehr hohe Kraftdichte hat.

Hydraulikauslegung

Den Anforderungen werden hochdynamische, hydrostatisch gelagerte Prüfzylinder gerecht. Der eingangs erwähnte Vorteil der Servohydraulik ermöglicht es, die Prüfgenauigkeit bzw. die Nachfahrgüte in Verbindung mit adaptiven bzw. iterativen Regelverfahren zu gewährleisten. Somit können die in den Prüfsignalen enthaltenen Lastanteile mit hohen Lastanstiegsgeschwindigkeiten nachgefahren werden. Zudem gelingt es, das durch die Steifigkeit des mechanischen Systems bedingte Übersprechen zwischen den einzelnen Lastrichtungen zu kompensieren.

Konkret werden im Prüfstand mehrere servohydraulische Linearachsen verwendet, die alle im geschlossenen Regelkreis gefahren werden. Selbst Dreh-, Schwenk- und Kippbewegungen werden mittels geeigneter Kinematiken über Linearantriebe realisiert. Der Grund hierfür ist, dass rotatorische Achsen (mit begrenztem oder ungebrenztem Drehwinkel) zwar auch entsprechend hohe Eigenfrequenzen aufweisen können, aber ihre mechanische Struktur und folglich der Kraftfluss wesentlich „komplizierter" sind. Damit sind diese rotatorischen Maschinen für die Anwendung als hochdynamische Antriebe in der Prüfstandstechnik wesentlich störanfälliger als Linearmotore (Zylinder).

Die Achsen führen autarke Prüfbewegungen aus, überlagern sich aber auch in ihren Bewegungs- und Kraftverhalten, so dass der Prüfling – wie es die Realität vorgibt – unter komplexen Bedingungen hinsichtlich Dauerfestigkeit und Verschleiß untersucht werden kann.

Generell ist festzustellen, dass in Prüfständen, in denen derart hohe Prüfanforderungen bzgl. Dynamik, Kraft, Genauigkeit, Feinfühligkeit und Verstärkungen gegeben sind, die servohydraulische Antriebstechnik als unabdingbar anzusehen ist.

Die komplexe Antriebstechnik des Prüfstandes, mit ihren mechanisch-kinematischen und regelungstechnischen Zusammenhängen, wird hydraulisch durch das *Ineinandergreifen* mehrerer geregelter servohydraulischer Achsen erreicht. Trotz dieser Komplexität ist die im Prüfstand realisierte Hydraulikschaltung (Abb. 7.14) relativ einfach.

Eine druckgeregelte Pumpe *1* speist über einen Schutzfilter *3* in das Konstantdrucknetz *7*, an dem mehrere Verbraucher (Servozylinder) parallel geschaltet werden können, ohne dass sie sich gegenseitig beeinflussen. Ihre Entkoppelung, aber auch die regelungstechnische Beeinflussung, wird über die Regelventile *4* realisiert. Der Speicher *2* sorgt für die Glättung des Pumpenvolumenstromes und des Druckes vor den Regelventilen *4*. Außerdem ist durch seine Anwesenheit die Eckleistung der Pumpe *1* deutlich reduzierbar. Die Regelventile sind mit interner Elektronik und elektrischer Wegmessung des Ventilhauptschiebers ausgerüstet. Es sollen Ventile mit einer hohen Eigenfrequenz sein.

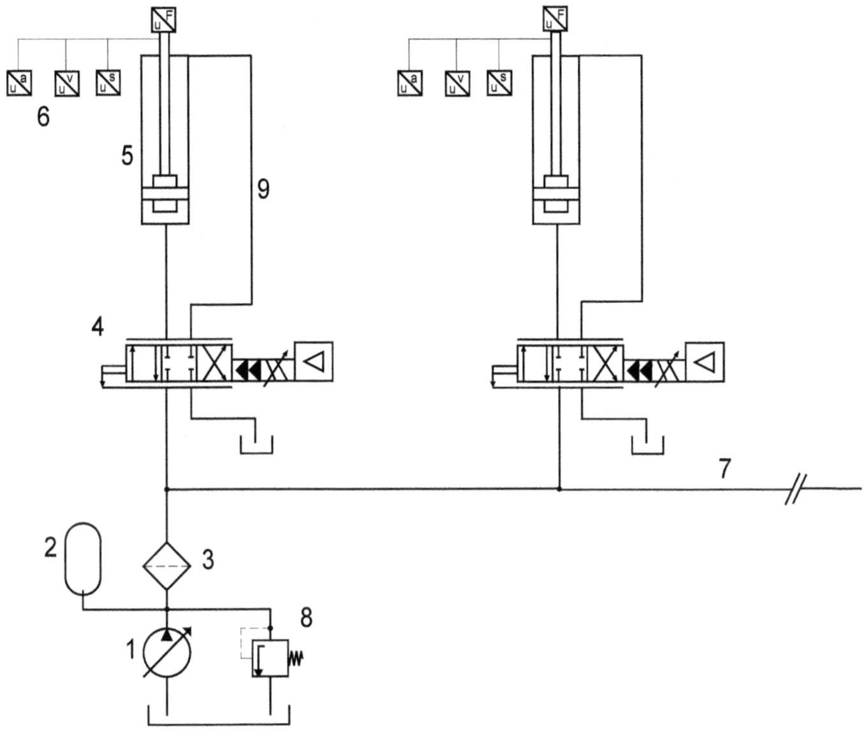

Abb. 7.14 Prinzipielle Darstellung der Hydraulikschaltung (Funktionsschaltplan) des (widerstandsgesteuerten) Antriebes des Gelenkverschleißprüfstandes der Firma IAMT Prüfsysteme GmbH. *1* Pumpe, *2* Speicher, *3* Schutzfilter, *4* Regelventil, *5* Servozylinder, *6* Sensoren, *7* Konstantdrucknetz, *8* Druckventil, *9* Hydraulikleitung zwischen Prüfling und Regelventil

Die Servozylinder *5* bewirken die direkte Beaufschlagung des Prüflings mit einem definierten Bewegungsverhalten in Form einer linearen und über eine entsprechende Kinematik mit einer rotatorischen, drehwinkelbegrenzten Bewegung, wobei zusätzlich die entsprechende Last (Kraft, Moment) aufbringbar ist.

Über die Sensoren *6* für Weg, Geschwindigkeit, Beschleunigung und Kraft können die Istwerte des Bewegungsverhaltens ermittelt werden. Mit den vorgegebenen Sollwerten ist der Regelkreis schließbar.

Die Hydraulikleitungen *9*, sind – um das Totvolumen zwischen Regelventil und Servozylinder auf ein Minimum zu begrenzen – in ihrer Länge minimiert. Dies ist notwendig, da das Totvolumen äußerst nachteilig auf die Steifigkeit und die Eigenfrequenz des Antriebes wirkt. Wenn möglich, werden die Regelventile direkt auf den Zylinder geflanscht.

Die gesamten, beispielhaft genannten Maßnahmen haben zum einen das Ziel, die Dynamik maximal anzuheben und zum anderen, der Dynamik geschuldet, einen akzeptablen Wirkungsgrad zu erzielen.

Das Druckventil *8* stellt für diesen (strömungs-)widerstandsgesteuerten Antrieb mit druckgeregelter Pumpe *1* ein Sicherheitsventil dar, das – wenn der Antrieb innerhalb seiner projektierten Randbedingungen arbeitet – stets geschlossen ist und damit über das Ventil keine Energieverluste auftreten. Diese widerstandsgesteuerten Antriebe (hier mit druckgeregelter Pumpe *1* bereits energetisch günstiger gestaltet) sind prinzipiell dadurch gekennzeichnet, dass der Druck, den die Pumpe *1* aufbaut, bis zum Eingang aller parallel geschalteten „Stromventile" *4* konstant ist und damit die parallel geschalteten hydraulischen Kreise zueinander hydraulisch entkoppelt sind, d. h. sie beeinflussen sich nicht gegenseitig, wenn neue Sollwerte vorgegeben werden oder Störungen wirken. Der Druck selbst vor den Regelventilen *4* ist so hoch, wie am Druckregler der druckgeregelten Pumpe *1* eingestellt, wobei diese Druckregelung im mechanischen wie auch im elektrischen Regelkreis ausführbar ist.

Es soll an dieser Stelle erwähnt werden, dass es wenig sinnvoll wäre, in derart hochdynamischen Prüfständen verdrängergesteuerte Antriebe einzusetzen, da sie u. a. der geforderten Dynamik bei weitem nicht genügen würden.

7.3.2 Bordsteinprüfstand

Für den Bordsteinprüfstand [7.9, 7.12, 7.15, 7.16] gemäß Abb. 7.15, der gemeinsam von der Daimler AG und der IAMT Prüfsysteme in Welschlitz entwickelt wurde, sind keine hochdynamischen Prüfprozesse zu realisieren. Diese Prüfregime folgen der Schnelligkeit der durchschnittlichen menschlichen Bewegungsdynamik. Der Fahrer eines Kraftfahrzeuges gibt am Lenkrad neue Sollwerte hinsichtlich Drehrichtung und Drehgeschwindigkeit vor, was im Wesentlichen mit Frequenzen unter zwei Herz erfolgt.

Um unter diesen Voraussetzungen die Prüfung der Lenkkomponenten eines Kraftfahrzeuges so realitätsnah wie möglich durchführen zu können, sind die Verstärkung der am Lenkrad angreifenden Kräfte, die Genauigkeit, die Feinfühligkeit, die Stetigkeit, die Auflösung sowie die Regelkreisregime insgesamt in einer sehr hohen Güte gefordert.

Auch hier werden repräsentative Last- und Bewegungszyklen zu einer elektrischen Sollwert-Endlosschleife zusammengeführt, um zeitraffend Aussagen zum Dauerfestigkeits- oder Zeitfestigkeitsverhalten zu treffen. Beim Bordsteinprüfstand werden hydromechanische Lenkungen (Servolenkungen) für Pkw und Kleintransporter in ihrer Gesamtheit bezüglich des extrem nichtlinearen Kraftflusses genau auf dieses Zeitfestigkeitsverhalten untersucht.

Beim des konkret zu untersuchenden Lastfall geht es darum, dass beim Lenken im Stand zusätzliche Kräfte zu den Radaufstandskräften wirken können. Diese zusätzlichen Kräfte resultieren daraus, dass beim Lenken im Stand (Parklücken, Ein- oder Auslenken) das gelenkte Rad gegen den die Fahrbahn begrenzenden Bordstein (Hindernis) gelenkt wird. Die dabei entstehenden Lenkkräfte belasten vor allem die Lenkkinematik sehr stark. Das geht so weit, dass in der Realität das Fahrzeug durch die einschlagenden, sich am Bordstein abstützenden Räder, vom Bordstein weggedrückt wird. Da die Räder dabei im Stillstand sind, d. h. nicht rollen, entstehen besonders hohe Kräfte und Momente.

Abb. 7.15 Bordsteinprüfstand der Daimler AG

Der Maximalwert des Lenkmoments am Lenkrad ist bekannt, so dass dies prüfstandsseitig am Lenkrad gezielt eingebracht werden kann. In Reaktion dazu können dementsprechend große Kräfte in der Lenkkinematik (bzw. nach der servohydraulischen Lenkunterstützung) entstehen. Erst in Folge dieser Belastungen ist es möglich, die Lenkkinematik auf ihr Zeitfestigkeitsverhalten (zeitraffend) zu prüfen.

Mechanische/Kinematische Anforderungen

Der grundsätzliche Gedanke hinsichtlich der Funktion des Prüfstandes besteht darin, dass das gelenkte linke oder rechte Vorderrad unmittelbar am Bordstein steht und eingelenkt werden soll. Dabei wird – entsprechend der jeweiligen Einpark- oder Ausparksituation – das gelenkte Rad sich derart am Bordstein abstützen, dass in der Spurstange Zug- oder Druckkräfte entstehen, die über das hydraulische Lenkaggregat und dessen eingebrachte Verstärkung reduziert am Lenkrad wirken.

Die daraus resultierenden Momente sind bekannt. Darauf bezogen wird die Spurstangenkraft eingemessen und kalibriert. Diese können als Führungsgrößen oder Störgrößen (z. B. bei Maximallast) in den Regelkreisen berücksichtigt werden.

Das entscheidende Know-how des Bordsteinprüfstands liegt darin, dass durch die Prüfstandskinematik, den Prüfstandsantrieb und die entsprechende Regelungstechnik gewährleistet wird, dass das Fahrzeug während des Prüfzyklus nahezu *keine* radialen Bewegungen (Versätze) um seine Längsachse ausführt. Somit muss es auch nicht nach jedem Versuch über zusätzliche Antriebe wieder mittig ausgerichtet werden. Die Prüfstandsversuche schließen geringe Reibkräfte wie z. B. auf Schnee aus, da diese für die zu untersuchende Kinematik nicht zeitfestigkeitsrelevant sind. Aufgrund dieses nicht vorhandenen radialen Versetzens des Fahrzeuges bzw. der Lenkachse beim Übersteigen der Haftreibkraft des Reifen zur Fahrbahn kann mit maximaler Lenkkraft bis zum Lenkradanschlag weitergelenkt werden, wobei das Fahrzeug ortsfest stehen bleibt. Dieses Prinzip ist wesentlich für die gesamte Funktionsweise des Prüfstandes.

Das entscheidende Element der Lenkkinematik ist die Spurstange. Sie ist im Lenksystem das mechanische Bauteil, an dem auf relativ einfache Weise die im Lenkkraftfluss wirkenden Kräfte gemessen werden können.

So fungieren z. B. die Spurstangenkräfte im Regelkreis als Sollwertvorgaben für die Drehmomenteinleitungen am Lenkrad oder wirken als Maximalkraftbegrenzung, ab welcher der Bordstein „ausweichen" muss.

Auf der Spurstange sind die Dehnmessstreifen zum Messen von Zug- und Druckkräften während des Lenkmanövers appliziert. Die entsprechenden Messwerte dienen als Eingangsgrößen für den elektrohydraulischen Regelkreis. Der Bordsteinersatz kann über Servohydraulikzylinder z. B. im Kraftregelkreis radial zur gedachten Längsachse des Fahrzeuges bewegt werden. Borsteinhöhe sowie Bordsteinreibwert und Radaufstandsreibwert sind variabel gestaltbar. Bei letzterem spielt vor allem die Werkstoffauswahl eine Rolle.

Die generelle Funktionsweise des Prüfstandes wird von der komplexen Bordsteinmechanik (s. Abb.7.16) bestimmt. Aus Platzgründen wurde eine spezielle Kraftumlenkmechanik entwickelt. Der vertikal angeordnete Servozylinder bewegt über die Kinematik definiert den „Bordsteinersatz" quer zur Längsachse des Fahrzeuges.

Der Servozylinder hat:

- hydrostatische Lagerungen (Minimum an Reibkräften),
- ein direkt angeflanschtes Servoventil (Minimum an Totvolumen) sowie
- einen Speicher (Dämpfung von Druckspitzen und Schwingungen) im Druck- wie auch im Rücklaufstrang.

Die Bordsteinmechanik ist im Prüfstand für die Belastung des linken und rechten (gelenkten) Rades zweifach vorhanden. Mittig zwischen beiden steht das Fahrzeug. Die Räder der Hinterachse des Fahrzeuges sind fixiert.

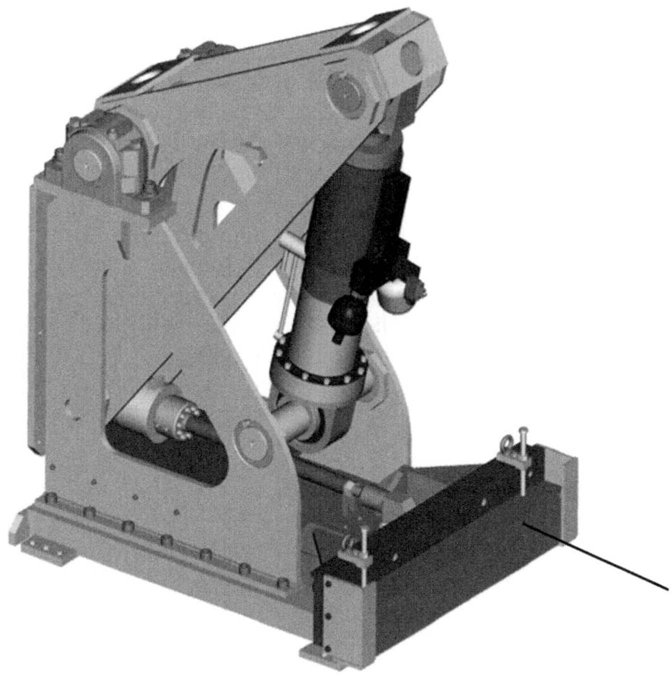

Abb.7.16 Prinzipdarstellung der Bordsteinmechanik

Hydraulikauslegung

Die mechanische Funktion wird durch den hydraulischen, speziell für den konkreten Anwendungsfall entwickelten Lenkungsantrieb gewährleistet. Ein Hydraulikmotor mit großem Verdrängungsvolumen (Zahnmaschine nach dem Orbitprinzip), treibt über ein Getriebe, eine Drehmomentenmesswelle und einen Lenkradadapter direkt das Lenkrad an. Der weitere Kraftfluss geht über die hydromechanische Lenkkraftverstärkung („Servolenkung") auf die Spurstangen, über die Lenkhebel auf die „Schwenkkinematik" der gelenkten Räder und letztlich, um den Kraftfluss zu schließen, auf die Radaufstandsfläche mit dem entsprechenden Reibbeiwert und der Radlast, die als Normalkraft wirkt.

Obwohl der Hydromotor bereits über große Nenndrehmomente verfügt und auch ein „Langsamläufer" ist, wird durch das Planetengetriebe das Moment nochmals angehoben und die Drehzahl reduziert. In paralleler Anordnung befindet sich ein Drehwinkelsensor.

Einige Besonderheiten bezüglich der Hydraulikauslegung gibt es z. B. bei der Ölversorgung für die Lenkhilfe. Da das Fahrzeug auf dem Prüfstand nicht mit befeuertem Verbrennungsmotor betrieben wird und demzufolge die Servolenkungspumpe kein Fluid fördert, muss dies durch ein separates Aggregat zur Verfügung gestellt werden. Mit dem Aggregat gemäß Abb. 7.17 müssen somit ein variabler Volumenstrom und damit Druck sowie variable Öltemperaturen am Eingang des

Servolenkungsventils (Drehschieberventil oder Drehkolbenventil) realisiert werden.

Wesentlich bei hydromechanischen Lenkungen ist, dass der zum Lenkventil gelangende Ölstrom grundsätzlich konstant ist, unabhängig von der Pumpendrehzahl und der an den gelenkten Rädern wirkenden Last, was im Normalfall ein in der Lenkhilfepumpe integriertes 3-Wege-Stromregelventil übernimmt (s. Abschn. 3.1).

Da ein solches Ventil hier nicht existiert, muss der konstante Volumenstrom durch die Konstantpumpe *2* mit drehzahlgeregeltem Elektromotor *3* zur Verfügung gestellt werden. Der drehzahlgeregelte Elektromotor wird benötigt, weil bei der Prüfung verschiedener Fahrzeugtypen mit jeweils unterschiedlichen Lenkhilfeaggregaten unterschiedliche Volumenströme erforderlich sind.

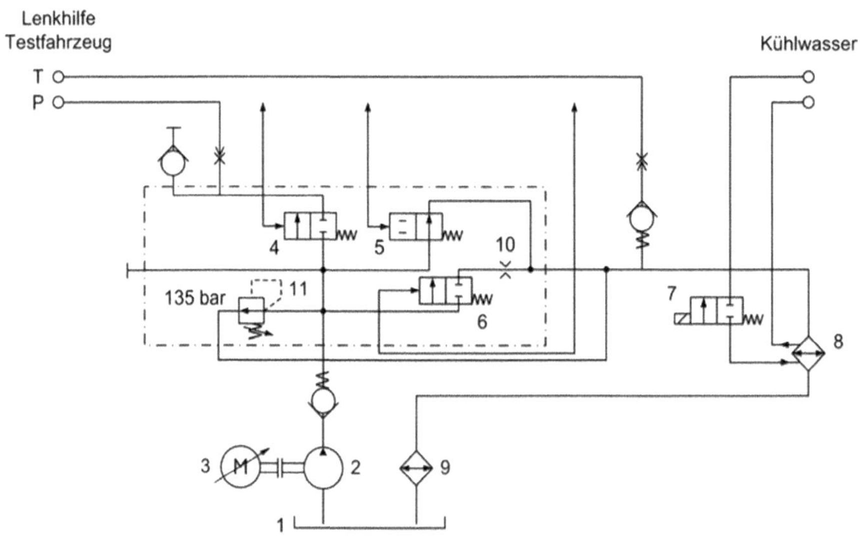

Abb. 7.17 Funktionsschaltplan der Ölversorgung für die Lenkhilfe [7.17]. *1* Tank, *2* Konstantpumpe, *3* drehzahlgeregelter E-Motor, *4, 5, 6, 7* schaltende Wegeventile, *8* Öl-Wasser-Kühler, *9* Rücklauffilter, *10* Blende, *11* Sicherheitsventil, *T* Rücklaufanschluss vom Lenkventil, *P* Druckanschluss zum Lenkventil

Im gleichen Maß wie die Verstellung der Volumenströme müssen auch die Drücke am Lenkventileingang variabel sein, da diese von der Last und damit dem Lastdruck an den gelenkten Rädern abhängig sind. Mit den 2/2-Wegeventilen *4* und *6* und der Blende *10* lassen sich unter Berücksichtigung der Drehzahl des Elektromotors *3* und damit der Pumpe *2* variable Drücke bis maximal 135 bar einstellen. Auf diesen Druck ist das Sicherheitsventil *11* der Anlage eingestellt.

Mit Hilfe des Öl-Wasser-Kühlers *8* wird das zum Lenkventil geförderte Öl entsprechend der Prüfsollwerte temperiert, wobei durch das schaltende 2/2- Wegeventil *7* der Kühlwasserstrom binär geregelt wird.

Wenn nicht gelenkt wird, kann über die offene Mitte des Lenkventils (open center system) der drucklose Ölumlauf über das Lenkventil selbst bewerkstelligt werden und ggf. noch zusätzlich über das geschaltete 2/2-Wegeventil *5*, um das Öl zu temperieren.

Die Wegeventile *4–6* werden pneumatisch angesteuert, was ein weiches, rampenförmiges Schalten zur Folge hat. Dies wäre ansonsten nur mit stetig stellbaren Wegeventilen, aber erhöhtem Kostenaufwand möglich.

Die Schaltung selbst, wie auch die Steuerung, sind relativ einfach ausgeführt. Die Projektierung erfolgt nach den Regeln schaltender Ventile. Es wird deutlich, dass die Dynamik hier nicht im Vordergrund steht. Das Know-how liegt vor allem in dem Ersetzen der Lenkhilfepumpe und deren Zusatzfunktionen sowie der Flexibilität hinsichtlich unterschiedlicher Fahrzeug- und damit Lenkhilfetypen.

Die Ölversorgung für die gesamte Prüftechnik ist autark, d. h. der Versuchsstandsantrieb für die beiden Servozylinder in der Bordsteinmechanik (s. Abb. 7.18) und des Hydromotors für den Lenkradantrieb weist eine eigene Ölversorgung auf. Der Anschluss an ein Konstantdrucknetz einer zentralen Ölversorgung wäre aber ebenfalls möglich.

Die autarke Ölversorgung beruht auf einer einfachen und preiswerten Konstantpumpe mit Konstantelektromotor, wobei die Pumpe in einen Blasenspeicher über eine Speicherladeschaltung arbeitet. Das System ist ein quasistatisches Konstantdrucksystem. Wenn der obere Speicherdruck erreicht ist, schaltet der Elektromotor vollständig ab, wenn der untere Speicherdruck erreicht ist, schaltet das System wieder zu und lädt den Speicher erneut auf.

Dieses System eignet sich sehr gut für widerstandsgesteuerte Antriebe, die mit hoher Einschaltdauer energetisch günstig betrieben werden sollen, ohne dass geregelte Pumpen zum Einsatz kommen. Die Ölversorgung ist robust. Ein zur Pumpe parallel geschaltetes Druckventil wirkt als Sicherheitsventil für die gesamte Anlage. Die Steuerungshydraulik der beiden Servozylinder für die Bordsteinmechanik sowie des Lenkungsantriebes sind in Abb. 7.18 dargestellt.

Die beiden Servozylinder *1* und *2* sind parallel geschaltet und werden in der Prüffolge nacheinander betrieben, laufen also nicht zur gleichen Zeit, was hinsichtlich der installierten Leistung und der Eckleistung des Zentralaggregates günstig ist. Der Antrieb ist widerstandgesteuert. Beide Servozylinder werden über die Schaltblöcke *3* und *4* nochmals hydraulisch voneinander entkoppelt, was in der Prüfstandstechnik erhöhte Sicherheit, vor allem bei der Inbetriebnahme und im Einrichtbetrieb, bringt. Kennzeichnend für die Servozylinder *1*, *2* ist, dass sie hydrostatische Lagerungen und berührungslose Dichtungen aufweisen, was ein Minimum an Reibkraft bewirkt, um die elektrischen Führungsgrößen (verstärkt) in hydraulische Ausgangsgrößen zu wandeln, ohne dass eine Signalverlust entsteht. Außerdem sind die Servoventile *5* und *6* direkt auf die Zylinder *1* und *2* geflanscht, um das Totvolumen zu minimieren und damit die Eigenfrequenz, die Steifigkeit des Antriebes und letztendlich die elektrischen Verstärkungen anheben zu können. Des Weiteren sind direkt im Druck- und Rücklaufanschluss kleine

Hydrospeicher *7* bis *10* installiert, die bei schnellem Schalten Druckspitzen und Schwingungen dämpfen sollen, um somit die Regelungstechnik zu entlasten, da diese wiederum als Störung auf das System wirken würden. Die kleinen Hilfspumpen *11* und *12* sind Absaugpumpen für das „äußere Lecköl" der berührungslosen Kolbenstangedichtungen (Keilspaltdichtungen).

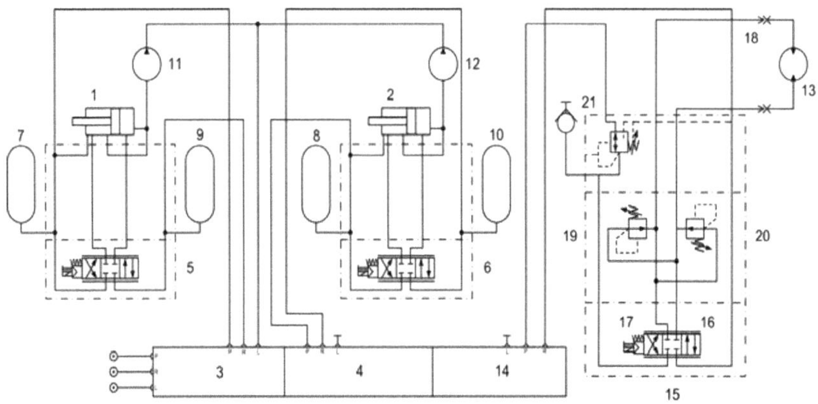

Abb. 7.18 Funktionsschaltplan einer Steuerungshydraulik – Servozylinder und Lenkradmotor [7.3, 7.17]. *1, 2* Servozylinder, *3, 4* Sicherheitsblock, *5, 6* Servoventil, *7, 8, 9, 10* Hydrospeicher, *11,12* Hilfspumpen, *13* Hydromotor, *14* Sicherheitsblock, *15* Ventilverkettung, *16* Servoventil, *17* Hydraulischer Eingang Servoventil, *16, 18* Hydromotoreingang, *19, 20* Druckventile, *21* Druckminderventil, *P* Druckanschluss, *R* Rücklaufanschluss, *L* Leckölanschluss

Die Servozylinder *1, 2* sind Gleichgangzylinder (hier als Differentialzylinder dargestellt), was zum einen regelungstechnische Vorteile bringt und zum anderen die einfache Möglichkeit bietet, an der zweiten Kolbenstange das Wegmesssystem zu installieren. Der maximale Druck im Prüfzylinderkreislauf kann nur so groß werden wie der am Sicherheitsventil des Zentralaggregates eingestellte.

Der Antrieb des rotatorischen Hydromotors *13* (Orbitprinzip) wird ebenfalls durch das Zentralaggregat gewährleistet. Dieser ist zu den Prüfzylindern *1, 2* parallel geschaltet und ebenfalls durch den Sicherheitsblock *14* zu diesen hydraulisch entkoppelt.

Die Ventilverkettung *15* ist als Höhenverkettung ausgeführt, wobei auf deren oberem Ende das Regelventil *16* (Servoventil) sitzt. Der hydraulische Eingang *17* des Servoventils *16* wird mit gemindertem Druck gegenüber den beiden Prüfzylindern *1, 2* betrieben, um über dem Servoventil *16* – „Strömungswiderstand" – eine geringere Druckdifferenz zu erzielen und damit einen geringeren Volumenstrom in den Rotations-Hydromotor *13* zu treiben. Die Steuerung des Lenkantriebes (Ventilverkettung *15* einschließlich Regelventil *16* ist nicht direkt an den Rotations-Hydromotor *13* geflanscht, da die Steifigkeit des Antriebes nicht primäres Ziel ist. Der maximale Druck im Lenkantriebskreislauf am Hydromotoreingang *18* kann nur so groß werden wie der an den beiden Druckventilen *19* und *20* eingestellte Druck. Dieser ist geringer als der Maximaldruck des Zentralaggregates, da das Druckminderventil *21* den Druck im Sekundärstrang zum Servoventileingang *17* reduziert hat.

7.3.3 Crash-Versuchsstände

Die ständige Verbesserung der passiven Sicherheit in Kraftfahrzeugen führt zwangsläufig zur Erprobung bestimmter Komponenten bzw. Komplettfahrzeuge. Da bei herkömmlichen Crash-Tests die Fahrzeuge zerstört werden, wurden in der Vergangenheit Beschleunigungs- und Verzögerungsanlagen hauptsächlich für Einzelkomponenten, wie z. B. Lenksäulen, Airbags, Gurtstraffer oder Kindersitze, entwickelt. Ein weiterer Vorteil liegt in der hohen Reproduzierbarkeit der Untersuchungen. Voraussetzungen für den effizienten Betrieb der Crash-Versuchsstände bleiben jedoch reale Tests mit den Fahrzeugen selbst.

Inverse-Crash-Anlagen

Das Fahrzeug wird mit verschiedenster Messtechnik, insbesondere Beschleunigungssensoren und Hochgeschwindigkeitskameras, ausgerüstet und einem Real-Crash-Test unterzogen. Der Verlauf der während des Crashs entstehenden Verzögerungskurve kann mathematisch nachgebildet (mitunter innerhalb von ECE-Regelungen bereits bekannt und vorgeschrieben) und folgend einfach negiert werden, so dass eine Beschleunigungskurve entsteht. Im Versuch wird dann eine verstärkte Fahrzeugkarosserie mit den zu untersuchenden Komponenten auf einen Fahrzeugschlitten montiert und entsprechend der gewonnenen Kurve entgegen der Fahrtrichtung beschleunigt. Dadurch treten exakt die gleichen Bedingungen wie bei einem realen Crash auf.

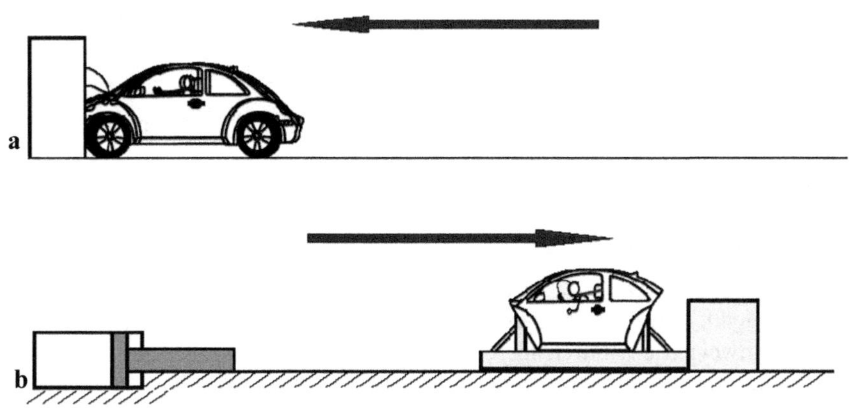

Abb. 7.19 Crash-Versuch. **a** Realer Crash **b** Inverser Crash

Die Anlage besteht prinzipiell aus einer servohydraulischen Beschleunigungseinheit, einem Schlitten, welcher auf Schienen geführt wird sowie einem Bremssystem. Eine vollautomatische Mess- und Überwachungseinheit kontrolliert den Bewegungsablauf auf der 50 m langen Crash-Strecke.

Den grundsätzlichen Aufbau zeigt Abb. 7.20. Ein Hydraulikaggregat ist für die Füllung der Speicherstation verantwortlich. Weiterhin muss über dieses Aggregat die Filtration und Kühlung der Druckflüssigkeit sowie die Temperierung des Servoventils und des Servozylinders vor und nach dem Versuch durch interne Umwälzung des Fluides gewährleistet werden. Zur Volumenstromspeicherung kommen Kolbenspeicher zur Anwendung, die das System mit einem Druck von ca. 350 bar vorspannen. Beim sog. „Schuss" wird über das 4-stufige Servoventil der Volumenstrom an die hydrostatisch gelagerten Servozylinder kontrolliert entsprechend der festgelegten Beschleunigungskurve weitergegeben. Dabei kann die Ölmenge bis zu 150000 l/min betragen. Der Servozylinder fährt definiert aus und beschleunigt den Schlitten. Das dabei verdrängte Fluid gelangt in die Niederdruckspeicher, von wo es nach Beendigung des Versuches den Servozylinder in seine Ausgangsposition zurückbewegt. Der hohe Volumenstrom kommt durch die extrem kurze Beschleunigungszeit des Schlittens zu Stande.

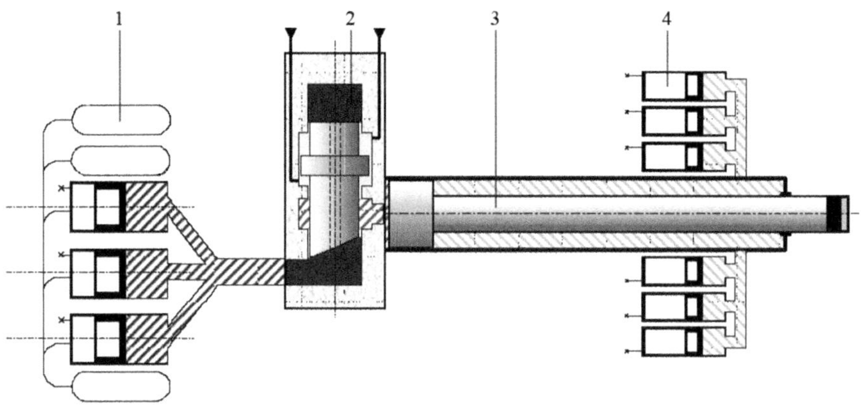

Abb. 7.20 Hydraulischer Aufbau der Inverse-Crash-Anlage [7.18]. *1* Hochdruckspeicher, *2* Servoventil, *3* Servozylinder, *4* Niederdruckspeicher

Verzögerungsanlagen

Bei diesen Anlagen (Abb. 7.21) wird ein zuvor beschleunigter Prüfschlitten definiert verzögert. Am Prüfschlitten ist ein Vordämpfer angebracht, der beim Aufprall die unweigerlich auftretenden, aber unerwünschten Verzögerungsspitzen abbauen soll, wobei sich der Aufprallstoß merklich verringert. Der Hauptdämpfer selbst ist ein modifizierter doppeltwirkender Hydraulikzylinder mit einseitiger Kolbenstange. Bei Kolbenbewegung wird das Fluid über Drosselstellen auf die

Kolbenstangeseite bzw. in den Ausgleichsbehälter verdrängt. Durch Änderung der Drosselquerschnitte und Anzahl der Drosselbohrungen hat man Einfluss auf die Verzögerung. Ähnlich aufgebaute Verzögerungsanlagen arbeiten mit einem hochdynamischen Servoventil (ähnlich dem der inversen Crash-Anlagen), welches dem vom einfahrenden Hydraulikzylinder verdrängten Volumenstrom einen definierten Widerstand entgegensetzt und diesen abbremst. Einfach ausgedrückt, arbeitet es als stetig verstellbares Drosselventil. Man hat einen nahezu unbegrenzten Einfluss auf die gewünschten Verzögerungskurven und damit auch eine gewisse Unabhängigkeit gegenüber Masse und Geschwindigkeit des Prüflings.

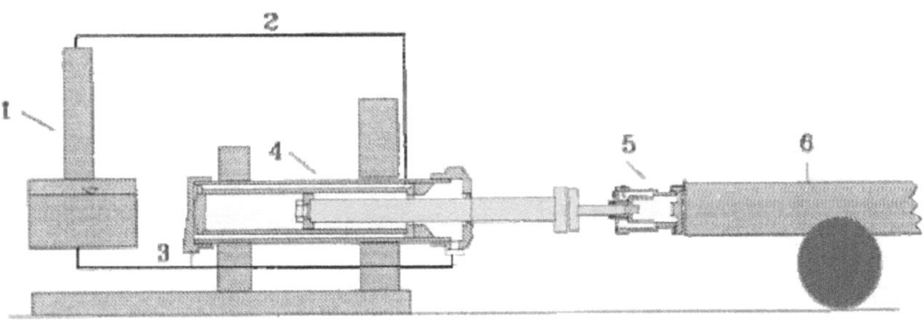

Abb. 7.21 Verzögerungseinheit [7.19] 1 Ausgleichsbehälter 2 Überlaufleitung 3 Ausgleichsleitung 4 Hauptdämpfer 5 Vordämpfer 6 Prüfschlitten

7.4 Lehrversuchsstände

Ein weiteres Einsatzgebiet von Prüfständen, das keineswegs erschlossen ist, sondern noch relativ am Anfang seiner Entwicklung steht, stellen Lehrversuchsstände dar. Hier zeigt sich, auch weil innerhalb der Ingenieurs- und Berufsausbildung die Hydraulik eher ein Randgebiet verkörpert, ein zunehmender Bildungsbedarf. Die oft sehr komplexen mechatronischen Systeme können nur lehrmäßig vermittelt werden, wenn eine praxisbezogene Ausbildung auf allen Ebenen (Berufsausbildung, Studium und Weiterbildung) erfolgt. Vor diesem Hintergrund werden nachfolgend einige Anregungen gegeben.

7.4.1 Pumpenprüfstände

Um hydraulische Kreisläufe aufzubauen und einsetzen zu können, sind Hydraulikpumpen für die Bereitstellung des Volumenstromes erforderlich. Neben der Kenntnis der Bauarten und dem Zusammenwirken der Komponenten, sind es die Wirkungsgrade (mechanischer und hydraulischer), die oft von ausschlaggebender Bedeutung sind. Hinsichtlich der dafür erforderlichen Grundlagen soll z. B. auf [7.20] verwiesen werden. Die Bedeutung der Pumpenkennlinie kann sehr anschaulich mit kleinen, auch mobil nutzbaren Versuchsständen veranschaulicht werden. In Abb. 7.22 a ist unter Nutzung eines Power-Packs als Volumenstromquelle ein sehr handlicher Prüfstand dargestellt. Der drehzahlabhängig geförderte Volumenstrom wird durch eine verstellbare Drossel geleitet. Durch Betätigung der Drossel kann ein Belastungsdruck eingestellt und der Volumenstrom Q als Funktion vom Druck p dargestellt werden (Abb. 7.22 d). Die Erfassung und Darstellung der Messwerte wurde durch den Einsatz der Sensoren (Volumenstrom, Druck, Pumpendrehzahl und Öltemperatur) möglich. Die verstärkten Messsignale der Sensoren werden über eine PCMCIA-Messkarte in einen Computer (hier Notebook) unter Nutzung des Programms LabVIEW (s. auch Abschn. 6.1.1) eingelesen.

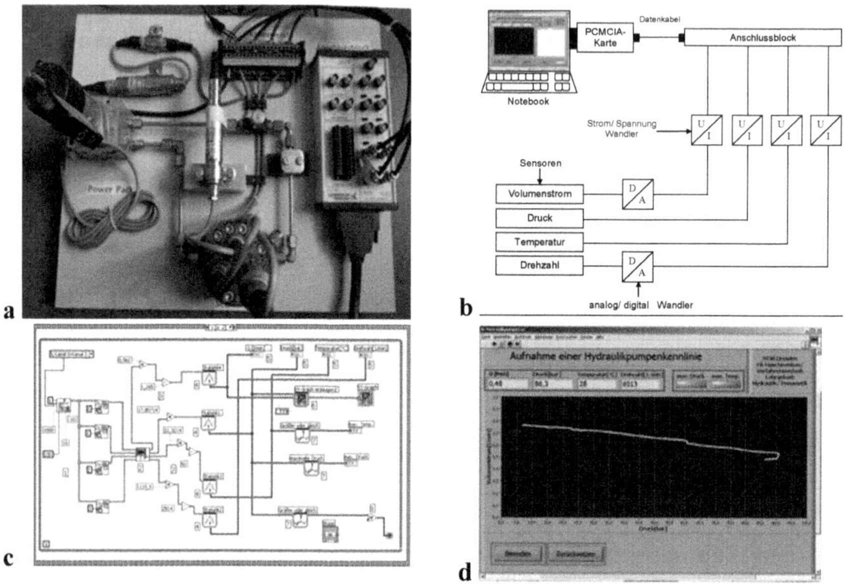

Abb. 7.22 Lehrversuchsstand zur Aufnahme von Pumpenkennlinien. **a** Prüfstand **b** Blockschaltplan **c** LabView- Strukturplan **d** Messwertanzeige

Dieser Prüfstand ist sehr universell einsetzbar. Neben der punktweisen oder auch kontinuierlichen Aufnahme der Pumpenkennlinie können weitere Effekte, wie:

- Einfluss der Viskositätsänderung des Fluides,
- Abfall der Pumpendrehzahl bei zunehmender Belastung und
- Einfluss der dynamischen Belastungsänderung auf Druckpulsation des Fluides (Auswertung mit Fourieranalyse)

untersucht und veranschaulicht werden.

Ein wesentliches Einsatzgebiet von Hydraulikpumpen und -motoren sind hydrostatische Fahrantriebe. In Abb. 7.23 ist ein derartiger Versuchsstand dargestellt, der über eine elektrische Antriebsleistung von ca. 40 kW verfügt, so dass relativ praxisnahe Versuche durchgeführt werden können.

Abb. 7.23 Versuchsstand eines hydrostatischen Fahrantriebs

Der hydrostatische Fahrantriebsprüfstand ist hier im offenen Kreislauf ausgeführt. Grundsätzlich gliedert sich der Versuchsstand in zwei Teile. Zum einem ist das der Drosselbetrieb für die Pumpenbeurteilung und zum anderen der Motorbetrieb zur Beurteilung des Gleichlaufverhaltens von Hydromotoren. An einer hydraulisch verstellbaren Axialkolbenpumpe in Schrägscheibenbauart kann eine Druckförderstromregelung sowie die Leistungsregelung verdeutlicht werden. Das Problem des Gleichlaufes zweier parallel geschalteter Fahrmotoren wird mittels Stromteilerventil bzw. einer Gleichlaufregelung realisiert.

7.4.2 Lenkungsprüfstand

Die in Abschn. 3.1.1 dargestellten Servolenkungen können innerhalb der Ausbildung mit dem in Abb. 7.24 dargestellten Lehrversuchsstand auch praktisch behandelt werden. Hierbei sind nicht nur die verwendeten Lenkungskomponenten sichtbar, sondern es können auch spezielle Messgrößen erfasst werden. Im Versuchsstand wird eine geschwindigkeitsabhängige Originallenkung eingesetzt (s. Abschn. 3.1.1.2). Ein zusätzlich parallel zur Pumpe eingebautes Bypass-Drosselventil dient zur Simulation des Verschleißzustandes des Lenkaggregates. Die Gegenkraft (simulierte Spurstangenkraft) wird über einen von einem separaten Hydraulikkreislauf gespeisten Hydraulikzylinder aufgebracht. Diese Kraft erfasst ein zwischen Belastungs- und Lenkzylinder eingebauter Zug-Druck-Kraftsensor. Weiterhin ist in der modifizierten Lenksäule ein Drehmomentsensor integriert. Lenkdruck und Öltemperatur können mittels entsprechender Sensorik am Lenkzylinder erfasst werden. Sämtliche Messsignale werden in einem mobilen

Messwerterfassungssystem gespeichert. Der für die Geschwindigkeitsabhängigkeit erforderliche elektro-hydraulische Wandler wird unter Verwendung eines Potentiometers angesteuert. Somit können alle Fahrzustände zwischen Lenken im Stand und Lenken bei maximaler Geschwindigkeit simuliert werden.

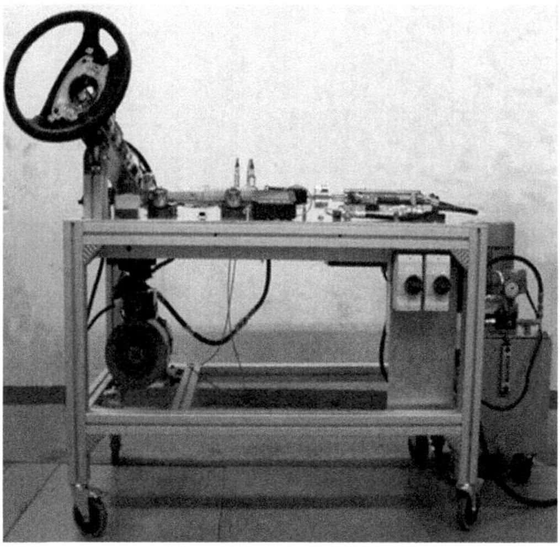

Abb. 7.24 Versuchsstand einer Servolenkung

7.5 Hinweise zur Projektierung servohydraulischer Prüfstände

Trotz der bei servohydraulischen Prüfständen oft relativ einfachen Ausführung der Hydraulikschaltung stellen die erheblichen Prüfanforderungen – besonders bei hochdynamischen und hochgenauen Anforderungen – hohe ingenieurtechnische Herausforderungen an die Projektierung und Konstruktion derartiger Prüfstände. Hier ist vor allem zu beachten, dass die Prüfachsen die geforderte Gesamtlast und das Gesamtbewegungsverhalten im Prüfraum durch die Summe der jeweiligen Einzellasten und Einzelbewegungen der Prüfachsen hochdynamisch und genau realisieren müssen. Zudem sind mehrfach überlagerte Störungen aus dem Zusammenspiel der Summe aller Achsen, die wiederum in Summe das Lastkollektiv des Prüflings bewerkstelligen, zu beherrschen.

7.5.1 Prüfsysteme mit hoher Dynamik und Genauigkeit

Aufgrund der Tatsache, dass bereits in der Projektierungsphase die entsprechenden hydraulischen „Feinheiten", Besonderheiten und Randbedingungen für die meisten instationären Anwendungen häufig unterschätzt und nicht eindeutig abgegrenzt werden, ist es notwendig, hierauf im Folgenden näher einzugehen. Gleichzeitig sollen dem Projektingenieur in der Praxis entsprechende Hinweise [7.1–7.4] gegeben werden, die bei der Hydraulikauslegung derartig komplexer Prüfstände zu berücksichtigen sind.

a) Einsatz servohydraulischer Linearzylinder mit hydrostatischer Kolbenstangenführung, ohne Stangendichtung sowie ohne Kolbendichtungen und Kolbenführungen, um – auch bei der Einwirkung von Querkräften – keine Coulombsche Reibung zu erzeugen.

Die Zylinder sind zwar meist Zukaufteile, aber es ist bei den hier geschilderten Anforderungen darauf zu achten, dass qualitativ so viel wie nötig und nicht wie möglich eingekauft wird. Die mit einer solchen Vorgehensweise verbundenen wirtschaftlichen Aspekte sind in der Praxis für die Projektierung der Hydraulik ebenfalls von entscheidender Bedeutung.

Kolbenstangenlagerung/Kolbenstangenführung

Sind die auf die Kolbenstangen wirkenden Querkräfte relativ gering, können die Lagertaschen hydraulisch parallel geschaltet werden. Somit befinden sie sich an einem gemeinsamen Drucknetz. Beim Wirken von Querkräften, durch äußere Lasten oder Gewichtskräfte, kommt es zwar zu einem Querversatz der Kolbenstange, wenn aber das hydrostatische Lager nicht zusammenbricht, ist die vorgeschlagene Lösung eine einfache und preiswerte Variante.

Würde jedoch das Lager mit der Kolbenstange durch äußere Lastwirkungen metallischen Kontakt aufweisen, muss – aufgrund der Widerstandssteuerung – der Antrieb durch Hinzunahme jeweils einer Druckwaage vor jedem Lager lastunabhängig geschaltet werden, was zu einer Reduktion des Querversatzes bei gleich großer Lastwirkung führt.

Beachtet werden muss, dass im dynamisch und statisch ungünstigsten Fall, d. h. wenn große Querkräfte mit hohem Gradient wirken, selbst die als mechanischer Regler wirkende Druckwaage im Stromregelventil überfordert wäre. In diesem Fall gilt dann, entsprechend der Anzahl der Lagertaschen, gleich viele unabhängig voneinander wirkende Positionsregelkreise aufzubauen, die die Lagertaschenhöhe konstant halten und damit ein radiales Auswandern der Kolbenstange hochdynamisch ausregeln.

Der Kolben bekommt in den meisten Fällen keine das Zylinderrohr berührende Lagerung/Führung, denn das würde wiederum zu unerwünschter Coulombscher Reibung führen. Stattdessen werden in Leckölströmungsrichtung über dem Kolben abnehmende Spalte (konvergente Spalte) eingesetzt (ballig schleifen), die einem Querversatz des Kolbens infolge von Querkräften entgegenwirken, die Spalte und folgend auch die am Umfang über dem Kolben sich ausbildenden radialen hydraulischen Kräfte, wirken auf den Kolben zentrierend.

Der Kolben wird ebenfalls ohne Dichtungen für die beiden Kammerräume ausgeführt. Die auftretende innere Leckage, die abhängig von der Druckdifferenz, also der an der Kolbenstange angreifenden Last ist, wirkt als Störung auf das System und muss ausgeregelt werden.

Die ggf. auftretende Leckage der Kolbenstangendichtung darf keinesfalls in die Umwelt gelangen, sie ist über eine Ringnut und eine Absaugpumpe dem Öltank zuzuführen. Diese Leckagen müssen ebenfalls ausgeregelt werden.

→ *Die Dichtungs- und Führungsgestaltung der hydraulischen Linearachsen sind ganz wesentlich, um die elektrischen Sollwerte möglichst 100%-ig in mechanische Istwerte zu wandeln und nicht etwa Kraftspitzen, die nutzungsdauer- und verschleißrelevant für den Prüfling sind, durch Reibung im Zylinder zu verwischen bzw. „abzuschneiden".*

b) Spezielle Kolbenstangenbeschichtungen, insbesondere, wenn die Prüfung in einem aggressiven Prüfumfeld stattfindet.

Galvanisch aufgebrachte Schichten, wie z.B. Hartchrom, werden bei derartigen Beschichtungen durch thermische Spritzschichten (thermisches Spritzen metallischer Werkstoffe), wie schwarze Metalloxidbeschichtungen (Keramik), chromfarbene Karbidbeschichtungen, aber auch durch das HVOF-Spritzen (**H**igh **V**elocity **O**xy **F**uel Spritzen) ersetzt. Vorteile dieser Oberflächenbeschichtungen sind z. B. enorme Deckschichthärten von bis zu 1000 HV, sehr hoher Widerstand gegen abrasiven und erosiven Verschleiß, Beständigkeit gegen aggressive Medien, wie Salzlauge und Industrieatmosphäre.

→ *Diese Oberflächenbehandlungen sind sehr wesentlich, da der Prüfling und nicht die Prüfeinrichtung hinsichtlich Lebensdauer und Verschleiß untersucht werden und vor allem der Prüfprozess nicht durch Prüfstandsausfall unterbrochen werden soll.*

c) Das Fluid ist kompressibel es ändert: seine Viskosität, es kommt zu adiabaten Kompressions- und Dekompressionsvorgängen im Fluid, es treten enorm hohe dynamische Drücke auf, es kann zum Luftauslösen oder gar zur örtlichen Verdampfung des Fluids kommen, es ändert sich die Dichte des Fluids, es ändert sich der über das Regelventil getriebene Strom infolge Kompression und infolge der Lastabhängigkeit widerstandsgesteuerter Antriebe.

Bei Vorhandensein hoher dynamischer Drücke kann es zum Luftauslösen oder gar zur örtlichen Verdampfung des Fluids kommen. Die z. T. sehr hohen Prüfgeschwindigkeiten bedingen sehr große Volumenströme. Im Hydrosystem ist daher darauf zu achten, dass keine Strömungsabrisse erfolgen können und dass keine Unterdrücke aufgrund konstruktiv ungünstig gestalteter Volumenstrompfade entstehen, die eine Luftauslösung in Form von Luftblasen oder gar eine örtliche Verdampfung des Fluids bewirken können. Denn käme dieses Luft-Flüssigkeits- oder Dampfblasen-Flüssigkeits-Gemisch wieder in Bereiche höheren statischen Druckes, würden die Luft- und Dampfblasen unter enormer Energieabgabe implodieren, was prinzipiell als Kavitation bezeichnet wird oder das Fluid würde partiell verbrennen, was unter dem Mikrodieseleffekt bekannt ist. In beiden Fällen würden z.B. Dichtungen, Ventilsteuerkanten sowie das Fluid selbst stark geschädigt und mit hoher Sicherheit den Prüfzyklus nicht ohne Ersatz überleben.

→ *Die Problematik der Kavitation und des Mikrodieseleffektes (beides thermodynamische Hintergründe) sind entscheidend für die Lebensdauer der Antriebstechnikkomponenten und des Prüffluids.*

Die Änderung der Dichte des Fluids geht einher mit der Änderung der Kompressibilität des Fluids, wobei die Änderung der Dichte ebenfalls vom Druck und der Temperatur abhängig ist. Es ändert sich somit der über die Servoventile getriebene Volumenstrom, da sich deren Widerstandsbeiwert k_{Servo} ändert:

$$\dot{V}_{Servo} = k_{Servo} \cdot A_{Servo} \sqrt{p_1 - p_2} \tag{7.1}$$

mit

$$k_{Servo} = \sqrt{\frac{2}{\rho \cdot \xi}}$$

$p_1 - p_2$ – Druckdifferenz über dem Servoventil,
ρ – Dichte des Fluids,
ξ – Widerstandsbeiwert der Servoventilsteuerkanten.

Insbesondere bei hochdynamischen Vorgängen müssen die Folgen aus der Dichteänderung z. B. aufgrund der Laständerung (Störungen) durch hochdynamische Regler, sehr steife Systeme und hohe elektrische Verstärkungen ausgeregelt werden.

→ *Die Dichteänderung des Fluids ist besonders zu beachten, da durch sie sich der über den Regelventilen getriebene Volumenstrom ändert und damit direkten Einfluss auf den Istwert hat.*

Infolge Kompression und Lastabhängigkeit widerstandsgesteuerter Antriebe kann es zu Änderungen des über das Regelventil getriebenen Stromes kommen.

$$\dot{V}_{Servo} = k_{Servo} \cdot A_{Servo} \sqrt{p_1 - p_2} \tag{7.2}$$

Die Druckdifferenz über dem Servoventil ändert sich mit der selben Dynamik wie die Last. Dies hat eine nichtlineare Geschwindigkeitsänderungen zur Folge, die durch eine umgekehrt proportionale, lineare Änderung der Servoventildrosselkantenöffnung ausgeregelt werden muss. Damit darf die Dynamik des Servoventils nicht nur die der Sollwertänderungsgeschwindigkeiten (Führungsgrößen) aufweisen. Das Ventil wird hinsichtlich der Schnelligkeit somit zusätzlich belastet, da es die durch die Störungen (Laständerungen) verursachten Volumenstromänderungen zusätzlich hochdynamisch ausregeln muss; im ungünstigsten Fall gleichzeitig. Dies erfordert eine sehr hohe statische und dynamische Steifigkeit des Antriebes, um wiederum die elektrischen Verstärkungen maximal ausreizen zu können.

Damit müssen bei der Projektierung die Größe der Geschwindigkeitssollwerte in den einzelnen Bewegungsphasen und damit auch der notwendige Volumenstrom bekannt sein. Zusätzlich werden für alle Bewegungsphasen Kenntnisse über die in der jeweiligen Phase herrschenden Last auf den Zylinder benötigt. Denn je höher die Last, um so geringer wird die Druckdifferenz über dem Ventil und um so geringer wird der getriebene Strom, was bedeutet, dass das Ventil in der gleichen Zeit weiter geöffnet werden muss, um den Sollwert der Geschwindigkeit zu halten.

→ *Die Projektierung widerstandsgesteuerter Antriebe mit hochdynamischer Änderung der Geschwindigkeit (Sollwerte) und der Last (Störung), bei Beachtung weiterer Randbedingungen (bis hin zur reduzierten Ölmasse im servohydraulischen Linearzylinder) ist sehr komplex. Bei Nichtbeachtung von Randbedingungen wird das geforderte Bewegungsverhalten nicht erreicht, bei Überprojektierung sinkt die Dynamik, die Preise der Gerätetechnik steigen, der Gesamtwirkungsgrad sinkt und es entsteht unnütze Wärme, die in aller Regel durch neuerlichen Energieeinsatz abgeführt werden muss.*

d) Es wirken kapazitive, induktive und ohmsche (Verlust-)Widerstände im System.

Kapazitäten – bedingt durch die kompressible Strömung und die nicht unendlich steifen Bauteilwandungen – sind „Energiespeicherbausteine", die durch das Fluid gefüllt werden müssen, ohne dass der Antrieb davon profitiert. Induktivitäten – bedingt durch das massebehaftete Fluid – sind ebenfalls „Energiespeicherbausteine".

Es muss mit Sorgfalt darauf geachtet werden, vor allem bei instationären Vorgängen, die bei derartigen Prüfvorgängen durchaus üblich sind, dass die durch den Antrieb aufzubringenden Energien bei der Projektierung berücksichtigt werden. Erschwerend kommt hinzu, dass diese Energien im Fall der Lastminderung und Verzögerung zu einem großen Teil wieder frei werden und energieeinspeisend auf den Antrieb wirken. Dies wiederum wirkt auf die Regelstrecke als Störung, die hochdynamisch ausgeregelt werden muss.

Ohmsche (Verlust-)Widerstände im System sind vordergründig die Steuerkanten der Servoventile.

→ *Kapazitive-, induktive- und Verlustwiderstände werden bei hochdynamischen Prüfstandsaufgaben beachtlich groß und müssen bei der Projektierung unbedingt Beachtung finden, ansonsten ist der Antrieb nicht nutzbar.*

e) Das Servoventil sollte hinsichtlich seines Steuerkantenverhältnisses an das Kolbenstangenverhältnis des Prüfzylinders angepasst sein.

Bei hochdynamischen Antrieben muss der Projektant versuchen, das Steuerkantenverhältnis des Servoventils an das Kolbenflächenverhältnis des Prüfzylinders anzupassen, da sich sonst mit nahezu 100%-iger Sicherheit beim Verzögern des Antriebes in den Zulaufzylinderräumen Fluidfüllungsprobleme ergeben. Die Folge sind sehr hohe Unterdrücke und damit verbundene Gasausscheidungen in Form von Gasblasen aus dem Fluid, die beim anschließenden Beschleunigen – und damit hohem Druckgradient in der Zylinderkammer – unter enormer Energieangabe implodieren (Kavitation).

→ *Angepasste Ventile sind entscheidend für die Standzeit des Antriebs und für dessen Dynamik.*

f) Eine große Geschwindigkeitsspreizung des Prüflings erfordert eine große Volumenstromspreizung, die große Ventile bedingt, was wiederum deren Dynamik abträglich ist.

Dieses Problem tritt in der Prüfstandstechnik sehr häufig auf, da schädigungsrelevante Lastzyklen, Bewegungszyklen von z. B. sehr geringen bis sehr großen Geschwindigkeiten gefahren werden. Der Gradient der Geschwindigkeitsänderung bleibt hier bzgl. des Volumenstromes (Kompressionsvolumenstrom) unbeachtet.

Um dennoch große Stromspreizungen mit hoher Dynamik und guter Signalauflösung zu ermöglichen, können z.B. zwei kleinere Servoventile parallel geschaltet werden, was lediglich etwas höheren Steuerungsaufwand nach sich zieht.

→ *Parallelschaltung von kleineren Ventilen bei definierter Ansteuerung gestattet große Volumenstromspreizungen bei hoher Dynamik und hoher Genauigkeit.*

g) Der Gesamtantrieb soll einen möglichst hohen Wirkungsgrad aufweisen, um ihn energetisch günstig zu betreiben und damit zusätzlich die Ölerwärmung mit all ihren Nachteilen zu minimieren.

Generell ist beim Betreiben von Prüfständen zu beachten, dass bei einem gleichzeitigen Fahren von mehreren Prüfständen in einem Prüffeld, die ggf. von einem zentralen Antrieb aus mit hydraulischer Energie versorgt werden, sich die Prüfstände nicht gegenseitig beeinflussen dürfen. Um diese Beeinflussung zu vermeiden und wegen des widerstandsgesteuerten Fahrens der Antriebe, muss ein Konstantdrucknetz zur Verfügung gestellt werden. Der Vorteil besteht darin, dass die Antriebsleistung der installierten E-Maschinen nicht auf die hydraulische Eckleistung ausgelegt werden muss, sondern dass mit Speicherschaltungen und zusätzlich druckgeregelten Pumpen die installierte Leistung enorm reduziert werden kann. Damit werden Überströmverluste über das zur Pumpe parallel geschaltete Druckventil zu Null, es fungiert nun als Sicherheitsventil. Die Verluste über die Regelventile können nur unwesentlich beeinflusst werden, sie sind deren enormer Dynamik, Genauigkeit und Verstärkung geschuldet.

Die Vorteile eines Konstantdrucknetzes sind jedoch auch dann zu nutzen, wenn Prüfungen mit geringerer Dynamik gefahren werden. In diesen Fällen besteht die Möglichkeit, sekundär geregelte Antriebe einzusetzen. Diese verkörpern ebenfalls ein Konstantdrucknetz mit Speicherschaltung, sind aber verdrängergesteuert, was die Verluste über das Servoventil im Hauptenergiestrang ausscheiden lässt, da hier die Prüfbewegung über geregelte Rotationsmaschinen oder servohydraulische Linearmotoren gekoppelt mit hydraulischen Transformatoren gefahren werden. Ein weiterer Vorteil wäre, dass kinetische oder potentielle Energie rückgewinnbar ist und damit die installierte Leistung abermals deutlich reduziert werden kann.

→ Der *Wirkungsgrad des Gesamtantriebes, einschließlich der Antriebsstation ist eine wesentliche Größe, da der Prüfstand mit 100% Einschaltdauer während der Prüfung betrieben wird.*

h) Die installierte Regelungstechnik muss hochdynamisch sein, damit die genannten „Besonderheiten", die als Störung auf das System wirken und damit den Istwert verfälschen wollen, hochdynamisch ausgeregelt werden.

Hochdynamische Regelungstechnik bedeutet nicht, dass die elektrischen Verstärkungen einfach relativ groß zu wählen sind. Dies würde mit Sicherheit zu Instabilitäten führen. Es bedeutet vielmehr, bewusst die entsprechenden Regleranteile mit ihren Verstärkungsfaktoren zu nutzen und gezielt mit schaltenden Integratoren oder Zustandsrückführungen oder Kaskadenschaltungen zu arbeiten.

Trotz Ausreizung aller „Kunstgriffe" sind mitunter die Echtzeitregelungen zu langsam, auch dann, wenn zur Vermeidung von Schwingungen, mit hohen Verstärkungen, steifen Systemen und dämpfenden Maßnahmen gearbeitet wird. In diesen Fällen muss – wie im vorliegenden Prüfstand – auf eine iterative Regelung zurückgegriffen werden, die durch den Bediener bewerkstelligt wird. Das heißt, die Sollwerte werden bewusst größer vorgegeben, damit der Zylinder z. B. die Position, trotz der hochdynamischen Störung, erreicht. Der geschlossene Regelkreis wird somit „probierend" beim aktiven Wirken der Störung im Prüfablauf eingerichtet.

→ *Die Installation der Sensoren und das Einrichten der Regler für alle Bewegungsachsen sind sehr komplex, erfordern somit Fachwissen und Erfahrung.*

i) Es werden hohe Eigenfrequenzen der Antriebe angestrebt, um die elektrischen Verstärkungen hoch wählen zu können, was zu einer Erhöhung der statischen und dynamischen Steifigkeit des Antriebes führt.

Es ist darauf zu achten, dass die maximale, zulässige Kreisverstärkung kleiner als die kritische Kreisfrequenz (Kreisverstärkung) sein muss (!):

$$k_{V,max,zul} < k_{V,krit} \tag{7.3}$$

Die kritische Kreisverstärkung ist zu berechnen. Sie entspricht der maximalen, zulässigen Kreisverstärkung mit der infolge gearbeitet wird. Diese Verstärkung darf der Gesamtregelkreis in keinem Betriebszustand überschreiten, sonst wird das System instabil.

In den meisten Fällen genügt zum erstmaligen abschätzen folgende Beziehung:

$$k_{V,krit} = \frac{\varpi_{0,ges}}{3} \approx 2 \cdot D \cdot \varpi_{0,ges} \approx 2 \cdot f_{0,ges} \tag{7.4}$$

mit

D – Dämpfung des Antriebes ($D \approx 0{,}15$, da die Dämpfung fast ausschließlich die des Zylinders und dessen Schlitten ist),

$\varpi_{0,ges}$ – Eigenkreisfrequenz des Antriebes (hier Zylinder mit Regelventil → Regelstrecke),

Zu beachten sind dabei folgende Zusammenhänge:

- es wird meist mit $k_{V,krit} = \frac{\varpi_{0,ges}}{3}$ gearbeitet,
- $\varpi_{0,ges} = \frac{\varpi_{0,Vent} \cdot \varpi_{0,Zyl}}{\varpi_{0,Vent} + \varpi_{0,Zyl}}$,

- die Gleichung kann vereinfacht werden zu: $\varpi_{0,ges} = \varpi_{0,Zyl}$, wenn $\varpi_{0,Vent} \geq 3 \cdot \varpi_{0,Zyl}$ ist, d.h. das Ventil deutlich „schneller“ als der „Motor“ ist und das Ventil damit den Motor kaum beeinflusst.

Es wird deutlich, dass das Regelventil (Servoventil) einen wesentlichen Einfluss auf die Eigenkreisfrequenz des Antriebs hat. Die Eigenfrequenz des Servoventils wird aus dem Bodediagramm entnommen wird. Die Eigenkreisfrequenz des hydraulischen Linearmotors (Servozylinder) (hier die minimale Eigenkreisfrequenz in Hubmitte für den ungünstigsten Fall) berechnet sich aus

$$\varpi_{0,Zyl} = \sqrt{\frac{2 \cdot E_{Öl} \cdot A_{Zyl}^2}{V_0 \cdot m_{ges}}} \tag{7.5}$$

mit

V_0 – Totvolumen zwischen Servoventil und Servozylinder, soll minimal sein → Ventil direkt auf den Zylinder flanschen → hier niemals Speicher oder Schläuche installieren,

m_{ges} – gesamte bewegte Masse, einschließlich reduzierter Massen, auch der reduzierten Ölmasse → Minimum an Masse → Leichtbau

A_{Zyl} – Kolbenfläche im Zylinder (meist Ringfläche, da Gleichgangzylinder) → soll möglichst groß sein, hat größten aktiven Einfluss auf die Steifigkeit

$E_{Öl}$ – Elastizitätsmodul Öl, kaum beeinflussbar, aber System „sauber“ entlüften.

Wenn nun die Steifigkeit der Regelstrecke sehr hoch ist, ist die kritische Kreisfrequenz (Kreisverstärkung) ebenfalls hoch. In diesem Fall kann auch die maximale, zulässige Kreisverstärkung hoch gewählt werden, was letztendlich hohe elektrische Verstärkungen bedingt, mit denen hohe statische wie dynamische Steifigkeiten des Antriebes realisierbar sind. Dies bedeutet ein Minimum an Nachlauffehlern bei neuen Sollwertvorgaben und ein Minimum an Wirkungen bei Störungen auf die Strecke, die zudem sehr schnell in definierten Grenzen kompensiert werden.

Der Einsatz adaptiver Regelungskonzepte bewirkt außerdem höhere statische und dynamische Steifigkeiten des Antriebes, da die elektrische Verstärkung der einzelnen Regleranteile optimal an die Regelstrecke angepasst werden kann. Dies erfordert allerdings einen erhöhten Aufwand, der aber im vorliegenden Prüfstandsfall gerechtfertigt ist.

→ *Steife Systeme sind die unbedingte Voraussetzung für hochdynamische Regelungen. Hier hat die hydraulische Antriebstechnik hinsichtlich Schnelligkeit, Kraft, Genauigkeit und Verstärkungen ein Maximum zu bieten.*

Für bestimmte Anwendungen kann es technisch auch sinnvoll sein kann, servohydraulische Prüfstände zu konzipieren, bei denen die Anforderungen nicht notwendigerweise von hoher Dynamik (und Genauigkeit) geprägt sind, sondern z. B. von einer hohen Verstärkung der Kräfte bzw. Momente (und Genauigkeit). Für diese Fälle sind die Regeln, Besonderheiten und Randbedingungen, die für hohe Dynamiken gelten, nur bedingt oder gar nicht zu berücksichtigen. Da allerdings auch hier Genauigkeit, Feinfühligkeit und exakte Regelbarkeit gefragt sind, ist die Anwendung servohydraulischer Antriebe auch für diese – mehr statisch arbeitenden Systeme – als zweckmäßig anzusehen.

7.5.2 Prüfsysteme mit geringen dynamischen Anforderungen

Die für servohydraulische Prüfstände mit hoher Dynamik beschriebenen Projektierungsregeln, Besonderheiten und Randbedingungen sind bei Prüfsystemen, bei denen nur geringe dynamische Anforderungen hinsichtlich der Bewegungs- und Prüfabläufe eine Rolle spielen, nicht von so hoher Bedeutung. Hier sind Fragestellungen, die die Dynamik und damit die Steifigkeit des Systems betreffen untergeordnet. Insgesamt sind die Verhältnisse und Abhängigkeiten damit „einfacher". Trotzdem sollten bzgl. der Projektierung solcher Prüfstände während der Projektierungsphase und der Erarbeitung des Lastenheftes einige wichtige Regeln und Bedingungen beachtet werden, die Riedel [7.3, 7.4] systematisch herausgearbeitet hat. Diese sind:

a) Einsatz servohydraulischer Linearzylinder mit hydrostatischer Kolbenführung, ohne Stangendichtung sowie ohne Kolbendichtungen und Kolbenführungen, um – auch bei der Einwirkung von Querkräften – keine Coulombsche Reibung zu erzeugen.

b) Änderung des über das Regelventil getriebenen Stromes infolge der Lastabhängigkeit widerstandsgesteuerter Antriebe; auch Servoventile beinhalten hinsichtlich der physikalischen Grundlagen die Stromventilfunktion. Es muss beachtet werden, dass sich die Geschwindigkeit des Antriebes mit sich ändernder Last ebenfalls ändert und zwar wurzelförmig.

c) Ohmsche (Verlust-)Widerstände im System führen zu erheblichen Verlustleistungen, so dass bei hohen Einschaltdauern die Verluste durch entsprechende Gegenmaßnahmen gering zu halten sind, insbesondere wenn die Dynamik des Prüfstandes nicht primäres Ziel der Entwicklung ist.

d) Das Servoventil sollte hinsichtlich seines Steuerkantenverhältnisses an das Kolbenflächenverhältnis des Prüfzylinders angepasst sein, um erstens Nichtlinearitäten auszublenden und zweitens, speziell beim Bremsen, keine Kavitation zu „provozieren".

e) Die installierte Regelungstechnik sollte stets hochdynamisch sein, um die speziellen Randbedingungen, die als Führungsgrößen oder Störungen auf das System wirken, hochdynamisch ein- und auszuregeln.

f) Es werden grundsätzlich hohe Eigenfrequenzen der Antriebe angestrebt, um die elektrischen Verstärkungen hoch wählen zu können, was zu einer Erhöhung der statischen (und dynamischen) Steifigkeit des Antriebes führt.

Prüfstände mit relativ geringer geforderter Dynamik müssen nicht bis ins Detail hinsichtlich ihres instationären Verhaltens durchdacht werden, fordern aber den Ingenieur dahingehend, dass er erkennen muss, was vernachlässigt werden kann, ohne dass das System qualitative Nachteile erleidet. Vor diesem Hintergrund sind die hier aufgezeigten Projektierungsregeln, Besonderheiten und Randbedingungen bei Prüfständen mit geringerer Dynamik zu berücksichtigen. Sie weisen zugleich darauf hin, dass auch in diesen Fällen die Anwendung servohydraulischer Antriebe technisch sinnvoll und notwendig sein kann.

Literatur

1.1 Will D, Gebhardt N (2008) Hydraulik. 4. Aufl. Springer-Verlag, Berlin Heidelberg New York

1.2 Bauer G (2005) Ölhydraulik. 8. Aufl. B.G. Teubner Verlag/GWV Fachverlage GmbH, Wiesbaden

1.3 Firmenschrift Mannesmann Rexroth (1991) Grundlagen und Komponenten der Fluidtechnik Hydraulik (Der Hydraulik Trainer Bd. 1). 2. Aufl., Lohr am Main

1.4 Matthies H J, Renius K T (2003) Einführung in die Ölhydraulik. 4. Aufl., B.G. Teubner Verlag/GWV Fachverlage GmbH, Wiesbaden

1.5 Findeisen D (2006) Ölhydraulik. 5. Aufl., Springer-Verlag, Berlin Heidelberg

1.6 Ivantysyn J, Ivantysynova M (1993) Hydrostatische Pumpen und Motoren. Vogel Verlag, Würzburg

1.6 Jung F (1938) Kraftfahrzeugtechnik und Reparaturpraxis. 2. Aufl., Verlag C.A. Weller, Berlin

1.7 Haken K L (2008) Grundlagen der Kraftfahrzeugtechnik. Carl Hanser Verlag, München

1.8 Firmenschrift Robert Bosch (2007) Kraftfahrzeugtechnisches Taschenbuch. 26. Aufl., Friedrich Vieweg & Sohn Verlag/GWV Fachverlage GmbH, Wiesbaden

1.9 Hucho W-H (2005) Aerodynamik des Automobils. 5. Aufl., Friedrich Vieweg & Sohn Verlag/GWV Fachverlage, Wiesbaden

1.10 Firmenschrift Robert Bosch (2007) Autoelektrik Autoelektronik. 3. Auflage, Friedrich Vieweg & Sohn Verlag/GWV Fachverlage GmbH, Wiesbaden

1.11 Heißing B, Ersoy M (2008) Fahrwerkhandbuch. 2. Aufl., Vieweg+Teubner Verlag/GWV Fachverlage, Wiesbaden

1.12 Braess H-H, Seiffert U (2007) Handbuch Kraftfahrzeugtechnik. 5. Aufl., Friedrich Vieweg & Sohn Verlag/GWV Fachverlage GmbH, Wiesbaden

1.13 Firmenschrift Robert Bosch (2004) Sicherheits- und Komfortsysteme. 3. Aufl., Vieweg &Teubner/GWV Fachverlage, Wiesbaden

1.14 Trautmann T (2009) Grundlagen der Fahrzeugmechatronik. Vieweg&Teubner/GWV Fachverlage, Wiesbaden

1.15 Kramer F (2009) Passive Sicherheit von Kraftfahrzeugen. 3. Aufl., Vieweg&Teubner Verlag/GWV Fachverlage, Wiesbaden

1.16 Hoepke E u. a. (2004) Nutzfahrzeugtechnik. 3. Aufl., Friedrich Vieweg & Sohn Verlag/GWV Fachverlage, Wiesbaden

1.17 Kunze G, Göhring H, Jacob K (2002) Baumaschinen. Friedrich Vieweg & Sohn Verlag/GWV Fachverlage, Wiesbaden

1.18 Stoffregen J (2006) Motorradtechnik. 6. Aufl., Friedrich Vieweg & Sohn Verlag/GWV Fachverlage, Wiesbaden

2.1 Firmenschrift Robert Bosch (2007) Kraftfahrzeugtechnisches Taschenbuch. 26. Aufl., Friedrich Vieweg & Sohn Verlag/GWV Fachverlage, Wiesbaden

2.2 Heißing B, Ersoy M (2008) Fahrwerkhandbuch. 2. Aufl., Vieweg&Teubner Verlag/GWV Fachverlage, Wiesbaden

2.3 Breuer B, Bill K H (2003) Bremsenhandbuch. Friedr. Vieweg & Sohn Verlag/GWV Fachverlage, Wiesbaden

2.4 Will D, Gebhardt N (2008) Hydraulik. Springer-Verlag, 4. Aufl., Berlin Heidelberg New York

2.5 Bock W (2006) Hydraulik-Fluide als Konstruktionselement. Vereinigte Fachverlage O+P

2.6 Winslow W M (1947) Method and means for translating electrical impulses into mechanical force. US-Patent Nr: 2417850

2.7 Carlson J D (2001) What Makes a Good MR Fluid? International Conference on Electrorheological (ER) Fluids and Magnetorheological (MR) Suspensions, Nizza

2.8 Schweder R (2008) Ganzjähriges-Hydrauliköl. Mobile Maschinen 4, S 52 – 55

2.9 N N (2009) Kleenoil Panolin AG gewann Industriepreis 2009. Ölhydraulik und Pneumatik 7, S 278

2.10 Krstic M, Lämmle P (2000) Umweltfreundliche Schmier- und Druckflüssigkeiten – Vorteile und Auswahlkriterien für die Anwendung. Die Bibliothek der Technik, Band 204, verlag moderne industrie, Landsberg/Lech

2.11 Ketting M, Krstic M, Scholten J (2006) Umweltfreundliche Schmier- und Druckflüssigkeiten für den Einsatz in Baumaschinen. Tiefbau 118, Heft 3, S. 147-151

2.12 Trostmann E (1996) Wasserhydraulik-Steuerungstechnologie. Danfoss A/S

2.13 N N (2007) Betriebstoffe für Motoren in Kfz. Technische Information 201, Fuchs Europe Schmierstoffe GmbH

2.14 N N (2007) Betriebstoffe für Getriebe in Kfz. Technische Information 221, Fuchs Europe Schmierstoffe GmbH

2.15 Gratzer F, Steinwender H, Kusej A (2008) Magnethrheologische Allradkupplungen. ATZ 10, S 902 – 909

2.16 N N (2008) Magnetorheologische Flüssigkeiten zur adaptiven Schwingungsdämpfung. http://www.isc.fraunhofer.de

2.17 N N (2009) Sicherheitsdatenblatt 1907. Fluid ATF 66 M

2.18 Koehler F (2009) Grüne Bio-Stoßdämpfer von KYB sind Öl-frei oder enthalten biologisch abbaubares Öl. Online-Artikel.de

2.19 Zehler R (2009) Stoßdämpfer mit biologisch absetzbarer Flüssigkeit. Patent DE69733429T2 v. 09.02.09

2.20 Cube u. a. (1997) Lehrbuch der Kältetechnik. 4. Aufl., C.F. Müller Verlag, Heidelberg

2.21 Jungnickel H, Agsten R, Kraus W-E (1990) Grundlagen der Kältetechnik. 3. Aufl., Verlag Technik, Berlin

2.22 N N (2003) DIN EN 378-1: Kälteanlagen und Wärmepumpen – Sicherheitstechnische und umweltrelevante Anforderungen. Teil 1: Grundlegende Anforderungen, Definitionen, Klassifikationen und Auswahlkriterien

2.23 N N (1998) DIN 8960: Kältemittel - Anforderungen und Kurzzeichen

2.24 N N (2008) Bitzer Kältemittel-Report. 15. Aufl., Firmenschrift, Bitzer Kühlmaschinenbau GmbH Sindelfingen

2.25 Online-Stoffdatenbank www.chemie-master.de

2.26 N N (2006) Richtlinie 2006/40/EG des Europäischen Parlaments und des Rates über Emmision aus Klimaanlagen in Kraftfahrzeugen und zur Änderung der Richtlinie 70/156/EG des Rates. Amtsblatt der Europäischen Union v. 14.06.06

2.27 Morgenstern J, Ebinger I (2008) Anforderungen an zukünftige Klimaanlagen für Schienenfahrzeuge. EI-Eisenbahningenieur 12, S. 24 – 31

2.28 Grohmann S (1997) CO_2 als Kältemittel in Klimaanlagen. Vortrag DKV-Tagung Hamburg

2.29 Hube G (2006) Dichtungslösungen für CO_2 – Kfz-Klimaanlagen. Vortrag 9. Karlsruher Fahrzeugklima-Symposium

2.30 N N (2007) HFO-1234yf-A Low GWP Refrigerant for MAC. 2 nd Int. Workshop on MAC and Aux. Systems, Turin

2.31 N N (2008) (K)eine Lösung in Sicht? Expertenforum zum Thema „Kältemittel 1234yf versus CO_2 in Fahrzeugklimaanlagen ab 2001" Luft- und Kältetechnik 12: S. 30 ff

2.32 Durst M (2002) Filtration in Fahrzeugen. Die Bibliothek der Technik Bd. 209 Verlag moderne industrie Landsberg Lech

2.33 Schöne A (1993) Messtechnik. Springer-Verlag, Berlin Heidelberg

2.34 Bantel M (2004) Messgeräte-Praxis. Fachbuchverlag Leipzig im Carl Hanser Verlag

2.35 Parthier R (2001) Messtechnik. Friedrich Vieweg & Sohn Verlagsgesellschaft, Braunschweig Wiesbaden

2.36 Hoffmann J (1998) Taschenbuch der Messtechnik. Fachbuchverlag Leipzig im Carl Hanser Verlag

2.37 Steffen E (2009) Mutibox 3060/3061/3065 4-Kanal Messgerät für raue Messungen. Hydrotechnik Limburg

2.38 N N (2009) CAN-Bus Grundlagen. kfztech.de

2.39 Molden C (2008) CAN Bus in der Mobilhydraulik. Vortrag, Fachtagung Fahrzeugtechnik HTW Dresden

2.40 Bernstein H (2000) Grundlagen der Mechatronik. VDE Verlag Berlin und Offenbach

2.41 Brouer B (1998) Regelungstechnik für Maschinenbauer. B. G. Teubner Stuttgart und Leipzig

2.42 Roddeck W (2006) Einführung in die Mechatronik. 3. Aufl., B. G. Teubner Verlag/GWV Fachverlage, Wiesbaden

2.43 Czichos H (2006) Mechatronik. 1. Aufl., Friedrich Vieweg & Sohn Verlag/GWV Fachverlage, Wiesbaden

2.44 Reif K (2009) Automobilelektronik. 3. Aufl., Vieweg + Teubner/GWV Fachverlage, Wiesbaden

2.45 Schäuffele J, Zurawka T (2006) Automotive Software Engineering. 3. Aufl., Friedrich Vieweg & Sohn Verlag/GWV Fachverlage, Wiesbaden

2.46 Trautmann T (2009) Grundlagen der Fahrzeugmechatronik Vieweg &Teubner/GWV Fachverlage, Wiesbaden

3.1 Firmenschrift Robert Bosch (2007) Kraftfahrzeugtechnisches Taschenbuch. 26. Aufl., Friedrich Vieweg & Sohn Verlag/GWV Fachverlage, Wiesbaden

3.2 Straßenverkehrszulassungsordnung (1.10.2008) StVZO § 38 Lenkeinrichtungen

3.3 N N ZF Friedrichshagen AG Firmenprospekt ZF-Lenkungen mit Zubehör und Pumpenprogramm

3.4 N N (1976) Servolenkung Konstruktions- und Funktionsbeschreibung. Volkswagen AG Wolfsburg

3.5 Behrendt T (2006)Pumpen in Pkw-Hydraulikanlagen. Fachvortrag HTW Dresden, ZF Berlin

3.6 N N (2001) Servolenksysteme für Pkw und Nutzfahrzeuge Die Bibliothek der Technik Bd. 217 Verlag moderne industrie Landsberg Lech

3.7 Firmenschrift Lenksysteme für Personenkraftwagen und Nutzfahrzeuge. ZF Friedrichshagen

3.8 N N (2009) www.kfztech.de Stand 20.04.09

3.9 Stoll H (1992) Fahrwerktechnik: Lenkanlagen und Hilfskraftlenkungen. Vogel Fachbuchverlag

3.10 Firmenschrift Lenksysteme und Zubehör für Nutzfahrzeuge. ZF Friedrichshagen

3.11 Conrad F (2009) Geschicktes Manöverieren-Fortschrittliches Fahren mit elektrohydraulischer Hinterachslenkung Mobile Maschinen 1, S. 31-33

3.12 www.zf.com

3.13 N N Sauer Danfoss Produktinformation

3.14 Mannesmann Rexroth AG Produktinformation RD 14365/01.98

3.15 Mannesmann Rexroth AG Produktinformation RD 27548/10.98

3.16 Straßenverkehrszulassungsordnung (2006) StVZO § 41 Bremsanlagen

3.17 Rosenkranz K (2007) Pumpenanwendungen in Kraftfahrzeugen. Fachvortrag HTW Dresden, ixetic Bad Homburg

3.18 Burckhardt M (1993) Fahrwerktechnik: Radschlupf-Regelsysteme. Vogel Verlag, Würzburg

3.19 Herkammer u. a. (1995) Der sichere Weg zur Meisterprüfung im Kfz-Handwerk „Fahrwerk, Lenkung, Räder". Technische Akademie des Kraftfahrzeuggewerkes Vogel Verlag, Würzburg

3.20 Breuer B, Bill K H (2003) Bremsenhandbuch. Friedr. Vieweg & Sohn Verlag/GWV Fachverlage, Wiesbaden

3.21 Heißing B, Ersoy M (2008) Fahrwerkhandbuch. 2. Aufl., Vieweg+Teubner Verlag/GWV Fachverlage, Wiesbaden

3.22 Vogler G (1998) Handbuch der hydraulischen Bremsanlagen und Kupplungsbetätigung FTE automotive GmbH Ebern

3.23 Haken K.H. (2008) Grundlagen der Kraftfahrzeugtechnik. Carl Hanser Verlag, München

3.24 Braess H-H, Seiffert U (2007) Handbuch Kraftfahrzeugtechnik. 5. Aufl., Friedrich Vieweg & Sohn Verlag/GWV Fachverlage, Wiesbaden

3.25 Firmenschrift Bosch (2004) Sicherheits- und Komfortsysteme 3. Aufl., Vieweg &Teubner/GWV Fachverlage, Wiesbaden

3.26 N N EHB Bremse. interne Unterlagen Mercedes

3.27 Liermann M u. a. (2008) Die selbstverstärkende hydraulische Bremse. ATZ 10, S 924–931

3.28 Causemann P (2001) Kraftfahrzeugstoßdämpfer. Die Bibliothek der Technik Bd. 185 Verlag moderne industrie, Landsberg Lech

3.29 Fecht N (2004) Fahrwerktechnik für Pkw. Die Bibliothek der Technik Bd. 262 Verlag moderne industrie, Landsberg Lech

3.30 N N (2008) Werkstattunterlagen Opel Astra

3.31 Schöpfel u. a. (2006) Das Dämpferregelungssystem Audi magnetic ride im Audi TT. 15. Aachener Kolloquium Fahrzeug- und Motortechnik

3.32 Guldner J u. a. (2002) Gegenüberstellung von Aktuatorprinzipien für fahrdynamische Regelsysteme des Fahrwerkes. Institut für Kraftfahrwesen RWTH Aachen S 8–28

3.33 Toscano J u. a. (2006) Magneto-Rheological Technology for Vehicle Applications. Fachtagung Federn und Dämpfersysteme in Fahrwerken, München

3.34 Pyper M, Schiffer W, Schneider W (2003) ABC-Active Body Control Die Bibliothek der Technik Bd. 241 Verlag moderne industrie Landsberg Lech

3.35 Stephan W, Schiffer W (2000) Aktive Body Control (ABC) - das neue aktive Federungssystem des CL-Coupes von Daimler Chrysler. VDI Vortrag

3.36 N N (2008) Das Fahrwerk des Golf IV. ATZ extra, S 25–27

3.37 Hilgers C u. a. (2009) Aktives Luftfederfahrwerk. ATZ 9, S 600–609

3.38 Boon P (2009) Integration des Antiroll-Systems „Kinetic" mit semiaktiver Dämpfung. ATZ 9, S 628-634

3.39 Möser (2002) Geschichte des Autos. Campus Verlag GmbH, Frankfurt / M.

3.40 Reichelt J, Schlepper H (1985) Kältetechnik im Kraftfahrzeug. Vorträge des Seminars Kälte- bzw. Klimaanlagen in Personenwagen, in Omnibussen und in Lastkraftwagen, FH Karlsruhe 17./18.9.1984. Verlag C. F. Müller, Karlsruhe

3.41 N N (2000 bis 2009) DAT-Report der Deutschen Automobil-Treuhand GmbH. Ausgaben 2000 bis 2009. Vogel Business Media GmbH & Co. KG, Würzburg. (bis 2003 erschienen als DAT-Veedol-Report)

3.42 Schwarz W (2005) Emissionen, Aktivitätsraten und Emissionsfaktoren von fluorierten Treibhausgasen (F-Gasen) in Deutschland für die Jahre 1995–2002. Forschungsbericht 201 41 261/01, UBA-FB 000811. Hrsg.: Umweltbundesamt, Berlin

3.43 N N (1989) Handbuch der Klimatechnik. Arbeitskreis der Dozenten für Klimatechnik, Verlag C. F. Müller, Karlsruhe

3.44 Henatsch A, Schmidt M u. a. (1980) Klimaanlagen. Reihe Schienenfahrzeugtechnik. transpress Verlag, Berlin

3.45 N N (2004) VDI-Richtlinie 6032 – Hygiene-Anforderungen an die Lüftungstechnik in Fahrzeugen zur Personenbeförderung. Verein Deutscher Ingenieure, VDI-Verlag

3.46 Blackwell N, Bendixen L, Birgfeld E (2004) Risk Assessment of HFC 152a and Carbon Dioxide Mobile Air Conditioning Systems. Earth Techn. Forum / MAC Summit, Washington DC

3.47 Amin J, Dienhart B, Wertenbach J (1999) Safety Aspects of an A/C System with Carbon Dioxide as Refrigerant. The SAE Automotive Alternate Refrigerants Systems Symposium, Scottsdale, AZ

3.48 Ebinger I u. a. (2003) Erfahrungen beim Einsatz eines Glykol-Klimasystems in Fernsehübertragungswagen. DKV-Tagungsbericht Band 30, S. 251–258. Deutscher Klima- und Kältetechnischer Verein, Stuttgart

3.49 Eliasz J (1996) Ein Beitrag zur Bewertung einer Abgasangetriebenen Kaltluft-Kältemaschine. Dissertation. Technische Universität Dresden

3.50 Jungnickel H, Agsten R, Kraus W-E (1990) Grundlagen der Kältetechnik. 3. Aufl., Verlag Technik, Berlin

3.51 Cube H-L (1997) Lehrbuch der Kältetechnik. 4. Aufl., Verlag C. F. Müller, Karlsruhe

3.52 Leitsch T (2006) Anpassung und Optimierung einer PKW-Klimaanlage für ein Kleinserienfahrzeug. Diplomarbeit. Hochschule für Technik und Wirtschaft Dresden

3.53 Ishizaka N et. al. (2009) Ejektor-Kältekreislauf der nächsten Generation für PKW-Klimaanlagen. ATZ Automobiltechnische Zeitschrift 11

3.54 Deh U (2003) Kfz-Klimaanlagen. 2. Aufl., Vogel Buchverlag, Würzburg

3.55 N N (2006) Richtlinie 2006/40/EG des Europäischen Parlaments und des Rates über Emmissionen aus Klimaanlagen in Kraftfahrzeugen und zur Änderung der Richtlinie 70/156/EWG des Rates. Amtsblatt der Europäischen Union v. 14.6.2006.

3.56 Hube G (2006) Dichtungslösungen für CO_2-Kfz-Klimaanlagen.Vortrag zum 9. Karlsruher Fahrzeugklima-Symposium

3.57 Kampf H et. al. (2002) CO_2 als alternatives Kältemittel. veröff. in: Schlenz. D (Hrsg.) (2002) PKW-Klimatisierung. Klimakonzepte, Regelungsstrategien und Entwicklungsmethoden heute und in Zukunft. expert-Verlag, Essen

3.58 Recknagel u. a. (1993) Taschenbuch für Heizung + Klimatechnik. R. Oldenbourg Verlag, München Wien

3.59 Haller G (2006) Thermische Behaglichkeit in Schienenfahrzeugen. Fachpublikation der RTA Rail Tec Fahrzeugversuchsanlage GmbH Wien

3.60 N N (2006) DIN EN ISO 7730: Ergonomie der thermischen Umgebung- Analytische Bestimmung und Interpretation der thermischen Behaglichkeit durch Berechnung des PMV- und PPD- Indexes und Kriterien der lokalen thermischen Behaglichkeit (ISO 7730: 2005); Deutsche Fassung EN ISO7730: 2005

3.61 Hofer R (1990) Ein Beitrag zur Anwendung der aktiven Isolierung in der Fahrzeugklimatisierung. Dissertation A. Hochschule für Verkehrswesen Dresden

3.62 N N (2004) DIN EN ISO 14505-1: Ergonomie der thermischen Umgebung- Beurteilung der thermischen Umgebung in Fahrzeugen- Teil 1: Grundlagen und Verfahren für die Bewertung der thermischen Belastung (ISO/DIS 14505-1:2004)

3.63 Wesner D (2005) Messverfahren zur objektivierten Bewertung des thermischen Komfortempfindens in PKW-Innenräumen. Diplomarbeit. Hochschule für Technik und Wirtschaft Dresden

3.64 N N (2003) DIN EN 13129-1: Luftbehandlung in Schienenfahrzeugen des Fernverkehrs. Teil 1: Behaglichkeitsparameter.

3.65 N N (2003) prDIN EN 14750-1: Luftbehandlung in Schienenfahrzeugen des innerstädtischen und regionalen Nahverkehrs. Teil 1: Behaglichkeitsparameter.

3.66 N N (2004) prDIN EN 14813-1: Luftbehandlung in Führerräumen. Teil 1: Behaglichkeitsparameter.

3.67 N N (2006) DIN 1946-3: Klimatisierung von Personenkraftwagen und Lastkraftwagen.

3.68 Elsner N (1985) Grundlagen der Technischen Thermodynamik. 6. Aufl., Akademie-Verlag, Berlin

3.69 Baehr H-D (2002) Thermodynamik. Grundlagen und technische Anwendungen. 11. Auflage, Springer Verlag, Berlin Heidelberg New York

3.70 N N (2000*ff*) ILK Institut für Luft- und Kältetechnik Dresden: REFLIB for Excel. A Software for Calculation of Thermodynamic Data and Transport Properties of Refrigerants. Dresden
3.71 Adolph U (2005) Einige Erfahrungen aus der Anwendung von Luft als Kältemittel bei der Schienenfahrzeug-Klimatisierung und Schlussfolgerungen für künftige Anwendungen. DKV-Vortragsveranstaltung. ILK Dresden
3.72 Morgenstern J (2005) Wärmeschutz von Schienenfahrzeugen – Erfahrungen und Probleme. Vortrag zur 7. Schienenfahrzeugtagung RadSchiene Dresden
3.73 Wertenbach J (2005) SAE Alternative Refrigerant Cooperative Research Project Phase I and II. VDA Wintermeeting Saalfelden.
3.74 Minor B H, Spatz M (2007) HFO-1234yf - A Low GWP Refrigerant for MAC. 2nd Int. Workshop on MAC and Aux. Systems Turin.
3.75 Haller G, Kreitmayer M (2007) Energie-Verbrauchsanalyse und -Einsparpotenziale bei Klimaanlagen. eb Elektrische Bahnen 10
3.76 Morgenstern J, Ebinger I (2008) Anforderungen an zukünftige Klimaanlagen für Schienenfahrzeuge. EI Der Eisenbahningenieur 12
3.77 Aigner R (2007) Synthetic and Natural Refrigerants for Rail HVAC units and ther impact on the Annual Energy consumption. RTA International Workshop 31.5.–01.6.2007. RTA Railtec Wien
3.78 Huber H (1998) Karosserie und Sicherheit des neuen SLK-Roadster von Mercedes Benz. ATZ Nr.11, S. 582–592
3.79 N N (Firmenprospekt der Fa. Bruenninghaus Hydromatik GmbH, RD 98075/09.98)
3.80 Firmenprospekt der Fa. Bosch Rexroth Group, RD 98075/09.02)
3.81 N N (2009) Werbematerial der Fa. Putzmeister (unveröffentlicht)
3.82 N N (2009) http://www.faun.de
3.83 Firmenprospekt der Fa. Bosch Rexroth Group, RD 98310/08.08
3.84 Firmenschrift (2004) Grundlagen der Nutzfahrzeugtechnik. Basiswissen Lkw und Bus. MAN Nutzfahrzeuge AG, Kirschbaum Verlag
3.85 N N RUTHMANN FLEXILOADER® – Ebenerdig be- und entladen. Firmenschrift der Ruthmann GmbH & Co. KG
3.86 N N (2008) RUTHMANN LOADER SYSTEMS. Firmenschrift der Ruthmann GmbH & Co. KG (05/2008)
3.87 Rauen J RUTHMANN FLEXILOADER® – Anforderungen und Funktionsprinzip der Hydraulik. Interner Bericht der Ruthmann GmbH & Co. KG (unveröffentlichtes Manuskript)
3.88 N N (2009) Firma Langendorf interne unveröffentlichte Unterlagen
3.89 Skowronnek J (2008) Spezialfahrzeuge für die Schneeräumung auf Flugbetriebsflächen. Vortrag, Fachtagung Fahrzeugtechnik HTW Dresden

4.1 Straßenverkehrs-Zulassungs-Ordnung (StVZO). Aktueller Rechtsstand: 29. April 2009, http://www.stvzo.de/stvzo/inhalt.htm
4.2 http://www.iten-online.ch/kennzeichen/Schweiz/schweiz.htm
4.3 Findeisen D (2006) Ölhydraulik. 5. Aufl., Springer-Verlag, Berlin Heidelberg New York
4.4 Kohlmäscher T u. a. (2006) Moderne voll- und teilhydrostatische Fahrantriebe. Ölhydraulik und Pneumatik 5, S. 272–278

4.5 Will D, Gebhardt N (2008) Hydraulik. 4. Aufl., Springer-Verlag, Berlin Heidelberg New York

4.6 Fontaine T (2006) Hochleistungsantriebe in selbstfahrenden Erntemaschinen. Mobile 2006 Internationale Fachkongress für Mobilhydraulik ULM

4.7 Herfs W, Kuhse A (2006) Bagger größer 10 Tonnen – Bessere Steuerbarkeit durch Elektrohydraulik und Positive-Contröl_Mehrkreislösungen. Mobile 2006 Internationale Fachkongress für Mobilhydraulik ULM

4.8 Latour C (2007) Energieverluste lassen sich vermeiden. Fluid 4/2007, S 14–16

4.9 DIN EN 1459 (Norm-Entwurf). Sicherheit von Flurförderzeugen - Kraftbetriebene Stapler mit veränderlicher Reichweite; Deutsche Fassung EN 1459:1998/FprA2:2009

4.10 DIN EN ISO 3691. Flurförderzeuge - Sicherheitsanforderungen und Verifizierung – Teil 2: Motorkraftbetriebene Stapler mit veränderlicher Reichweite (ISO/DIS 3691-2:2006); Deutsche Fassung prEN ISO 3691-2:2006

4.11 Richtlinie 2003/37/EG des Europäischen Parlaments und des Rates vom 26. Mai 2003 über die Typgenehmigung für land- oder forstwirtschaftliche Zugmaschinen, ihre Anhänger und die von ihnen gezogenen auswechselbaren Maschinen sowie für Systeme, Bauteile und selbstständige technische Einheiten dieser Fahrzeuge und zur Aufhebung der Richtlinie 74/150/EWG, Amtsblatt der Europäischen Union, 09 Juli 2003

4.12 Teleskoplader – Anforderungen und Funktionsprinzip der Hydraulik. Interner Bericht der Wacker Neuson SE (unveröffentlichtes Manuskript)

4.13 Dudzinski P (2005) Lenksysteme für Nutzfahrzeuge. Springer-Verlag, Berlin Heidelberg New York

4.14 Skurjat A (2009) Modeliierung des Stabilisierungsprozesses während der Fahrt eines Radfahrzeuges mit Knicklenkung. Dissertation, Technische Universität Wroclaw, Lehrstuhl für Arbeitsmaschinen und Industrielle Fahrzeuge

4.15 Kaetting M (2009) Vereinfachte Ableitung der geometrischen Anordnung von Stabilisierungszylindern bei knickgelenkten Fahrzeugen. IBAF-Bericht ke-80-09, IBAF-Institut für Baumaschinen, Antriebs- und Fördertechnik GmbH Bochum

4.16 Dudzinski P (2009) Kompensations- und Stabilisierungskonstruktion für Knicklenkungen. Patenanmeldung 2009

4.17 Dudzinski P, Skurjat A (2009) Virtuelle Untersuchungen der Fahrstabilität von Baumaschinen mit Knicklenkung. Vortrag auf der 4. Fachtagung Baumaschinentechnik, Dresden 14.–15.5.2009, Tagungsband S. 99–106

4.18 Spielberger W J (1974) Der Panzerkraftwagen IV und seine Abarten. Motorbuchverlag, Stuttgart

4.19 N N (2009) Teleskoplader – Anforderungen und Funktionsprinzip der Hydraulik. Interner Bericht der Wacker Neuson SE (unveröffentlicht)

4.20 Ketting M (1994) Einfluß von Fertigungstoleranzen auf den Gleichlauf von Kettenlaufwerken für Baumaschinen. Engineering Report IT/PT/005/10.94, Fa. Intertractor AG Gevelsberg

4.21 Nikolaus H (1974) Hydrostatischer Lenk- und Fahrantrieb für Kettenfahrzeuge. Ölhydraulik und Pneumatik 18 (1974), H. 9, S. 667–670

4.22 Ketting M (1997) Fahrantrieb für Raupenfahrwerke. Engineering Report IT/PT/002/08.97, Fa. Intertractor AG Gevelsberg

4.23 Rückgauer N (1990) Entwicklungstendenzen bei hydrostatischen Antrieben in mobilen Arbeitmaschinen. Ölhydraulik und Pneumatik 34 (1990) H. 7, S. 840–845

4.24 Vonnoe R (1992) Programmgesteuerte und -geregelte hydrostatische Mobilantriebe. Ölhydraulik und Pneumatik 36 (1992) H. 7, S. 206–221

4.25 Matthies H J, Renius K T (2006) Einführung in die Ölhydraulik. 5. Aufl., B. G. Teubner Verlag, Wiesbaden

4.26 Rinck, S (1995) Hydraulische Antriebssysteme für Radlader großer Leistung. Ölhydraulik + Pneumatik 39, S.158–167

4.27 N N (1999) Moderne hydrostatische Antriebskonzepte mit Mikroprozessorsteuerung für mobile Arbeitsmaschinen. Ölhydraulik + Pneumatik 43, S.154–163

4.28 N N (1998) Neue verlustarme Antriebskonzepte in der Hydraulik. Ölhydraulik + Pneumatik 42, S. 72-86

4.29 Finzel R, S Heldhuser (2009), Energieeffiziente Steuerungen - Elektrohydraulische Steuerungssysteme für die Arbeitshydraulik mobiler Maschninen. Ölhydraulik + Pneumatik 52 H. 1-2, S. 22-27

4.30 Heldhuser S (2009) Kompakt und dynamisch – Entwicklungstendenzen bei elektrohydraulischen Antrieben und Steuerungen. Ölhydraulik + Pneumatik 52, H. 4, S.110–121

4.31 Stodt V (2008) 180 t schwer und trotzdem beweglich – Hydraulische Planetengetriebemotoren als Fahrantrieb für Kettenfahrzeuge. Ölhydraulik + Pneumatik 51 (2008) H. 8, S. 399-401

4.32 Findeisen D (2006) Ölhydraulik. 5.Aufl., Springer-Verlag, Berlin Heidelberg New York

4.33 Volmer J (1990) Getriebetechnik – Umlaufrädergetriebe. Verlag Technik, Berlin

4.34 Hofmann, K (1974) Auslegung hydrostatischer Fahrantriebe. agrartechnik 24, H. 4, S.185–188

4.35 Ketting M (2002) Berechnungshandbuch für Raupenfahrwerke von Baumaschinen. Intertractor AG Gevelsberg (interne Firmenschrift, nicht veröffentlicht)

4.36 Dudzinski P, Ketting M (2009) Ermittlung von Reibbeiwerten bei der Nutzung unterschiedlicher Profile von Elastomer- und Gummiketten. Vortrag an der Fakultät für Maschinenbau der Ruhr-Universität Bochum

4.37 N N (2009) Planierraupen – Liebherr-Werk Telfs GmbH, (unveröffentlichtes Manuskript)

4.38 Riedel G (2009) Hydraulik – Vorlesungsskript Hydraulische und pneumatische Antriebstechnik, Fakultät Automobil- und Maschinenbau (AMB) der Westsächsischen Hochschule Zwickau

4.39 Lemser D (2005/06) Flüssige Leistungsübertragung – Hydraulik an Baumaschinen Teil 1 bis 3 Tiefbau Hefte 9/05, 3/06 und 6/06

4.40 NN Beschreibung und Hydraulikschaltpläne des Mähdreschers 666 TerraTrac der Fa. Class (unveröffentlicht)

5.1 Stoffregen J (2006) Motorradtechnik. 6. Aufl., Friedrich Vieweg & Sohn Verlag/GWV Fachverlage, Wiesbaden

5.2 N N (2009) Scottoiler eSystem. Motorrad & Reisen Heft, 5 S.77

6.1 Braess H-H, Seiffert U (2007) Handbuch Kraftfahrzeugtechnik. Friedrich Vieweg & Sohn Verlag/GWV Fachverlage GmbH, 5. Aufl., Wiesbaden
6.2 N N (2008) Informationsmateriel WTCC
6.3 N N (2008) Automatisierte Kupplungssystem für Rennfahrzeuge. Bericht BMW München (nicht veröffentlicht)
6.4 N N (2008) Interne Unterlagen Formel 1 BMW (nicht veröffentlicht)

7.1 Riedel G (2007) Allgemeingültige Regeln zur Projektierung servohydraulischer Prüfstände. Vortrag auf der wissenschaftlichen Tagung zum 15-jährigen Firmenjubiläum der IAMT-Gruppe am 22. Februar 2007 in Weischlitz
7.2 Riedel G (2007) Regeln und Vorgehensweisen zur Projektierung servohydraulischer Prüfstände. Entwicklungsbericht der IAMT Prüfsysteme GmbH, (nicht veröffentlicht)
7.3 Riedel G, Fröhner F (2009) Servohydraulische Prüfstände für die Automobilindustrie. Entwicklungsbericht der IAMT Prüfsysteme GmbH, Weischlitz 2009 (nicht veröffentlicht)
7.4 Riedel G (2009) Servohydraulische Prüfstände II. Entwicklungsbericht der IAMT Prüfsysteme, Weischlitz (nicht veröffentlicht)
7.5 Herbert Hänchen GmbH & Co.KG; Hydraulikzylinder, 2008, Produktkatalog)
7.6 Hohberger R (2002) Konstruktion eines hydraulischen Pulsationsprüfstandes. Diplomarbeit HTW Dresden
7.7 Höhnisch D (2002) Weiterentwicklung eines hydraulischen Pulsationsprüfstandes. Diplomarbeit HTW Dresden
7.8 Bremer G, Mauch H (2005) Virtuelle Lastannahme. Präsentation im Rahmen einer Vortragsreihe
7.9 N N (2008) Institut für Fahrzeugtechnik, TU Braunschweig, http//www.iff.tu-bs.de, (Stand: 08.12.2008)
7.10 N N (2008) Produktbroschüre. MTS systems Corporation; Modell 329 Multiaxial Spindle-Coupled Road Simulators
7.11 N N (2008) Produktbroschüre. MTS systems Corporation; Modell 329 Multiaxial Spindle-Coupled Road Simulators
7.12 N N (2008) Produktbroschüre. elhydraulik Hagenbuch AG; HEXAMOVE ...innovative 6 DOF-Antriebstechnik
7.13 N N Werbemateriel simtec GmbH, Braunschweig
7.14 Bordstein-Prüfstand. Offenlegungsschrift DE 10 2007 006 041 A1
7.15 Fröhner F (2006) Gelenkverschleißprüfstand. Technische Dokumentation und Bedienanleitung. IAMT Prüfsysteme GmbH
7.16 Fröhner F, Ketting M (2007) Aufbau und Funktionsweise von Festigkeits- und Verschleißprüfständen für die Automobilindustrie. Vortrag auf der wissenschaftlichen Tagung zum 15-jährigen Firmenjubiläum der IAMT-Gruppe am 22. Februar 2007 in Weischlitz
7.17 Fröhner F (2005) Bordsteinprüfstand. Technische Dokumentation und Bedienanleitung. IAMT Prüfsysteme GmbH
7.18 N N http/www.boschrexroth.com. Bosch Rexroth AG
7.19 Schärmann D (1994) Untersuchung zur Optimierung einer hydrodynamischen Verzögerungseinrichtung der Schlittenaufprallanlage der DEKRA-Typprüfstelle Dresden. Diplomarbeit TU Dresden

Sachverzeichnis

Batch number: 10682211

Printed by Printforce, the Netherlands